普通高校"十二五"规划教材

TMS320X281x DSP 原理与应用

(第2版)

徐科军 张 瀚 陈智渊 编著

北京航空航天大学出版社

内 容 简 介

C2000 系列 DSP 是 TI 公司 TMS320 DSP 的 3 大系列之一,既具有一般 DSP 芯片的高速运算和信号处理能力,又同单片机一样,在片内集成了丰富的外设,因而,特别适用于高性能数字控制系统。本书以 TMS320X281x 为代表,详细介绍其 CPU 和片内外围设备。全书共分 7 章,具体内容包括:CPU 内核结构,存储器及 I/O 空间,片内外围设备,寻址方式和指令系统,C28x 内核与 C2xLP 内核的区别,DSP 程序的编写和调试,以及 TMS320F2812 最小系统的软、硬件设计。

本书可供自动控制、电气工程、计算机应用和仪器仪表等领域从事 DSP 应用技术开发的科研和工程技术人员参考,也可以作为高校相关专业本科生和研究生的参考书。

图书在版编目(CIP)数据

TMS320X281x DSP 原理与应用 / 徐科军,张瀚,陈智渊编著. --2 版. --北京:北京航空航天大学出版社,2011.10
 ISBN 978-7-5124-0585-1

Ⅰ. ①T… Ⅱ. ①徐… ②张… ③陈… Ⅲ. ①数字信号处理②数字信号—微处理器 Ⅳ. ①TN911.72 ②TP332

中国版本图书馆 CIP 数据核字(2011)第 177570 号

版权所有,侵权必究。

TMS320X281x DSP 原理与应用(第 2 版)
徐科军 张 瀚 陈智渊 编著
责任编辑 张 楠 王 松

*

北京航空航天大学出版社出版发行

北京市海淀区学院路 37 号(邮编 100191) http://www.buaapress.com.cn
发行部电话:(010)82317024 传真:(010)82328026
读者信箱:emsbook@gmail.com 邮购电话:(010)82316936
涿州市新华印刷有限公司印装 各地书店经销

*

开本:787×1 092 1/16 印张:22.5 字数:576 千字
2011 年 10 月第 1 版 2011 年 10 月第 1 次印刷 印数:4 000 册
ISBN 978-7-5124-0585-1 定价:42.00 元

若本书有倒页、脱页、缺页等印装质量问题,请与本社发行部联系调换。联系电话:(010)82317024

第 2 版前言

美国德州仪器公司 C2000 系列数字信号处理器(Digital Signal Processor,简称 DSP)既具有一般 DSP 芯片的高速信号处理和运算能力,又与单片机一样在片内集成了丰富的外设,主要应用于电机控制、数字电源和先进传感等领域,近年来发展相当迅速、应用非常广泛。

本书的第 1 版于 2006 年 8 月出版,重点介绍 TMS320F2812 的中央处理单元(CPU)和片内外围设备,具体内容包括:CPU 内核结构,存储器及 I/O 空间,片内外围设备,寻址方式和指令系统,C28x 内核和 C2xLP 内核的区别,DSP 程序的编写和调试,以及 TMS320F2812 最小系统的软、硬件设计。当时,定位在技术书的层面,所以叙述比较细致,内容比较详尽。但是,当作为教材使用时,就显得篇幅过长、内容过细。为此,在这次再版时,在保持原有框架和主要内容不变的情况下,删减了一些细节,例如,一些寄存器的定义以及 TMS320C28x 与 TMS320LF240x 内核的比较等,以便读者在有限的时间内,学习和掌握 TMS320F2812 DSP 芯片的工作原理、系统结构、片内外设、指令系统和开发过程的主要内容。

徐科军
合肥工业大学电气与自动化工程学院
2011 年 8 月

第1版前言

数字信号处理器(Digital Signal Processor,简称DSP)是一种运算速度快、处理功能强、内存容量大的单片微处理器,广泛应用于控制系统、电气设备、信号处理及通信系统、互联网、仪器仪表和消费电子产品等方面。C2000系列DSP是美国TI(Texas Instruments)公司TMS320 DSP的3大系列之一,既具有一般DSP芯片的信号高速处理和运算能力,又同单片机一样,在片内集成了丰富的外设。随着这一系列芯片应用的不断普及和研究的逐层深入,新的应用场合对其性能提出了更高的要求。于是,TI公司推出了新一代的DSP芯片——TMS320C28x,它是到目前为止C2000系列中性能最强大的一代产品。它的出现,为高性能、高精度和高集成度控制器的实现提供了优越的解决方案。

由于这一代DSP芯片的CPU都基于TI公司最新的C28x内核,所以一般用TMS320C28x来统称这一代芯片。目前这一代芯片分为两个子系列:TMS320X281x(X可以取F、C和R,x可以取0、1和2)和TMS320F280x(x可以取1、6和8),如下表所列。这两个子系列共有11个芯片型号。

TMS320C28x 系列芯片

TMS320X281x 系列	TMS320F280x 系列
TMS320F2810,TMS320F2811,TMS320F2812(片内Flash ROM)	TMS320F2801
TMS320C2810,TMS320C2811,TMS320C2812(片内OTP ROM)	TMS320F2806
TMS320R2811,TMS320R2812(无片内Flash或者ROM,增加2 KB RAM)	TMS320F2808(集成片内Flash)

总体来说,这两个子系列芯片的主要配置基本相同,后者的性能和扩展性稍差,但具有很高的性价比。

本书以TMS320X281x系列DSP为代表,介绍其中央处理单元(CPU)、片内外围设备、指令系统、软件开发工具以及TMS320F2812最小系统的软硬件设计。全书共分7章,具体内容包括:

第1章,简要介绍DSP技术以及TI公司的TMS320C2000系列DSP;

第2章,介绍TMS320C28x的CPU内核结构及其存储器映射;

第3章,介绍TMS320X281x DSP的片内外围设备,包括系统控制和外设中断模块、系统外部接口、模/数转换器(ADC)、事件管理器(EV)、串行外设接口(SPI)、串行通信接口(SCI)、CAN控制器模块、多通道缓冲串口(McBSP)以及引导ROM等;

第 4 章,介绍 TMS320C28x 寻址方式和指令系统；

第 5 章,介绍 C28x 内核与 C2xLP 内核的区别；

第 6 章,介绍 DSP 程序的编写和调试；

第 7 章,介绍 TMS320F2812 最小系统的软硬件设计。

本书在介绍 TMS320X281x DSP 硬件(中央处理单元、片内外围设备)和软件(指令系统、开发工具)的基础上,给出了 TMS320F2812 最小系统的硬件原理和软件例程,以加深读者的理解,也为读者开发自己的应用系统打下基础。同时,考虑到 24x 系列原有的读者,本书还简要介绍了 28x 系列芯片内核与 24x 系列内核的区别,以帮助这部分读者顺利过渡到 28x 芯片上来。

陈智渊编写 2.3 节～2.8 节,3.3 节、3.5 节、3.6 节、3.7 节和 7.1 节；张瀚编写 3.1 节、3.2 节、3.4 节、3.8 节、3.9 节,以及第 4 章、第 5 章、第 6 章和 7.2 节；徐科军编写第 1 章、2.1 节和 2.2 节,并审阅书稿；曾宪俊参加了本书的校对工作。

由于 DSP 技术发展非常迅速,作者的水平有限,书中可能存在不妥之处,敬请广大读者批评指正,作者的联系方式为：

安徽省合肥市合肥工业大学电气与自动化工程学院

合肥工业大学－德州仪器数字信号处理方案实验室

邮编：230009

电子信箱：dsplab@hfut.edu.cn

徐科军

2006 年 6 月

目 录

第1章 绪 论
1.1 TMS320F281x 系列 DSP 的性能 …………………………………………………… 1
1.2 TMS320F281x 系列 DSP 的结构 …………………………………………………… 3
1.3 TMS320F281x 系列 DSP 的引脚分布 ……………………………………………… 4
1.4 信号说明 ……………………………………………………………………………… 5

第2章 CPU 内核结构及存储器映射
2.1 CPU 结构 …………………………………………………………………………… 15
2.2 CPU 寄存器 ………………………………………………………………………… 16
 2.2.1 累加器(ACC,AH,AL) ………………………………………………………… 18
 2.2.2 被乘数寄存器(XT) …………………………………………………………… 18
 2.2.3 乘积寄存器(P、PH 和 PL) …………………………………………………… 19
 2.2.4 数据页指针(DP) ……………………………………………………………… 19
 2.2.5 堆栈指针(SP) ………………………………………………………………… 20
 2.2.6 辅助寄存器(XAR0～XAR7 和 AR0～AR7) ………………………………… 20
 2.2.7 程序计数器(PC) ……………………………………………………………… 21
 2.2.8 返回程序寄存器(RPC) ……………………………………………………… 21
 2.2.9 中断控制寄存器(IFR,IER,DBGIER) ……………………………………… 21
 2.2.10 状态寄存器(ST0,ST1) …………………………………………………… 21
2.3 程序流 ……………………………………………………………………………… 29
 2.3.1 中 断 …………………………………………………………………………… 29
 2.3.2 分支、调用和返回 …………………………………………………………… 29
 2.3.3 单个指令的重复执行 ………………………………………………………… 29
 2.3.4 指令流水线 …………………………………………………………………… 29
2.4 乘法操作 …………………………………………………………………………… 30
 2.4.1 16 位×16 位乘法 …………………………………………………………… 30
 2.4.2 32 位×32 位乘法 …………………………………………………………… 30
2.5 移位操作 …………………………………………………………………………… 31
2.6 CPU 中断与复位 …………………………………………………………………… 35

2.6.1	CPU 中断概述	35
2.6.2	CPU 中断向量和优先级	35
2.6.3	可屏蔽中断	37
2.6.4	可屏蔽中断的标准操作	40
2.6.5	非屏蔽中断	42
2.6.6	非法指令陷阱	45
2.6.7	硬件复位(RS)	45

2.7 流水线 46
   2.7.1 指令流水线 47
   2.7.2 可视流水线活动 49
   2.7.3 流水线活动的冻结 51
   2.7.4 流水线保护 52
   2.7.5 避免无流水线保护操作 54

2.8 存储器映射 56
   2.8.1 Flash 存储器(仅 F281x) 61
   2.8.2 M0 和 M1 SARAM 62
   2.8.3 L0、L1 和 H0 SARAM 62
   2.8.4 Boot ROM 62
   2.8.5 安 全 62

第 3 章 TMS320X281x DSP 的片内外设

3.1 系统控制和外设中断 63
   3.1.1 Flash 和 OTP 存储器 63
   3.1.2 代码安全模块 63
   3.1.3 时 钟 66
   3.1.4 通用 I/O 端口(GPIO) 77
   3.1.5 外设寄存器帧及 EALLOW 保护寄存器 83
   3.1.6 外设中断扩展(PIE) 84

3.2 系统外部接口(XINTF) 97
   3.2.1 总体功能描述 97
   3.2.2 XINTF 配置 99
   3.2.3 前导、有效和结束三个阶段等待状态的配置 103
   3.2.4 XINTF 寄存器 104
   3.2.5 外部 DMA 支持 104

3.3 模/数转换器(ADC) 105
   3.3.1 特 点 105
   3.3.2 自动排序器的工作原理 108
   3.3.3 非中断自动排序模式 113
   3.3.4 ADC 时钟的预标定 118
   3.3.5 ADC 的供电模式和上电顺序 118

  3.3.6 排序器覆盖功能 …………………………………………………… 119
  3.3.7 ADC 控制寄存器 …………………………………………………… 120
  3.3.8 最大转换通道寄存器(ADCMAXCONV) ………………………… 126
  3.3.9 自动排序状态寄存器(ADCASEQSR) ………………………… 127
  3.3.10 ADC 状态和标志寄存器(ADCST) ……………………………… 128
  3.3.11 ADC 输入通道选择排序控制寄存器 …………………………… 130
  3.3.12 ADC 转换结果缓冲寄存器(ADCRESULTn) …………………… 130
  3.3.13 F2810,F2811 和 F2812 内部 ADC 的校正 …………………… 131
 3.4 事件管理器 ……………………………………………………………… 137
  3.4.1 概　述 …………………………………………………………… 138
  3.4.2 通用定时器 …………………………………………………… 141
  3.4.3 全比较单元 …………………………………………………… 152
  3.4.4 PWM 电路 ……………………………………………………… 154
  3.4.5 PWM 波形的产生 ……………………………………………… 158
  3.4.6 捕获单元 ……………………………………………………… 162
  3.4.7 正交编码器脉冲 QEP 电路 …………………………………… 164
  3.4.8 EV 中断 ………………………………………………………… 166
  3.4.9 事件管理器的寄存器 ………………………………………… 168
 3.5 串行外设接口(SPI) …………………………………………………… 191
  3.5.1 增强型 SPI 模块简介 ………………………………………… 191
  3.5.2 操作介绍 ……………………………………………………… 195
  3.5.3 SPI 中断 ……………………………………………………… 197
  3.5.4 SPI FIFO 介绍 ………………………………………………… 201
 3.6 串行通信接口 …………………………………………………………… 203
  3.6.1 增强型 SCI 模块概述 ………………………………………… 203
  3.6.2 SCI 模块的结构 ……………………………………………… 206
  3.6.3 SCI 模块寄存器概述 ………………………………………… 216
 3.7 增强型 CAN 控制器模块 ……………………………………………… 217
  3.7.1 CAN 简介 ……………………………………………………… 218
  3.7.2 CAN 的网络和模块 …………………………………………… 219
  3.7.3 eCAN 控制器简介 …………………………………………… 221
  3.7.4 消息对象 ……………………………………………………… 223
  3.7.5 消息邮箱 ……………………………………………………… 224
 3.8 多通道缓冲串口 ………………………………………………………… 225
  3.8.1 McBSP 模块的功能和结构总览 ……………………………… 226
  3.8.2 McBSP 模块的操作 …………………………………………… 227
  3.8.3 多通道选择模式 ……………………………………………… 233
  3.8.4 接收器和发送器配置 ………………………………………… 236
  3.8.5 McBSP 初始化流程 …………………………………………… 237

3.8.6　McBSP 的 FIFO 和中断 …………………………………………………………… 237
3.8.7　McBSP 的其他寄存器 …………………………………………………………… 243

第 4 章　TMS320C28x DSP 的寻址方式和指令系统
4.1　寻址方式 ……………………………………………………………………………… 258
　4.1.1　寻址方式概述 …………………………………………………………………… 258
　4.1.2　寻址方式选择位 ………………………………………………………………… 259
　4.1.3　汇编器/编译器对 AMODE 位的追踪 ………………………………………… 261
　4.1.4　各寻址方式的具体说明 ………………………………………………………… 261
　4.1.5　32 位操作的定位 ……………………………………………………………… 268
4.2　C28x 汇编语言简介 ………………………………………………………………… 268

第 5 章　TMS320X281x DSP 的程序编写和调试
5.1　DSP 集成开发环境 CCS ……………………………………………………………… 269
　5.1.1　CCS 中的工程 …………………………………………………………………… 269
　5.1.2　CCS 的界面组成 ………………………………………………………………… 270
5.2　TMS320X281x DSP 的软件开发流程 ……………………………………………… 271
　5.2.1　CCS 集成开发环境的设置 ……………………………………………………… 272
　5.2.2　CCS 集成开发环境的应用 ……………………………………………………… 274
　5.2.3　通用扩展语言(GEL) …………………………………………………………… 281
5.3　DSP/BIOS 开发工具介绍 …………………………………………………………… 282

第 6 章　实验系统及实验例程
6.1　实验系统硬件介绍 …………………………………………………………………… 286
　6.1.1　eZdsp™ F2812 简介 …………………………………………………………… 286
　6.1.2　eZdsp™ F2812 使用 …………………………………………………………… 286
　6.1.3　TMS320F2812 重要电气参数 ………………………………………………… 292
6.2　应用实验例程 ………………………………………………………………………… 296
　6.2.1　实验例程中的文件 ……………………………………………………………… 296
　6.2.2　实验程序的主要代码 …………………………………………………………… 300

附录 A　汇编指令集 ……………………………………………………………………… 328
附录 B　eZdsp™ F2812 原理图 ………………………………………………………… 343
参考文献 …………………………………………………………………………………… 347

第1章 绪论

TMS320X281x 是美国德州仪器公司(Texas Instruments Incorporation,简称 TI 公司)推出的新一代 32 位定点数字信号处理器(Digital Signal Processor,简称 DSP),具体型号包括:TMS320F2811,TMS320F2812,TMS320C2810,TMS320C2811 和 TMS320C2812 等。在本书中,TMS320F2810,TMS320F2811 和 TMS320F2812 分别缩写为 F2810,F2811 和 F2812,F281x 表示这三种含有 Flash 的器件;TMS320C2810,TMS320C2811 和 TMS320C2812 分别缩写为 C2810,C2811 和 C2812,C281x 表示这三种含有 ROM 的器件。2810 表示 F2810 和 C2810 器件;2811 表示 F2811 和 C2811 器件;2812 表示 F2812 和 C2812 器件。

该系列芯片每秒可执行 1.5 亿次指令(150 MIPS),具有单周期 32 位×32 位的乘和累加操作(MAC)功能。F281x 片内集成了 128K/64K×16 位的闪速存储器(Flash),可方便地实现软件升级;此外,片内还集成了丰富的外围设备,例如:采样频率达 12.5 MIPS 的 12 位 16 路 A/D 转换器,面向电机控制的事件管理器,以及可为主机、测试设备、显示器和其他组件提供接口的多种标准串口通信外设等。可见,该类芯片既具备数字信号处理器卓越的数据处理能力,又像单片机那样具有适于控制的片内外设及接口,因而又被称为"数字信号控制器"(Digital Signal Controller,简称 DSC)。

TMS320X281x 与 TMS320F24x/LF240x 的原代码和部分功能相兼容,一方面保护了 TMS320F24x/LF240x 升级时对软件的投资;另一方面扩大了 TMS320C2000 的应用范围,从原先的普通电机数字控制拓展到高端多轴电机控制、可调谐激光控制、光学网络、电力系统监控和汽车控制等领域。

本章主要以 TMS320F281x 系列芯片为例介绍其性能、特点和结构,并给出该系列芯片的引脚分布和引脚功能。

1.1 TMS320F281x 系列 DSP 的性能

TMS320F281x 系列芯片的主要性能为:
- 高性能静态 CMOS 技术
  - 150 MHz 时钟频率(6.67 ns 时钟周期);
  - 低功耗设计(核心电压为 1.8 V @135 MHz,1.9 V @150 MHz,I/O 端口为 3.3 V);
  - Flash 编程电压 3.3 V。

- 高性能 CPU
  - 16 位×16 位和 32 位×32 位的乘和累加操作；
  - 双 16 位×16 位的乘加单元(MAC)；
  - 哈佛总线结构；
  - 强大的操作能力；
  - 迅速的中断响应和处理；
  - 统一的存储器编程模式；
  - 可达 4M 字的线性程序/数据地址；
  - 代码效率高(兼容 C/C++或者汇编语言)；
  - 与 TMS320F24x/LF240x 处理器的源代码兼容。
- 片上存储器
  - 多达 128K×16 位 Flash 存储器(4 个 8K×16 位和 6 个 16K×16 位的扇区)；
  - 1K×16 位的 OTP 型只读存储器；
  - 两个 4K×16 位的单口随机存储器(SARAM)：L0 和 L1；
  - 一块 8K×16 位 SARAM：H0；
  - 两块 1K×16 位 SARAM：M0 和 M1。
- 引导 ROM(4K×16 位)
  - 带有软件的引导模式；
  - 标准的数学表。
- 外部接口(仅 F2812 有)
  - 多达 1.5M×16 位的存储器；
  - 可编程等待状态；
  - 可编程读/写选通计数器；
  - 四个独立的片选端。
- 时钟和系统控制
  - 支持动态的锁相环倍率调整；
  - 片上振荡器；
  - 看门狗定时器模块。
- 三个外部中断
- 外部中断扩展(PIE)模块
  - 可支持 45 个外部中断。
- 三个 32 位 CPU 定时器
- 128 位密匙
  - 保护 Flash/OTP 和 L0/L1 SARAM；
  - 防止 ROM 中的程序被解密。
- 马达控制外设
  - 两个事件管理器(EVA,EVB)；
  - 与 240xA 器件兼容。
- 串行接口外设

- 串行外设接口(SPI);
- 两个串行通信接口(SCI),标准的 UART;
- 增强型局域网络控制器(eCAN);
- 多通道缓冲串口(McBSP)。
- 12 位 ADC,16 通道
  - 2 个 8 通道的输入多路转换器;
  - 两个采样保持器;
  - 单个/双路同步采样;
  - 高速通道转换速率:80 ns/12.5 MSPS。
- 最多可有 56 个可编程通用输入/输出(GPIO)引脚
- 高级的仿真性能
  - 分析和设置断点的功能;
  - 实时的硬件调试功能。
- 开发工具包括
  - ANSI C/C++ 编译器/汇编器/连接器;
  - 支持 TMS32024x/20x 指令;
  - 代码编辑集成开发环境;
  - DSP BIOS;
  - JTAG 扫描控制器(TI 或者第三方);
  - 评估板;
  - 广泛的第三方数字电机控制支持。
- 低功耗模式和节能模式
  - 支持空闲模式、等待模式和挂起模式;
  - 独立的停止外设的时钟。
- 封装形式
  - 带外部接口的 179 引脚球形触点 BGA 封装(GHH,ZHH 和 2812);
  - 带外部接口的 176 引脚低剖面四方扁平 LQFP 封装(PGF,2812);
  - 不带外部接口的 128 LQFP 封装(PBK,2810 和 2811)。
- 工作温度范围
  - A:-40~+85 ℃;
  - S/Q:-40~+125 ℃。

1.2 TMS320F281x 系列 DSP 的结构

F281x 功能框图如图 1-2-1 所示。

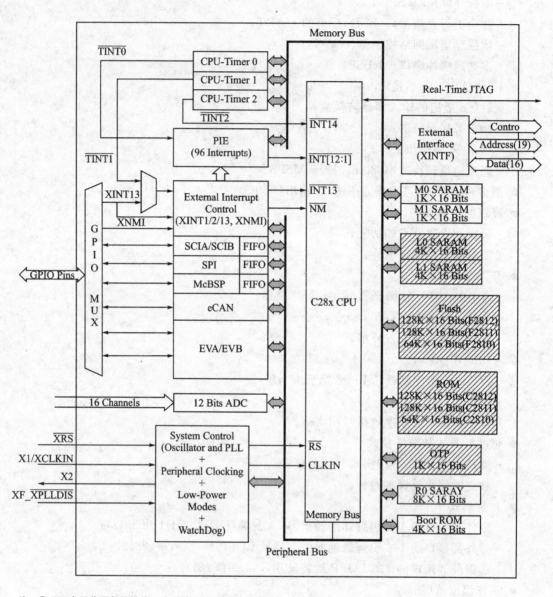

注：① ▨ 表示代码保护模块。② 器件上提供 96 个中断,45 个可用;③ XINTF 在 F2810 上不可用。

图 1-2-1 F281x 功能框图

1.3 TMS320F281x 系列 DSP 的引脚分布

图 1-3-1 为 F2812 的 176 引脚 PGF 低剖面四方扁平封装(LQFP)的引脚分布。

第1章 绪 论

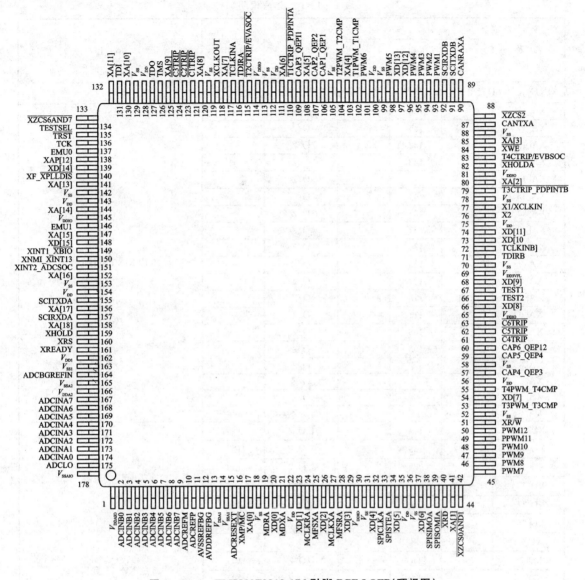

图 1-3-1　TMS320F2812 176 引脚 PGF LQFP(顶视图)

1.4　信号说明

表 1-4-1 列出了 F281x 和 C281x 器件的信号说明。
表 1-4-2 列出了外设信号说明。
所有的数字输入都与 TTL 兼容；
所有的输出都是 3.3 V 的 CMOS 电平，不能接受 5 V 输入；
内部使用一个上拉或下拉电流为 100 μA(或者 20 μA)的上拉/下拉电阻。

表 1-4-1　信号说明 *

名　称	引脚编号 176 引脚 PGF	I/O/Z**	PU/PD§	描　述
XINTF 信号（只适用于 2812）				
XA[18]	158	O/Z	—	
XA[17]	156	O/Z	—	
XA[16]	152	O/Z	—	
XA[15]	148	O/Z	—	
XA[14]	144	O/Z	—	
XA[13]	141	O/Z	—	
XA[12]	138	O/Z	—	
XA[11]	132	O/Z	—	
XA[10]	130	O/Z	—	
XA[9]	125	O/Z	—	19 位 XINTF 地址总线
XA[8]	121	O/Z	—	
XA[7]	118	O/Z	—	
XA[6]	111	O/Z	—	
XA[5]	108	O/Z	—	
XA[4]	103	O/Z	—	
XA[3]	85	O/Z	—	
XA[2]	80	O/Z	—	
XA[1]	43	O/Z	—	
XA[0]	18	O/Z	—	
XC[15]	147	I/O/Z	PU	
XD[14]	139	I/O/Z	PU	
XD[13]	97	I/O/Z	PU	
XD[12]	96	I/O/Z	PU	
XD[11]	74	I/O/Z	PU	
XD[10]	73	I/O/Z	PU	
XD[9]	68	I/O/Z	PU	
XD[8]	65	I/O/Z	PU	16 位 XINTF 数据总线
XD[7]	54	I/O/Z	PU	
XD[6]	39	I/O/Z	PU	
XD[5]	36	I/O/Z	PU	
XD[4]	33	I/O/Z	PU	
XD[3]	30	I/O/Z	PU	
XD[2]	27	I/O/Z	PU	
XD[1]	24	I/O/Z	PU	
XD[0]	21	I/O/Z	PU	

* 除 TDO、XCLKOUT、XF、XINTF、EMU0 和 EMU1 引脚驱动能力是 8 mA 以外，其他脚的输出缓冲器的驱动能力的典型值是 4 mA；

** I：输入，O：输出，Z：高阻态；

§ PU：引脚有内部上拉；PD：引脚有内部下拉。

续表 1-4-1

名 称	引脚编号 176 引脚 PGF	I/O/Z	PU/PD	描 述
XINTF 信号（仅 F2812）				
XMP/$\overline{MC}$	17	I	PU	微处理器/微计算机模式选择，可在两者之间切换。为高电平时，外部接口上的区域 7 有效；为低电平时，区域 7 无效，取而代之为使用片内的 boot ROM 功能。复位时，该信号被锁存在 XINTCNF2 寄存器中，可通过软件修改此位，其状态被忽略
$\overline{XHOLD}$	159	I	PU	外部保持请求信号。为低电平时，请求 XINTF 释放外部总线，并把所有的总线与选通端置为高阻态。当对总线操作完成且不存在等待的操作时，XINTF 释放总线
$\overline{XHOLDA}$	82	O/Z	—	外部保持确认信号。当 XINTF 响应 $\overline{XHOLD}$ 的请求时，它呈现低电平。所有的 XINTF 总线和选通端呈现高阻态。$\overline{XHOLD}$ 和它同时发出。当它有效（低）时，外部器件只能使用外部总线
$\overline{XZCS0AND1}$	44	O/Z	—	XINTF 的区域 0 和区域 1 的片选。当访问 XINTF 区域 0 或 1 时有效（低）
$\overline{XZCS2}$	88	O/Z	—	XINTF 的区域 2 的片选。当访问 XINTF 区域 2 时有效（低）
$\overline{XZCS6AND7}$	133	O/Z	—	XINTF 区域 6 和 7 的片选。当访问 XINTF 区域 6 和 7 时有效（低）
$\overline{XWE}$	84	O/Z	—	写使能。有效时为低电平。写选通信号按每个区域为基础，由 XTIMINGx 寄存器的前一周期、当前周期和后一周期给定
$\overline{XRE}$	42	O/Z	—	读使能。低电平读选通。读选通信号按每个区域为基础，由 XTIMINGx 寄存器的前一周期、当前周期和后一周期给定。注意：$\overline{XWE}$ 和 $\overline{XRE}$ 是互斥信号
XR/$\overline{W}$	51	O/Z	—	读/写选通。通常为高电平。当为低电平时，表示处于写周期；当为高电平时，表示处于读周期
XREADY	161	I	PU	准备信号。为 1 时，表示外设已为访问做好准备。XREADY 可被设置为同步或异步输入。详见时序图

续表 1-4-1

名称	引脚编号 176 引脚 PGF	I/O/Z	PU/PD	描述
JTAG 和其他信号				
X1/XCLKIN	77	I		振荡器输入/输入到内部振荡器。该引脚也可用来接受外部时钟。28x 能够用外部时钟源工作,条件是要在该引脚上提供适当的驱动电平。注意,该引脚是为 1.8 V 或 1.9 V,内核提供数字电源(V_{DD}),非 3.3 V 的 I/O 电源(V_{DDIO})。用一个嵌位二极管去嵌位时钟信号,以保证其逻辑高电平不超过 V_{DD}(1.8 V 或 1.9 V),或者使用一个 1.8 V 的振荡器
X2	76	O		振荡器输出
XCLKOUT	119	O	—	源于 SYSCLKOUT 的输出时钟,用于片外等待状态的产生或者是通用时钟源。XCLKOUT 的频率可以与 SYSCLKOUT 相等,或者是它的 1/2 或 1/4。复位时 XCLKOUT=SYSCLKOUT/4。通过将 XINTCNF2 寄存器的位 3(CLKOFF)置 1,可以关闭 XCLKOUT 信号
TESTSEL	134	I	PD	测试引脚,为 TI 保留,必须接地
$\overline{XRS}$	160	I/O	PU	器件复位(输入)和看门狗复位(输出)。器件复位,$\overline{XRS}$ 使器件终止运行,PC 将指向 0x3FFFC0 地址;当 $\overline{XRS}$ 为高电平时,程序从 PC 所指的位置开始运行。当看门狗产生复位时,DSP 将该引脚驱动为低电平,在看门狗复位期间,低电平将持续 512 个 XCLKIN 周期。该引脚的输出缓冲器是一个带有内部上拉(典型值 100 μA)的开漏缓冲器,推荐该引脚由一个开漏设备去驱动
TEST1	67	I/O	—	测试引脚,为 TI 保留,必须悬空
TEST2	66	I/O	—	测试引脚,为 TI 保留,必须悬空
JTAG				
$\overline{TRST}$	135	I	PD	有内部上拉的 JTAG 测试复位。为高电平时,给出器件操作扫描系统控制;若信号悬空或者为低电平,器件以功能模式操作,测试信号被忽略。 注:在 $\overline{TRST}$ 上不能用上拉电阻,其内部有下拉器件,在低噪声环境中,$\overline{TRST}$ 可以浮空;在强噪声环境中,需要使用附加的下拉电阻,该电阻值根据调试器设计的驱动能力而定,一般 2.2 kΩ 即能提供足够的保护。因为这种应用特性,使得调试器和应用目标板都有合适且有效的操作
TCK	136	I	PU	JTAG 测试时钟,带有内部上拉功能

续表 1-4-1

名　称	引脚编号 176 引脚 PGF	I/O/Z	PU/PD	描　述
TMS	126	I	PU	JTAG 测试模式选择端，有内部上拉功能，在 TCK 的上升沿 TAP 控制器计数一系列的控制输入
TDI	131	I	PU	带上拉功能的 JTAG 测试数据输入端（TDI）。在 TCK 的上升沿，TDI 被计时到选择寄存器（指令和数据）中
TDO	127	O/Z	—	JTAG 扫描输出，测试数据输出。在 TCK 的下降沿将选择寄存器（指令和数据）的内容从 TDO 移出
EMU0	137	I/O/Z	PU	仿真器引脚 0。当 $\overline{TRST}$ 为高电平时，此引脚作为中断输入或来自仿真系统，被定义为通过 JTAG 扫描的输入或输出
EMU1	146	I/O/Z	PU	仿真器引脚 1。当 $\overline{TRST}$ 为高电平时，此引脚作为中断输入或来自仿真系统，被定义为通过 JTAG 扫描的输入或输出
ADC 模拟输入信号				
ADCINA7	167	I		
ADCINA6	168	I		
ADCINA5	169	I		
ADCINA4	170	I		采样/保持 A 的 8 通道模拟输入。在器件未上电之前不被驱动
ADCINA3	171	I		
ADCINA2	172	I		
ADCINA1	173	I		
ADCINA0	174	I		
ADCINB7	9	I		
ADCINB6	8	I		
ADCINB5	7	I		
ADCINB4	6	I		采样/保持 B 的 8 通道模拟输入。在器件没上电之前不被驱动
ADCINB3	5	I		
ADCINB2	4	I		
ADCINB1	3	I		
ADCINB0	2	I		
ADCREFP	11	I/O		ADC 参考电压输出（2 V）。需要在该引脚上接一个低 ESR（50 mΩ~1.5 Ω）10 μF 的陶瓷旁路电容，另一端接地

续表 1-4-1

名 称	引脚编号 176 引脚 PGF	I/O/Z	PU/PD	描 述
ADCREFM	10	I/O		ADC 参考电压输出(1 V)。需要在该引脚上接一个低 ESR(50 mΩ～1.5 Ω)10 μF 的陶瓷旁路电容,另一端接地
ADCRESEXT	16	O		ADC 外部偏置电阻(24.9 kΩ)
ADCBGREFIN	164	I		测试引脚,为 TI 保留,必须悬空
AVSSREFBG	12	I		ADC 模拟地
AVDDREFBG	13	I		ADC 电源(3.3 V)
ADCLO	175	I		公共低侧模拟输入,连接到模拟地
V_{SSA1}	15	I		ADC 模拟地
V_{SSA2}	165	I		ADC 模拟地
V_{DDA1}	14	I		ADC 模拟电源(3.3 V)
V_{DDA2}	166	I		ADC 模拟电源(3.3 V)
V_{SS1}	163	I		ADC 数字地
V_{DD1}	162	I		ADC 数字地
V_{DDAIO}	1			
V_{SSAIO}	176			模拟 I/O 地
电源引脚				
V_{DD}	23			
V_{DD}	37			
V_{DD}	56			
V_{DD}	75			
V_{DD}	—			1.8 V 或者 1.9 V 核心电源引脚
V_{DD}	100			
V_{DD}	112			
V_{DD}	128			
V_{DD}	143			
V_{DD}	154			

续表 1-4-1

名 称	引脚编号 176 引脚 PGF	I/O/Z	PU/PD	描 述
V_{SS}	19			
V_{SS}	32			
V_{SS}	38			
V_{SS}	52			
V_{SS}	58			
V_{SS}	70			
V_{SS}	78			核心和数字 I/O 电源地
V_{SS}	86			
V_{SS}	99			
V_{SS}	105			
V_{SS}	113			
V_{SS}	120			
V_{SS}	129			
V_{SS}	142			
V_{SS}	—			
V_{SS}	153			
V_{DDIO}	31			
V_{DDIO}	64			
V_{DDIO}	81			3.3 V I/O 数字电源引脚
V_{DDIO}	—			
V_{DDIO}	114			
V_{DDIO}	145			
V_{DD3VFL}	69			3.3 V Flash 核心电源引脚。这些引脚应该在系统上电顺序满足后,一直连接到 3.3 V,可以视为 ROM 单元的 V_{DDIO} 引脚

表1-4-2 外设信号说明

名称	外设信号	引脚编号 176引脚 PGF	I/O/Z	PU/PD	描述
GPIOA 或 EVA 信号					
GPIOA0	PWM1 (O)	92	I/O/Z	PU	GPIO 或 PWM 输出引脚 1
GPIOA1	PWM2 (O)	93	I/O/Z	PU	GPIO 或 PWM 输出引脚 2
GPIOA2	PWM3 (O)	94	I/O/Z	PU	GPIO 或 PWM 输出引脚 3
GPIOA3	PWM4 (O)	95	I/O/Z	PU	GPIO 或 PWM 输出引脚 4
GPIOA4	PWM5 (O)	98	I/O/Z	PU	GPIO 或 PWM 输出引脚 5
GPIOA5	PWM6 (O)	101	I/O/Z	PU	GPIO 或 PWM 输出引脚 6
GPIOA6	T1PWM_T1CMP (I)	102	I/O/Z	PU	GPIO 或定时器 1 输出
GPIOA7	T2PWM_T2CMP (I)	104	I/O/Z	PU	GPIO 或定时器 2 输出
GPIOA8	CAP1_QEP1 (I)	106	I/O/Z	PU	GPIO 或捕获输入 1
GPIOA9	CAP2_QEP2 (I)	107	I/O/Z	PU	GPIO 或捕获输入 2
GPIOA10	CAP3_QEPI1 (I)	109	I/O/Z	PU	GPIO 或捕获输入 3
GPIOA11	TDIRA (I)	116	I/O/Z	PU	GPIO 或定时器方向选择
GPIOA12	TCLKINA (I)	117	I/O/Z	PU	GPIO 或定时器时钟输入
GPIOA13	C1TRIP (I)	122	I/O/Z	PU	GPIO 或比较器 1 输出
GPIOA14	C2TRIP (I)	123	I/O/Z	PU	GPIO 或比较 2 输出
GPIOA15	C3TRIP (I)	124	I/O/Z	PU	GPIO 或比较 3 输出
GPIOB 或 EVB SIGNALS					
GPIOB0	PWM7 (O)	45	I/O/Z	PU	GPIO 或 PWM 输出引脚 7
GPIOB1	PWM8 (O)	46	I/O/Z	PU	GPIO 或 PWM 输出引脚 8
GPIOB2	PWM9 (O)	47	I/O/Z	PU	GPIO 或 PWM 输出引脚 9
GPIOB3	PWM10 (O)	48	I/O/Z	PU	GPIO 或 PWM 输出引脚 10
GPIOB4	PWM11 (O)	49	I/O/Z	PU	GPIO 或 PWM 输出引脚 11
GPIOB5	PWM12 (O)	50	I/O/Z	PU	GPIO 或 PWM 输出引脚 12
GPIOB6	T3PWM_T3CMP (I)	53	I/O/Z	PU	GPIO 或定时器 3 输出
GPIOB7	T4PWM_T4CMP (I)	55	I/O/Z	PU	GPIO 或定时器 4 输出
GPIOB8	CAP4_QEP3 (I)	57	I/O/Z	PU	GPIO 或捕获输入 4
GPIOB9	CAP5_QEP4 (I)	59	I/O/Z	PU	GPIO 或捕获输入 5
GPIOB10	CAP6_QEPI2 (I)	60	I/O/Z	PU	GPIO 或捕获输入 6
GPIOB11	TDIRB (I)	71	I/O/Z	PU	GPIO 或定时器方向
GPIOB12	TCLKINB (I)	72	I/O/Z	PU	GPIO 或定时器时钟输入
GPIOB13	C4TRIP (I)	61	I/O/Z	PU	GPIO 或比较器 4 输出
GPIOB14	C5TRIP (I)	62	I/O/Z	PU	GPIO 或比较器 5 输出
GPIOB15	C6TRIP (I)	63	I/O/Z	PU	GPIO 或比较器 6 输出

续表 1-4-2

名 称	外设信号	引脚编号 176 引脚 PGF	I/O/Z	PU/PD	描 述
GPIOD 或 EVA 信号					
GPIOD0	T1CTRIP_PDPINTA(I)	110	I/O/Z	PU	定时器 1 比较器输出
GPIOD1	T2CTRIP/EVASOC(I)	115	I/O/Z	PU	定时器 2 比较器输出或外部启动 EVA 的 ADC 转换
GPIOD 或 EVB 信号					
GPIOD5	T3CTRIP_PDPINTB(I)	79	I/O/Z	PU	定时器 3 比较器输出
GPIOD6	T4CTRIP/EVBSOC(I)	83	I/O/Z	PU	定时器 4 比较器输出或外部启动 EVB 的 ADC 转换
GPIOE 或 INTERRUPT 信号					
GPIOE0	XINT1_XBIO (I)	149	I/O/Z	—	GPIO 或 XINT1 或 XBIO 输入
GPIOE1	XINT2_ADCSOC (I)	151	I/O/Z	—	GPIO 或 XINT2 或 ADC 转换启动
GPIOE2	XNMI_XINT13 (I)	150	I/O/Z	PU	GPIO 或 XNMI 或 XINT13
GPIOF 或 SPI 信号					
GPIOF0	SPISIMOA (O)	40	I/O/Z	—	GPIO 或 SPI 从入主出
GPIOF1	SPISOMIA (I)	41	I/O/Z	—	GPIO 或 SPI 从出主入
GPIOF2	SPICLKA (I/O)	34	I/O/Z	—	GPIO 或 SPI 时钟
GPIOF3	SPISTEA (I/O)	35	I/O/Z	—	GPIO 或 SPI 从发送使能
GPIOF 或 SCI-A 信号					
GPIOF4	SCITXDA (O)	155	I/O/Z	PU	GPIO 或 SCI 异步串行接口数据发送
GPIOF5	SCIRXDA (I)	157	I/O/Z	PU	GPIO 或 SCI 异步串行接口数据接收
GPIOF 或 CAN SIGNALS					
GPIOF6	CANTXA (O)	87	I/O/Z	PU	GPIO 或 eCAN 数据发送
GPIOF7	CANRXA (I)	89	I/O/Z	PU	GPIO 或 eCAN 数据接收
GPIOF 或 McBSP 信号					
GPIOF8	MCLKXA (I/O)	28	I/O/Z	PU	GPIO 或 发送时钟
GPIOF9	MCLKRA (I/O)	25	I/O/Z	PU	GPIO 或 接收时钟
GPIOF10	MFSXA (I/O)	26	I/O/Z	PU	GPIO 或 发送帧同步
GPIOF11	MFSRA (I/O)	29	I/O/Z	PU	GPIO 或 接收帧同步
GPIOF12	MDXA (O)	22	I/O/Z	—	GPIO 或 发送的串行数据
GPIOF13	MDRA (I)	20	I/O/Z	PU	GPIO 或 接收的串行数据

续表 1-4-2

GPIO	外设信号	引脚编号 176 引脚 PGF	I/O/Z	PU/PD	描述
GPIOF 或 XF CPU 输出信号					
GPIOF14	XF_XPLLDIS (O)	140	I/O/Z	PU	该引脚有以下三种功能： ● XF：通用输出引脚 ● XPLLDIS：该引脚在系统复位时被采样，检查是否要将 PLL 禁用。如果该引脚为低电平则禁用 PLL。在 PLL 禁用时没有 HALT 和 STAND-BY 模式 ● GPIO：通用 I/O 功能
GPIOG 或 SCI-B 信号					
GPIOG4	SCITXDB (O)	90	I/O/Z	—	GPIO 或 SCI 异步串行接口的数据发送
GPIOG5	SCIRXDB (I)	91	I/O/Z	—	GPIO 或 SCI 异步串行接口的数据接收

第 2 章
CPU 内核结构及存储器映射

中央处理单元(CPU)负责控制程序的流程和指令的处理,可执行算术运算、布尔逻辑、乘法和移位操作。当执行有符号的数学运算时,CPU 采用二进制补码进行运算。本章介绍 CPU 的结构、寄存器和主要功能。

2.1 CPU 结构

C28x CPU 的主要单元和数据通道如图 2-1-1 所示,但它并不反映硅片的实际实现。阴影的总线是通向 CPU 外部的存储器的接口总线;操作数总线为乘法器、移位器为 ALU 的操作提供操作数;而结果总线把结果送到寄存器和存储器中。

CPU 的主要单元为:

- 程序和数据存储逻辑,用来存储从程序存储器中取出的一串指令。
- 可视化的实时仿真。
- 地址寄存器算术单元(ARAU)。ARAU 为从数据存储器中取出的值分配地址。对于数据读操作,它把地址放在数据读地址总线(DRAB)上;对于数据写操作,它把地址装入数据写地址总线(DWAB)。ARAU 也可以增加或减小堆栈指针(SP)和辅助寄存器(XAR0～XAR7)的值。
- 算术逻辑单元(ALU)。32 位 ALU 能够执行二进制补码运算和布尔逻辑运算。在做运算之前,ALU 从寄存器、数据存储器或者程序逻辑单元中接收数据;运算结束后,ALU 将结果存入寄存器或者数据存储器。
- 预取队列和指令译码。
- 程序和数据的地址发生器。
- 定点 MPY/ALU。乘法器执行 32 位×32 位的二进制补码乘法,并产生 64 位计算结果。为了与乘法器相连,28xx 采用 32 位被乘数寄存器(XT)、32 位乘积寄存器(P)和 32 位累加器(ACC)。XT 提供 1 个用于乘法的数值,乘积被送到 P 寄存器或者 ACC 中。
- 中断处理。

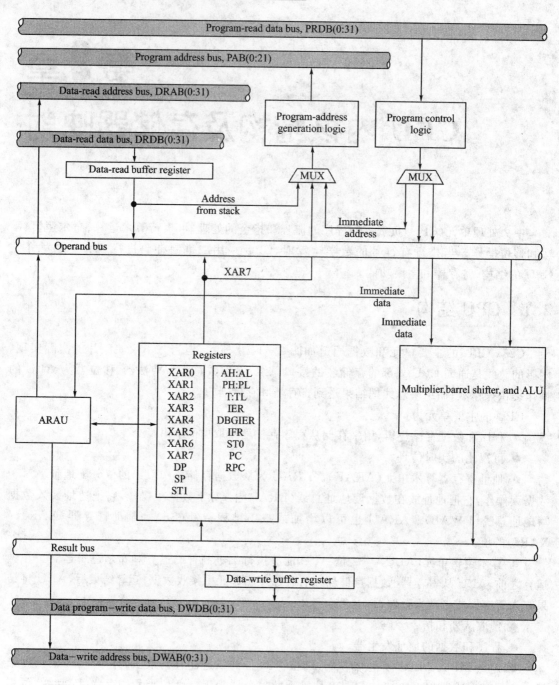

图 2-1-1 CPU 原理框图

2.2 CPU 寄存器

表 2-2-1 所列为 CPU 的主要寄存器及其复位后的值。寄存器的关系如图 2-2-1 所示。

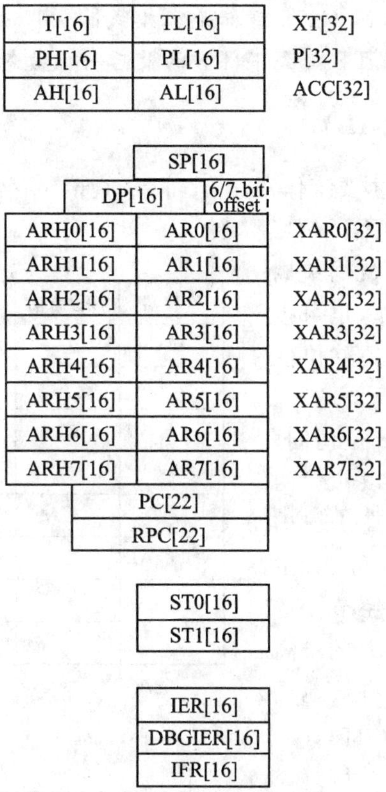

第 2 章　CPU 内核结构及存储器映射

```
        T[16]    TL[16]     XT[32]
        PH[16]   PL[16]     P[32]
        AH[16]   AL[16]     ACC[32]

                   SP[16]
              DP[16]   6/7-bit
                       offset
        ARH0[16]  AR0[16]   XAR0[32]
        ARH1[16]  AR1[16]   XAR1[32]
        ARH2[16]  AR2[16]   XAR2[32]
        ARH3[16]  AR3[16]   XAR3[32]
        ARH4[16]  AR4[16]   XAR4[32]
        ARH5[16]  AR5[16]   XAR5[32]
        ARH6[16]  AR6[16]   XAR6[32]
        ARH7[16]  AR7[16]   XAR7[32]
                   PC[22]
                   RPC[22]

                   ST0[16]
                   ST1[16]

                   IER[16]
                   DBGIER[16]
                   IFR[16]
```

图 2-2-1　C28x 的寄存器

表 2-2-1　CPU 寄存器总表

寄存器	大小	描述	复位后的值	寄存器	大小	描述	复位后的值
ACC	32 位	累加器	0x0000 0000	AR7	16 位	XAR7 低 16 位	0x0000
AC	16 位	累加器 ACC 高 16 位	0x0000	DP	16 位	数据页指针	0x0000
AL	16 位	累加器 ACC 低 16 位	0x0000	IFR	16 位	中断标志寄存器	0x0000
XAR0	16 位	辅助寄存器 0	0x0000 0000	IER	16 位	中断使能寄存器	0x0000（INT1～INT14, DLOGINT, RTOSIN 禁用）
XAR1	32 位	辅助寄存器 1	0x0000 0000				
XAR2	32 位	辅助寄存器 2	0x0000 0000	DBGIER	16 位	调试中断使能寄存器	0x0000（INT1～INT14, DLOGINT, RTOSIN 禁用）
XAR3	32 位	辅助寄存器 3	0x0000 0000				
XAR4	32 位	辅助寄存器 4	0x0000 0000	P	32 位	乘积寄存器	0x0000 0000
XAR5	32 位	辅助寄存器 5	0x0000 0000	PH	16 位	P 的高 16 位	0x0000
XAR6	32 位	辅助寄存器 6	0x0000 0000	PL	16 位	P 的低 16 位	0x0000
XAR7	32 位	辅助寄存器 7	0x0000 0000	PC	22 位	程序计数器	0x3F FFC0
AR0	16 位	XAR0 低 16 位	0x0000	RPC	22 位	返回程序计数器	0x0000 0000
AR1	16 位	XAR1 低 16 位	0x0000	SP	16 位	堆栈指针	0x400
AR2	16 位	XAR2 低 16 位	0x0000	ST0	16 位	状态寄存器 0	0x0000
AR3	16 位	XAR3 低 16 位	0x0000	ST1	16 位	状态寄存器 1	0x080B*
AR4	16 位	XAR4 低 16 位	0x0000	XT	32 位	被乘数寄存器	0x0000 0000
AR5	16 位	XAR5 低 16 位	0x0000	T	16 位	XT 高 16 位	0x0000
AR6	16 位	XAR6 低 16 位	0x0000	TL	16 位	XT 低 16 位	0x0000

* 这里给出的复位值是指没有 VMAP 信号和 MOM1MAP 信号引出的芯片。在这些芯片中，这些信号被内部上拉。

注意：当工作在 C28x 模式或 C27x 目标兼容模式时，用 6 位偏移量；当工作在 C2xLP 源模式时，用 7 位偏移量。在 C2xLP 模式下，DP 的最后一位被忽略。

2.2.1 累加器(ACC,AH,AL)

累加器(ACC)是 CPU 的主要工作寄存器。除了直接对存储器和寄存器的操作外，所有 ALU 操作的结果都要送到 ACC。ACC 支持数据存储器中 32 位宽度数据单周期传送、加法、减法和比较操作，也可接收 32 位的乘法运算结果，ACC 移位值可用操作如表 2-2-2 所列。

表 2-2-2 累加器移位值的可用操作

寄存器	移位方向	移位类型	指　　令
ACC	左	逻辑	LSL 或 LSLL
		循环	ROL
	右	算术	SFR(SXM=1)或 ASRL
		逻辑	SFR(SXM=0)或 ASRL
		循环	ROR
AH 或 AL	左	逻辑	LSL
	右	算术	ASR
		逻辑	LSR

可对 ACC 进行 16 位或 8 位访问，如图 2-2-2 所示。ACC 可以作为两个独立的 16 位寄存器：AH(高 16 位)和 AL(低 16 位)。可以对 AH 和 AL 中的字节进行独立访问，用专用字节传送指令能够装载和存储 AH 或 AL 的最高有效字节和最低有效字节，使有效地进行字节捆绑和解捆绑操作成为可能。

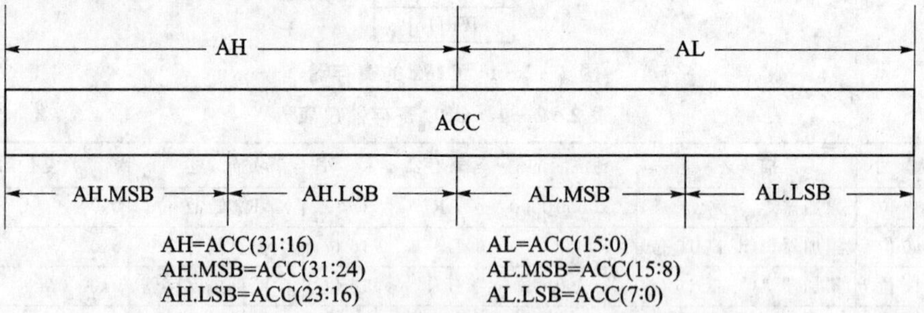

```
|←——— AH ———→|←——— AL ———→|
|                ACC                |
|AH.MSB|AH.LSB|AL.MSB|AL.LSB|

AH=ACC(31:16)          AL=ACC(15:0)
AH.MSB=ACC(31:24)      AL.MSB=ACC(15:8)
AH.LSB=ACC(23:16)      AL.LSB=ACC(7:0)
```

图 2-2-2 累加器可以单独存取的部分

累加器有以下相关的状态位：
● 溢出模式位(OVM)；
● 符号扩展模式位(SXM)；
● 测试/控制标志位(TC)；
● 进位位(C)；
● 零标志位(Z)；
● 负标志位(N)；
● 锁存溢出标志位(V)；
● 溢出计数器位(OVC)。

2.2.2 被乘数寄存器(XT)

被乘数寄存器(XT 寄存器)主要用于在 32 位乘法操作之前，存放一个 32 位有符号整数值。XT寄存器的低16位部分是TL寄存器。该寄存器能装载一个16位有符号数,能自动对该数进行符号扩展,然后将其送入32位XT寄存器。XT寄存器的高16位部分是T寄存器。该寄存器主要用来存储16位乘法操作之前的16位整数值。T寄存器也可以为一些移位操作设定移位值,在这种情况下,根据指令,只可以使用T寄存器的一部分。XT寄存器的分半单独存取如图2-2-3所示。

例如:

```
ASR    AX,T      ;完成一个基于T寄存器最低4位算术右移,T(3:0) = 0~15
ASRL   ACC,T     ;完成一个基于T寄存器最低5位算术右移,T(4:0) = 0~31
```

在上述操作中,T寄存器的大部分有效位没有被用到。

2.2.3 乘积寄存器(P、PH 和 PL)

乘积寄存器(P寄存器)主要用来存放32位乘法运算的结果,也可以直接装入一个16位常数,或者从一个16/32位数据存储器、16/32位可寻址CPU寄存器,以及从32位ACC中读取数据。P寄存器可以作为一个32位寄存器或者两个独立的16位寄存器:PH(高16位)和PL(低16位)来使用,如图2-2-4所示。

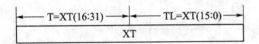

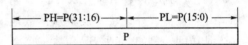

图2-2-3　XT寄存器的分半单独存取　　图2-2-4　P寄存器的分半单独存取

当用一些指令存取P、PH或PL时,所有32位数据都要复制到ALU移位器模块中,在这里桶形移位器可以执行左移、右移操作,或者不进行移位操作。这些指令的移位操作由状态寄存器(ST0)中的结果移位模式(PM)位来决定。表2-2-3列出了PM的可能值和相应的结果移位模式。当桶形移位器执行左移操作时,低位以零充填;当执行右移操作时,P寄存器的值被符号扩展。使用PH或PL作为操作数的指令忽略结果移位模式。

表2-2-3　结果移位模式

PM 值	结果移位模式
000B	左移1位
001B	不移位
010B	右移1位
011B	右移2位
100B	右移3位
101B	右移4位(若AMODE=1,左移4位)
110B	右移5位
111B	右移6位

2.2.4 数据页指针(DP)

在直接寻址模式中,对数据存储器的寻址是在64字的数据页中进行的。数据存储器的低4M字包含65536个数据页,标号为0~65535,如图2-2-5所示。在DP直接寻址模式中,16位数据页指针(DP)包含了当前数据页数;可以通过给DP赋新值来改变数据页码。

对于超过4M字的数据,存储器不能用DP来访问。当工作在C2xLP源兼容模式时,使用一个7位的偏移量,并忽略DP寄存器的最低有效位。

2.2.5 堆栈指针(SP)

堆栈指针(SP)容许在数据存储器中使用软件堆栈。堆栈指针为16位,可以对数据空间的低64K进行寻址,如图2-2-6所示。当使用SP时,32位地址的高6位被强制置零;复位后,SP指向地址0000 0400h。

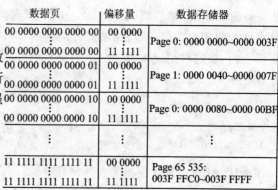

图2-2-5 数据存储器的数据页

堆栈操作的说明如下:
- 堆栈从存储器低地址向高地址增长。
- SP总是指向堆栈中的下一个空域。
- 复位时,SP被初始化,指向地址0000 0400h。
- 将32位数值存入堆栈时,先存低16位,再将高16位存入下一个高地址。
- 当读/写32位数值时,C28x CPU期望存储器或外设接口逻辑从偶数地址访问。例如,如果SP包含一个奇数地址00000083h,那么进行一个32位读操作时,将从地址00000082h和00000083h中读取数据。
- 如果SP的值增加到超过FFFFh,或减小到小于0000h,则SP溢出;如果增加SP值超过FFFFh,则从

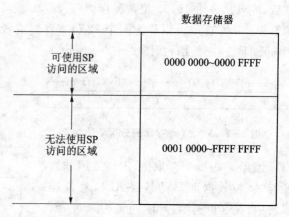

图2-2-6 堆栈指针的地址范围

0000h开始计数。例如,当SP=FFFEh,一个指令又向SP加3时,则结果就为0001h。当减少SP的值使它低于0000h时,它就会从FFFFh向相反的方向计数。例如,当SP=0002h,而一个指令要从SP中减去4时,则结果为FFFEh。
- 当数值存入堆栈时,SP并不要求排成奇数或者偶数地址,排列由存储器或者外设接口逻辑完成。

2.2.6 辅助寄存器(XAR0~XAR7 和 AR0~AR7)

CPU提供8个32位寄存器:XAR0、XAR1、XAR2、XAR3、XAR4、XAR5、XAR6和XAR7。它们可以作为指针指向存储器,或者作为通用目的寄存器来使用。

许多指令可以访问XAR0~XAR7的低16位,如图2-2-7所示。其中辅助寄存器的低16位作为AR0~AR7。作为一般目的寄存器,它们用作循环控制和16位比较。

当访问AR0~AR7时,寄存器的高16位(AR0H~AR7H)可能改变或不改变,这取决于所用指令。AR0H~AR7H只能作为XAR0~XAR7的一部分来读取,不能单独进行访问。对于ACC操作,所有32位都是有效的(@XARn)。对于16位操作,用低16位,高16位被忽

略(@ARn)。也可以通过一些指令使 XAR0～XAR7 指向程序存储器的任何值,详见间接寻址模式。许多指令可以访问 XAR0～XAR7 的低 16 位(LSB)。XAR0～XAR7 的低 16 位即为辅助寄存器 AR0～AR7,如图 2-2-8 所示。

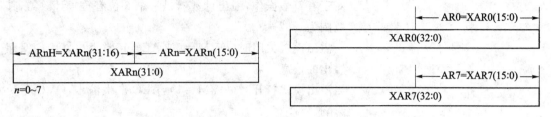

图 2-2-7　XAR0～XAR7 寄存器　　　　图 2-2-8　XAR0～XAR7 寄存器

2.2.7　程序计数器(PC)

当流水线满时,22 位程序计数器总是指向当前操作的指令,该指令刚刚到达流水线的解码第 2 阶段。一旦指令到达了流水线的这一阶段,它就不会被中断从流水线中清除,而是在中断之前被执行。

2.2.8　返回程序寄存器(RPC)

当用 LCR 指令执行一个调用操作时,返回地址存在 RPC 寄存器中,RPC 以前的值存在堆栈中(两个 16 位操作)。

当用 LRETR 指令执行一个返回操作时,从 RPC 寄存器中读出返回地址,堆栈中的值写进 RPC 寄存器(两个 16 位操作),而其他调用指令不使用 RPC 寄存器。

2.2.9　中断控制寄存器(IFR、IER、DBGIER)

C28x 有三个寄存器用于控制中断:中断标志寄存器(IFR),中断使能寄存器(IER)以及调试中断使能寄存器(DBGIER)。

IFR 包含的标志位用于可屏蔽中断,这些中断可以用软件使能或禁止。当通过硬件或软件设定了其中某位时,则相应的中断就被使能。可以用 IER 中的相应位使能或屏蔽中断。当 DSP 工作在实时仿真模式并且 CPU 被挂起时,DBGIER 表明可以使用时间临界中断(如果被使能)。

2.2.10　状态寄存器(ST0,ST1)

C28x 有两个状态寄存器 ST0 和 ST1,它们含有各种标志位和控制位。这些寄存器可以与数据存储器交换数据,也可以为子程序使能被保存或被恢复的机器的状态位。状态位根据流水线中位值的变化而改变,ST0 的位在流水线的执行阶段中改变,ST1 的位在流水线的解码 2 阶段中改变。

1. 状态寄存器 ST0

图 2-2-9 表示了状态寄存器 ST0 的各位,所有这些位都可以在流水线执行过程中进行更改。具体说明如下:

位	名 称	描 述
15～10	OVC/OVCU	溢出计数器。

溢出计数器在执行有符号数操作和无符号操作时是不同的。

对于有符号操作,溢出计数器是一个6位有符号计数器,其范围为-32～32。

当溢出模式关闭时(OVM=0),ACC 正常溢出,OVC 保存溢出的信息;

当溢出模式打开时(OVM=1),ACC 产生溢出,OVC 不受影响。

CPU 会用一个正饱和数或负饱和数填充到 ACC 中(具体见后文有关 OVM 的描述)。

当 ACC 正向溢出时(7FFF FFFFh～8000 0000h),OVC 加1;当 ACC 负向溢出时(8000 0000h～7FFF FFFFh),OVC 减1。当溢出影响 V 标志时,执行增或减操作。

对于无符号数操作(OVCU):

当执行 ADD 加法操作产生一个进位时,计数器加;

当执行 SUB 减法操作产生一个借位时,计数器减(类似于进位计数器)。

如果 OVC 增加而超过其最大值 31,计数器就变成-32。

如果 OVC 减到小于-32,计数器就变成 31。

复位时,OVC 清空。

除了受 ACC 的影响外,OVC 不受寄存器溢出的影响,不受比较指令 CMP 和 CMPL 的影响。

位	名 称	描 述
9～7	PM	乘法移位模式位。

这三位的值决定了任何从乘积(P)寄存器的输出操作的移位模式。移位后的输出可以存入 ALU 或者存储器中。在右移位操作中,所有受乘积移位模式影响的指令都对 P 寄存器中的值进行符号扩展。在复位时,PM 被清零(默认左移1位)。PM 总结如下:

000 左移1位。在移位过程中,低位补零。复位时,选择这一模式。

001 没有移位。

010 右移1位。在移位中,低位丢失,被移位的值进行符号扩展。

011 右移2位。在移位中,低位丢失,被移位的值进行符号扩展。

100 右移3位。在移位中,低位丢失,被移位的值进行符号扩展。

101 右移4位。在移位中,低位丢失,被移位的值进行符号扩展。注意,如果 AMODE=1,则 101 左移4位。

110 右移5位。在移位中,低位丢失,被移位的值进行符号扩展。

111 右移6位。在移位中,低位丢失,被移位的值进行符号扩展。

注意: 对于无符号算术运算,应该用无乘积移位(PM=0),以避免符号扩展和产生不正确的结果。

位	名 称	描 述
6	V	溢出标志。

如果操作结果引起保存结果的寄存器产生溢出,V 置 1 或锁定。如果没有溢出发生,V 不改变。一旦 V 被锁定,它保持置位直到由复位或者由测试 V 的条件分支指令来清除。不管测试条件(V=0 或者 V=1)如何,这种条件分支清除 V 的操作均为"真"。

当加法和减法的结果超出了有符号数范围 $-2^{31} \sim (+2^{31}-1)$,或者 80000000h~7FFFFFFFh 时,ACC 就会产生溢出。当加法和减法的结果超出了有符号数范围 $-2^{15} \sim (+2^{15}-1)$,或者 8000h~7FFFh 时,AH 和 AL 或者另一个 16 位寄存器或者数据存储器就会产生溢出。CMP,CMPB 和 CMPL 指令并不影响 V 标志的状态。

位	名 称	描 述
5	N	负标志位。

在某些操作中,若结果为负,则 N 被置位;若结果为正,则 N 被清零。复位时,N 清零。

测试 ACC 的结果用于确定负数情况。ACC 的位 31 是符号位。若位 31 为 0,则 ACC 是正数;若位 31 为 1,则 ACC 为负数。若 ACC 中的结果是负数,N 就置 1;若结果是正数,N 就清 0。

测试 AH、AL 和其他 16 位寄存器或者数据存储器中的结果也可以用于确定负数的情况。在此时,位 15 的值是符号位(1 表示负数,0 表示正数)。若值是负数,N 就置 1;若值是正数,N 就清 0。

若 ACC 的值为负数,测试 ACC 指令对 N 置 1。在其他情况下,指令清除 N。

位	名 称	描 述
4	Z	零标志。

若操作的结果为 0,则 Z 被置位;若结果非零,则被清 0。当结果放入 ACC、AH、AL 以及其他寄存器或数据存储器时,进行上述操作。在复位时,Z 被清 0。

若 ACC 中的值是 0,测试 ACC 指令使 Z 置位;否则清 0。

Z 可以总结如下:

0 测试数非零,或者 Z 已经清 0;

| | | 1 | 测试数为零,或者 Z 已经置位。 |

3　　C　　进位位。

该位表明一个加法或者增量产生了进位,或者一个减法、比较或者减量产生了借位。ACC 上的循环操作,以及 ACC、AH 和 AL 的循环移位也会影响它。

在加法/增量操作中,如果加法产生进位,则 C 被置位;否则,C 被清 0。有一个例外:在用带 16 位移位的 ADD 指令时,ADD 指令可以将 C 置位,但不能清除它。

在减法/减量/比较操作中,如果减法产生借位,则 C 被清除;否则,C 被置位。有一个例外:在用带 16 位移位的 SUB 指令时,SUB 指令可以将 C 清除,但不能对它置位。

这位可以单独用"SETC C"指令和"CLRC C"指令进行置位和清 0。在复位时,C 被清除。

C 可以总结如下:

0　减法产生借位,加法不产生进位,或者 C 已被清 0。

例外:带 16 位移位的 ADD 指令不能清除 C。

1　加法产生进位,减法不产生借位,或者 C 已被置位。

例外:带 16 位移位的 SUB 指令对 C 置位。

位	名称	描述
2	TC	测试/工作位。

该位表示由 TBIT(测试位)指令或者 NORM(归一化)指令所完成的测试结果。TBIT 指令测试一个特定的位。当 TBIT 指令执行时,若测试位为 1,则 TC 置位;若测试位为 0,则 TC 清 0。

当执行 NORM 执行时,TC 改变如下:若 ACC 是 0,则 TC 置位;若 ACC 不是 0,则 CPU 就单独对 ACC 的位 30 和位 31 进行"或"运算,然后将结果赋给 TC。

该位能用 SETC TC 指令和 CLRC TC 指令分别进行置位和清 0。复位时,TC 被清 0。

位	名称	描述
1	OVM	溢出模式位。

当 ACC 接受加或减的结果时,若结果产生溢出,则 OVM 决定 CPU 如何处理溢出:

0　ACC 产生结果溢出。OVC 反映溢出的情况(见 OVC 描述)。

1　若 ACC 正向溢出(7FFF FFFFh～8000 0000h),则给 ACC 填充 7FFF FFFFh。若 ACC 负向溢出(8000 0000h～7FFF FFFFh),则给 ACC 填充 8000 0000h。

该位能用"SECT OVM"指令和"CLRC OVM"指令分别进行置位和清 0。复位时,OVM 被清 0。

0　　SXM　　符号扩展模式位。

第2章 CPU内核结构及存储器映射

在32位累加器中进行16位操作时,SXM会影响MOV,ADD和SUB指令。当将16位值存入累加器(MOV)、加到累加器(ADD)或从累加器中减去(SUB)时,SXM按如下方式决定是否进行有符号扩展:

0　禁止符号扩展(数值作为无符号数);
1　可以进行符号扩展(数值作为有符号数)。

当累加器利用SFR指令进行右移位操作时,SXM决定是否进行有符号扩展。

SXM并不影响对乘积寄存器值进行移位操作的指令,所有乘积寄存器值的右移位都运用有符号扩展。

该位可以分别由"SETC SXM"指令进行置位和复位。复位时,SXM被清0。

2. 状态寄存器ST1

图2-2-9表示状态寄存器ST1的位,所有这些位都可以在流水线第二阶段进行改变。

15			13	12	11	10	9	8
ARP				XF	M0M1MAP	保留	OBJMODE	AMODE
R/W—000				R/W—0	R/W—1	R/W—0	R/W—0	R/W—0
7	6	5	4	3	2	1	0	
IDLESTAT	EALLOW	LOOP	SPA	VMAP	PAGE0	DBGM	INTM	
R—0	R/W—0	R—0	R/W—0	R/W—1	R/W—0	R/W—1	R/W—1	

注:R=可读;W=可写;—x=复位后的值;保留位总是0,不受写的影响。

图2-2-9　状态寄存器ST1的各位

位　　　　名称　　　　描述
15~13　　ARP　　　　辅助寄存器指针。
　　　　　　　　　　这三位指出当前的辅助寄存器是8个32位辅助寄存器XAR0~XAR7中的一个。ARP的取值和当前辅助寄存器的映射如表2-2-4所列。

表2-2-4　ARP值对辅助寄存器的选择

ARP	选择的辅助寄存器	ARP	选择的辅助寄存器
000	XAR0	100	XAR4
001	XAR1	101	XAR5
010	XAR2	110	XAR6
011	XAR3	111	XAR7

位　　　　名称　　　　描述
12　　　　XF　　　　　XF状态位。

			该位反映当前 XF 输出信号的状态,与 C2XLP CPU 兼容,由"SETC XF"指令置位,由"CLRC XF"指令清 0。当用给定指令对此位进行置位和复位时,流水线不被清空。该位可通过中断保存,当 ST1 寄存器恢复时可恢复此位。复位时,该位被清 0。
11		M0M1MAP	M0 和 M1 镜像模式位。 在 C28x 目标模式下,M0M1MAP 总是保持为 1,这是复位时的默认值。当工作在 C27x 的兼容模式时,该位可以被置为低。当它为低时,交换程序空间 M0 和 M1 模块的地址,设置堆栈指针默认复位值为 0x000。C28x 的用户不能把这位设为 0。
10		保留	保留位。该位保留,写此位无效。
9		OBJMODE	目标兼容模式位。用来在 C27x 目标模式"OBJMODE==0"和"OBJMODE==1"之间进行选择。该位用"C28OBJ"或"SETC OBJMODE"指令置位;用"C27OBJ"或"CLRC OBJMODE"指令清 0。 当用给定指令对此位进行置位和复位时,流水线被清空。该位可以通过中断保存,当 ST1 寄存器恢复时可以恢复此位。复位时,该位被置 0。
8		AMODE	寻址模式位。 该位与 PAGE0 模式位结合来选择合适的寻址模式解码。该位由"LPADDR"或"SETC AMODE"置位,由"C28ADDR"或"CLRC AMODE"清 0。当用给定指令对此位进行置位和复位时,流水线不被清空。 该位可以通过中断保存,当 ST1 寄存器恢复时可以恢复此位。复位时,该位被置 0。注意:设置 PAGE0=AMODE=1 仅对存储器和寄存器寻址模式域(loc16 或 loc32)产生一个非法指令陷阱。
7		IDLESTAT	空闲状态位。 执行 IDLE 指令使该只读位置位。以下的任一情况可均使其复位: ● 当中断被执行时; ● 中断没有被执行,但是,CPU 推出 IDLE 状态; ● 一个无效的指令进入指令寄存器(寄存器含有当前被解码的指令); ● 某个设备产生复位。 当 CPU 执行某一中断时,IDLESTST 的当前值被存入堆栈(当 ST1 被存入堆栈中时),然后将 IDLESTAT 清 0。从中断返回时,IDLESTAT 不从堆栈返回。
6		EALLOW	仿真存取使能位。 复位时,该位可以对仿真和其他保护寄存器存取。EALLOW

可以由 EALLOW 指令设置,由 EDIS 指令清 0。可以使用"POP ST1"指令和"POP DP：ST1"指令进行设置。查看某一设备的数据页来确定被保护的寄存器。

当 CPU 响应某一中断时,EALLOW 的当前值被存入堆栈(当 ST1 保存在堆栈中时),然后将 EALLOW 清 0。

| 5 | LOOP | 循环指令状态位。 |

当循环指令(LOOPNZ 或 LOOPZ)在流水线中执行到第二阶段时,该位被置位。只有当指定的条件满足时,循环指令才结束。当条件满足时,LOOP 被清 0。LOOP 是只读位,除了循环指令外,它不受其他指令的影响。

当 CPU 服务于某个中断时,LOOP 的当前值被保存在堆栈中(当 ST1 保存在堆栈中时),然后 LOOP 被清 0。中断结束后,LOOP 并不从堆栈中恢复。

| 4 | SPA | 堆栈指针定位位。 |

SPA 表明 CPU 是否已通过 ASP 指令预先把堆栈指针定位到偶数地址上：

0 堆栈指针还没有被定位到偶数地址；

1 堆栈指针已被定位到偶数地址。

当执行 ASP(定位指针)指令时,若堆栈指针(SP)被指向奇数地址,则 SP 加 1,使它指向偶数地址,同时,SPA 被置位。若 SP 已经指向偶数地址,则 SP 不变,但 SPA 被清 0。当执行 NASP(非定位堆栈指令)时,若 SPA 是 1,则 SP 减 1,并且 SPA 被清 0；若 SPA 是 0,则 SP 不变。

复位时,SPA 被清 0。

| 3 | VMAP | 向量映射位。 |

VMAP 决定 CPU 的中断向量(包括复位向量)被映射到程序存储器的最低地址还是最高地址。

0 CPU 的中断向量映射到程序存储器的底部,地址为 000000h～00003Fh；

1 CPU 的中断向量映射到程序存储器的顶部,地址为 3FFFC0h～3FFFFFh。

在复位时,VMAP 位被置位。能分别用"SECT VMAP"指令和"CLRC VMAP"指令对该位进行单独的清 0 和置位。

| 2 | PAGE0 | 寻址模式设置位。 |

PAGE0 在两种互相独立的寻址模式之间进行选择：即 PAGE0 直接寻址模式和 PAGE0 堆栈寻址模式。选择模式如下：

0 PAGE0 堆栈寻址模式；

1 PAGE0 直接寻址模式。

注意：非法指令陷阱。

设置 PAGE0＝AMODE＝1 将产生一个非法指令陷阱。
PAGE0＝1 与 C27x 兼容。C28x 的推荐操作模式是 PAGE0＝0。
该位可以单独用"SECT PAGE0"和"CLRC PAGE0"指令进行置位和复位。在复位时，PAGE0 位被清 0（选择 PAGE0 堆栈寻址模式）。

| 1 | DBGM | 调试使能屏蔽位。当 DBGM 被置位时，仿真器不能实时访问存储器和寄存器。调试者不能更新其窗口。在实时仿真模式下，若 DBGM＝1，则 CPU 忽略暂停或硬件断点请求，直到 DBGM 被清 0。DBGM 并不阻止 CPU 在软件断点处停止工作。在实时仿真模式下可以看到这方面的影响。如果在实时仿真模式下单步执行指令，该指令置位 DBGM，CPU 继续执行指令直到 DBGM 被清 0。

若向 TI 调试器发送 REALTIME 命令（进入实时模式），DBGM 将被迫清 0。DBGM＝0 可以确保 DT－DMA 被使用；存储器和寄存器值可以被传送到主处理器来更新调试窗口。

在 CPU 执行中断服务程序（ISR）时，它对 DBGM 置位。当 DBGM＝1 时，主处理器的暂停请求和硬件断点请求被忽略。如果要在非实时（non-time-critical）ISR 进行单步调试或设置断点，则必须在 ISR 的开始处增加一个"CLRC DBGM"指令。

DBGM 主要使用在实时（time-critical）程序代码部分，用在调试时间块的仿真中。DBGM 可以使能和禁止以下调试事件：
0   调试事件使能；
1   调试事件禁止。

当 CPU 服务于一个中断时，DBGM 的当前值被存在堆栈中（当 ST1 保存在堆栈中时），然后，DBGM 被置位。在中断返回之前，DBGM 从堆栈中恢复。

该位可以分别用"SETC DBGM"和"CLRC DBGM"指令来置位和清 0。DBGM 也可以在中断操作中自动置位。在复位时，DBGM 被置位。执行 ABORTI（异常中断）指令也可以进行置位。 |

| 0 | INTM | 中断全局屏蔽位。

该位可以全局使能和禁止所有的 CPU 可屏蔽中断（即那些可以用软件进行阻止的中断）：
0   可屏蔽中断被全局使能。为了能被 CPU 确认，必须由中断使能寄存器（IER）产生局部使能的可屏蔽中断。
1   可屏蔽中断被全局禁止。即使可屏蔽中断由 IER 局部使能，也不能被 CPU 确认。

INTM 对非屏蔽中断、硬件复位和硬件中断$\overline{\text{NMI}}$没有影响，另外，当 CPU 在实时仿真模式下暂停时，即使 INTM 已经设置为 |

禁止可屏蔽中断,仍可以由 IER 和 DBGIER 激活一个可屏蔽中断。

当 CPU 处于一个中断服务时,首先将 INTM 的当前值存入堆栈(当 ST1 存入堆栈时),然后将 INTM 复位。从中断返回时,再将 INTM 值从堆栈中恢复。

该位可单独用"SETC INTM"和"CLRC INTM"指令置位和清 0。复位时,INTM 被置位。INTM 的值并不影响中断标志寄存器(IFR)、中断使能寄存器(IER)或者调试中断使能寄存器(DBGIER)。

2.3 程序流

程序控制逻辑和程序寻址产生逻辑共同工作,以产生适当的程序流。一般情况下,程序流是顺序的,即 CPU 在连续的程序存储器寻址下执行指令;但是,有时必须将程序转移到一个非顺序的地址,然后在新的地址执行顺序的指令。为此,C28x 支持中断、分支、调用、返回和重复操作。

正确的程序流需要平稳的、指令级的程序流。为了满足这个要求,C28x 采用保护流水线和取指令机制,以保持流水线是饱和的。

2.3.1 中 断

中断是硬件或软件驱动的事件,它使 CPU 暂停当前的程序顺序,去执行一个由中断服务程序调用的子程序。

2.3.2 分支、调用和返回

通过分支、调用和返回,使程序转移到程序存储器的另一个地址而中断原指令的顺序流。分支仅仅把控制转移到新的地址,但调用还存储了返回地址(紧跟在调用指令之后的地址)。调用子程序或中断服务子程序都带有一个返回指令。返回指令从堆栈中或从 XAR7 中取回返回地址,并放至程序计数器(PC)中。

以下指令是有条件的:B、BANZ、BAR、BF、SB、SBF、XBANZ、XCALL 和 XAETC。它们只有在特定或预定义的条件下才可以执行。

2.3.3 单个指令的重复执行

重复(RPT)指令可以让单个指令执行($N+1$)次,这里的 N 是 RPT 指令中的一个操作数。指令执行一次,然后重复 N 次。当执行 RPT 时,重复计数器(RPTC)被赋予值 N,然后,RPTC 在每执行一次后减 1 直到减到 0。

2.3.4 指令流水线

每条指令都要经过 8 个独立的执行状态,形成指令流水线。在任意给定时间内,最多可有 8 条指令被激活,每条指令处于不同的执行阶段。并不是所有的读、写发生在同一阶段,但是,流水线的保护机制能够按照需要去延迟指令,以确保根据程序控制顺序对同一位置进行读、写操作。

为了增加流水线的效率,采用了取指令机制使流水线处于饱和。该机制的作用就是向队列中填指令,在此队列中为指令的译码和执行做好准备。取指令机制能够一次从程序存储器中取出一个32位指令或两个16位指令。

取指令机制运用3个程序地址计数器:程序计数器(PC)、指令计数器(IC)和取指令计数器(FC)。当流水线饱和时,PC总是指向指令流水线中的第二译码阶段。IC指向将要执行的下一条的指令。当PC指向一个单字指令时,IC=(PC+1);当PC指向双字指令时,IC=(PC+2)。FC的值为下一个取指地址。

2.4 乘法操作

C28x具有一个硬件乘法器,可以完成16位×16位或32位×32位定点乘法运算。通过16位×16位的乘法和累加(MAC),32位×32位的MAC和16位×16位双重MAC(DMAC)指令使该功能得到增强。

2.4.1 16位×16位乘法

C28x可以执行16位×16位的乘法,产生一个有符号或无符号的乘积。图2-4-1所示为该乘法CPU的组成。

乘法器可接收两个16位的输入:

(1) 一个输入来自被乘数寄存器(T)的高16位。大多数16位×16位乘法指令在执行之前,要求从数据存储器或寄存器装载到T中;然后MAC和一些版本的MPY和MPYA指令在乘法之前为T赋值。

(2) 另一个输入按如下方式得到:

● 某一数据存储器单元或某一寄存器(取决于乘法指令中的要求)。

● 指令中的立即数。一些C28x的乘法指令可以包含一个立即数。

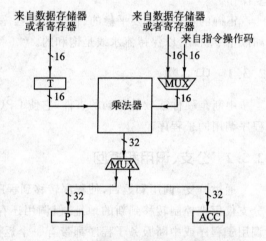

图2-4-1 16位×16位乘法器的原理框图

在两数相乘后,32位结果存放在下列两个位置之一:32位乘法寄存器P或32位累加器ACC。具体在哪个位置取决于具体的乘法指令。

一个特殊的16位×16位乘法指令可以接收两个32位输入作为操作数。这个指令是16位×16位 MAC操作。此时,在ACC中包含32位操作数的乘法和加法的高位字。在P寄存器中包含32位操作数的乘法和加法的低位字。

2.4.2 32位×32位乘法

C28x也可以进行32位×32位乘法。图2-4-2表示含有这种乘法的CPU组成。在此情况下,该乘法器接受两个32位输入。

(1) 第一个输入来自如下方面:
- 程序存储器单元。一些 C28x 32 位×32 位 MAC 乘法类指令,如 IMACL 和 QMACL 可以直接利用程序地址总线从存储器取数。
- 32 位乘法寄存器 XT。许多 32 位×32 位乘法指令要求在执行指令之前,从数据存储器或寄存器中取值并赋给 XT。

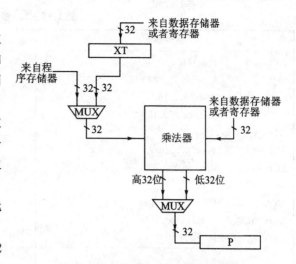

图 2-4-2　32 位×32 位乘法原理框图

(2) 第二个输入来自数据存储器单元或寄存器(取决于指令的要求)。

在两个数相乘之后,64 位结果中的 32 位存在乘积寄存器(P)中。可以用指令决定哪一半(高 32 位或低 32 位)存在哪个位置,是有符号乘法还是无符号乘法。

如果需要更大的数据值,那么 32 位×32 位乘法指令也可以结合实现 32 位×32 位=64 位或者 64 位×64 位=128 位的运算。

2.5　移位操作

移位器可以容纳 64 位,接收 16 位、32 位和 64 位的输入值。当输入值是 16 位时,数值装在移位器的最低位。当输入值是 32 位时,数值装在移位器的低 32 位。移位器的输出可以是全部 64 位或低 16 位,这取决于所用移位器的指令。

当一个数值被右移 N 位时,数值的低 N 位丢失,数值左边的位全部填 0 或全部填 1。如果有符号扩展,左边的位是符号位的复制;如果没有符号扩展,左边就填 0。

当一个数值被左移 N 位时,数值右边的位全部填 0。如果数值是 16 位的,并要符号扩展,左边的位是符号位的复制。如果数值是 16 位的,但没有符号扩展,左边的位填 0;如果数值是 32 位的,高 N 位丢失,符号扩展不起作用。

表 2-5-1 列出了运用移位器的指令,提供了相应移位器的说明。表 2-2-12 中用到以下图形符号。

| 左移 |　该标志代表 32 位移位器。框内的文本表示移位的方向。

| 0 |　该标志表示用 0 填充。

| 符号 |　该标志表明有符号扩展。

| SXM
0/符号 |　该标志表明移位器的最高有效位取决于符号扩展位(SXM)。若 SXM=0,移位后最高有效位进行 0 填充。若 SXM=1,移位后最高有效位用移位值的符号进行填充。

| C |　该标志表示进位位(C)。

表 2-5-1 移位操作

操作类型	图　解
ACC 操作的 16 位左移位。 语法： ADD ACC, loc16 << 0...16 ADD ACC, #16Bit << 0...15 ADD ACC, loc16 << T SUB ACC, loc16 << 0...16 SUB ACC, #16Bit << 0...15 SUB ACC, loc16 << T MOV ACC, loc16 << 0...16 MOV ACC, #16Bit << 0...15 MOV ACC, loc16 << T	16位数值送16LSB → 左移 ← 0；SXM 0/符号 → 左移；32位送ALU
ACC 左移位的 16LSB 的存储。 语法： MOV loc16, ACC << 1...8	ACC → 左移 ← 0；丢弃 ← 左移；16LSB送ALU
ACC 左移位的 16MSB 的存储。 语法： MOVH loc16, ACC << 1...8 说明：这一指令执行按(16−shift1)进行单一右移位，shift1 是一个 0~8 的值	ACC → 右移 → 丢弃；16LSB送ALU
ACC 逻辑左移位。移位出去的最后位填充进位位(C)。 语法： LSL ACC, 1...16 LSL ACC, T(shift=T(3:0)) LSL ACC, T(shift=T(4:0)) 说明：若 T(3:0)=0 或 T(4:0)=0，表明移了 0 位，C 被清 0	ACC → 左移 ← C；最后位移出 → C；其他位丢弃；32位送入ACC
AH 或 AL 的逻辑左移。最后移出位填充进位位(C)。 语法： LSL　AX, 1...16 LSL　AX, T(shift=T(3:0)) 说明：若 T(3:0)=0，表示移位了 0, C 被清 0	AH/AL送入低16位；最后位移出 → C；左移 ← 0；低16位送入AH/AL
ACC 的右移。若 SXM=0，执行逻辑移位。若 SXM=1，执行算术移位。最后移出位填充进位位(C)。 语法： SFR　ACC, 1...16 SFR　ACC, T 说明：若 T(3:0)=0，表示移了 0 位, C 被清 0	SXM 0/符号 → 右移 ← ACC；最后位移出 → C；其他位丢弃；32位送入ACC

续表 2-5-1

操作类型	图 解
AH 或 AL 逻辑右移。最后溢出位填充进位位(C)。 语法： LSR　AX,shift LSR　AX,T(shift＝T(3：0)) ARL　ACC,T(shift＝T(4：0)) 说明：若 T(4：0)＝0,表示移了 0 位,C 被清 0	AH/AL送入低16位 → 0 → 右移 → C 最后位移出 / 其他位丢弃 低16位送入AH/AL
AH 或 AL 算术右移。最后溢出位填充进位位(C)。 语法： ASR　AX,shift ASR　AX,T 说明：若 T(4：0)＝0,表示移了 0 位,C 被清 0	AH/AL送入低16位 → 符号 → 右移 → C 最后位移出 / 其他位丢弃 低16位送入AH/AL
ACC 循环左移 1 位。ACC 的 0 位填充进位位(C)。C 填充 ACC 的 31 位。 语法： ROL　ACC	ACC → 循环左移 ← C 32位送入ACC
ACC 循环右移 1 位。ACC 的 0 位填充进位位(C)。C 填充 ACC 的 31 位。 语法： ROR　ACC	ACC → 循环右移 → C 32位送入ACC
ACC：P 的逻辑右移。 语法： LSR64　　ACC：P,1…16 LSR64　　ACC：P,T shift＝T(5：0)	ACC:P → C → 右移 → C 最后位移出 / 其他位丢弃 64位送入ACC:P
ACC：P 的逻辑左移。 语法： LSL64　　ACC：P,1…16 LSL64　　ACC：P,T shift＝T(5：0)	ACC:P → 最后位移出 / 其他位丢弃 ← C ← 左移 ← C 64位送入ACC:P
ACC：P 的算术右移。 语法： ASR64　　ACC：P,1…16 ASR64,ACC：P,T shift＝T(5：0)	ACC:P → 符号 → 右移 → C 最后位移出 / 其他位丢弃 64位送入ACC:P

续表 2-5-1

操作类型	图 解
ACC 条件移 1 位。 语法： NORM　ACC,aux++ NORM　ACC,aux-- SUBCU　ACC,loc	ACC → 左移 ← C，丢弃，32位送入ACC
每 PM 位位移 P。 语法： ADD　ACC, P SUB　ACC, P CMP　ACC, P MAC　P, loc, 0 : pmem MOV　ACC, P MOVA　T, loc MOVP　T, loc MOVS　T, loc MPYA　P, loc, #16BitSigned MPYA　P, T, loc MPYS　P, T, loc	PM=0：P → 左移 ← C，丢弃，32位送入ACC；PM=1 不移位；PW为2~7：Sign → 右移 → 丢弃，32位送入ALU
P 移位后存 16LSB。P 按每 PM 位进行移位。移位器的 16LSB 被存储。 语法： MOV　loc16,P	PM=0：P → 左移 ← 0，丢弃，低16位送入ALU；PM=1 不移位；PM为2~7：符号 → 右移 → 丢弃，低16位送入ALU
P 移位后存 16MSB。P 按每 PM 位进行移位。结果右移 16 位以便其 16MSB 在移位器的 16LSB 处。移位器的 16LSB 被存储。 语法： MOVH　loc16,P	PM=0：(1) P → 左移 ← C，丢弃；(2) 右移16位 → 丢弃，低16位送入ALU；PM=1 不移位；PM为2~7：(1) 符号 → 右移 → 丢弃；(2) 右移16位 → 丢弃，低16位送入ALU

2.6 CPU 中断与复位

本章将逐一描述 CPU 中断,介绍 CPU 是如何处理中断以及如何通过软件进行中断控制的;最后,说明硬件复位是如何影响 CPU 的。

2.6.1 CPU 中断概述

中断申请信号是由软件或者硬件驱动的信号,该信号可以使 C28x 暂停其当前的程序顺序,去执行一个子程序。通常,中断申请由外围设备和硬件产生,以便完成 C28x 数据的传送,或者从 C28x 接收数据(例如,A/D 和 D/A 转换器或其他处理器)。中断也可以作为一个已经发生的特殊事件的信号(例如,一个已经完成计数的定时器)。

C28x 的中断可以由软件激发(INTR,OR IFR 或 TRAP 指令)或者通过硬件触发(一个引脚、一个外围设备或片内外设)。如果多个硬件中断被同时触发,C28x 就按照其中断优先级来提供服务。不论是软件中断还是硬件中断,每个 C28x 的中断都可以归结为以下两类中的一种:

- 可屏蔽中断。这些中断可以用软件加以屏蔽或解除屏蔽。
- 非屏蔽中断。这些中断不能屏蔽。C28x 将立即响应这类中断,并装入相应的子程序。所有用软件调用的中断都属于该类中断。

C28x 处理中断的主要步骤如下:

(1) 接收中断请求。必须由软件中断(来自程序代码)或者硬件中断(来自一个引脚或一个基于芯片的设备)。

(2) 响应中断。C28x 必须能响应中断请求。若中断是可屏蔽的,为了 C28x 去响应中断,必须满足一定的条件。对于非屏蔽硬件中断和软件中断,C28x 会立即作出响应。

(3) 准备中断服务程序并保存寄存器值。这阶段的主要任务是:

- 完成当前指令的执行,清除流水线中还没有到达的解码第二阶段的所有指令。
- 将 ST0、T、AL、AH、PL、PH、AR0、AR1、DP、ST1、DBGSTST 和 IER 寄存器存入堆栈,以便自动保存当前程序的大部分内容;
- 读取中断向量,将它装入程序计数器(PC)。

(4) 执行中断服务程序。由中断服务程序(ISR)调用,C28x 转到相应的子程序。C28x 进入预先规定的向量地址,并且执行已写好的 ISR。

2.6.2 CPU 中断向量和优先级

C28x 支持包括复位中断在内的 32 个 CPU 中断向量。每一个向量是一个 22 位地址,地址是相应中断服务程序(ISR)的入口地址。每一个向量被保存在两个连续 32 位的地址中。其低 16 位保存该向量的低 16 位(LSB),高地址则保存它的高 6 位(MSB)。当一个中断被响应后,相应的 22 位向量被取出,而地址的高 10 位被忽略。

表 2-6-1 列出了可用的中断向量以及它们存储的位置。表格以十六进制形式表示地

址。表格也反映出每个硬件中断的优先级。

表 2-6-1 中断向量和优先级

向量	绝对地址(十六进制)		硬件优先级	说明
	VMAP=0	VMAP=1		
RESET	00 0000	3F FFC0	1(最高)	复位
INT1	00 0002	3F FFC2	5	可屏蔽中断 1
INT2	00 0004	3F FFC4	6	可屏蔽中断 2
INT3	00 0006	3F FFC6	7	可屏蔽中断 3
INT4	00 0008	3F FFC8	8	可屏蔽中断 4
INT5	00 000A	3F FFCA	9	可屏蔽中断 5
INT6	00 000C	3F FFCC	10	可屏蔽中断 6
INT7	00 000E	3F FFCE	11	可屏蔽中断 7
INT8	00 0010	3F FFD0	12	可屏蔽中断 8
INT9	00 0012	3F FFD2	13	可屏蔽中断 9
INT10	00 0014	3F FFD4	14	可屏蔽中断 10
INT11	00 0016	3F FFD6	15	可屏蔽中断 11
INT12	00 0018	3F FFD8	16	可屏蔽中断 12
INT13	00 001A	3F FFDA	17	可屏蔽中断 13
INT14	00 001C	3F FFDC	18	可屏蔽中断 14
DLOGIN+	00 001E	3F FFDE	19(最低)	可屏蔽数据标志中断
RTOSINT+	00 0020	3F FFE0	4	可屏蔽实时操作系统中断
保留	00 0022	3F FFE2	2	保留
NMI	00 0024	3F FFE4	3	非屏蔽中断
ILLEGAL	00 0026	3F FFE6		非法指令捕获
USER1	00 0028	3F FFE8		用户定义软中断
USER2	00 002A	3F FFEA		用户定义软中断
USER3	00 002C	3F FFEC		用户定义软中断
USER4	00 002E	3F FFEE		用户定义软中断
USER5	00 0030	3F FFF0		用户定义软中断
USER6	00 0032	3F FFF2		用户定义软中断
USER7	00 0034	3F FFF4		用户定义软中断
USER8	00 0036	3F FFF6		用户定义软中断
USER9	00 0038	3F FFF8		用户定义软中断
USER10	00 003A	3F FFFA		用户定义软中断
USER11	00 003C	3F FFFC		用户定义软中断
USER12	00 003E	3F FFFE		用户定义软中断

+ DLOGINT 和 RTOSINT 中断是内部仿真逻辑向 CPU 发出的中断。

向量表可以映像到程序空间的底部或顶部,取决于状态寄存器 ST1 的向量映像位

(VMAP)。若 VMAP 位是 0,向量就映像在 00 0000h 开始的地址;若 VMAP 位是 1,向量就映像在 3FFFC0h 开始的地址。表 2-6-1 列出了这两种情况下的绝对地址。

VMAP 位可以用"SET VMAP"指令进行置位,用"CLRC VMAP"指令进行清 0。VMAP 的复位值是 1。

2.6.3 可屏蔽中断

$\overline{INT1}\sim\overline{INT14}$ 是 14 个通用中断。DLOGINT(数据标志中断)和 RTOSINT(实时操作系统中断)用于仿真目的。这些中断由三个专用寄存器支持:中断标志寄存器(IFR)、中断使能寄存器(IER)和调试中断使能寄存器(DBGIER)。

16 位 IFR 包含的标志位表明相应中断在等待 CPU 确认。在 CPU 的每个时钟周期都采样外部输入引脚 $\overline{INT1}\sim\overline{INT14}$。若识别出一个中断信号,在 IFR 相应的位就被置位和锁存。对于 DLOGINT 或 RTOSINT,CPU 片内分析逻辑送来的信号使得相应标志位被设置和锁存。运用"OR IFR"指令可以同时设置 IFR 的一位或多位。

中断使能寄存器(IER)和调试中断使能寄存器(DBGIER)包含的每位为可屏蔽中断进行使能和禁止。要使 IER 的每一个中断开启,可以设置 IER 的相应位;同样,要使能 DBGIER 的中断,可以设置 DBGIER 的相应位。DBGIER 表明当 CPU 处于实时仿真模式时哪一个中断可以利用。

可屏蔽中断也利用状态寄存器 ST1 的 0 位。这位是中断全局屏蔽位(INTM),用来进行全局使能中断和禁止中断。当 INTM=0 时,这些中断被全局使能;当 INMT=1 时,这些中断被全局禁用。可以分别利用"SETC INTM"和"CLRC INTM"指令来设置和清除 INTM。

在 IFR 中的一个标志位关闭后,直到被 IER,DBGIER 和 INTM 寄存器中的两个使能,否则相应的中断不再响应。使能可屏蔽中断的请求取决于中断处理过程,如表 2-6-2 所列。在标准处理过程中,DBGIER 被忽略。若 C28x 工作在实时仿真模式下,并且 CPU 被暂停,将会采用不同的处理过程。在这种特殊情况下,DBGIER 得以利用,INTM 位被忽略(若 DSP 工作在实时模式,CPU 正在运行,则可以使用标准的中断处理过程)。

表 2-6-2 使能一个可屏蔽中断的请求

中断处理过程	如果…就使能中断
标 准	INMT=0,IER 中的位是 1
DSP 工作在实时模式且 CPU 暂停	IER 和 DBGIER 中的位是 1

一旦一个中断被响应并被正确地使能,CPU 做好准备,然后执行相应的中断服务程序。举一个不同中断使能请求的例子,假设使能中断 $\overline{INT5}$,这对应于 IER 中的位 4 和 DBGIER 中的位 4。通常,若 INMT=0 且 IER(4)=1,$\overline{INT5}$ 使能;在 CPU 暂停且实时仿真模式下,若 IER(4)=1 且 DBGIER(1)=1,$\overline{INT5}$ 使能。

1. 中断标志寄存器(IFR)

中断标志寄存器(IFR)如图 2-6-1 所示。若一个可屏蔽中断等待 CPU 的确认,则 IFR 相应位是 1;否则,IFR 位是 0。为了识别未确认的中断,可以利用"PUSH IFR"指令,然后测试堆栈的值。用"OR IFR"指令设置 IFR 位,用"AND IFR"指令清除未决的中断。当一个硬件中断被响应,或者当 INTR 指令被执行时,相应的 IFR 位被清除。可以用"AND IFR,♯0"指令或者硬件复位来清除所有的未决中断。

注意：当通过指令 TRAP 发出中断请求时，若 IFR 相应的位被置位，CPU 并不会自动清除它。若有一个应用请求清除 IFR 位，这位必须在中断服务程序中清除。

15	14	13	12	11	10	9	8
RTOSINT	DLOGINT	INT14	INT13	INT12	INT11	INT10	INT9
R/W—0	R/W—0	R/W—0	R/W—0	R/W—0	R/W—0	R/W—0	R/W—0
7	6	5	4	3	2	1	0
INT8	INT7	INT6	INT5	INT4	INT3	INT2	INT1
R/W—0	R/W—0	R/W—0	R/W—0	R/W—0	R/W—0	R/W—0	R/W—0

注：R=可读；W=可写；破折号（—）后的值是复位值。

图 2-6-1 中断标志寄存器

IFR 的位 15 和位 14 对应于 RTOSINT 和 DLOGINT 中断。

位	名称	描述
15	RTOSINT	实时操作系统中断标志。 RTOSINT=0，RTOSINT 已确定； RTOSINT=1，RTOSINT 未确定。
14	DLOGINT	数据日志中断标志。 DLOGINT=0，DLOGINT 已确定； DLOGINT=1，DLOGINT 未确定。
13~0	INTx	中断 x 标志（x=1,2,3,…,14）。 INTx=0，INTx 已确定； INTx=1，INTx 未确定。

2. 中断使能寄存器（IER）和调试中断使能寄存器（DBGIER）

IER 如图 2-6-2 所示。若要使能中断，需要把其相应位置 1。若要关闭中断，应该清除其相应位。可以使用 MOV 指令的两种语法对 IER 进行读和写。另外，可以用"OR IER"指令来设置 IER 的位，用"AND IER"指令来清除 IER 的位。当正在响应一个硬件中断时，或者正在执行 INTR 指令时，相应的 IER 位被清除。复位时，IER 的相应位都清 0，关闭所有的中断。

注意：当用 TRAP 指令来请求中断时，若 IER 相应的位被设置，CPU 不会自动清除它。若有一个应用请求清除 IER 位，这位必须在中断服务程序中清除。

15	14	13	12	11	10	9	8
RTOSINT	DLOGINT	INT14	INT13	INT12	INT11	INT10	INT9
R/W—0	R/W—0	R/W—0	R/W—0	R/W—0	R/W—0	R/W—0	R/W—0
7	6	5	4	3	2	1	0
INT8	INT7	INT6	INT5	INT4	INT3	INT2	INT1
R/W—0	R/W—0	R/W—0	R/W—0	R/W—0	R/W—0	R/W—0	R/W—0

注：R=可读；W=可写；破折号（—）后的是复位后的值。

图 2-6-2 中断使能寄存器（IER）

注意：当执行"AND IER"和"OR IER"指令时，应确保它们不会修改状态位 15（RTOSINT），除非当前处于实时操作系统模式。

位	名称	描述
15	RTOSINT	实时操作系统中断使能位。 RTOSINT=0,RTOSINT 关闭； RTOSINT=1,RTOSINT 开启。
14	DLOGINT	数据日志中断使能标志位。 DLOGINT=0,DLOGINT 关闭； DLOGINT=1,DLOGINT 开启。
13～0	INTx	中断 x 使能位($x=1,2,3,\cdots,14$)。 INTx=0,$\overline{\text{INTx}}$关闭； INTx=1,$\overline{\text{INTx}}$开启。

图 2-6-3 所示为 DBGIER 寄存器，只用于在 DBGIER 中被使能的且被定义为实时(time-critical)的中断。当 CPU 在实时仿真模式下被暂停时，唯一能够服务的中断是实时中断状态，同样也在 IER 中被使能。如果 CPU 正处于实时仿真模式运行，所使用的是标准中断处理过程，DBGIER 将被忽略。

15	14	13	12	11	10	9	8
RTOSINT	DLOGINT	INT14	INT13	INT12	INT11	INT10	INT9
R/W—0	R/W—0	R/W—0	R/W—0	R/W—0	R/W—0	R/W—0	R/W—0
7	6	5	4	3	2	1	0
INT8	INT7	INT6	INT5	INT4	INT3	INT2	INT1
R/W—0	R/W—0	R/W—0	R/W—0	R/W—0	R/W—0	R/W—0	R/W—0

注：R=读访问；W=写访问；破折号(—)后的是复位后的值。

图 2-6-3 调试中断使能寄存器(DBGIER)

同 IER 一样，用户可以读取 DBGIER 寄存器来知道中断的使能或者禁用，并通过写 DBGIER 来使能或者禁用中断。通过将相应位置为 1 来使能中断；将相应位置为 0 来禁用中断。使用"PUSH DBGIER"指令来读取 DBGIER 寄存器，使用"POP DBGIER"指令来写 DBGIER 寄存器。复位后，DBGIER 所有位被清零。

DBGIER 的位 15 和位 14 用于使能或者禁用 RTOSINT 和 DLOGINT 中断。

位	名称	描述
15	RTOSINT	实时操作系统中断调试使能位。 RTOSINT=0,RTOSINT 禁用； RTOSINT=1,RTOSINT 使能。
14	DLOGINT	数据日志中断调试使能位。 DLOGINT=0,DLOGINT 禁用； DLOGINT=1,DLOGINT 禁用。
13～0	INTx	中断 x 调试使能位($x=1,2,3,\cdots,14$)。 INTx=0,INTx 禁用； INTx=1,INTx 使能。

2.6.4 可屏蔽中断的标准操作

流程图 2-6-4 给出了中断处理的标准过程。当在同一时刻有多个中断发出请求时，C28x 根据这些中断所设定的优先级依次进行服务。该图并不是一个实际的中断处理的说明，仅对于它的概括性描述。

下面解释图 2-6-4 中的步骤：

(1) 向 CPU 发出中断请求。可以由以下事件引起：

- INT1~INT14 中的一个引脚由于外部事件、外设或者 PIE 中断请求被拉低；
- CPU 仿真逻辑向 CPU 发送一个 DLOGINT 或者 RTOSINT 信号；
- 使用"OR IFR"指令来对 INT1~INT14，DLOGINT 和 RTOSINT 中的一个进行初始化。

(2) 置位 IFR 中的相应标志位。当 CPU 在步骤(1)检测到一个有效的中断时，将中断标志寄存器(IFR)中的相应位置位并锁存。该标志位将一直被保存，即使未被 CPU 在步骤(3)中所确认。

(3) 判断中断是在 IER 中还是由 INTM 位使能。CPU 通过检查是否满足下列条件来确认中断：

- IER 中的相应位为 1；
- ST1 中的 INTM 位为 0。

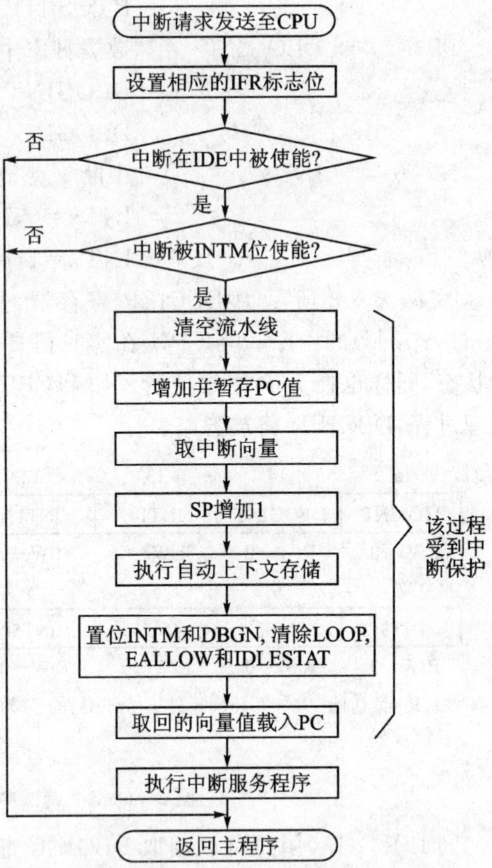

图 2-6-4 CPU 可屏蔽中断处理的标准过程

一旦某个中断被使能，并被 CPU 所确认，其他中断将无法被响应直至 CPU 开始执行所确认中断的中断服务程序(步骤(13))。

(4) 清除 IFR 位。中断被确认后，该中断的 IFR 位立即被清除。如果中断信号一直保持低电平，IFR 寄存器的相应位将被再次置位。然而，中断并不会立即再次进行服务。CPU 封锁了新的硬件中断直到中断服务程序(ISR)开始。此外，IER 位在中断服务程序开始前被清零(步骤(10))因此，来自同一个中断源的中断不会干扰中断服务程序直至 IER 位再次由中断服务程序所置位。

(5) 清空流水线。CPU 将完成流水线中所有已经到达或者通过第二步解码阶段的指令；流水线中任何其他没有到达这个阶段的指令都将被清除。

(6) PC 计数器增加并临时存储 PC 值。根据当前指令的长短，PC 计数器加 1 或者 2。该值为返回地址，将被临时存储在内部保持寄存器。在自动上下文保存阶段(步骤(9))，返回地址将被存入堆栈。

(7) 取中断向量。PC 被载入相应的中断向量的地址，中断向量将被从该地址取回。

(8) SP 加 1。堆栈指针(SP)自动加 1,为自动上下文保存(步骤(9))做准备。在自动上下文保存时,CPU 执行 32 位访问,CPU 期望从存储器的偶地址开始进行 32 位访问。同时,SP 加 1 保证第一个 32 位的访问不会将堆栈中的已有数据所覆盖。

(9) 执行自动上下文保存。一些寄存器的值可以自动保存到堆栈中。这些寄存器是成对保存的,每一对寄存器的保存在一个 32 位操作中完成。在每一个 32 位操作的结尾,堆栈指针 SP 加 2。表 2-6-3 给出了寄存器对和保存的顺序。CPU 所有的 32 位保存在存储器中偶字节地址开始。可以从表 2-6-3 中看出,SP 不受这种保存方式的影响。

表 2-6-3 寄存器对的保存和上下文保存时 SP 的位置

保存操作	寄存器对	保存地址的第 0 位	
		SP 开始于偶地址	SP 开始于奇地址
		1←步骤(8)前 SP 的位置	1
第 1 个	ST0	0	0←步骤(8)前 SP 的位置
	T	1	1
第 2 个	AL	0	0
	AH	1	1
第 3 个	PL	0	0
	PH	1	1
第 4 个	AR0	0	0
	AR1	1	1
第 5 个	ST1	0	0
	DR	1	1
第 6 个	IER	0	0
	DBGSTAT§	1	1
第 7 个	返回地址(低位)	0	0
	返回地址(高位)	1	1
		0←保存后 SP 的位置	0
		1	1←保存后 SP 的位置

注:所有的寄存器如表中所示成对存储;P 寄存器将被保存为 0 移位(CPU 忽略当前状态寄存器 ST0 中乘积移位模式位(PM)的状态);DBGSTAT 寄存器包含特定的仿真信息。

(10) 清除相应的 IER 位。当 IER 寄存器在步骤(9)中被保存如堆栈后,CPU 清除 IER 中与正在处理的中断的对应位。这将防止同一个中断的重入。如果用户需要捕捉中断的发生,需要在中断服务程序中将 IER 中的相应位再次置位。

(11) 置位 INTM 和 DBGM。将在状态寄存器 ST1 中的 LOOP、EALLOW 和 IDLESTAT 所有这些位清除。CPU 通过将 INTM 置位,可以避免中断服务程序被可屏蔽中断打扰。如果用户需要捕获中断,需要在中断服务程序中清除 INTM 位。CPU 通过将 DBGM 置位,可以避免调试事件影响中断服务程序中的实时代码。如果用户不希望调试事件被关闭,需要在中断服务程序中清除 DBGM 位。CPU 清除 LOOP、EALLOW 和 IDLESTAT 这些位来保证中断服务程序在新的上下文中操作。

(12) 将 PC 的值载入已经取回的向量值。在步骤(7)中已经将取回的中断向量载入 PC 中,该向量使程序可以控制中断服务程序。

(13) 执行中断服务程序。CPU 执行用户准备好的中断服务程序代码。例 2-1 是一个典型的中断服务程序。虽然在步骤(10)中一些寄存器的值已经被自动保存,但如果中断服务程序需要使用到其他的寄存器,那么用户需要在中断服务程序的一开始就将这些寄存器进行保存。在从中断服务程序返回前,还需要将这些值进行恢复。例 2-1 中的中断服务程序保存和恢复了辅助寄存器 AR1H:AR0H、XAR2-XAR7 和临时寄存器 XT。如果需要中断服务程序通知外部硬件当前正在对中断进行服务,用户可以使用 IACK 指令来发送一个中断响应信号。IACK 指令接受一个 16 位的常数作为操作数,并将该 16 位值送到数据写总线的低 16 位(DWDB(15:0))。

(14) 主程序继续。如果中断没有被 CPU 确认,则中断被忽略,主程序进行执行。如果中断被确认,则执行中断服务程序。服务结束后,主程序从被打断的位置(返回地址)继续执行。

【例 2-6-1】C28x 完整的上下文保存和恢复。

```
INTX;.                  ;8 个周期
PUSH AR1H:AR0H          ;32 位
PUSH XAR2               ;32 位
PUSH XAR3               ;32 位
PUSH XAR4               ;32 位
PUSH XAR5               ;32 位
PUSH XAR6               ;32 位
PUSH XAR7               ;32 位
PUSH XT                 ;32 位
                        ;+8=16 个周期
 :
POP XT
POP XAR7
POP XAR6
POP XAR5
POP XAR4
POP XAR3
POP XAR2
POP XAR1H:AR0H
IRET
                        ;16 个周期
```

2.6.5 非屏蔽中断

非屏蔽中断不能够通过任何使能位(如 INTM 位、DBGM 位、IFR、IER 和 DBGIER 中的使能位)关闭。C28x 立即响应这种类型的中断,并执行相应的中断服务程序。有一个例外情况:当 CPU 被暂停在停止模式(仿真器模式)时,不会响应中断。C28x 非屏蔽中断包括:

- 软件中断(INTR 和 TRAP 指令);
- 硬件中断 NMI;
- 非法指令陷阱;
- 硬件复位中断(RS)。

1. INTR 指令

用户可以使用 INTR 指令可以初始化下列中断：INT1～INT14、DLOGINT、RTOSINT 和 NMI。例如，用户可以使用指令 INTR INT1 来执行 INT1 的中断服务程序。一旦由 INTR 指令所引起的中断被初始化，具体的执行方式依赖于具体的中断：

- INT1～INT14、DLOGINT 和 RTOSINT。这些可屏蔽中断在 IFR 寄存器中有相应的标志位。当从一个外部引脚收到这些中断请求中的一个时，如果中断使能，IFR 寄存器中的相应位被置位。同样，当这些中断是由 INTR 指令所引起的，IFR 寄存器中的标志位不会被置位，中断将被立即响应，中断使能位不起作用。然而，另外一方面 INTR 指令和硬件中断请求又有相似处。例如完全通过清除 IFR 中的相应位来请求中断。
- NMI。由于该中断是一个非屏蔽中断，引脚上的硬件请求或者是 INTR 指令引起的软件请求都是具有同样的效果。

2. TRAP 指令

用户可以使用 TRAP 指令来初始化任何的中断，包括用户定义的软件中断。TRAP 指令指编号为 0～31（共 32 个）的一个中断。例如，用户可以使用如下的指令来执行 INT1 的中断复位程序：

```
TRAP      #1
```

无论 IFR 和 IER 中的是否有中断的置位，IFR 或 IER 不受该指令的影响。图 2-6-5 是由 TRAP 指令引起的中断的功能流程图。

注意："TRAP #0"指令不会引起芯片的完全复位。该指令只是强制执行 RESET 中断向量所对应的中断复位程序。

下面详细解释图 2-6-5 的步骤：

（1）取回 TRAP 指令。CPU 从程序存储器取回 TRAP 指令。所需要的中断向量被指定为一个操作数，正在指令字中进行编码。在这个过程中，不会响应其他的中断，直到 CPU 开始执行中断服务程序（步骤（9））。

（2）清空流水线。CPU 将完成流水线中所有已经到达或者通过第二步解码阶段的指令。流水线中任何其他没有到达这个阶段的指令都将被清除。

（3）PC 计数器加 1 并临时存储 PC 值。PC 计数器加 1。该值为返回地址，将被临时存储在内部 hold 寄存器。在自动上下文保存阶段（步骤（6）），返回地址将被存入堆栈。

（4）取中断向量。PC 被设置为指向相应的中断向量位置（取决于 VMAP 位和中断），中断向量被载入 PC 中。

（5）SP 加 1。堆栈指针（SP）自动加 1，为自动上下文保存（步骤（6））做准备。在自动上下

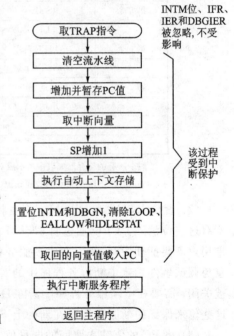

图 2-6-5 由 TRAP 指令引起的中断的功能流程图

文保存时,CPU 执行 32 位访问要从偶地址开始;同时 SP 加 1 保证第一个 32 位的访问不会将堆栈中的已有数据所覆盖。

(6) 执行自动上下文保存。一些寄存器的值可以自动保存到堆栈中。这些寄存器是成对保存的,每一对寄存器的保存在一个 32 位操作中完成。在每一个 32 位操作的结尾,堆栈指针 SP 加 2。表 2-6-4 给出了寄存器对和保存的顺序,所有的 32 位存储是从偶地址开始。可以从表中看出,SP 不受这种保存方式的影响。

表 2-6-4 寄存器对的保存和上下文保存时 SP 的位置

保存操作	寄存器对	保存地址的第 0 位	
		SP 开始于偶地址	SP 开始于奇地址
		1←步骤(5)前 SP 的位置	1
第 1 个	ST0	0	0←步骤(5)前 SP 的位置
	T	1	1
第 2 个	AL	0	0
	AH	1	1
第 3 个	PL	0	0
	PH	1	1
第 4 个	AR0	0	0
	AR1	1	1
第 5 个	ST1	0	0
	DR	1	1
第 6 个	IER	0	0
	DBGSTAT§	1	1
第 7 个	返回地址(低位)	0	0
	返回地址(高位)	1	1
		0←保存后 SP 的位置	0
		1	1←保存后 SP 的位置

注:所有的寄存器如表中所示成对存储;P 寄存器将被保存为 0 移位(CPU 忽略当前状态寄存器 ST0 中乘积移位模式位(PM)的状态);DBGSTAT 寄存器包含特定的仿真信息。

(7) 置位 INTM 和 DBGM。将在状态寄存器 ST1 中的 LOOP、EALLOW 和 IDLESTAT 所有这些位清除。CPU 通过将 INTM 置位,可以避免中断服务程序被可屏蔽中断打扰。如果用户需要捕获中断,需要在中断服务程序中清除 INTM 位。CPU 通过将 DBGM 置位,可以避免调试事件影响中断服务程序中的实时代码(timecritical code)。如果用户不希望调试事件被关闭,需要在中断服务程序中清除 DBGM 位。CPU 清除 LOOP、EALLOW 和 IDLESTAT 这些位来保证中断服务程序在新的上下文中操作。

(8) 将 PC 的值载入取回的向量值。在步骤(4)中已经将取回的中断向量载入 PC 中,该向量使程序可以控制中断服务程序。

(9) 执行中断服务程序。CPU 执行用户准备好的中断服务程序代码,用户希望在中断服务程序(ISR)中保存除了在步骤(6)中已经保存的寄存器外的其他寄存器值。如果需要中断服务程序通知外部硬件当前正在对中断进行服务,用户可以使用 IACK 指令来发送一个中断响应信号。IACK 指令接受一个 16 位的常数作为操作数,并将该 16 位值送到数据写总线的低 16 位(DWDB(15∶0))。

(10) 主程序继续。中断服务程序结束后,主程序从被打断的位置(在返回地址)继续执行。

3. 非屏蔽硬件中断

可以通过将 NMI 输入引脚拉低来发出中断请求。虽然 NMI 无法被屏蔽,但是在一些调试状态下也无法对 NMI 进行服务。一旦在 NMI 引脚上检测到一个有效的请求,CPU 将和处理 TRAP 指令一样来进行中断处理。

2.6.6 非法指令陷阱

以下的事件发生都会引起非法指令陷阱:
- 一条非法的指令被解码(这包括无效的寻址模式);
- 代码值为 0000h 被译码。该代码对应了 ITRAP0 指令;
- 代码值为 FFFFh 被译码。该代码对应了 ITRAP1 指令。

所有的非法指令陷阱都不能够被屏蔽,即使在仿真过程中。一旦中断被初始化,那么非法指令陷阱操作就像"TRAP ♯19"指令一样。作为中断处理的一部分,非法指令陷阱把返回地址存入堆栈。因此,用户可以通过检查该存储的值来确定出错的地址。

2.6.7 硬件复位(RS)

当复位输入信号(RS)被确认后,CPU 将被置位一个已知的状态。硬件复位后,当前所有的操作被放弃,流水线被清空,CPU 寄存器复位为表 2-6-5 所示的值;然后将取得复位中断向量,并执行相应的中断服务程序。虽然硬件复位是非屏蔽的,但是在调试执行状态中硬件复位中断不会被服务。

表 2-6-5 寄存器复位后的值

寄存器	位	复位值	说明
ACC	所有	0000 0000h	
XAR0	所有	0000 0000h	
XAR1	所有	0000 0000h	
XAR2	所有	0000 0000h	
XAR3	所有	0000 0000h	
XAR4	所有	0000 0000h	
XAR5	所有	0000 0000h	
XAR6	所有	0000 0000h	
XAR7	所有	0000 0000h	
DP	所有	0000h	DP 指向数据页 0
IFR	16 位	0000h	没有未决中断。所有中断请求在复位时被清除
IER	16 位	0000h	在 IER 中可屏蔽中断被禁用
DBGIER	所有	0000h	在 DBGIER 中可屏蔽中断被禁用
P	所有	0000 0000h	
PC	所有	3F FFC0h	PC 中载入了位于程序存储空间地址为 00 0000h 或 3F FFC0h 中的复位中断向量
RPC	所有	0000h	

续表 2-6-5

寄存器	位	复位值	说明
SP	所有	SP=0x400	SP 指针指向地址 0400h
ST0	0：SXM	0	符号扩展被关闭
	1：OVM	0	溢出模式关闭
	2：TC	0	
	3：C	0	
	4：Z	0	
	5：N	0	
	6：V	0	
	7～9：PM	000b	乘积移位模式被设置为左移 1 位
	10～15：OVC	00 0000b	
ST1	0：INTM	1	可屏蔽中断被全局禁用。只有在 C28x 工作在实时模式 CPU 停止时才能够接受复位
	1：DBGM	1	仿真器访问和事件被禁用
	2：PAGE0	0	PAGE0 堆栈寻址模式被使能，PAGE0 直接寻址模式被禁用
	3：VMAP	1	中断向量映射到程序存储器的 3F FFC0～3F FFFFh 区域
	4：SPA	0	
	5：LOOP	0	
	6：EALLOW	0	仿真器对寄存器的访问被禁止
	7：IDLESTAT	0	
	8：AMODE	0	C27x/C28x 寻址模式
	9：OBJMODE	0	C27x 目标模式
	10：Reserved	0	
	11：M0M1MAP	1	
	12：XF	0	XFS 输出信号为低
	13～15：ARP	000b	ARP 指向 AR0
XT	所有	0000 0000h	

2.7 流水线

本节介绍 C28x 指令流水线的操作。流水线所包含的硬件用来防止对同一个寄存器或者数据存储区同时进行读和写操作，避免造成混乱。同时，用户可以通过考虑流水线的操作来提高程序的效率。此外，还要注意到有两种流水线的冲突是不受到流水线硬件保护的，用户必须知道如何去避免此种情况的发生。

2.7.1 指令流水线

当执行程序时,C28x CPU 以下的基本操作:
- 从程序存储器取指令;
- 指令译码;
- 从存储器或者 CPU 寄存器读取数据值;
- 执行指令;
- 将结果写入存储器或者 CPU 寄存器。

为了提高指令执行效率,C28x 的 CPU 在 8 个独立的阶段执行这些操作。在任何时刻,同时有 8 条指令运行在其工作不同的阶段。下面将按照执行的先后顺序介绍这 8 个阶段。

(1) 取指 1(F1):在取指 1(F1)阶段,CPU 将一个程序存储器的地址送到 22 位的程序地址总线 PAB(21:0)上。

(2) 取指 2(F2):在取指 2(F2)阶段,CPU 从程序读数据总线 PRDB(31:0)上读取程序存储器,并将指令载入取指令队列中。

(3) 译码 1(D1):C28x 支持 32 位和 16 位指令,同时一条指令可以被安放在奇地址或者偶地址。译码 1(D1)硬件辨识出取指令队列中指令的边界,并决定下一条等待执行指令的长度;也决定了该指令是否是一条合法的指令。

(4) 译码 2(D2):译码 2(D2)硬件向取指令队列请求一条指令。所请求的指令被装载入指令寄存器中来完成译码操作。一条指令一旦到达 D2 阶段,该指令将一直执行完毕。在这个流水线阶段,执行以下的操作:
- 如果从存储器中读取数据,则由 CPU 产生源地址;
- 如果向存储器中写入数据,则由 CPU 产生目标地址;
- 地址寄存器算术单元(ARAU)执行所有对堆栈指针(SP)、辅助寄存器或者辅助寄存器指针(ARP)进行修改的要求;
- 如果需要(如一个分支或者一个非法指令陷阱),可以打断一个程序流。

(5) 读 1(R1):如果数据需要从存储器中读入,读 1(R1)硬件将会把地址送到相应的地址总线上。

(6) 读 2(R2):如果数据已经在 R1 阶段阶段被寻址,读 2(R2)硬件将从相应的数据总线上读入数据。

(7) 执行(E):在执行(E)阶段,CPU 执行所有的乘法、移位和 ALU 操作。这些包括所有的用到累加器和乘积寄存器的基本运算和逻辑运算操作。因为操作涉及数值的读取和修改,并写回原来的地址,所以修改(典型为算术或者逻辑操作)都是在流水线的 E 阶段执行的。由乘法器、移位器和 ALU 用到的任何 CPU 寄存器都是在 E 阶段的开始就被读取,从而 E 阶段结束时将结果写回到 CPU 的寄存器。

(8) 写(W):在写(W)阶段完成一个转换值或者结果写入存储器。CPU 将驱动目的地址、相应的写锁存信号来完成数据的写操作。实际的保存过程需要至少一个以上的时钟周期,由存储器管理器和外设接口逻辑来完成,是 CPU 流水线不可见的一部分。

虽然每一条指令都有经过 8 个阶段,但是,对于具体的指令来说并不是每一个阶段都有效。一些指令在译码 2 阶段就完成了,其他的在执行阶段,还有一些在写阶段。例如,不需要读取存储器的指令在读阶段没有操作,不需要写入存储器的指令在写阶段也没有操作。

因为不同的指令会在不同的阶段对存储器和寄存器进行修改,一条未受保护的流水线可能会发生未按照用户预期顺序对同一个存储器地址进行读和写操作。CPU 自动增加非活动周期来保证读操作和写操作按照预期的方式进行。

1. 分离的流水线阶段

从取指 1 到解码 1(F1-D1)阶段的硬件工作执行独立于解码 2 至写(D2-W)阶段的硬件。这允许在 D2-W 阶段暂停时,CPU 继续取指令操作。即使当取一条新指令的操作延迟时,硬件也将允许在 D2-W 阶段继续执行取指令操作。

如果发生中断或者程序流中断情况,那么处于取指 1、取指 2 和解码 1 阶段的指令都将被丢弃。到达解码 2 阶段的指令将在任何程序流中断生效前执行完毕。

2. 取指令机制

特定的分支指令执行预取操作。分支的开始一部分指令将被取回,但是这些指令不会被允许执行到 D2 阶段,直到确定是否采取间断。取指令机制是 F1 和 F2 流水线阶段硬件执行的。在 F1 阶段,硬件自动将地址送到程序地址总线(PAB)上;在 F2 阶段,从程序读数据总线(PRDB)上读取指令。当一条指令在 F2 阶段从程序存储器读出时,下一条要取指令的地址被送到程序地址总线上(在下一个 F1 阶段)。取指机制包含了一个可以容纳 4 条 32 位指令的队列。在 F2 阶段,取回的指令被装入队列,就像先入先出(FIFO)缓冲器一样,队列中第一条指令将被第一个执行。取指令机制执行 32 位的取指,直至队列装满。当一个程序流被打断(例如分支指令或者中断),队列将被清空。当队列底部的指令达到 D2 阶段,该指令将被送入指令寄存器进行下一步的译码工作。

3. 地址计数器 FC、IC 和 PC

在取指和指令执行过程中,用到了 3 个程序地址计数器:

- 取指计数器(FC)。取指计数器保存了在 F1 流水线阶段送入程序地址总线(PAB)上的地址值。CPU 持续增加 FC 直至队列满或者队列被程序流中断所清空。通常,FC 保存一个偶地址并且执行加 2 操作来适应 32 位取指。惟一的例外是当在一个间断开始时,FC 保存了一个奇地址,在从一个奇地址执行一个 16 位取指操作后,CPU 将 FC 加 1 从而恢复 32 位取指令从偶地址开始。
- 指令计数器(IC)。在 D1 硬件确定指令长度(16 位或者 32 位)后,它将下一条要进行 D2 译码的指令地址载入指令计数器(IC)。当执行中断或者调用操作时,IC 中的值是代表了返回地址值,保存在堆栈、辅助寄存器 XAR7 或者 RPC 中。
- 程序计数器(PC)。当一个新地址载入 IC 时,IC 中的旧值被装入 PC。程序计数器(PC)一直存放着达到 D2 阶段指令的地址。

【例 2-7-1】给出流水线和地址计数器之间的关系。

指令 1 已经到达它的 D2 阶段(即该指令已经被送到指令寄存器)。PC 指向指令 1 所在的地址(000050h)。指令 2 已经到达其 D1 阶段,下一步将被执行(假设取指令队列没有被程序流中断所清空)。IC 指向指令 2 所在的地址(000051h)。指令 3 处于其 F2 阶段,已经被送入取指令队列但还没有被解码。指令 4 和 5 都在其各自的 F1 阶段。FC 中的地址(000054h)已经放到 PAB 上。在下一个 32 位取指令阶段,指令 4 和 5 将从地址 000054h 和 000055h 中取出,送入队列。流水线和地址计数器之间的关系如图 2-7-1 所示。

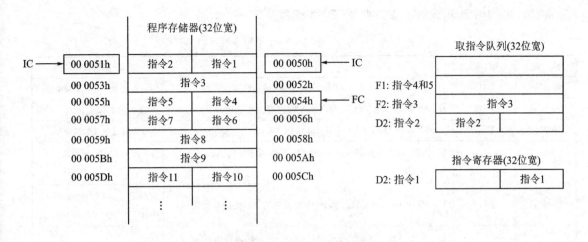

图2-7-1 流水线与地址计数器FC、IC和PC的关系

本章在后面所指的大多数是PC计数器。FC和IC只在特定情况下可以获得。例如,当进行调用或者中断请求,IC的值将被保存入堆栈或者辅助寄存器XAR7中。

2.7.2 可视流水线活动

参考例2-7-1及图2-7-1,列出的8条指令:I1~I8,并且表中给出了这些指令在流水线中的活动。F1行给出了地址,F2行给出了在这些地址所读出的指令操作数;在一次取指令过程中,读入32位数,其中16位来自指定的地址,接着的16位来自跟随的地址。D1行是取指令队列中独立指令,D2行是地址的产生和地址寄存器的修改;指令行给出了已经到达D2阶段的指令。R1行给出了地址,R2行表示来自从这些地址所读入的数据值。在E行,图表中给出了写入到累加器低位(AL)的计算结果。在W行,地址和数据同时被送到相应的存储器总线上。例如,在该表的最后一个活动的W阶段,地址00 0205h被送到数据写地址总线(DWAB),数据值1234h被送到数据写数据总线(DWDB)上。

表2-7-3中的阴影区域表示指令"ADD AL,＊AR0＋＋"所经过的路径,主要包括的操作如表2-7-1所列。

表2-7-1 指令"ADD AL,＊AR0＋＋"的主要操作阶段

阶 段	活 动
F1	将地址00 0042h送到程序地址总线(PAB)上
F2	从地址为00 0042h和00 0043h读入操作数F347和F348
D1	将F348从取指令队列中隔离
D2	使用XAR0＝006616来产生源地址0000 0066h,然后将XAR0增加到0067h
R1	将地址00 0066h送到数据读数据总线(DRDB)上
R2	从地址为0000 0066h中读入数据值1
E	将AL(123016)的内容加1后将结果(1231h)存入AL
W	无操作

例 2-7-1 中流水线活动表如表 2-7-2 所列。

表 2-7-2 例 2-7-1 中指令表

地 址	操作码	指 令	初始值
00 0040	F345	I1：MOV DP,#VarA ；DP=VarA 所在的页	VarA 地址＝00 0203h
00 0041	F346	I2：MOV AL,@VarA ；将 VarA 的内容送入 AL	VarA＝1230h
00 0042	F347	I3：MOVB AR0,#VarB ；AR0 指向 VarB	VarB 地址＝00 0066h
00 0043	F348	I4：ADD AL,*XAR0++ ；将 VarB 的内容加到 AL；XAR0+1	VarB＝0001h (VarB+1)=0003h
00 0044	F349	I5：MOV @VarC,AL ；VarC 中的内容用 AL 的内容替代	(VarB+2)=0005h VarC 地址＝00 0204h
00 0045	F34A	I6：ADD AL,*XAR0++ ；将(VarB+1)的内容加到 AL；XAR0+1	VarD 地址＝00 0205h
00 0046	F34B	I7：MOV @VarD,AL ；VarD 中的内容用 AL 的内容替代	
00 0047	F34C	I8：ADD AL,*XAR0 ；将(VarB+2)的内容加到 AL	

表 2-7-3 例 2-7-1 中流水线活动表

F1	F2	D1	指 令	D2	R1	R2	E	W
00 0040								
	F346：F345							
00 0042		F345						
	F348：F347	F346	I1：MOV DP,#VarA	DP=8				
00 0044		F347	I2：MOV AL,@VarA	产生 VarA 的地址	—			
	F34A：F349	F348	I3：MOVB AR0,#Var B	XAR0=66	00 0203	—		
00 0046		F349	I4：ADD AL,*XAR0++	XAR0=67		1230	—	
	F34C：F34B	F34A	I5：MOV @VarC,AL	产生 VarC 的地址	00 0066	—	AL=1230	
		F34B	I6：ADD AL,*XAR0++	XAR0=68		0001		
		F34C	I7：MOV @VarD,AL	产生 VarD 的地址	00_0067	—	AL=1231	
			I8：ADD AL,*XAR0	XAR0=68	—	0003	—	—
					00_0068	—	AL=1234	00 0204 1231
					0005	—	—	
							AL=1239	00 0205 1234

注：所示 F2 和 D1 栏中的操作码只用于说明，并不是所示指令的实际操作码。

例 2-7-1 中流水线的活动可以简化，如例 2-7-2 中表 2-7-4 所列。这种类型的表注重每条指令的路径而不是特定流水线事件。在第 8 个周期，流水线是满的：每一个流水线阶段都有一条指令。同样，每一条指令的有效执行时间是一个周期。一些指令在 D2 阶段结束了活动，有些在 E 阶段，还有一些在 W 阶段。然而，如果选择一个阶段作为一个参考点，那么可以看到每一条指令在该阶段只有一个周期。

【例 2-7-2】流水线活动简化表(见表 2-7-4)。

表 2-7-4 流水线活动符化表

F1	F2	D1	D2	R1	R2	E	W	周期
I1								1
I2	I1							2
I3	I2	I1						3
I4	I3	I2	I1					4
I5	I4	I3	I2	I1				5
I6	I5	I4	I3	I2	I1			6
I7	I6	I5	I4	I3	I2	I1		7
I8	I7	I6	I5	I4	I3	I2	I1	8
	I8	I7	I6	I5	I4	I3	I2	9
		I8	I7	I6	I5	I4	I3	10
			I8	I7	I6	I5	I4	11
				I8	I7	I6	I5	12
					I8	I7	I6	13
						I8	I7	14
							I8	15

2.7.3 流水线活动的冻结

本节说明导致流水线活动冻结的两个原因：
- 等待状态；
- 无可用指令状态。

1. 等待状态

当 CPU 向存储器或者外部设备请求读取或者写入时,该设备可能需要花费比 CPU 预留的默认时间要多的时间来完成数据的传送。当数据传送需要更多的时间,每一个设备都必须使用 CPU 的 ready 信号来插入等待状态。CPU 有三种独立的 ready 信号设置:一种用于读写程序区;第二种设置用于读数据区;第三种用于写数据区。如果在一个指令的 F1、R1 或者 W 阶段收到等待状态请求,那么流水线就将被冻结一段时间：

- F1 阶段的等待状态。取指令机制将暂停直至等待状态结束。这个暂停有效地将流水线中处于 F1、F2 和 D1 阶段的指令冻结。然而,因为 F1-D1 的硬件和 D2-W 的硬件互相解耦,处于 D2-W 阶段的指令会继续执行。
- 在 R1 阶段的等待状态。流水线中所有的 D2-W 活动被冻结。这点十分必要,因为后续指令的执行依赖于数据读操作的开始。取指令操作将继续进行,直至取指令队列满或者在 F1 阶段收到一个等待状态请求。
- 在 W 阶段的等待状态。流水线中所有的 D2-W 活动被冻结。这点十分重要,因为后续指令的执行依赖于首先开始的写操作。取指令操作将继续进行,直至取指令队列满或者在 F1 阶段收到一个等待状态请求。

2. 无可用指令状态

D2 硬件向取指令队列请求一条指令。如果一条已经取回的新指令已经完成其 D1 阶段,指令被载入指令寄存器进行进一步解码操作。然而,如果队列中没有新的指令在等待,即出现无可用指令状态。F1-D1 硬件活动继续进行,而 D2-W 硬件活动将暂停直到出现一条新的可用指令。

无可用指令状态发生在程序间断结束后,第一条 32 位指令位于一个奇地址。一个程序间断(discontinuity)即一个连续串行流中的一个中断,通常由分支、调用或者中断所引起。当发生间断时,取指令队列被清空,CPU 转移到一个指定的地址。如果指定的地址是一个奇地址,那么在奇地址将执行的是 16 位取指令操作,然后是从偶地址开始的 32 位取指令操作。因此,在间断发生后的第一条指令是位于一个奇地址并且长度为 32 位时,得到整个指令需要进行两次取指操作。D2-W 硬件活动在指令准备好进入 D2 阶段前被停止。

为了避免可能出现的延时,用户可以在每一个程序代码的开始加入一条或者两条(最好是两条)的 16 位指令:

Function A:

16-bit instruction;第一条指令

16-bit instruction;第二条指令

32-bit instruction;此处开始为 32 位的指令

如果用户选择在函数或者是子程序的第一条指令使用一条 32 位的指令,那么用户需要通过确保该指令的起始地址为偶地址来防止流水线的延时。

2.7.4 流水线保护

流水线中,指令是并行执行的,不同的指令在不同的完成阶段对存储器和寄存器执行修改操作。如果在一条未受保护的流水线,这将导致流水线冲突,即对同一个地址的读和写操作没有按照预定的顺序进行。然而,C28x 系列 DSP 的流水线有一种自动避免流水线冲突的机制。有两种类型的流水线冲突可能会在 C28x 上发生:

- 向同一个数据空间进行读和写访问时发生的冲突;
- 寄存器冲突。

流水线通过在可能导致冲突的指令之间加入无效周期(inactive cycles)来防止这些冲突的发生。

1. 读和写同一个数据空间时的保护

假设两条指令 A 和 B,指令 A 在它的 W 阶段向存储器写入一个值,指令 B 必须在其 R1 和 R2 阶段从同一个位置读出数据。因为指令是并行执行的,所以有可能在指令 B 的 R1 阶段可能发生在指令 A 的 W 阶段。没有流水线保护机制,指令 B 可能过早地读取并取回了一个错误的值。C28x 流水线通过将指令 B 保持在 D2 阶段直至指令 A 完成写操作。

例 2-7-3 所示的两条指令对同一个数据存储器空间进行读/写时发生冲突。例中给出的流水线活动是在一条未受保护的流水线,同时只给出了 F1~D1 阶段。I1 在周期 5 时写入 VarA,在周期 6 完成数据存储器的保存。I2 不应该在周期 7 前读取该数据存储区域。然而,I2 在周期 4 进行的读操作(提早了三个周期)。为了防止此类冲突,流水线保护机制将把 I2 在

D2 阶段保持 3 个周期。在这些流水线保护周期,没有新的操作发生。

【例 2-7-3】 向同一个数据空间进行读和写访问之间的冲突。

```
I1: MOV   @VarA,AL     ;将 AL 内容写入数据存储区的 VarA 单元
I2: MOV   AH,@VarA     ;从同一个单元读出数据,存入 AH
```

可以通过在可能引起流水线冲突的指令之间插入其他指令来减少或者省去为防止寄存器冲突而加入的流水线保护周期。当然,插入的指令必须保证自己不会带来总线冲突或者导致其后指令无法正常的执行。例如,例 2-7-3 中的代码可以通过将一条 CLRC 指令插入到 MOV 指令之间(CLRC SXM 指令执行完成后可以使 SXM=0),从而保证代码正确执行。如下所示:

表 2-7-5 例 2-7-3 中流水线活动简化表

DZ	K1	RZ	E	W	周期
I1					1
I2	I1				2
I2		I1			3
I2			I1		4
I2				I1	5
	I2				6
		I2			7
			I2		8

```
I1: MOV   @VarA,AL     ;将 AL 的内容写入数据存储器单元 VarA
    CLRC  SXM          ;SXM=0(关闭符号位扩展)
I2: MOV   AH,@VarA     ;从同一个存储器单元中读出存入 AH
```

I1 和 I2 之间插入 CLRC 指令可以减少等流水线保护周期减少为 2 个。插入两个以上的指令将可以无须进行流水线保护。作为一个通用的规则,如果读存储器操作发生在写同一个存储器地址指令后的三个指令内,那么流水线保护机制增加至少 1 个无效周期。

2. 寄存器冲突的预防保护

对所有 CPU 寄存器的读取或者写入都发生在指令执行的 D2 阶段或者 E 阶段。当一条指令试图读取或者修改一个寄存器内容(在 D2 阶段)发生在前一条指令已经完成写入该寄存器(在 E 阶段)前,那么就有可能发生寄存器冲突。流水线保护机制通过将后一条指令保持其 D2 阶段足够的周期(1~3 个)来解决寄存器冲突问题。

用户无须考虑寄存器冲突问题,除非用户需要获得最高的流水线效率。如果需要减少流水线保护周期的个数,那么用户必须明确访问寄存器时所在的流水线阶段,并且尽量消除指令间的冲突。通常,寄存器冲突主要包含了以下地址寄存器中的一个:

- 16 位辅助寄存器 AR0~AR7;
- 32 位辅助寄存器 XAR0~XAR7;
- 16 位数据页指针(DP);
- 16 位堆栈指针(SP)。

例 2-7-4 所示的寄存器冲突包含了辅助寄存器 XAR0。图中给出的流水线活动是在一条未受保护的流水线,同时只给出了 F1~D1 阶段。I1 在周期 4 结束时候进行对 XAR0 的写操作,I2 应该至少在周期 4 以后才能够试图读取 XAR0。然而,I2 在周期 2 已经读取了 XAR0(用来产生地址)。为了防止这种冲突,流水线保护机制将 I2 保持在 D2 阶段三个周期。在这些流水线保护周期,没有新的操作发生。

【例 2-7-4】不同指令对同一寄存器进行操作时引起的寄存器冲突。

```
I1: MOVB AR0,@7      ;将由操作数@7 指向的数据存储器单元内容载入 AR0,并将 XAR0 高 16 位清零
I2: MOV AH,*XAR0     ;将辅助寄存器 XAR0 所指向的存储器地址中的内容装载入 AH
```

表 2-7-6 例 2-7-4 流水线活动简化表

D2	R1	R2	E	W	周期
I1					1
I2	I1				2
	I2	I1			3
	I2		I1		4
		I2		I1	5
		I2			6
			I2		7

可以通过在可能引起流水线冲突的指令之间插入其他指令来减少或者省去为防止寄存器冲突而加入的流水线保护周期。例如,例 2-5 中的代码可以通过将程序中其他位置的两个指令移动位置来改善代码的质量(假设跟随"SETC SXM"指令执行了正确的操作,使 PM=1 和 SXM=1)。

```
I1: MOVB AR0,@7      ;将由操作数@7 指向的数据存储器单元内容载入 AR0,并将 XAR0 高 16 位清零
    SPM  0           ;PM=1(乘积没有移位)
    SETC SXM         ;SXM=1(符号位扩展)
I2: MOV AH,*XAR0     ;将辅助寄存器 XAR0 所指向的存储器地址中的内容装载入 AH
```

插入 SPM 和 SETC 指令后,将使流水线保护周期减少为 1 个。如果再插入一条指令将可以无须进行流水线保护。作为一个通用的规则,如果读寄存器操作发生在写同一个寄存器指令后的三个指令内,那么流水线保护机制增加至少 1 个无效周期。

2.7.5 避免无流水线保护操作

本节讨论流水线保护机制所无法保护的流水线冲突。这些冲突是可以避免的,本节给出了一些避免这种冲突的建议方法。

1. 未受保护的程序空间的读和写

流水线只是保护了寄存器和数据空间的读和写,并没有保护由 PREAD 和 MAC 指令对程序空间的读操作或者是 PWRITE 指令对程序空间进行的写操作。当使用这些指令对程序和数据共享的程序块进行访问时,需要特别小心。

例如,假设一个存储器位于地址为程序存储器 00 0D50h 和地址为 0000 0D50h 的数据空间。考虑以下代码:

```
                    ;XAR7 = 000D50 在程序区
                    ;Data1 = 000D50 在数据区
ADD @Data1,AH       ;将 AH 值加到数据存储区 Data1 单元的值上并保存
PREAD @AR1,*XAR7    ;将由 XAR7 指向的程序存储器中的内容装入 AR1
```

操作数@Data1 和 *XAR7 都指向同一个地址,但是,流水线无法解读这种情况。在 ADD

指令写入该存储器地址（在 W 阶段）前，PREAD 指令已经从该地址读取了该存储器地址（在 R2 阶段）。

然而，PREAD 指令并不是程序中必须的，因为可以使用其他的指令通过读取数据空间来访问该地址，例如可以使用一条 MOV 指令：

```
ADD @Data1,AH        ;将 AH 值加到数据存储区 Data1 单元的值上并保存
MOV AR1,*XAR7        ;将由寄存器 XAR7 指定的地址中内容载入 AR1
```

2. 访问一个存储单元影响到另一个存储器单元

如果对一个存储单元进行访问会影响到另一个存储单元，那么用户需要通过修改程序来防止流水线发生冲突。只有在你程序寻址范围超过受保护的地址范围时，才需要注意这种流水线冲突。参看下面一个例子：

```
MOV @DataA,#4            ;对 DataA 的写操作将导致外围设备清除 DataB 的位 15
$10: TBIT @DataB,#15     ;测试 DataB 的第 15 位
SB $10,NTC               ;循环，直到位 15 置位
```

这个程序导致了一个错误的读操作。TBIT 指令在 MOV 指令向位 15 写入前（在 W 阶段）读取了位 15（在 R2 阶段）。如果 TBIT 指令读取的值为 1，代码将提早结束循环。因为 DataA 和 DataB 参考的是两个不同的数据存储器位置，而流水线无法辨认出这个冲突。

然而，可以通过在指令中加入两个或者多个 NOP（空操作）指令来延长写入。用户可以通过插入两个或者多个 NOP（空操作）指令来修正这种错误，从而保证在写入 DataA 和改变 DataB 的位 15 之间有足够的时间。例如，如果 2 个周期的延时足够的话，可以按照如下的方式来修改上述的代码：

```
MOV @DataA,#4            ;该对 DataA 的写操作将导致一个外设清除 DataB 的位 15
NOP                      ;延时一个周期
NOP                      ;延时一个周期
$10: TBIT @DataB,#15     ;测试 DataB 的第 15 位
SB $10,NTC               ;循环，直到位 15 置位
```

3. 写操作后的读保护模式

CPU 具有一个写操作后的读保护模式，从而保证了在受保护地址区域中任何紧随写操作后的读操作的执行是在写操作初始化完成后进行的，方法是将读操作进行延迟等待。

PROTSTART(15：0) 和 PROTRANGE(15：0) 输入信号用于设置保护的范围。ROTRANGE(15：0) 的值是一个二进制的倍数，其最小块的容量是 64 字，最大为 4 M 字（64 字、128 字、256 字……1 M 字、2M 字和 4M 字）。PROTSTART 的地址必须是给定选择范围的倍数。例如，如果选择的是 4K 的块，那么起始地址必须是 4K 的倍数。

ENPROT 信号置为高使能该功能，置为低时禁用该功能。

上述所有的信号在每一个周期都被锁存，这些信号都与寄存器相联，并且可以在应用程序中修改。

只有在受保护区域中发生写操作后紧随着读操作的情况下，上述所有的机制才会工作，在非受保护区域中发生写和读的顺序操作不受其影响，如下段例程所示。

```
Example 1: write protected_area
write protected_area
write protected_area
                        <-流水线保护(3 个周期)
read protected_area
Example 2: write protected_area
write protected_area
write protected_area
                        <-无流水线保护要求
read non_protected_area
                        <-个周期(2 个周期)
read protected_area
read protected_area
Example 3: write non_protected_area
write non_protected_area
write non_protected_area
                        <-无流水线保护要求
read protected_area
```

2.8 存储器映射

低 64K 的存储器地址映射在 240x 系列芯片的数据空间,高 64K 的存储器地址映射至 24x/240x 系列器件的程序空间。与 24x/240x 兼容的代码只能在高 64K 存储区域执行,因此,在 2812 内部 Flash 或者 ROM 的高 32K 和 H0 SARAM 块可以用来运行与 24x/240x 兼容的代码(假设 MP/MC 模式为低),或者在 XINTF 区域 7 中执行(假设 MP/MC 模式为高)。

XINTF 包含 5 个独立的区域,其中一个区域有其自己独立的片选信号,剩余 4 个区域共享 2 个片选信号。每一个区域可以编程设置各自的时序(等待状态)和是否使用外部的 ready 信号。这简化了与外设之间的无缝连接。

注意: XINTF 区域 0 和区域 1 的片选信号合用一个片选(XZCS0AND1),XINTF 区域 6 和区域 7 合用一个片选(XZCS6AND7)。

外设帧 1、外设帧 2 和 XINTF 区域 1 被组合在一起,用来使能这些外设块的读/写保护,保护模式保证了所有这些块的访问以写的形式发生。因为 C28x 的流水线中,对于不同存储器地址的紧跟在读操作后面的写操作,CPU 将以相反的顺序产生在存储器总线上。当用户期望首先进行写操作时,这将导致在特定的外设应用时产生问题。C28x 的 CPU 支持对特定区域的存储器的块保护模式,从而保证此类操作以写的形式发生(后果是在操作中增加了额外的周期),该模式是可配置的,并且是默认的,其将保护选定的区域。

2812 芯片在复位后,当 XMP/MC 为高时将访问 XINTF 区域 7。该信号用于选择微处理器还是微控制器操作模式。在微处理器模式,区域 7 映射到高存储区,从而使向量从外部读取。在该模式时,Boot ROM 被禁用。在微控制器模式,区域 7 被禁用,从而使得从 Boot ROM 读取向量。这允许用户即可以从片内存储器引导,也可以从片外存储器引导。XMP/

MC 信号的状态在芯片复位后存入 XINTCNF2 寄存器的 MP/MC 模式位。用户可以通过软件修改模式从而控制 Boot ROM 和 XINTF 区域 7 的映射。其他的存储区不受 XMP/MC 信号影响。2812 的 XINTF 不支持 I/O 空间。

存储器映射区域中不同空间的等待状态如表 2-8-1 所列,Flash 的扇区地址与表 2-8-2 所列,等待状态如表 2-8-3 所列。

表 2-8-1 F2812 和 F2811 中 Flash 的扇区地址

地址范围	程序和地址空间	地址范围	程序和地址空间
0x3D 8000 0x3D 9FFF	扇区 J,8K×16 位	0x3E C000 0x3E FFFF	扇区 D,16K×16 位
0x3D A000 0x3D BFFF	扇区 I,8K×16 位	0x3F 0000 0x3F 3FFF	扇区 C,16K×16 位
0x3D C000 0x3D FFFF	扇区 H,16K×16 位	0x3F 4000 0x3F 5FFF	扇区 B,8K×16 位
0x3E 0000 0x3E 3FFF	扇区 G,16K×16 位	0x3F 6000 0x3F 7F80 0x3F 7FF5	扇区 A,8K×16 位 当使用代码安全模式时,编程为 0x0000
0x3E 4000 0x3E 7FFF	扇区 F,16K×16 位	0x3F 7FF6 0x3F 7FF7	Boot-to-Flash(或 ROM)入口处(此处为程序分支指令)
0x3E 8000 0x3E BFFF	扇区 E,16K×16 位	0x3F 7FF8 0x3F 7FFF	安全密码(128 位)(不能编程为全 0)

表 2-8-2 F2810 中 Flash 的扇区地址

地址范围	程序和地址空间	地址范围	程序和地址空间
0x3E 8000 0x3E BFFF	扇区 E,16K×16 位	0x3F 6000 0x3F 7F80 0x3F 7FF5	扇区 A,8K×16 位 当使用代码安全模式时,编程为 0x0000
0x3E C000 0x3E FFFF	扇区 D,16K×16 位	0x3F 7FF6 0x3F 7FF7	Boot-to-Flash(或 ROM)入口处(此处为程序分支指令)
0x3F 0000 0x3F 3FFF	扇区 C,16K×16 位	0x3F 7FF8 0x3F 7FFF	安全密码(128 位)(不能编程为全 0)
0x3F 4000 0x3F 5FFF	扇区 B,8K×16 位		

表 2-8-3 等待状态

区 域	等待周期	说 明
M0 和 M1 SARAM	0 等待	固定
外设帧 0	0 等待	固定
外设帧 1	0 等待(写) 2 等待(读)	固定
外设帧 2	0 等待(写) 2 等待(读)	固定

续表 2-8-3

区 域	等待周期	说 明
L0 和 L1 SARAM	0 等待	
OTP（或 ROM）	可编程，最小 1 个等待	通过 Flash 寄存器编程。在降低 CPU 频率工作时可以设置 1 个等待状态操作
Flash（or ROM）	可编程，最小 0 个等待	通过 Flash 寄存器编程。在 CPU 将频工作是，可以执行 0 等待状态操作。CSM 密码所在的地址有硬件设置的 16 个等待状态
H0 SARAM	0 等待	固定
Boot-ROM	1 等待	固定
XINTF	可编程，最小 1 个等待	通过 XINTF 寄存器编程。外部存储器或者外设的等待周期可以延长。不可以为 0 等待操作

F2812C2812 存储器映射如图 2-8-1 所示，其说明如下：

（1）存储区块大小并非成比例。

（2）保留区域被保留用于将来的扩展，应用程序不能访问该区域。

（3）Boot ROM 和区域 7 存储区映射是动态的，可以是片内或者是 XINTF 区域，而不能兼有，由 MP/MC 决定。

（4）外设帧 0，外设帧 1 和外设帧 2 的存储器只映射到了数据存储器，用户程序无法在程序空间访问这些存储区。

（5）"保护"意味着紧随写操作的读操作的顺序被保护，而非流水线顺序。

（6）特定的存储区域是受到 EALLOW 保护，防止配置后的误写操作。

（7）区域 0 和 1 以及区域 6 和 7 共用一个片选信号，因此这些存储区域有映射的地址。

F2811/C2811 存储器映射如图 2-8-2 所示，其说明如下：

（1）存储区块大小并非成比例。

（2）保留区域被保留用于将来的扩展，应用程序不能访问该区域。

（3）外设帧 0，外设帧 1 和外设帧 2 的存储器只映射到了数据存储器，用户程序无法在程序空间访问这些存储区。

（4）"保护"意味着紧随写操作的读操作的顺序被保护，而非流水线顺序。

（5）特定的存储区域是受到 EALLOW 保护，防止配置后的误写操作。

F2810/C2810 存储器映射如图 2-8-3 所示，其说明如下：

（1）存储区块大小并非成比例。

（2）保留区域被保留用于将来的扩展，应用程序不能访问该区域。

（3）外设帧 0，外设帧 1 和外设帧 2 的存储器只映射到了数据存储器，用户程序无法在程序空间访问这些存储区。

（4）"保护"意味着紧随写操作的读操作的顺序被保护，而非流水线顺序。

（5）特定的存储区域是受到 EALLOW 保护，防止配置后的误写操作。

第 2 章 CPU 内核结构及存储器映射

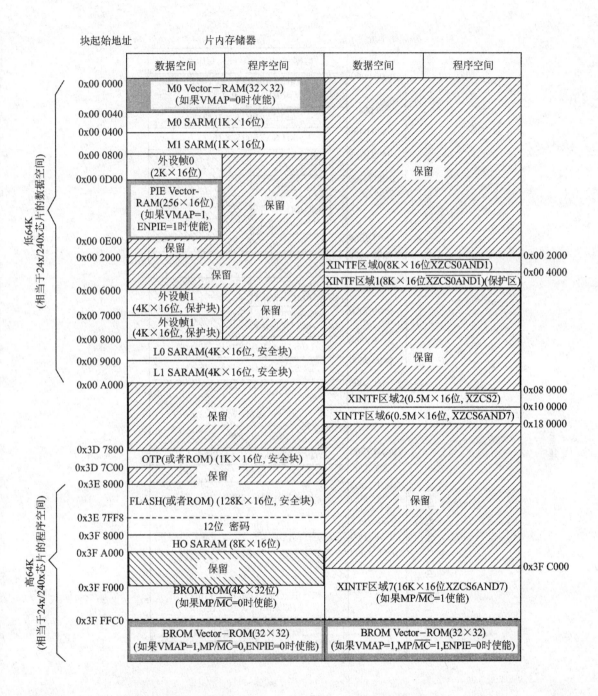

注：图中阴影区域中的向量映射（M0 vector，PIE vector，BROM vector，XINTF vector）只能有一个并在同一时刻被使能。

图 2-8-1 F2812/C2812 存储器映射

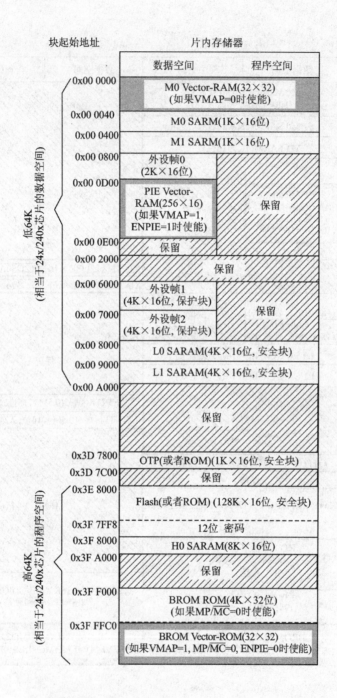

注：图中阴影区域中的向量映射（M0 vector，PIE vector，BROM vector）只能有一个并在同一时刻被使能。

图 2-8-2　F2811/C2811 存储器映射

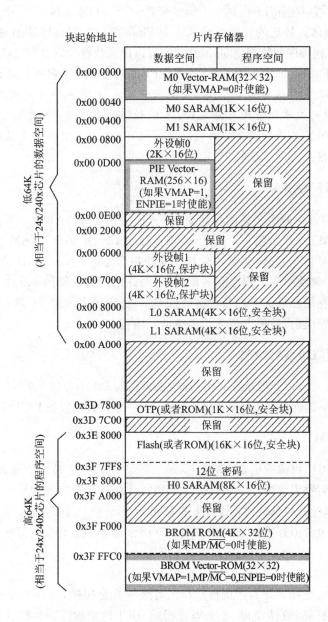

图 2-8-3 F2810/C2810 存储器映射

注：图中阴影区域中的向量映射（M0 vector，PIE vector，BROM vector）只能有一个并在同一时刻被使能。

2.8.1 Flash 存储器（仅 F281x）

F2812 和 F2811 带有 128K×16 位的片内 Flash 存储器，分隔为 4 个 8K×16 位的扇区和 6 个 6K×16 位的扇区。F2810 有 64K×16 位的片内 Flash 存储器，分隔成 2 个 8K×16 位的扇区和 3 个 16K×16 位的扇区。所有的芯片都包含了一个 1K×16 位的 OTP 存储器，地址位于 0x3D 7800~0x3D 7BFF。用户可以单独的擦除、编程和验证一个 Flash 扇区而不会影响其他的扇区。然而,不可以使用 Flash 的一个扇区或者 OTP ROM 来执行 Flash 的算法来擦除或者编程其他的 Flash 扇区。特定的存储器流水线为 Flash 模块获得高性能的表现而服务。Flash/OTPROM 都被映射到程序和数据空间,因此它即可以用来执行代码也可以存储数据信息。

注意: F2810/F2811/F2812 的 Flash 和 OTPROM 的等待周期可以通过应用程序进行配置,这将允许应用程序在低速运行程序时,配置 Flash 使用多个等待周期。可以通过使能 Flash 选项寄存器中的流水线模式来提高 Flash 的性能。当该模式使能时,线性代码的执行效率将远远高于因为配置了等待周期时的表现。使用 Flash 流水线而带来性能的具体提高由用户的程序决定。该模式不适用于 OTP ROM。

2.8.2 M0 和 M1 SARAM

所有的 C28x 器件由两个单访问存储器,每一个大小为 1K×16 位。堆栈指针在芯片复位后从 M1 块开始。M0 块覆盖包含了 240x 系列器件的 B0、B1 和 B2 RAM 块,因此在 240x 器件中的数据变量映射将在 C28x 器件中保持相同的物理地址。M0 和 M1 块和 C28x 中所有其他的存储器块一样,都映射到了程序和数据空间,因此用户可以使用 M0 和 M1 来执行代码或者存放数据变量。存储区域的分配是在链接(linker)过程中完成的。C28x 器件提供给编程者一个未定义的存储器映射,从而方便使用高级语言编程。

2.8.3 L0、L1 和 H0 SARAM

F281x 和 C281x 带有一个额外的 16K×16 位的单访问 RAM,分成 3 个块(4K+4K+8K),每一个块可以独立的访问,因此最小化了流水线的阻塞。每一个块都映射到了程序和数据空间。

2.8.4 Boot ROM

Boot ROM 是工厂可编程的带有软件 boot-loading。引导模式信号提供给 boot-loader 软件在上电时使用何种引导模式。用户可以选择通常的引导模式或者从一个外部连接下载新的软件,抑或选择引导软件从内部的 Flash 程序引导。

Boot ROM 还包含由标准的表,比如 SIN/COS 波形表用于相关的算法应用。

2.8.5 安全

F281x 和 C281x 支持对用户的固件进行高等级的安全保护,防止被反编译。安全功能提供了一个 128 位的密码(硬件设定 16 个等待周期)用于用户的 Flash 程序保护。一旦启用安全模式(CSM)来保护 Flash/ROM/OTP 和 L0/L1 SARAM,安全功能将阻止未授权的用户使用 JTAG 检查存储器的内容、从外部存储器执行代码或者试图将一些不期望的软件进行引导从而来导出安全存储区的内容。要使能对安全块的访问时,用户需要正确输入与存储在 Flash 或者 ROM 的密码区域相匹配的 128 位密匙值。

注意: 为了代码安全的操作,位于 0x3F 7F80~0x3F 7FF5 的地址区域不能够被用作为程序代码或者数据区,当进行代码安全密码编程时必须被写为 0x0000。如果不考虑代码安全,这些地址可以用于代码或者数据。此时这 128 位密码(0x3F 7FF8~0x3F 7FFF)不能够被编程为 0。否则将导致芯片永久被锁。

第3章 TMS320X281x DSP 的片内外设

本章介绍 TMS320X281x DSP 的片内的各种外围设备，包括系统控制和外设中断模块、系统外部接口、模/数转换器(ADC)、事件管理器(EV)、串行外设接口(SPI)、串行通信接口(SCI)、CAN 控制器模块、多通道缓冲串口(McBSP)以及引导 ROM。

3.1 系统控制和外设中断

3.1.1 Flash 和 OTP 存储器

1. Flash 存储器

片内 Flash 存储器被统一映射到程序和数据存储器空间。在 F28x 芯片里，Flash 存储器总是被使能的，并且通过对其控制寄存器的设置还能实现以下的功能：

- 多区段存取；
- 代码保密功能；
- 低功耗模式；
- 可以根据 CPU 的工作频率调整其等待状态的个数；
- 通过 Flash 流水线模式能提高其执行效率。

2. OTP 存储器

28x 片内具有 2K×16 位的 OTP(一次可编程)存储器，其中 1K×16 位可以被用来存放数据或者代码，这一部分存储器只能被用户写一次，写完以后就不能再次被擦除。OTP 存储器和 Flash 一样，可以通过控制寄存器配置其访问时的等待状态数。

3.1.2 代码安全模块

代码未被加密时，它们是不安全的，因为存储器中的内容可以通过许多方式读取，例如 CCS 中的调试工具。代码安全模块专门为 28x DSP 提供代码保密服务。通过该模块可以防止对片内存储器任何未经授权的访问，从而保护开发者的代码不会被随意复制或者修改。

1. 功能描述

代码保密模块限制了 CPU 对部分片内存储器的访问。一般对各种存储器的读/写访问是通过 JTAG 口或者外部设备进行。本书中"安全"一词是针对访问片内存储器以及未经授权的复制私有代码和数据而言。

当 CPU 对片内安全存储区域的访问受到限制时,就说该芯片被加密了。根据程序计数器的值,可能有两种级别的保护:如果 CPU 正在执行内部安全存储器中的代码,那么只有 JTAG 口对安全区域的访问会被禁止,这样就可以允许安全代码对安全数据的访问;相反,如果 CPU 正在执行非安全存储器中的代码,那么所有对安全存储器的访问都将被禁止。通过用户代码可以动态跳转到或者跳出安全存储区域,从而允许在不安全存储器中调用安全存储器中的函数。类似地,即使主循环程序是从非安全存储器中执行,中断服务程序代码也能被存放到安全存储器中。

代码保密是通过 128 位的密码数据来实现,通过这 8 个数据字就能对设备进行加密或者解密。

密码数据将被保存到 28x 器件 Flash/ROM 存储器中的安全密码单元(PWL),地址为 0x003F 7FF8~0x003F 7FFF)。对于 Flash 型器件,如果知道旧的密码,就能重新设置新的密码数据;而对于 ROM 型器件,芯片被 TI 生产出来后其密码就不能更改。当 PWL 的所有位都为 1 时,该芯片就被解密;而当所有 128 位数据都为 0 时,不管 KEY 寄存器(一般情况下设备被加密后,如果该寄存器中的值和密码数据相符,就可以获得访问加密存储器区域的访问权限)取什么值,Flash 都将无法被调试或者重新编程。所以不要取全 0 作为加密的密码,也不要在芯片重启后对 Flash 执行清零操作。如果重启时 PWL 为全 0,那么该器件也将无法被调试或者重新编程。总而言之,当器件的 Flash 阵列全部被擦除(全 1)时,它就处于被解密的非安全状态;而如果其 Flash 阵列全部被清除(全 0)时,它就处于被加密的安全状态。

另外,在使用代码保密功能时,地址为 0x3F7F80~0x3F7FF5 的存储器区域不能存放程序代码或者数据,当 PWL 中烧入密码后必须要清成全 0。当不使用代码保密功能时,该区域可以用来存放程序代码或者数据。

2. CSM 影响的其他片内资源

代码安全模块不影响以下提及的所有片内资源:

- 单访问 RAM(SRAM)区:这些区域不被指定为安全存储器区,所以不管器件有没有被加密,都可以自由地访问或者执行其中的代码。
- Boot ROM:其内容的可见性不受 CSM 影响。
- 片内外设寄存器:不管器件有没有被加密,它们都可以被片内或者片外存储器中的代码初始化。
- PIE 向量表:不管器件有没有被加密,这个表里的内容都可以被读取。

表 3-1-1 和表 3-1-2 分别列出了 F281x 中受 CSM 影响和不受 CSM 影响的片内资源,对于具体的器件请参考其相应的数据手册。

表 3-1-1 F2810/F2812 中受 CSM 影响的资源

地　　址	存储器区段
0x0000 8000~0x0000 8FFF	L0 SARAM(4K×16 位)
0x0000 9000~0x0000 9FFF	L1 SARAM(4K×16 位)
0x003D 7800~0x003D 7BFF	一次可编程存储器(OTP)(1K×16 位)
0x003D 8000~0x003F 7FFF	Flash(128K×16 位)

第3章 TMS320X281x DSP 的片内外设

表 3-1-2 F2810/F2812 中不受 CSM 影响的资源

地 址	存储器区段
0x0000 0000～0x0000 03FF	M0 SARAM(1K×16 位)
0x0000 0400～0x0000 07FF	M1 SARAM(1K×16 位)
0x0000 0800～0x0000 0CFF	外设框架 0(2K×16 位)
0x0000 0D00～0x0000 0FFF	PIE 向量 RAM(256×16 位)
0x0000 2000～0x0000 3FFF	XINTF 区域 0
0x0000 4000～0x0000 5FFF	XINTF 区域 1
0x0000 6000～0x0000 6FFF	外设框架 2(4K×16 位)
0x0000 7000～0x0000 7FFF	外设框架 1(4K×16 位)
0x0008 0000～0x000F FFFF	XINTF 区域 2
0x0010 0000～0x0017 FFFF	XINTF 区域 6
0x003F 8000～0x003F 9FFF	H0 SARAM(8K×16 位)
0x003F C000～0x003F FFFF	XINTF 区域 7
0x003F F000～0x003F FFFF	引导 ROM(4K×16 位)

根据上面的描述，可以通过 JTAG 口把代码加载到表 3-1-2 中列出的片内程序或者片外存储器里，这样不管设备是否被加密，都可以对这些代码进行调试，或者通过这些代码初始化外设寄存器。

在工程的开发阶段，一般不会用到代码加密功能。只有在开发出了完善可靠的代码后，才用这个加密功能来保护 Flash 或者 ROM 中的代码。

3. CSM 的使用

CSM 在使用中，有以下几点须注意：

- 为了尽量简化代码开发和调试过程，一般不使用加密模式，也就说 128 个加密位都被置位。这状态将一直持续到开发出了比较固定的代码。
- 通过 Flash 工具把 COFF 文件烧写进 Flash 前一定要复查 PWL 中的密码数据。
- 代码执行时，可以自由地在加密和未加密的程序存储器之间跳转而不会影响设备加密后的安全性。但是，如果需要访问加密存储器中的数据，当前执行的程序代码也必须位于加密存储器中。
- 当使用 CSM 时，要将地址为 0x3F7F80～0x3F7FF5 存储器区域写为 0x0000。
- 如果使用了代码加密功能，不要在应用程序中的任何地方包含这个密码数据值。
- 不要使用全 0 作为 128 位密码。如前所述，如果这样设的话不管 CSM 的 KEY 寄存器为何值，设备都将被自动加密，于是将导致设备无法被调试或者重新编程。
- 不要在 Flash 阵列被清 0 后立即复位，而是一定要等到 PWL 单元被置为 1 后。
- 不要将程序或者数据保存在地址为 0x3F7F80～0x3F7FF5 存储器区域，因为当使用 CSM 时，这一区域应该被写为 0x0000。

4. CSM 寄存器

CSM 的寄存器 CSM 控制和状态寄存器 CSMSCR 各位如图 3-1-1 所示。

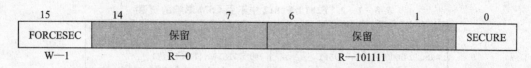

图 3-1-1 CSM 控制和状态寄存器 CSMSCR

位	名称	描述
15	FORCESEC	对该位写 1 将清除 KEY 寄存器,并加密设备。读该位总是返回 0。
0	SECURE	只读位,反映设备的加密状态:

    1 设备被加密(CSM 锁定);

    0 设备未被加密(CSM 没有锁定)。

3.1.3 时 钟

本小节我们将介绍 281x 的内部振荡器、PLL、时钟结构、看门狗功能和低功耗模式。

1. 时钟和系统控制

图 3-1-2 所示为系统时钟和复位信号的产生。

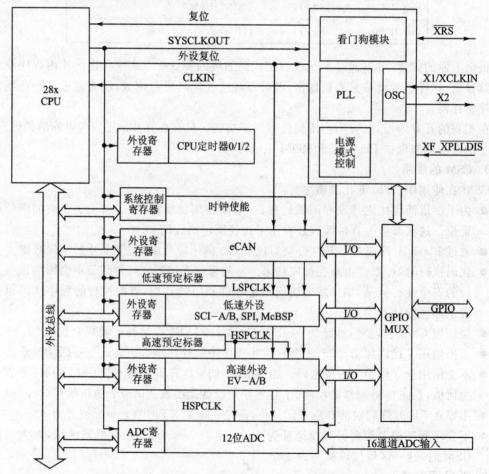

图 3-1-2 系统时钟和复位信号的产生

注意：图中的CLKIN是输入到CPU的时钟信号，同时，它将被作为SYSCLKOUT信号从CPU中输出（即CLKIN和SYSCLKOUT具有相同的频率）。

281x中的PCLKCR寄存器使能/禁止各种外设模块的输入时钟信号，图3-1-3给出了该寄存器中各位功能的定义。

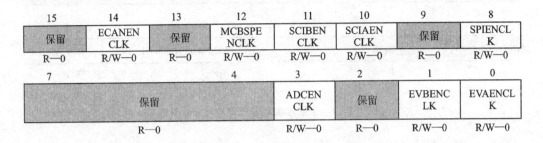

图3-1-3 外设时钟控制寄存器（PCLKCR）

注意：(1) EALLOW保护寄存器；
(2) 如果不使用某外设的功能，从减小系统功耗的角度出发，应该通过这个寄存器禁止该外设的输入时钟。

位	名称	描述
15	保留位	保留。
14	ECANENCLK	如果该位被置位，则使能CAN外设的系统时钟。低功耗操作时，通过用户程序或者复位将其清零。
13	保留位	保留。
12	MCBSPENCLK	如果该位被置位，则使能McBSP外设的低速时钟信号（LSPCLK）。低功耗操作时，通过用户程序或者复位将其清零。
11	SCIBENCLK	如果该位被置位，则使能SCI-B外设的低速时钟信号（LSPCLK）。低功耗操作时，通过用户程序或者复位将其清零。
10	SCIAENCLK	如果该位被置位，则使能SCI-A外设的低速时钟信号（LSPCLK）。低功耗操作时，通过用户程序或者复位将其清零。
9	保留位	保留。
8	SPIENCLK	如果该位被置位，则使能SPI外设的低速时钟信号（LSPCLK）。低功耗操作时，通过用户程序或者复位将其清零。
7~4	保留位	保留。
3	ADCENCLK	如果该位被置位，则使能ADC外设的高速时钟信号（HSPCLK）。低功耗操作时，通过用户程序或者复位将其清零。
2	保留位	保留。
1	EVBENCLK	如果该位被置位，则使能EV-B外设的高速时钟信号（HSPCLK）。低功耗操作时，通过用户程序或者复位将其清零。
0	EVAENCLK	如果该位被置位，则使能EV-A外设的高速时钟信号（HSPCLK）。低功耗操作时，通过用户程序或者复位将其清零。

系统控制和状态寄存器包含了看门狗忽略位和看门狗中断使能/禁止位，图3-1-4给出了该寄存器的结构，该寄存器也为ELLOW保护寄存器。

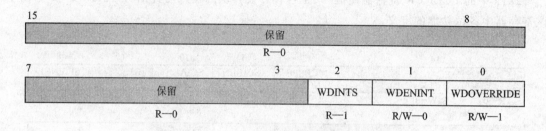

图 3-1-4 系统控制和状态寄存器(SCSR)

位	名称	描述
15~3	保留位	保留。
2	WDINTS	看门狗中断状态位。该位反映看门狗模块$\overline{\text{WDINT}}$信号的当前状态。如果使用看门狗中断将芯片设备从空闲(IDLE)或者待命状态(STANDBY)唤醒，那么设备试图再次回到空闲或者待命状态前必须要检测这一位的状态，以确保看门狗中断信号不再有效(WDINTS=1)。
1	WDENINT	看门狗中断使能。 0 $\overline{\text{WDRST}}$输出信号被使能同时$\overline{\text{WDINT}}$输出信号被禁止。它是复位时的默认值。 1 $\overline{\text{WDRST}}$输出信号被禁止同时$\overline{\text{WDINT}}$输出信号被使能。
0	WDOVERRIDE	如果该位被置位，用户就能改变看门狗控制寄存器中的看门狗禁止位(WDDIS)的状态。如果这一位被清零(通过写1来实现)，那么WDDIS位的状态就无法被用户修改，同时该位将保持为0直到下一次复位的发生。如果当前看门狗是被禁止的，我们也可以通过这一位来使能看门狗。写0对该位没有影响。可以通过读操作获取该位的状态。

HISPCP和LOSPCP寄存器分别被用来配置高速和低速外设时钟，具体见图3-1-5和图3-1-6。

图 3-1-5 高速外设时钟预定标寄存器(HISPCP)

位	名称	描述
15~3	保留位	保留。
2~0	HSPCLK	这几位用来配置高速外设的时钟和SYSCLKOUT时钟信号的频率关系：

如果 HISPCP≠0,HSPCLK = SYSCLKOUT/(HSPCLK(2:0)×2);

如果 HISPCP = 0,HSPCLK = SYSCLKOUT。

  000 高速时钟的频率＝SYSCLKOUT/1;
  001 高速时钟的频率＝SYSCLKOUT/2(复位后的默认值);
  010 高速时钟的频率＝SYSCLKOUT/4;
  011 高速时钟的频率＝SYSCLKOUT/6;
  100 高速时钟的频率＝SYSCLKOUT/8;
  101 高速时钟的频率＝SYSCLKOUT/10;
  110 高速时钟的频率＝SYSCLKOUT/12;
  111 高速时钟的频率＝SYSCLKOUT/14。

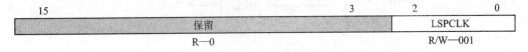

图 3-1-6　低速外设时钟预定标寄存器(LOSPCP)

位	名称	描述
15~3	保留位	保留。
2~0	LSPCLK	这几位用来配置低速外设的时钟和 SYSCLKOUT 时钟信号的频率关系:

如果 LOSPCP≠0,LSPCLK = SYSCLKOUT/(LSPCLK×2);

如果 LOSPCP = 0,LSPCLK = SYSCLKOUT。

  000 高速时钟的频率＝SYSCLKOUT/1;
  001 高速时钟的频率＝SYSCLKOUT/2(复位后的默认值);
  010 高速时钟的频率＝SYSCLKOUT/4;
  011 高速时钟的频率＝SYSCLKOUT/6;
  100 高速时钟的频率＝SYSCLKOUT/8;
  101 高速时钟的频率＝SYSCLKOUT/10;
  110 高速时钟的频率＝SYSCLKOUT/12;
  111 高速时钟的频率＝SYSCLKOUT/14。

2. 基于 PLL(锁相环电路)的时钟模块

下面将介绍的片内的振荡器和 PLL(锁相环电路),它们可以为 DSP 芯片提供时钟信号和低功耗模式的入口控制。

F281x 芯片片内包含一个基于 PLL 的时钟模块,可为芯片及其各种片内外设提供时钟信号。用户通过一个 4 位的比例控制寄存器可以为 CPU 选择不同的时钟速率。

基于 PLL 的时钟模块提供以下两种工作模式:

- 晶体工作模式:该模式允许通过外部晶体为芯片提供时钟基准。
- 外部时钟源工作模式:此模式下内部的振荡器将被旁路。芯片设备的时钟由外部时钟源从 XTAL1/CLKIN 引脚上输入。在这种情况下,XTAL1/CLKIN 引脚将与外部晶体振荡电路相连。

图 3-1-7 中的振荡电路需要将一个石英晶体与 281x 的 X1/XCLKIN 和 X2 引脚相连(晶体工作模式)。如果不使用外部晶体和内部振荡电路(外部时钟源工作模式),可以通过外部晶体振荡器直接把时钟信号连到 X1/XCLKIN 引脚,同时将 X2 引脚置空(什么都不接)。表 3-1-3 所列为 PLL 的三种配置模式。

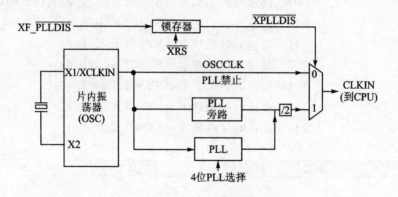

图 3-1-7 281x 片内的振荡器和 PLL

表 3-1-3 PLL 的三种配置模式

PLL 模式	说明	SYSCLKOUT 的频率
禁止 PLL	如果复位期间 XPLLDIS 引脚输入为低电平,则 PLL 功能被完全屏蔽。输入给 CPU 的时钟信号直接取自 X1/XCLKIN 引脚上的时钟信号	等于 XCLKIN 的频率
旁路 PLL	如果 PLL 没有被屏蔽,这就是复位后 PLL 的默认配置,此时 PLL 被旁路。但是 PLL 里的/2 模块仍然会将 X1/XCLKIN 引脚上的时钟信号 2 分频后送给 CPU	等于 XCLKIN 的频率/2
使能 PLL	通过将一个非 0 的值 n 写入 PLLCR 寄存器来实现。PLL 的/2 模块将 PLL 电路的输出的时钟信号 2 分频后再送给 CPU	等于(XCLKIN 的频率×n)/2

PLLCR 寄存器中的 DIV 域(位 3~0)被用来改变 PLL 的倍频值。当 CPU 向 DIV 域写数时,PLL 逻辑会自动把 CPU 的输入时钟(CLKIN)切换到 OSCCLK/2,直到 PLL 电路稳定到新的规定频率下,此后 PLL 逻辑将重新把 CPU 的输入时钟从 OSCCLK/2 切换到由 PLLCR 寄存器的 DIV 域决定的新频率。从 OSCCLK/2 切换到新频率需要 131 072 个 OSCCLK 周期。对于实时性要求高的程序来说,向 PLLCR 寄存器写完数后,必须要通过软件延时插入一定的等待时钟周期以保证 PLL 模块输出的时钟信号能完全稳定在指定的频率上。

PLLCR 各位如图 3-1-8 所示。

图 3-1-8 PLL 配置寄存器(PLLCR)

位	名 称	描 述
15～4	保留位	保留。
3～0	DIV	这个 DIV 域用来控制 PLL 电路是否被旁路,并在 PLL 不被旁路的情况下设置 PLL 的时钟系统 0000 CLKIN = OSCCLK/2(PLL 被旁路); 0001 CLKIN =(OSCCLK×1.0)/2; 0010 CLKIN =(OSCCLK×2.0)/2; 0011 CLKIN =(OSCCLK×3.0)/2; 0100 CLKIN =(OSCCLK×4.0)/2; 0101 CLKIN =(OSCCLK×5.0)/2; 0110 CLKIN =(OSCCLK×6.0)/2; 0111 CLKIN =(OSCCLK×7.0)/2; 1000 CLKIN =(OSCCLK×8.0)/2; 1001 CLKIN =(OSCCLK×9.0)/2; 1010 CLKIN =(OSCCLK×10.0)/2; 1011～1111 保留。

当使用外部晶体振荡电路时,TI 推荐用户采用晶振厂家指定的工作方式与 DSP 相连。通过使用厂家的推荐电路元件及取值,可以保证晶振顺利地起振,并能在整个工作范围内稳定工作。

3. 低功耗模式单元

281x 的低功耗模式和 240x 的很类似,具体如表 3-1-4 所列。

表 3-1-4 281x 的低功耗模式一览

模 式	LPMCR0[1:0]	OSCCLK	CLKIN	SYSCLKOUT	唤醒信号和或条件[1]
IDLE	00	On	On	On[2]	$\overline{XRS}$,WAKENINT,任何使能的中断,XNMI_XINT13
STANDBY	01	On(看门狗仍在运行)	Off	Off	$\overline{XRS}$,WAKENINT,XINT1,XNMI_XINT13,$\overline{T1/2/3/4CTRIP}$,$\overline{C1/2/3/4/5/6TRIP}$,SCIRXDA,SCIRXDB,CANRX,仿真调试器[3]
HALT	1x	Off(振荡器和PLL被关闭,看门狗也不起作用)	Off	Off	$\overline{XRS}$,XNMI_XINT13,仿真调试器

注:1 在中断事件下,用于唤醒设备的信号必须要持续足够长的时间才能被设备识别。否则不会退出低功耗模式,设备将返回指定的低功耗模式。

2 28x 的 IDLE 模式和 24x/240x 是不同的。在 28x 中,此模式下来自 CPU 的时钟输出信号(SYSCLKOUT)仍然有效,而在 24x/240x 中此信号是被屏蔽的。

3 在 28x 中,JTAG 口在 CPU 的输入时钟信号被关闭后仍然能起作用。

几种低功耗模式介绍如下：

IDLE 模式 任何被 CPU 识别的可屏蔽中断或者 NMI 中断都能将 CPU 从这种模式下唤醒。只要将 LPMCR0[1:0]位置为 00,就能进入这一模式,然后 LPM 单元不执行任何任务。

HALT 模式 只有外部信号 $\overline{XRS}$ 和 XNMI_XINT13 能将 CPU 从 HALT 模式下唤醒。可以通过 XMNICR 寄存器中的控制位使能或者禁止 XNMI 的输入。

STANDBY 模式 所有由 LPMCR1 选定的其他信号(包括 XNMI)都可以将 CPU 从 STANDBY 模式下唤醒。使用该模式前必须先指定好用于唤醒设备的信号,被选定的唤醒信号同样也受到以 OSCCLK 时钟信号为单位的持续时间的限制。具体需要多少个 OSCCLK 由 LPMCR0 寄存器中的 QUALSTDBY 位域指定。

低功耗模式控制寄存器 0 和 1 的位分布分别如图 3-1-9 和图 3-1-10 所示。

15	8	7　　　　　　　　　　2	1　　　0
保留		QUALSTDBY	DIV
R—0		R/W—1	R/W—0

图 3-1-9 低功耗模式控制寄存器 0(LPMCR0)

位	名称	描述
15~8	保留位	保留。
7~2	QUALSTDBY	当将设备从待命状态唤醒时,用于限制特定输入信号的 OSCCLK 时钟周期数： 000000　2 个 OSCCLK； 000001　3 个 OSCCLK； ⋮ 111111　65 个 OSCCLK。
1~0	LPM	这些位用来设置设备的低功耗模式(复位时被清 0),这几位只有在 IDLE 指令执行时有效,所以必须在执行 IDLE 指令之前就将 LPM 位根据需要设置好： 00　将低功耗模式设为空闲模式(IDLE)； 01　将低功耗模式设为待命模式(STANDBY)； 1x　将低功耗模式设为停止模式(HALT)。

15	14	13	12	11	10	9	8
CANRX	SCIRXB	SCIRXA	C6TRIP	C5TRIP	C4TRIP	C3TRIP	C2TRIP
R/W—0	R/W—0	R/W—0	R/W—0	R/W—0	R/W—0	R/W—0	R/W—0
7	6	5	4	3	2	1	0
C1TRIP	T4CTRIP	T3CTRIP	T2CTRIP	T1CTRIP	$\overline{WDINT}$	XNMI	XINT1
R/W—0	R/W—0	R/W—0	R/W—0	R/W—0	R/W—0	R/W—0	R/W—0

图 3-1-10 低功耗模式控制寄存器 1(LPMCR1)

位	名称	描述
15	CANRX	
14	SCIRXB	
13	SCIRXA	
12	C6TRIP	
11	C5TRIP	
10	C4TRIP	
9	C3TRIP	
8	C2TRIP	当对应的位为1时,就用该名称所代表的信号把设备从
7	C1TRIP	待命模式中唤醒。如果被清零,则该信号对低功耗模式
6	T4CTRIP	没有作用。复位时这些位全部被清零
5	T3CTRIP	
4	T2CTRIP	
3	T1CTRIP	
2	$\overline{\text{WDINT}}$	
1	XNMI	
0	XINT1	

4. 看门狗模块

281x 的看门狗模块和 240x 类似,只要 8 位的看门狗计数器达到其最大值,该模块就会产生一个具有 512 个振荡器时钟(OSCCLK)周期宽度的输出脉冲信号。为了阻止看门狗模块达到它的最大值(发生溢出),必须在程序中按时地把 0x55 和 0xAA 两个特殊数据先后写入看门狗的关键字寄存器,使其计数值复位。图 3-1-11 是看门狗模块的功能框图。

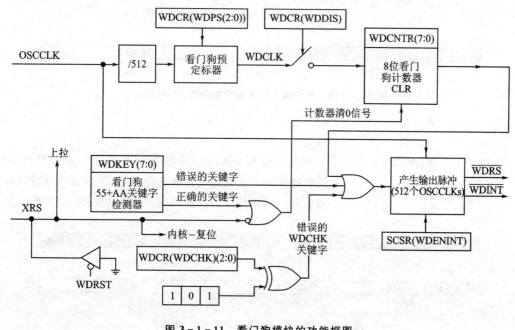

图 3-1-11 看门狗模块的功能框图

因为看门狗中断信号 $\overline{\text{WDINT}}$ 能用来将设备从 IDLE/STANDBY 低功耗模式唤醒，所以它也可以被当作低功耗唤醒定时器用。如果看门狗中断被当作 IDLE/STANDBY 低功耗模式的唤醒条件，那么在设备试图返回到 IDLE/STANDBY 模式之前，应该先确认 $\overline{\text{WDINT}}$ 信号已经回到高电平（无效状态）；可以通过 SCSR 寄存中的 WDENINT 位来获得这个信号的当前状态。

- 在 STANDBY 模式下，几乎所有的片内外设被关闭。唯一留下来继续工作的只有看门狗模块。看门狗模块可以在 PLL 时钟或者振荡器时钟下工作。$\overline{\text{WDINT}}$ 信号被送给低功耗单元，从而使设备从 STANDBY 模式（如果该模式被使能）中醒来。
- 在 IDLE 模式下，$\overline{\text{WDINT}}$ 可以产生一个到 CPU 的中断（PIE 中的 WAKEINT 中断）使其脱离 IDLE 模式。
- 在 HALT 模式下，无法使用看门狗的唤醒功能，因为此时 PLL 和振荡器都已经被关闭了，这使看门狗模块也完全停止了工作。

WDCNTR、WDKEY 及 WDCR 位分布如图 3-1-12、图 3-1-13 及 3-1-14 所示。

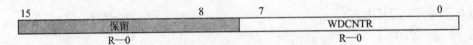

图 3-1-12　看门狗计数器寄存器（WDCNTR）

位	名称	描述
15～8	保留位	保留。
7～0	WDCNTR	这些位包含当前看门狗计数器的计数值。这个 8 位的计数器在看门狗时钟的作用下不断地增 1。如果计数器溢出，那么看门狗将使芯片发生复位。如果向 WDKEY 寄存器写入有效的数据组合，则计数器将被复位为 0。看门狗的时钟速率由 WDCR 寄存器配置。

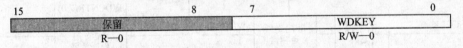

图 3-1-13　看门狗复位关键字寄存器（WDKEY）

位	名称	描述
15～8	保留位	保留。
7～0	WDKEY	如果向该位写 0x55 后，紧接着写入 0xAA，那么 WDCNTR 位将被清零。如果写入任何其他的值，则立即产生看门狗复位信号。对这几位进行读访问将返回 WDCR 寄存器的值。

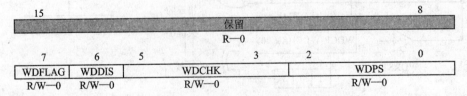

图 3-1-14　看门狗控制寄存器（WDCR）

位	名称	描述
15~8	保留位	保留。
7~0	WDFLAG	看门狗复位状态标志位。如果该位被置1,则表明复位条件是由看门狗引起的;如果为0,则说明前次复位是由外部设备或者上电引起的。该位被置位后将一直被锁存,一直到向该位写1才能将其清零,向其写0将不产生任何影响。
6	WDDIS	看门狗禁止位。向该位写入1可以禁止看门狗模块,写0将使能该模块。但是请注意:只有当SCSR2寄存器中的WDOVERRIDE位为1使才能对该位进行修改。复位时,看门狗模块默认是被使能的。
5~3	WDCHK	看门狗校验位。无论什么时候向WDCR寄存器写数时,必须要将这几位写为101,如果这几位写入其他任何值,则将立即触发芯片的复位(如果WD模块被使能)。
2~0	WDPS	这几位对看门狗计数器的时钟速率进行配置(相对于OSCCLK/512),以下都为频率关系: 000 WDCLK=(OSCCLK/512)/1; 001 WDCLK=(OSCCLK/512)/1; 010 WDCLK=(OSCCLK/512)/2; 011 WDCLK=(OSCCLK/512)/4; 100 WDCLK=(OSCCLK/512)/8; 101 WDCLK=(OSCCLK/512)/16; 110 WDCLK=(OSCCLK/512)/32; 111 WDCLK=(OSCCLK/512)/64。

当$\overline{XRS}$为低电平时,看门狗标志位WDFLAG将被强制拉低。只有$\overline{XRS}$为高电平时并且在$\overline{WDRST}$引脚检测到一个上升沿(检测时要经过同步和4个周期的延时)时,WDFLAG位才被置1。如果$\overline{XRS}$为低电平时$\overline{WDRST}$跳变为1,那么WDFLAG位仍将保持为0。在一些典型的应用场合中,我们将$\overline{WDRST}$信号和$\overline{XRS}$输入引脚相连,这样一来外部设备复位脉冲的持续时间必须比看门狗的复位脉冲要长,这样才能区分出这两种复位。

5. 32位CPU定时器0/1/2

这一部分我们将介绍281x中3个32位的CPU寄存器。这三个定时器中,CPU定时器1和2保留给实时操作系统(如DSP/BIOS的RTOS),只有CPU定时器0可以给用户的应用程序使用。

图3-1-5给出了三个CPU定时器的结构框图,定时器配制和控制寄存器如表3-1-5所列。

注意:定时器寄存器与28x处理器的存储器总线相连,定时器的工作时序与处理器的SYSCLKOUT时钟信号同步。

CPU定时器的工作过程如下:先将周期寄存器PRDH:PRD中的值装载到32位计数器寄存器TIMH:TIM中,计数器寄存器在28x的SYSCLKOUT时钟作用下不断递减,当减到0时,定时器中断输出信号就产生一个中断脉冲。

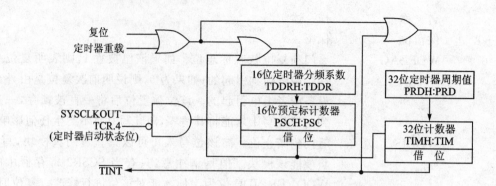

图 3-1-15 CPU 定时器结构框图

表 3-1-5 定时器配置和控制寄存器一览

名 称	地 址	长度(16)	功能描述
TIMER0TIM	0x0000 0C00	1	CPU 定时器 0 计数器寄存器低 16 位
TIMER0TIMH	0x0000 0C01	1	CPU 定时器 0 计数器寄存器高 16 位
TIMER0PRD	0x0000 0C02	1	CPU 定时器 0 周期寄存器低 16 位
TIMER0PRDH	0x0000 0C03	1	CPU 定时器 0 周期寄存器高 16 位
TIMER0TCR	0x0000 0C04	1	CPU 定时器 0 控制寄存器
保留	0x0000 0C05	1	
TIMER0TPR	0x0000 0C06	1	CPU 定时器 0 预定标寄存器低 16 位
TIMER0TPRH	0x0000 0C07	1	CPU 定时器 0 预定标寄存器高 16 位
TIMER1TIM	0x0000 0C08	1	CPU 定时器 1 计数器寄存器低 16 位
TIMER1TIMH	0x0000 0C09	1	CPU 定时器 1 计数器寄存器高 16 位
TIMER1PRD	0x0000 0C0A	1	CPU 定时器 1 周期寄存器低 16 位
TIMER1PRDH	0x0000 0C0B	1	CPU 定时器 1 周期寄存器高 16 位
TIMER1TCR	0x0000 0C0C	1	CPU 定时器 1 控制寄存器
保留	0x0000 0C0D	1	
TIMER1TPR	0x0000 0C0E	1	CPU 定时器 1 预定标寄存器低 16 位
TIMER1TPRH	0x0000 0C0F	1	CPU 定时器 1 预定标寄存器高 16 位
TIMER2TIM	0x0000 0C10	1	CPU 定时器 2 计数器寄存器低 16 位
TIMER2TIMH	0x0000 0C11	1	CPU 定时器 2 计数器寄存器高 16 位
TIMER2PRD	0x0000 0C12	1	CPU 定时器 2 周期寄存器低 16 位
TIMER2PRDH	0x0000 0C13	1	CPU 定时器 2 周期寄存器高 16 位
TIMER2TCR	0x0000 0C14	1	CPU 定时器 2 控制寄存器
保留	0x0000 0C15	1	
TIMER2TPR	0x0000 0C16	1	CPU 定时器 2 预定标寄存器低 16 位
TIMER2TPRH	0x0000 0C17	1	CPU 定时器 2 预定标寄存器高 16 位
保留	0x0000 0C18～ 0x0000 0C3F	40	

3.1.4 通用 I/O 端口(GPIO)

大多数 281x 中通用数字 I/O(输入/输出)引脚的功能是复用的,通过 GPIO 多路开关寄存器(GPxMUX)为这些功能复用的引脚选择工作方式,通过这些寄存器可以把这些引脚设置成数字 I/O 或者外设 I/O 信号工作模式。如果是数字 I/O 模式,方向控制寄存器(GPxDIR)还可以用来配置引脚的信号传输方向,并通过限制寄存器(GPxQUAL)限制输入信号的脉冲宽度以消除不必要的噪声。GPIO/外设引脚的结构如图 3-1-16 所示。

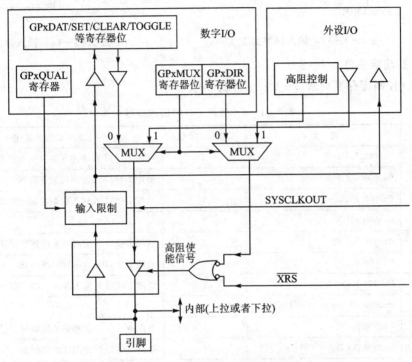

图 3-1-16 GPIO/外设引脚的结构框图

注意:

(1) 通过 GPxDAT 寄存器,任何引脚的状态可以被读取,而不管其处于何种工作模式。

(2) GPxQUAL 寄存器规定采样时间长度的限制条件。如采样窗具有 6 个采样周期的宽度,其输出只有在所有 6 个采样值相同的情况下(全 0 或者全 1)才发生变化。这样我们就能去除由尖峰信号引入的干扰。

从图中我们可以看到,GPIO 的引脚通用输入功能和到片内外设的输入路径总是被使能的。而其引脚的通用输出功能则通过多路开关与它的主(外设)输出功能相互切换选择。由于引脚的输出缓存器总是连回到输入缓冲器,所以任何引脚上的 GPIO 信号也将传送到相应的外设模块,因此当某个引脚被配置成 GPIO 操作时,对应的外设功能(包括中断的产生)必须被禁止,否则中断将可能被意外地触发。

1. 输入限制

GPIO 引脚对于输入信号有两种类型的输入限制。第一种输入信号先与 SYSCLKOU 时钟同步,然后经过输入限制电路后才送给 GPIO 数据寄存器或者外设模块,如图 3-1-17 所示;第二种如图 3-1-18 所示,都不经过输入限制电路,而且到外设模块的信号也不用经过同步(一些外设模块本身具有信号同步功能)。

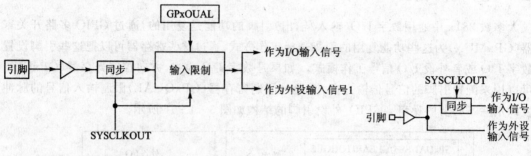

图 3-1-17 输入限制类型 1　　图 3-1-18 输入限制类型 2

2. 寄存器功能总览

通用 I/O 控制寄存器如表 3-1-6 所列。

表 3-1-6 通用 I/O 控制寄存器

名 称	地 址	长度(×16 位)	寄存器功能描述
GPAMUX	0x0000 70C0	1	通用 I/O 口 A 多路开关控制寄存器
GPADIR	0x0000 70C1	1	通用 I/O 口 A 方向控制寄存器
GPAQUAL	0x0000 70C2	1	通用 I/O 口 A 输入限制控制寄存器
保留	0x0000 70C3	1	
GPBMUX	0x0000 70C4	1	通用 I/O 口 B 多路开关控制寄存器
GPBDIR	0x0000 70C5	1	通用 I/O 口 B 方向控制寄存器
GPBQUAL	0x0000 70C6	1	通用 I/O 口 B 输入限制控制寄存器
保留	0x0000 70C7~0x0000 70CB	5	
GPDMUX	0x0000 70CC	1	通用 I/O 口 D 多路开关控制寄存器
GPDDIR	0x0000 70CD	1	通用 I/O 口 D 方向控制寄存器
GPDQUAL	0x0000 70CE	1	通用 I/O 口 D 输入限制控制寄存器
保留	0x0000 70CF	1	
GPEMUX	0x0000 70D0	1	通用 I/O 口 E 多路开关控制寄存器
GPEDIR	0x0000 70D1	1	通用 I/O 口 E 方向控制寄存器
GPEQUAL	0x0000 70D2	1	通用 I/O 口 E 输入限制控制寄存器
保留	0x0000 70D3	1	
GPFMUX	0x0000 70D4	1	通用 I/O 口 F 多路开关控制寄存器
GPFDIR	0x0000 70D5	1	通用 I/O 口 F 方向控制寄存器
保留	0x0000 70D6~0x0000 70D7	2	
GPGMUX	0x0000 70D8	1	通用 I/O 口 G 多路开关控制寄存器
GPGDIR	0x0000 70D9	1	通用 I/O 口 G 方向控制寄存器
保留	0x0000 70DA~0x0000 70DF	6	

注:(1) 上表中对于保留地址区域,读访问得到的结果不确定同时写访问没有作用。
　　(2) 上述这些列出的寄存器都是 EALLOW 保护寄存器,这样可以防止不正确的写访问所导致的内容被覆盖或者系统崩溃。

如果配置成了数字 I/O 模式,就要通过 GPxSET 寄存器来单独设置各个 I/O 信号,通过 GPxCLEAR 寄存器来清除各个 I/O 信号,通过 GPxTOGGLE 来触发(使输出信号反相)各个 I/O 信号,或者通过 GPxDAT 寄存器来读/写各个 I/O 信号的状态,表 3-1-7 列出了这些寄存器。

表 3-1-7 通用 I/O 数据寄存器

名　称	地　址	长度(×16 位)	寄存器功能描述
GPADAT	0x0000 70E0	1	通用 I/O 口 A 的数据寄存器
GPASET	0x0000 70E1	1	通用 I/O 口 A 的置位寄存器
GPACLEAR	0x0000 70E2	1	通用 I/O 口 A 的清 0 寄存器
GPATOGGLE	0x0000 70E3	1	通用 I/O 口 A 的触发寄存器
GPBDAT	0x0000 70E4	1	通用 I/O 口 B 的数据寄存器
GPBSET	0x0000 70E5	1	通用 I/O 口 B 的置位寄存器
GPBCLEAR	0x0000 70E6	1	通用 I/O 口 B 的清 0 寄存器
GPBTOGGLE	0x0000 70E7	1	通用 I/O 口 B 的触发寄存器
保留	0x0000 70E8～0x0000 70EB	4	
GPDDAT	0x0000 00EC	1	通用 I/O 口 D 的数据寄存器
GPDSET	0x0000 70ED	1	通用 I/O 口 D 的置位寄存器
GPDCLEAR	0x0000 70EE	1	通用 I/O 口 D 的清 0 寄存器
GPDTOGGLE	0x0000 70EF	1	通用 I/O 口 D 的触发寄存器
GPEDAT	0x0000 70F0	1	通用 I/O 口 E 的数据寄存器
GPESET	0x0000 70F1	1	通用 I/O 口 E 的置位寄存器
GPECLEAR	0x0000 70F2	1	通用 I/O 口 E 的清 0 寄存器
GPETOGGLE	0x0000 70F3	1	通用 I/O 口 E 的触发寄存器
GPFDAT	0x0000 70F4	1	通用 I/O 口 F 的数据寄存器
GPFSET	0x0000 70F5	1	通用 I/O 口 F 的置位寄存器
GPFCLEAR	0x0000 70F6	1	通用 I/O 口 F 的清 0 寄存器
GPFTOGGLE	0x0000 70F7	1	通用 I/O 口 F 的触发寄存器
GPGDAT	0x0000 70F8	1	通用 I/O 口 G 的数据寄存器
GPGSET	0x0000 70F9	1	通用 I/O 口 G 的置位寄存器
GPGCLEAR	0x0000 70FA	1	通用 I/O 口 G 的清 0 寄存器
GPGTOGGLE	0x0000 70FB	1	通用 I/O 口 G 的触发寄存器
保留	0x0000 70FC～0x0000 70FF	4	

注:(1) 上表中对于保留地址区域,读访问得到的结果不确定同时写访问没有作用。
　　(2) 上述这些寄存器都不是 EALLOW 保护寄存器。

3. 寄存器位到 I/O 引脚的映射

表 3-1-8 是 281x 中端口 A 各寄存器位到 I/O 引脚的映射关系。对于每个 I/O 口来说,控制寄存器各位的映射均相同,但其中一些引脚上的输入信号受到类型 1 或者类型 2 的输入限制。端口 B、D、E、F、G 的映射情况分别如表 3-1-9、表 3-1-10、表 3-1-11、表 3-1-12 及表 3-1-13 所列。

表 3-1-8 通用 I/O 口 A 的寄存器位到 I/O 口引脚的映射关系

寄存器位	外设名称 GPAMUX 位=1	通用 I/O 口名称 GPAMUX 位=0	GPAMUX/DIR 类型	输入限制类型
EV-A 外设				
0	PWM1(输出)	GPIOA0	R/W-0	类型 1
1	PWM2(输出)	GPIOA1	R/W-0	类型 1
2	PWM3(输出)	GPIOA2	R/W-0	类型 1
3	PWM4(输出)	GPIOA3	R/W-0	类型 1
4	PWM5(输出)	GPIOA4	R/W-0	类型 1
5	PWM6(输出)	GPIOA5	R/W-0	类型 1
6	T1PWM_T1CMP(输出)	GPIOA6	R/W-0	类型 1
7	T2PWM_T2CMP(输出)	GPIOA7	R/W-0	类型 1
8	CAP1_QEP1(输入)	GPIOA8	R/W-0	类型 1
9	CAP2_QEP2(输入)	GPIOA9	R/W-0	类型 1
10	CAP3_QEPI1(输入)	GPIOA10	R/W-0	类型 1
11	TDIRA(输入)	GPIOA11	R/W-0	类型 1
12	TCLKINA(输入)	GPIOA12	R/W-0	类型 1
13	$\overline{C1TRIP}$(输入)	GPIOA13	R/W-0	类型 1
14	$\overline{C2TRIP}$(输入)	GPIOA14	R/W-0	类型 1
15	$\overline{C3TRIP}$(输入)	GPIOA15	R/W-0	类型 1

表 3-1-9 通用 I/O 口 B 的寄存器位到 I/O 引脚的映射关系

寄存器位	外设名称 GPBMUX 位=1	通用 I/O 口名称 GPBMUX 位=0	GPBMUX/DIR 类型	输入限制类型
EV-B 外设				
0	PWM7(输出)	GPIOB0	R/W-0	类型 1
1	PWM8(输出)	GPIOB1	R/W-0	类型 1
2	PWM9(输出)	GPIOB2	R/W-0	类型 1
3	PWM10(输出)	GPIOB3	R/W-0	类型 1
4	PWM11(输出)	GPIOB4	R/W-0	类型 1
5	PWM12(输出)	GPIOB5	R/W-0	类型 1
6	T3PWM_T3CMP(输出)	GPIOB6	R/W-0	类型 1
7	T4PWM_T4CMP(输出)	GPIOB7	R/W-0	类型 1
8	CAP4_QEP3(输入)	GPIOB8	R/W-0	类型 1
9	CAP5_QEP4(输入)	GPIOB9	R/W-0	类型 1
10	CAP6_QEPI2(输入)	GPIOB10	R/W-0	类型 1
11	TDIRB(输入)	GPIOB11	R/W-0	类型 1
12	TCLKINB(输入)	GPIOB12	R/W-0	类型 1
13	$\overline{C4TRIP}$(输入)	GPIOB13	R/W-0	类型 1
14	$\overline{C5TRIP}$(输入)	GPIOB14	R/W-0	类型 1
15	$\overline{C6TRIP}$(输入)	GPIOB15	R/W-0	类型 1

表 3-1-10　通用 I/O 口 D 的寄存器位到 I/O 引脚的映射关系

寄存器位	外设名称 GPDMUX 位=1	通用 I/O 口名称 GPDMUX 位=0	GPDMUX/DIR 类型	输入限制类型
EV-A 外设				
0	T1CTRIP_PDPINTA(输入)	GPIOD0	R/W-0	类型 1
1	T2CTRIP(输入)	GPIOD1	R/W-0	类型 1
2	保留	保留	R-0	—
3	保留	保留	R-0	—
4	保留	保留	R-0	—
EV-B 外设				
5	T3CTRIP_PD PINTB(输入)	GPIOD5	R/W-0	类型 1
6	T4CTRIP(输入)	GPIOD6	R/W-0	类型 1
7	保留	保留	R-0	—
8	保留	保留	R-0	—
9	保留	保留	R-0	—
10	保留	保留	R-0	—
11	保留	保留	R-0	—
12	保留	保留	R-0	—
13	保留	保留	R-0	—
14	保留	保留	R-0	—
15	保留	保留	R-0	—

表 3-1-11　通用 I/O 口 E 的寄存器位到 I/O 引脚的映射关系

寄存器位	外设名称 GPEMUX 位=1	通用 I/O 口名称 GPEMUX 位=0	GPEMUX/DIR 类型	输入限制类型
中断				
0	XINT1_XBIO(输入)	GPIOE0	R/W-0	类型 1
1	XINR2_ADCSOC(输入)	GPIOE1	R/W-0	类型 1
2	XNMI_XINT13(输入)	GPIOE2	R/W-0	类型 1
3	保留	保留	R-0	—
4	保留	保留	R-0	—
5	保留	保留	R-0	—
6	保留	保留	R-0	—
7	保留	保留	R-0	—
8	保留	保留	R-0	—
9	保留	保留	R-0	—
10	保留	保留	R-0	—
11	保留	保留	R-0	—

续表 3-1-11

寄存器位	外设名称 GPEMUX 位=1	通用 I/O 口名称 GPEMUX 位=0	GPEMUX/DIR 类型	输入限制类型
12	保留	保留	R-0	—
13	保留	保留	R-0	—
14	保留	保留	R-0	—
15	保留	保留	R-0	—

表 3-1-12 通用 I/O 口 F 的寄存器位到 I/O 引脚的映射关系

寄存器位	外设名称 GPFMUX 位=1	通用 I/O 口名称 GPFMUX 位=0	GPFMUX/DIR 类型	输入限制类型
SPI 外设				
0	SPISIMO(输出)	GPIOF0	R/W-0	类型 2
1	SPISOMI(输出)	GPIOF1	R/W-0	类型 2
2	SPICLK(输出/输出)	GPIOF2	R/W-0	类型 2
3	SPISTE(输出/输出)	GPIOF3	R/W-0	类型 2
SCIA - 外设				
4	SCITXDA(输出)	GPIOF4	R/W-0	类型 2
5	SCIRXDA(输入)	GPIOF5	R/W-0	类型 2
CAN 外设				
6	CANTX(输出)	GPIOF6	R/W-0	类型 2
7	CANRX(输入)	GPIOF7	R/W-0	类型 2
McBSP 外设				
8	MCLKX(输出/输出)	GPIOF8	R/W-0	类型 2
9	MCLKR(输出/输出)	GPIOF9	R/W-0	类型 2
10	MFSX(输出/输出)	GPIOF10	R/W-0	类型 2
11	MFSR(输出/输出)	GPIOF11	R/W-0	类型 2
12	MDX(输出)	GPIOF12	R/W-0	类型 2
13	MDR(输入)	GPIOF13	R/W-0	类型 2
XF CPU 输出信号				
14	XF(输出)	GPIOF14	R/W-0	类型 2
15	保留	保留	R-0	—

表 3-1-13 通用 I/O 口 G 的寄存器位到 I/O 引脚的映射关系

寄存器位	外设名称 GPGMUX 位=1	通用 I/O 名称 GPGMUX 位=0	GPGMUX/DIR 类型	输入限制类型
0	保留	保留	R-0	—
1	保留	保留	R-0	—

续表 3-1-13

寄存器位	外设名称 GPGMUX 位=1	通用 I/O 口名称 GPGMUX 位=0	GPGMUX/DIR 类型	输入限制类型
2	保留	保留	R-0	—
3	保留	保留	R-0	—
SCI-B 外设				
4	SCITXDB(输出)	GPIOG4	R/W-0	类型 2
5	SCIRXDB(输入)	GPIOG5	R/W-0	类型 2
6	保留	保留	R-0	—
7	保留	保留	R-0	—
8	保留	保留	R-0	—
9	保留	保留	R-0	—
10	保留	保留	R-0	—
11	保留	保留	R-0	—
12	保留	保留	R-0	—
13	保留	保留	R-0	—
14	保留	保留	R-0	—
15	保留	保留	R-0	—

3.1.5 外设寄存器帧及 EALLOW 保护寄存器

281x DSP 芯片包含三个外设寄存器空间,这些空间被归类如下:

外设帧 0:这些外设寄存器被直接映射 CPU 的存储器总线;

外设帧 1:这些外设寄存器被映射 32 位外设总线;

外设帧 2:这些外设寄存器被映射 16 位外设总线。

具体哪些外设寄存器属于那一帧请参考 TMS320F281x System Control and Interrupts Peripheral Reference Guide 5.1[4]。

另外,在 281x 中一些控制寄存器通过 EALLOW 保护机制来防止 CPU 对其进行伪写操作,CPU 状态寄存器 1(ST1)中的 EALLOW 位指明当前是否处于 EALLOW 保护状态,具体对 EALLOW 保护寄存器的访问权限如表 3-1-14 所列。

表 3-1-14 对 EALLOW 保护寄存器的访问

EALLOW 位	CPU 写操作	CPU 读操作	JTAG 写操作	JTAG 读操作
0	被忽略	允许	允许	允许
1	允许	允许	允许	允许

复位时 EALLOW 位被清零,即 EALLOW 保护被使能。在这种情况下,CPU 对所有 EALLOW 保护寄存器的写操作都将被忽略。通过执行 EALLOW 指令,该位可以被置位。然后,CPU 就能自由地往这些受保护寄存器里写数。修改完这些寄存器后,通过执行 EDI 指令(EALLOW 位清零指令)使保护作用再次生效。以下这些寄存器都是 EALLOW 保护寄存器:

- 设备仿真寄存器;
- FLASH 寄存器;
- CSM 寄存器;
- PIE 寄存器;
- 系统控制寄存器;
- 通用 I/O 口多路开关寄存器;
- 特定的 eCAN 寄存器。

3.1.6 外设中断扩展(PIE)

外设中断扩展(PIE)单元通过少量中断输入信号的复用来扩展大量的中断源,PIE 单元支持多达 96 个独立的中断,这些中断以 8 个为一组进行分组,每组中的所有中断共用一个到 CPU 内核的中断输入路径($\overline{INT1} \sim \overline{INT2}$)。96 个中断各对应的中断向量存储在专用 RAM 区域,因此,用户可以根据需要对其进行修改。CPU 相应中断时,会自动取得合适的中断向量。CPU 从取得中断向量到保存好关键的寄存器一共只需要 9 个 CPU 时钟周期,因此,CPU 可以快速地响应中断事件。另外,中断的优先级可以通过硬件和软件进行控制;同时,PIE 单元内的每个中断也能被独立使能或者禁止。

1. PIE 控制器总览

28x 的 CPU 支持一个不可屏蔽中断(NMI)和 16 个具有优先级别的可屏蔽中断(INT1~INT14,RTOSINT 和 DLOGINT)。28x 器件具有许多片内外设,各个外设都会根据各种事件产生一个或者多个中断请求信号。但是,CPU 没有能力在 CPU 级处理那么多的外设中断请求,所以,就需要引入一个外设中断扩展(PIE)控制器,对各中断源(来自片内外设或者来自外部引脚)的中断请求作出仲裁。

PIE 向量表用来存储系统中每个中断服务程序(ISR)的入口地址,每个中断都具有一个相应的向量,包括复用的和非复用的中断。一般来说,在设备初始化时就要设置好 PIE 向量表,并在设备运行期间根据需要对其进行更新。

2. 中断操作顺序

如图 3-1-19 所示,281x 的中断系统具有以下 3 个中断级别。

外设级:

片内外设的各个中断信号都具有自己的中断标志寄存器和中断使能寄存器。

注意: 当外设级向 PIE 控制器发出中断请求后,其对应的外设中断标志寄存器位不会自动清零,只能通过手动来将其清零。

PIE 级:

PIE 单元可以使 8 个外设或外部引脚中断共用一个 CPU 中断信号,因此,PIE 单元将所有的中断分成 12 组:PIE 分组 1 到 PIE 分组 12。每个 PIE 分组里的中断共用一个 CPU 中断,例如:PIE 分组 1 共用 CPU 中断 1,PIE 分组 12 共用 CPU 中断 12 等。

对于共用同一个 CPU 中断的外设中断组,PIE 单元中会有一个对应的中断标志寄存器 PIEIFRx 和中断使能寄存器 PIEIERx,这些寄存器的每一位对应一个分组中的一个外设中断。同时,对应每个 PIE 中断分组还存在一个中断应答位 PIEACKx。

一旦片内外设向 PIE 控制器发出中断请求,对应的 PIE 中断标志位(PIEIFRx.y)就被置

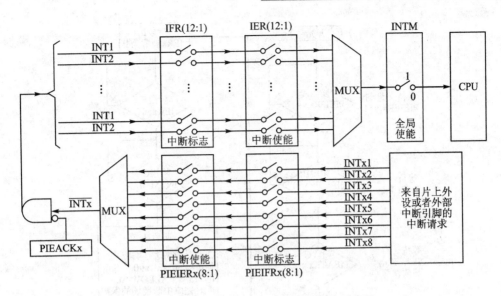

图 3-1-19 利用 PIE 单元扩展中断的示意图

位,如果 PIE 中相应的 PIE 中断使能位(PIEIERx.y)也为 1,PIE 单元就去检查对应的 PIEACKx 位,从而确定 CPU 是否准备好响应该组中的中断:如果该 PIEACKx 位为 0,PIE 就会向 CPU 级发出中断请求;如果该位为 1 则 PIE 进入等待状态直到该位被清除后才向 CPU 发送中断。

CPU 级:

PIE 将中断请求发到 CPU 后,CPU 中断标志寄存器(IFR)中对应 INTx 的 CPU 级中断标志位将被置位。但是,如果 CPU 中断使能寄存器(IER)或者调试中断使能寄存器(DBGIER)中的相应位和全局中断屏蔽位(INTM)没有被设置好,CPU 则不会转去为此中断服务。

如何使能 CPU 级的可屏蔽中断,取决于采用哪一种中断处理过程,如表 3-1-15 所列。大多数情况下,使用标准的中断处理过程,这时无须使用调试中断使能寄存器(DBGIER)。当 28x 处于实时仿真模式下,且 CPU 停止运行时,将采用另一种不同的中断处理过程。在这个过程里 DBGIER 寄存器将被启用,同时 INTM 位的作用被忽略。当 28x 处于实时仿真调试模式下,而 CPU 正在运行时,仍会采用标准的过程中断处理。

典型的 PIE/CPU 中断响应流程如图 3-1-20 所示。

表 3-1-15 使能 CPU 级中断的条件

中断处理过程	如果下列条件满足,则中断将被使能
标准模式	INTM=0 同时 IER 中的相应位为 1
DSP 处于实时模式并且停止	IER 和 DBGIER 中的相应位都为 1

中断服务程序的入口地址直接取自 PIE 中断向量表,PIE 中 96 个中断都各自对应一个 32 位向量。PIE 单元中的中断标志位(PIEIFRx.y)在获取中断向量的同时将被自动清零。如果进入中断服务程序后希望能够接收该组中更多的中断请求,那么必须通过手动写 1 来清零对应的 PIE 中断应答位。

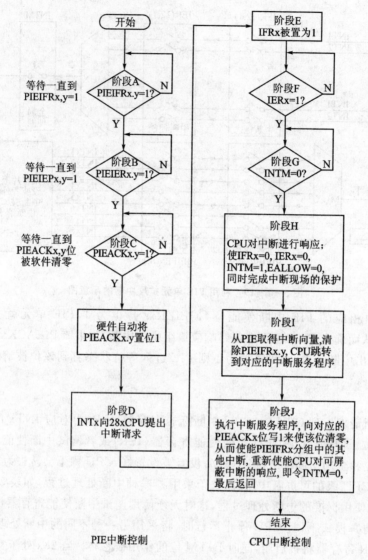

图 3-1-20 典型的 PIE/CPU 中断响应流程

3. 向量表的映射

28x 设备中，中断向量表可以被映射到 5 个不同的存储器区域里。实际中 281x 只使用了 PIE 中断向量表的存储器映射。

中断向量的存储器映射由下列寄存器位或者引脚信号控制：状态寄存器 ST1 中的 VMAP 位和 M0M1MAP 位，XINRCNF2 寄存器中的 MP/$\overline{\text{MC}}$ 位以及 PIECTRL 寄存器中的 ENPIE 位。表 3-1-16 中列出了这几个寄存器位/信号和向量表映射的关系。

表 3-1-16 中断向量表的映射

向量映射	向量取自	地址范围	VMAP	M0M1MAP	MP/$\overline{\text{MC}}$	ENPIE
M1 向量	M1 SRARM 存储区	0x0000～0x00003F	0	0	X	X
M0 向量	M0 SRARM 存储区	0x0000～0x00003F	0	1	X	X

续表 3-1-16

向量映射	向量取自	地址范围	VMAP	M0M1MAP	MP/$\overline{MC}$	ENPIE
引导 ROM 向量	ROM 存储器	0x3FFFC0～0x3FFFFF	1	X	0	0
XINTF 向量	XINTF 区域 7	0x3FFFC0～0x3FFFFF	1	X	1	0
PIE 向量	PIE 存储区	0x000D00～0x000DFF	1	X	X	1

注意：复位时 VMAP 和 M0M1MAP 模式默认为 1，ENPIE 位默认为 0。在 28x 中 M1 和 M0 向量映射仅仅是一个保留模式，只用于 TI 的芯片测试。所以，一般情况下 28x 将这两个区域当成普通的 RAM，可以被自由使用。

表 3-1-16 中列出的 Boot ROM 向量或者 XINTF 向量的映射是无须配置的，但是，芯片启动时两者要通过 MP/$\overline{MC}$ 信号来选择。

当芯片复位并完成启动后，PIE 向量表应该由用户代码进行初始化；然后，在应用程序中使能 PIE 向量表。只有在完成上述操作后，中断响应时才能从 PIE 向量表中获取中断向量。值得注意的是：在系统复位后，复位向量总是取自 Boot ROM 或者 XINTF 区域；同时，PIE 向量表默认是被禁止的。系统复位流程如图 3-1-21 所示。中断系统结构框图如图 3-1-22 所示。

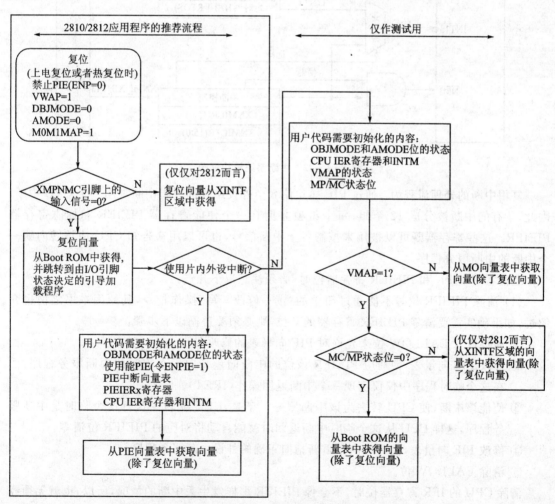

图 3-1-21 系统复位流程图

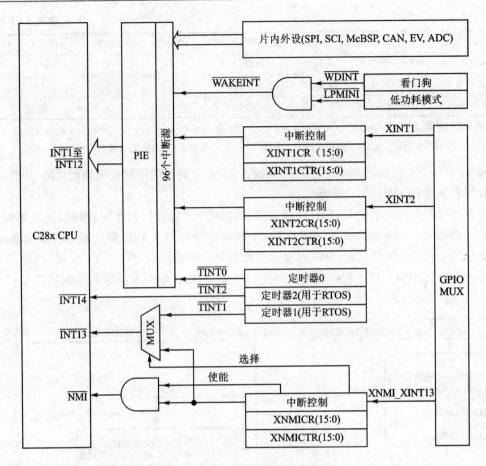

图 3-1-22 中断系统结构框图

复用中断的处理流程为：通过 PIE 模块使 8 个外设或外部引脚中断复用一个 CPU 中断，因此，所有的中断被分成 12 个组，每个组独立拥有一个使能寄存器 PIEIER 和标志寄存器 PIEIFR。这些寄存器既可以被用来控制各个中断信号，也可以用来告知 CPU 应该转向哪一个中断的中断服务程序。

当清零 PIEIFR 和 PIEIER 寄存器位时，必须注意以下几点：

(1) 清除 PIEIFR 位时不能通过简单的"读—修改—写"操作指令，其原因本书之前也介绍过，如果确实需要清零 PIEIFR 寄存器的某位，则必须要遵循以下步骤：

① 通过设置 EALLOW 位来允许对 PIE 向量表的修改。

② 修改 PIE 向量表，使对应 PIEIFR 该位的中断向量指向一个临时的中断服务程序，而在这个临时程序中仅仅实现一个中断返回操作(IRET)。

③ 使能该中断，使 CPU 转去为该中断服务。于是，CPU 就转去执行这个临时是中断服务程序，这样 CPU 从这个临时中断返回时就能自动将对应的 PIEIFR 位清零。

④ 修改 PIE 向量表，使对应向量重新指向正确的外设中断服务程序。

⑤ 清除 EALLOW 位。

清除 CPU 的 IFR 寄存器位时，不会像 PIEIFR 那样发生丢中断的情况，所以，也就无须经过上述步骤。

(2) 软件中断优先级的设置。281x CPU 的 IER 寄存器可以用来实现全局优先级,各个 PIEIER 寄存器可以来实现对应各分组中的优先级。要实现 PIE 各组中的优先级配置,则 PIEIER 寄存器只能在同组的中断服务程序中被修改,因为这时候通过 PIEACK 位能阻止 CPU 响应同组中的其他中断。需要注意的是,在为某一分组的中断服务时,不能去禁止另一组里的 PIEIER 位。

(3) 使用 PIEIER 禁止中断。如果 PIEIER 寄存器用来使能一个中断,接着又需要禁止这个中断,那么必须根据需要按照两种不同流程进行操作,一种流程是通过 PIEIERx 寄存器来禁止中断,并保持相应的 PIEIFRx 标志位;另一种流程则是通过 PIEIERx 寄存器来禁止中断,并清零相应的 PIEIFRx 标志位。每种流程的详细操作步骤不再详述。一般来说,使能或者禁止一个中断应该通过外设使能/禁止标志位来实现,而 PIEIER 寄存器和 CPU 的 IER 寄存器在多数情况下被用来实现各个中断的软件优先级配置。

4. 多路复用中断请求从外设到 CPU 的实现流程

图 3-1-23 给出了整个中断流程的实现路径,并用数字编号注明了流程步骤。下面对图中指示的各步骤进行详细介绍。

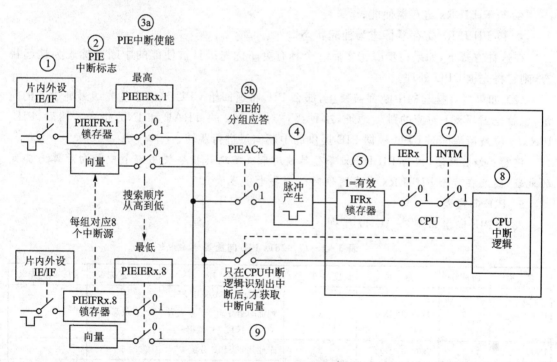

图 3-1-23 多路复用中断请求的流程框图

① PIE 分组中的任意外设或者外部中断产生一个中断请求,如果在该外设模块中对应的中断被使能,那么这个中断请求将被发送到 PIE 模块。

② PIE 模块能识别出中断请求的来源,并设置相应的中断标志位。例如,PIE 分组 x 里的中断 y 发出了一个中断请求,PIE 模块就会将 PIE 中断标志位 PIEIFRx.y 锁存为 1。

③ 为了能将中断请求从 PIE 模块发送到 CPU,以下两个条件必须要同时为"真":
对应的 PIE 中断使能位必须为 1(PIEIERx.y=1);
该中断所属 PIE 分组中的 PIEACKx 位必须被清除。

④ 如果步骤③中列出的两个条件都为真,则该 PIE 分组的中断请求被发到 CPU;同时,对应的应答位再次被置 1(PIEACKx=1),并且将一直保持为 1 直到被人工清零。将该位人工清零后该组中其他的中断请求也能通过 PIE 发送到 CPU。

⑤ CPU 中断标志位被置位(IFR=1),表明 CPU 级有一个挂起的中断 x。

⑥ 如果对应的 CPU 中断 x 被使能(IER.x=1 或者 DBGIER.x=1)同时全局中断屏蔽位被清除(INTM=0),那么 CPU 将转去为中断 x 服务。

⑦ CPU 在识别中断后就进行自动保护中断现场、清除对应的 IER 位、将 INTM 位置位并清除 EALLOW 位。

⑧ CPU 将请求 PIE 提供对应的中断向量。

⑨ 对于多路复用的中断来说,PIE 模块通过当前 PIEIERx 和 PIEIFRx 寄存器的值来确定中断向量的地址(用来提供给 CPU)。

有以下两种可能出现的情况:

(1) 对应 PIE 分组中满足以下条件且优先级最高的中断所对应的向量被作为一个跳转地址提供给 CPU:
- 被 PIEIERx 寄存器使能;
- 被 PIEIFRx 寄存器标志为挂起状态。

在这种方式下,如果在步骤④之后一个具有更高优先级且被使能的中断被标志为挂起状态,则它将先被 CPU 处理。

(2) 如果所有挂起的中断都被禁止,那么 PIE 将返回给 CPU 该组中优先级最高中断的向量,也就是 INTx.1 对应的跳转地址,这种操作对应 28x 的 TRAP 和 INT 指令。然后,PIEIFRx.y 位被清除同时 CPU 根据 PIE 提供的中断向量进行跳转。

注意:如前所述,因为 PIEIERx 寄存器被用来决定跳转指令使用哪个中断向量作为其目的地址,因此在清除 PIEIERx 寄存器位时必须要十分谨慎。

5. PIE 向量表

281x PIE 向量如表 3-1-17 所列。

表 3-1-17 281x PIE 向量表

名称	向量 ID	地址	长度(×16 位)	描述	CPU 优先级	PIE 组优先级
Reset	0	0x0000 0D00	2	Reset 总是为 0x003F FFC0 地址的引导 ROM 除或者 XINTF 区域 7 中取得	1(最高)	—
INT1	1	0x0000 0D02	2	未使用,见 PIE 分组 1	5	—
INT2	2	0x0000 0D04	2	未使用,见 PIE 分组 2	6	—
INT3	3	0x0000 0D06	2	未使用,见 PIE 分组 3	7	—
INT4	4	0x0000 0D08	2	未使用,见 PIE 分组 4	8	—
INT5	5	0x0000 0D0A	2	未使用,见 PIE 分组 5	9	—
INT6	6	0x0000 0D0C	2	未使用,见 PIE 分组 6	10	—
INT7	7	0x0000 0D0E	2	未使用,见 PIE 分组 7	11	—
INT8	8	0x0000 0D10	2	未使用,见 PIE 分组 8	12	—

第3章 TMS320X281x DSP 的片内外设

续表 3-1-17

名 称	向量 ID	地　　址	长度(×16位)	描　述	CPU 优先级	PIE 组优先级
INT9	9	0x0000 0D12	2	未使用,见 PIE 分组 9	13	—
INT10	10	0x0000 0D14	2	未使用,见 PIE 分组 10	14	—
INT11	11	0x0000 0D16	2	未使用,见 PIE 分组 11	15	—
INT12	12	0x0000 0D18	2	未使用,见 PIE 分组 12	16	—
INT13	13	0x0000 0D1A	2	外部中断 13(XINT13)或者 CPU 定时器 1(用于 TI/RTOS 中)	17	—
INT14	14	0x0000 0D1C	2	CPU 定时器 2(用于 TI/RTOS 中)	18	—
DATALOG	15	0x0000 0D1E	2	CPU 数据记录中断	19(最低)	—
RTOSINT	16	0x0000 0D20	2	CPU 实时操作系统中断	4	—
EMUINT	17	0x0000 0D22	2	CPU 仿真中断	2	—
NMI	18	0x0000 0D24	2	外部不可屏蔽中断	3	—
ILLEGAL	19	0x0000 0D26	2	非法操作	—	—
用户中断 1	20	0x0000 0D28	2	用户定义的软件中断	—	—
用户中断 1	21	0x0000 0D2A	2	用户定义的软件中断	—	—
用户中断 1	22	0x0000 0D2C	2	用户定义的软件中断	—	—
用户中断 1	23	0x0000 0D2E	2	用户定义的软件中断	—	—
用户中断 1	24	0x0000 0D30	2	用户定义的软件中断	—	—
用户中断 1	25	0x0000 0D32	2	用户定义的软件中断	—	—
用户中断 1	26	0x0000 0D34	2	用户定义的软件中断	—	—
用户中断 1	27	0x0000 0D36	2	用户定义的软件中断	—	—
用户中断 1	28	0x0000 0D38	2	用户定义的软件中断	—	—
用户中断 1	29	0x0000 0D3A	2	用户定义的软件中断	—	—
用户中断 1	30	0x0000 0D3C	2	用户定义的软件中断	—	—
用户中断 1	31	0x0000 0D3E	2	用户定义的软件中断	—	—
PIE 分组 1 中的中断(复用 CPU 的 INT1 中断)						
INT1.1	32	0x0000 0D40	2	PDPINTA(事件管理器 A 中的电源保护中断)	5	1(最高)
INT1.2	33	0x0000 0D42	2	PDPINTB(事件管理器-B 中的电源保护中断)	5	2
INT1.3	34	0x0000 0D44	2	保留	5	3
INT1.4	35	0x0000 0D46	2	XINT1	5	4
INT1.5	36	0x0000 0D48	2	XINT2	5	5
INT1.6	37	0x0000 0D4A	2	ADCINT	5	6

续表 3-1-17

名 称	向量 ID	地 址	长度(×16 位)	描 述	CPU 优先级	PIE 组优先级
INT1.7	38	0x0000 0D4C	2	TINT0(CPU 定时器 0)	5	7
INT1.8	39	0x0000 0D4E	2	WAKEINT(低功耗模式/看门狗)	5	8(最低)
PIE 分组 2 中的中断(复用 CPU 的 INT2 中断)						
INT2.1	40	0x0000 0D50	2	CMP1INT(事件管理器 A 的比较中断)	6	1(最高)
INT2.2	41	0x0000 0D52	2	CMP2INT(事件管理器 A 的比较中断)	6	2
INT2.3	42	0x0000 0D54	2	CMP3INT(事件管理器 A 的比较中断)	6	3
INT2.4	43	0x0000 0D56	2	T1PINT(事件管理器 A 中定时器 1 的周期中断)	6	4
INT2.5	44	0x0000 0D58	2	T1CINT(事件管理器 A 中定时器 1 的比较中断)	6	5
INT2.6	45	0x0000 0D5A	2	T1UFINT(事件管理器 A 中定时器 1 的下溢中断)	6	6
INT2.7	46	0x0000 0D5C	2	T1OFINT(事件管理器 A 中定时器 1 的上溢中断)	6	7
INT2.8	47	0x0000 0D5E	2	保留	6	8(最低)
PIE 分组 3 中的中断(复用 CPU 的 INT3 中断)						
INT3.1	48	0x0000 0D60	2	T2PINT(事件管理器 A 中定时器 2 的周期中断)	7	1(最高)
INT3.2	49	0x0000 0D62	2	T2CINT(事件管理器 A 中定时器 2 的比较中断)	7	2
INT3.3	50	0x0000 0D64	2	T2UFINT(事件管理器 A 中定时器 2 的下溢中断)	7	3
INT3.4	51	0x0000 0D66	2	T2OFINT(事件管理器 A 中定时器 2 的上溢中断)	7	4
INT3.5	52	0x0000 0D68	2	CAPINT1(事件管理器 A 中的捕获中断 1)	7	5
INT3.6	53	0x0000 0D6A	2	CAPINT2(事件管理器 A 中的捕获中断 2)	7	6
INT3.7	54	0x0000 0D6C	2	CAPINT3(事件管理器 A 中的捕获中断 3)	7	7
INT3.8	55	0x0000 0D6E	2	保留	7	8(最低)

续表 3-1-17

名称	向量 ID	地址	长度(×16 位)	描述	CPU 优先级	PIE 组优先级
PIE 分组 4 中的中断(复用 CPU 的 INT4 中断)						
INT4.1	56	0x0000 0D70	2	CMP4INT(事件管理器 B 的比较中断)	8	1(最高)
INT4.2	57	0x0000 0D72	2	CMP5INT(事件管理器 B 的比较中断)	8	2
INT4.3	58	0x0000 0D74	2	CMP6INT(事件管理器 B 的比较中断)	8	3
INT4.4	59	0x0000 0D76	2	T3PINT(事件管理器 B 中定时器 3 的周期中断)	8	4
INT4.5	60	0x0000 0D78	2	T3CINT(事件管理器 B 中定时器 3 的比较中断)	8	5
INT4.6	61	0x0000 0D7A	2	T3UFINT(事件管理器 B 中定时器 3 的下溢中断)	8	6
INT4.7	62	0x0000 0D7C	2	T3OFINT(事件管理器 B 中定时器 3 的上溢中断)	8	7
INT4.8	63	0x0000 0D7E	2	保留	8	8(最低)
PIE 分组 5 中的中断(复用 CPU 的 INT5 中断)						
INT5.1	64	0x0000 0D80	2	T4PINT(事件管理器 B 中定时器 4 的周期中断)	9	1(最高)
INT5.2	65	0x0000 0D82	2	T4CINT(事件管理器 B 中定时器 4 的比较中断)	9	2
INT5.3	66	0x0000 0D84	2	T4UFINT(事件管理器 B 中定时器 4 的下溢中断)	9	3
INT5.4	67	0x0000 0D86	2	T4OFINT(事件管理器 B 中定时器 4 的上溢中断)	9	4
INT5.5	68	0x0000 0D88	2	CAPINT4(事件管理器 B 中的捕获中断 4)	9	5
INT5.6	69	0x0000 0D8A	2	CAPINT5(事件管理器 B 中的捕获中断 5)	9	6
INT5.7	70	0x0000 0D8C	2	CAPINT6(事件管理器 B 中的捕获中断 6)	9	7
INT5.8	71	0x0000 0D8E	2	保留	9	8(最低)
PIE 分组 6 中的中断(复用 CPU 的 INT6 中断)						
INT6.1	72	0x0000 0D90	2	SPIRXINTA(SPI 接收中断)	10	1(最高)

续表 3-1-17

名 称	向量 ID	地 址	长度(×16 位)	描 述	CPU 优先级	PIE 组优先级
INT6.2	73	0x0000 0D92	2	SPITXINTA（SPI 发送中断）	10	2
INT6.3	74	0x0000 0D94	2	保留	10	3
INT6.4	75	0x0000 0D96	2	保留	10	4
INT6.5	76	0x0000 0D98	2	MRINT（多通道缓冲串口的接收中断）	10	5
INT6.6	77	0x0000 0D9A	2	MXINT（多通道缓冲串口的发送中断）	10	6
INT6.7	78	0x0000 0D9C	2	保留	10	7
INT6.8	79	0x0000 0D9E	2	保留	10	8（最低）
PIE 分组 7 中的中断(复用 CPU 的 INT7 中断)						
从 INT7.1 到 INT7.8	从 80 到 87	从 0x0000 0DA0 到 0x0000 0DAE	2(每个向量)	全部保留	11	分别对应 1 到 8
PIE 分组 8 中的中断(复用 CPU 的 INT8 中断)						
从 INT8.1 到 INT8.8	从 88 到 95	从 0x0000 0DB0 到 0x0000 0DBE	2(每个向量)	全部保留	12	分别对应 1 到 8
PIE 分组 9 中的中断(复用 CPU 的 INT9 中断)						
INT9.1	96	0x0000 0DC0	2	SCIRXINTA(SCI-A 的接收中断)	13	1(最高)
INT9.2	97	0x0000 0DC2	2	SCITXINTA(SCI-A 的发送中断)	13	2
INT9.3	98	0x0000 0DC4	2	SCIRXINTB(SCI-B 的接收中断)	13	3
INT9.4	99	0x0000 0DC6	2	SCITXINTB(SCI-B 的发送中断)	13	4
INT9.5	100	0x0000 0DC8	2	ECAN0INT（ECAN 中断 0）	13	5
INT9.6	101	0x0000 0DCA	2	ECAN1INT（ECAN 中断 1）	13	6
INT9.7	102	0x0000 0DCC	2	保留	13	7
INT9.8	103	0x0000 0DCE	2	保留	13	8（最低）
PIE 分组 10 中的中断(复用 CPU 的 INT10 中断)						
INT10.1 ~INT10.8	104 ~111	0x0000 0DD0 ~0x0000 0DDE	2(每个向量)	全部保留	14	分别对应 1～8

第 3 章 TMS320X281x DSP 的片内外设

续表 3-1-17

名 称	向量 ID	地 址	长度(×16 位)	描 述	CPU 优先级	PIE 组优先级
PIE 分组 11 中的中断(复用 CPU 的 INT11 中断)						
INT11.1 ～INT11.8	112 ～119	0x0000 0DE0 ～0x0000 0DEE	2(每个向量)	全部保留	15	分别对应 1～8
PIE 分组 12 中的中断(复用 CPU 的 INT12 中断)						
INT12.1 ～INT12.8	120 ～127	0x0000 0DF0 ～0x0000 0DFE	2(每个向量)	全部保留	16	分别对应 1～8

注意：(1) PIE 向量表中所有的存储单元都由 EALLOW 保护；
　　　(2) 向量 ID 被 DSP/BIOS 使用。

连接到 PIE 模块的外设和外部中断源的分组如表 3-1-18 所列，表中每行里的 8 个中断源复用一个指定的 CPU 级中断。

表 3-1-18　281x 的 PIE 外设中断

CPU 级中断	PIE 里的中断							
	INTx.8	INTx.7	INTx.6	INTx.5	INTx.4	INTx.3	INTx.2	INTx.1
INT1.y	WAKEINT (LPM/WD)	TINT0 (TIMER)	ADCINT (ADC)	XINT2	XINT1	保留	PDPINTB (EV-B)	PDPINTA (EV-A)
INT2.y	保留	T1OFINT (EV-A)	T1UFINT (EV-A)	T1CINT (EV-A)	T1PINT (EV-A)	CMP3INT (EV-A)	CMP2INT (EV-A)	CMP1INT (EV-A)
INT3.y	保留	CAP3INT (EV-A)	CAP2INT (EV-A)	CAP1INT (EV-A)	T2OFINT (EV-A)	T2UFINT (EV-A)	T2CINT (EV-A)	T2PINT (EV-A)
INT4.y	保留	T3OFINT (EV-B)	T3UFINT (EV-B)	T3CINT (EV-B)	T3PINT (EV-B)	CMP6INT (EV-B)	CMP5INT (EV-B)	CMP4INT (EV-B)
INT5.y	保留	CAP6INT (EV-B)	CAP5INT (EV-B)	CAP4INT (EV-B)	T4OFINT (EV-B)	T4UFINT (EV-B)	T4CINT (EV-B)	T4PINT (EV-B)
INT6.y	保留	保留	MXINT (MCBSP)	MRINT (MCBSP)	保留	保留	SPITXINTA (SPI)	SPIRXINTA (SPI)
INT7.y	保留	保留	保留	保留	保留	保留	保留	保留
INT8.y	保留	保留	保留	保留	保留	保留	保留	保留
INT9.y	保留	保留	ECAN1INT (ECAN)	ECAN0INT (ECAN)	SCITXINTB (SCI-B)	SCIRXINTB (SCI-B)	SCITXINTA (SCI-A)	SCIRXINTA (SCI-A)
INT10.y	保留	保留	保留	保留	保留	保留	保留	保留
INT11.y	保留	保留	保留	保留	保留	保留	保留	保留
INT12.y	保留	保留	保留	保留	保留	保留	保留	保留

注：96 个中断源中，当前仅仅使用了 45 个。剩下的中断没有使用，被保留给后续的芯片；但是如果对应的 PIEIFRx 位被使能的话，它们都可以被当成软件中断来用。

6. PIE 中的配置寄存器

PIE 配置和控制寄存器如表 3-1-19 所列。

表 3-1-19 PIE 配置和控制寄存器

名 称	地 址	长度(×16位)	描 述
PIECTRL	0x0000 0CE0	1	PIE 控制寄存器
PIEACK	0x0000 0CE1	1	PIE 应答寄存器
PIEIER1	0x0000 0CE2	1	PIE INT1 组使能寄存器
PIEIFR1	0x0000 0CE3	1	PIE INT1 组标志寄存器
PIEIER2	0x0000 0CE4	1	PIE INT2 组使能寄存器
PIEIFR2	0x0000 0CE5	1	PIE INT2 组标志寄存器
PIEIER3	0x0000 0CE6	1	PIE INT3 组使能寄存器
PIEIFR3	0x0000 0CE7	1	PIE INT3 组标志寄存器
PIEIER4	0x0000 0CE8	1	PIE INT4 组使能寄存器
PIEIFR4	0x0000 0CE9	1	PIE INT4 组标志寄存器
PIEIER5	0x0000 0CEA	1	PIE INT5 组使能寄存器
PIEIFR5	0x0000 0CEB	1	PIE INT5 组标志寄存器
PIEIER6	0x0000 0CEC	1	PIE INT6 组使能寄存器
PIEIFR6	0x0000 0CED	1	PIE INT6 组标志寄存器
PIEIER7	0x0000 0CEE	1	PIE INT7 组使能寄存器
PIEIFR7	0x0000 0CEF	1	PIE INT7 组标志寄存器
PIEIER8	0x0000 0CF0	1	PIE INT8 组使能寄存器
PIEIFR8	0x0000 0CF1	1	PIE INT8 组标志寄存器
PIEIER9	0x0000 0CF2	1	PIE INT9 组使能寄存器
PIEIFR9	0x0000 0CF3	1	PIE INT9 组标志寄存器
PIEIER10	0x0000 0CF4	1	PIE INT10 组使能寄存器
PIEIFR10	0x0000 0CF5	1	PIE INT10 组标志寄存器
PIEIER11	0x0000 0CF6	1	PIE INT11 组使能寄存器
PIEIFR11	0x0000 0CF7	1	PIE INT11 组标志寄存器
PIEIER12	0x0000 0CF8	1	PIE INT12 组使能寄存器
PIEIFR12	0x0000 0CF9	1	PIE INT12 组标志寄存器
保留	0x0000 0CFA~ 0x0000 0CFF	6	保留

注：PIE 配置和控制寄存器不是受 EALLOW 模式保护寄存器,而 PIE 向量表受该模式保护。

7. CPU 中断寄存器

CPU 中断标志寄存器(IFR),中断使能寄存器(IER)和调试中断使能寄存器(DBGIER)请见第 2 章中的相关介绍,此处不再重复。

8. 外部中断控制寄存器

281x 支持三个外部可屏蔽中断 XINT1、XINT2 和 XINT13,其中 XINT13 还与一个不可屏蔽的外部中断 XNMI 共用中断源。通过控制寄存器的配置能为每个外部中断选择正边沿或者负边沿触发，也能被独立使能或者禁止（包括 XNMI）。可屏蔽的外部中断输入单元还包括一个 16 位的增计数器，这个计数器可以用来准确记录中断发生的时间。

3.2 系统外部接口（XINTF）

TMS320X281x 的外部接口是一个非多路复用的异步总线。

3.2.1 总体功能描述

以 2812 为例，其 XINTF 映射到 6 个固定的存储器映像区域。

C28xDSP（拥有 XINTF 的器件）每个 XINTF 区域都对应一个内部的片选信号。一些 DSP 芯片内两个区域的片选信号会在其内部相与后产生一个共享的片选信号，于是同一存储器可以与两个 XINTF 区域相连。可以借助外部逻辑解码电路来区分这两个 XINTF 区域。

各个 XINTF 区域都可以通过编程来配置特定的等待状态数、选通信号的建立和保持时间，而且读访问和写访可以分开独立配置。另外，每个区域还可以选择是否通过外部 XREADY 信号来扩展其等待状态。这些功能使 DSP 芯片能够与各种外部存储器或者设备实现无缝连接。

具体地说，每个 XINTF 区域的建立/保持时间和等待状态数的配置可以通过修改 XTIMINGx 寄存器来实现。这些访问时序是建立在一个内部时钟的基础上，这个时钟叫做 XTIMCLK，其频率可以设置成等于 SYSCLKOUT 或者为 SYSCLKOUT 的二分之一。XTIMCLK 应用于所有的 XINTF 区域，XINTF 总线周期开始于 XCLKOUT 的上升沿，并且所有的时序和事件都以这个上升沿为基准。

1. 访问 XINTF 区域

如图 3-2-1 所示，XINTF 地址区域是 28x 系列 DSP 映像的存储器范围中直接和外部相连接的那一段区域。因此这些区域中的存储器或者外设寄存器可以被 28xCPU 直接访问。每个 XINTF 区域都可以单独设置其读写访问时序，同时，还具有各自相应的片选信号。但是，对于 2812 来说，部分片选信号是两个区域共享的，后面会有详细的介绍。

以 281x 为例，外部地址总线具有 19 位宽度，并被所有区域共享。该总线上产生什么样的外部地址取决与哪个区域正在被访问，具体情况如下：

区域 2 和区域 6：

它们共享这相同的 19 位外部地址。区别对这两块不同区域的访问是通过两个片选信号来实现：$\overline{XZCS2}$和$\overline{XZCS6AND7}$。也正是由于这个原因，这两个区域可以非常方便地被用来访问具有不同时序要求的存储器和外设，并且不需要额外的地址解码。

区域 0 和区域 1：

这两个区域共享一个片选信号$\overline{XZCS0AND1}$，但是，使用不同的外部地址。区域 0：0x2000～0x3FFF；区域 1：0x4000～0x5FFF。在这种情况下，如果需要，可以使用额外的逻辑来区分对区域 0 和区域 1 的访问。由上述地址范围可知，当 XA[14]和 XA[13]为 01 时表示访问区域 0，而为 10 时表示访问区域 1。于是，可以通过如图 3-2-2 所示的逻辑电路来产生两个独立的片选使能信号，从而区别这两个区域的访问。

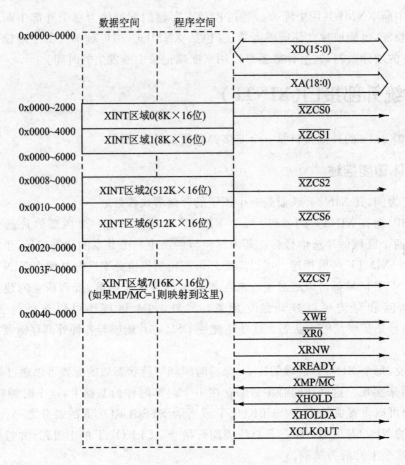

注：
(1) 每个 XINTF 区域通过设置相应的寄存器实现不同的等待状态数及选通信号的建立和保持时间；
(2) 3～5 区域被保留作为将来新器件的扩展用；
(3) XINTF 区域 7 的映射取决于 XMP/$\overline{MC}$ 引脚的输入信号和 XINTCNF2 第八位（MP/$\overline{MC}$ 位）的状态，而区域 0、1、2 和 6 是一直使能的；
(4) 在不含 XINTF 模块的器件里仍然留有 XCLKOUT 输出引脚。

图 3-2-1 系统 XINTF 的结构简图

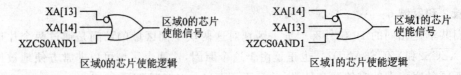

图 3-2-2 区域 0/1 独立片选逻辑

对区域 1 的访问还受到另外一个功能的影响，叫做"其后紧跟着读的写操作流水线保护"。它的存在使得区域 1 特别适合于与外设的连接，因此，一般用作 I/O 外设空间的寻址，而不是外部存储器空间。

区域 7：

这个区域比较独特。当 MP/$\overline{MC}$ 引脚为高电平时，它被映射到 0x3FC000（通过软件修改

XINTCNF2 的 MP/MC 模式位,可以使能或者禁止这一区域的映射);当该区域没有被映射到 XINTF 空间时,内部的引导 ROM 被映射到该地址。

注意: 只有这个区域的映射要由 MP/MC 决定,其他区域:0,1,2 和 6 都是永远保持存储器映像的。

当 DSP 需要从外部存储器引导时,区域 7 往往被作为用户引导程序的存储区域。引导后仍然可以通过软件切换来使能内部引导 ROM。当该区域映射成内部引导 ROM 时,区域 7 的内容可以通过区域 6 来访问,因为它们共享同一片选信号 $\overline{XZCS6AND7}$,XINTF 区域 7 使用的外部地址 0x7C000~0x7FFFF 同时也被区域 6 使用。也就是说,这将使区域 7 被映射到区域 6 低 16K 部分,如图 3-2-3 所示。

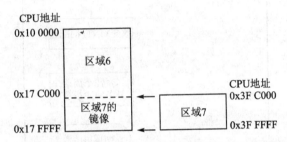

图 3-2-3 区域 7 的地址映射

2. 其后紧跟着读的写操作流水线保护

在 28xCPU 流水线的各阶段里,一个操作的读阶段在写阶段之前。所以,如果一条写访问操作后紧跟着读操作,由于流水线的这个特性,其实际的实现顺序可能会被颠倒:即读完才写。针对这一现象,在 28x 器件中,外设寄存器所在存储器区域都设有相应的硬件保护,以防止其顺序的颠倒。这些区域被称作"其后紧跟着读的写操作流水线保护"。对于 2812 而言,XINTF 区域 1 默认是"其后紧跟着读的写操作流水线保护"的。因此,在这个区域里读/写访问操作完全是按照程序编写的顺序来执行的。以上是指 CPU 对不同内存地址的读/写,对于同一受保护的存储器,CPU 将插入足够的空操作指令使其在读访问发生前完成写操作。

注意: 只有在外设被映射到 XINTF 时,执行次序才成为程序员必须关心的问题。因为对一个寄存器的写可能导致另一个寄存器状态位的更新,在这种情况下,必须要先完成对第一个寄存器的写操作,才能保证从另一个寄存器取得正确的状态值。正常的流水线操作将可能导致读取错误的寄存器值。

如果希望其他 XINTF 区域也用来访问外设寄存器,则可以通过手动或者编译器自动在写和读之间插入足够的空操作指令或其他指令来实现。

3.2.2 XINTF 配置

为了满足具体的系统要求,实际的 XINTF 配置取决与 DSP 的频率、转换特性和与之相接口外设的时序要求。需要注意的是,大多数 XINTF 的配置参数若被改变的话会引起访问时序的变化,因此,配置参数的代码不应该在 XINTF 区域里执行。

1. 改变 XINTF 配置和时序寄存器的步骤

在改变 XINTF 配置和时序寄存器的过程中,必须保证不会访问任何 XINTF 区域,涉及存在于 CPU 流水线中的访问指令。因此,程序员应该按照图 3-2-4 的流程来修改 XTIM-

ING0/1/2/6/7、XBANK 以及 XINTCNF2 寄存器。

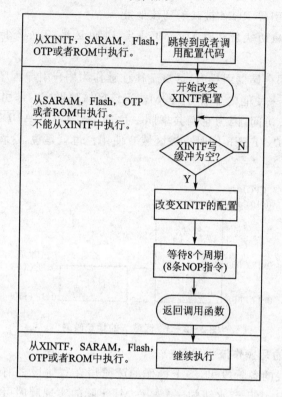

图 3-2-4 访问流程图

在改变配置前,首先利用程序分支或者函数调用来清空已经建立起来的流水线。最后在返回前通过 8 个空操作指令来使寄存器写指令完全通过 DSP 的流水线。

2. XINTF 时钟

XINTF 模块有两个时钟,如图 3-2-5 所示。

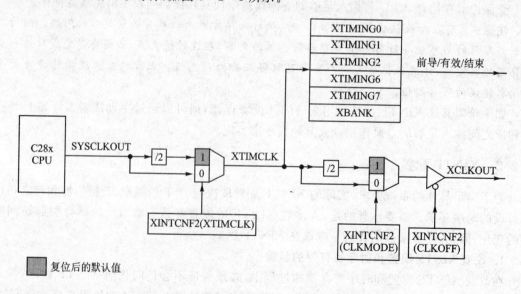

图 3-2-5 XTIMCLK 和 SYSCLKOUT 之间的关系

由图可见,对 XINTF 区域的访问都是建立在内部 XINTF 时钟 XTIMCLK 的基础上,通过修改 XINTFCNF2 寄存器中的 XTIMCLK 位的值可以将这个模块基本时钟的速率设置成等于 SYSCLKOUT 或者是 SYSCLKOUT 的 1/2。同理,可以通过修改 XINTFCNF2 寄存器中的 CLKMODE 将 XCLKOUT 的速率设置成与 XTIMCLK 相等或者是其 1/2。

3. 写缓冲

默认情况,写访问缓冲被禁止。大多数情况下,为了提高 XINTF 的性能,应该使能写缓冲。在 CPU 不停止执行的情况下,通过写缓冲最多能实现 3 个写操作(对 XINTF)。缓冲的深度可以在 XINTCNF2 寄存器中配置。

4. 每个 XINTF 区域前导/有效/结束阶段的时序配置

XINTF 区域是一个可以通过存储器映射地址直接访问的区域,任何对 XINTF 区域读或者写的时序都能被分成以下三个阶段:前导(Lead)/有效(Active)/结束(Trail),如图 3-2-6 所示。对于每一次访问,每阶段的等待状态(XTIMCLK 周期数)可以通过每个 XINTF 区域对应的 XTIMG 寄存器来配置。另外,为了方便与外部慢速器件的连接,X2TIMING 位可以用来加倍(×2)某个特定区域的等待状态。

在前导部分,被访问区域的片选信号被拉低,同时,地址信号出现在地址总线上。在整个前导阶段持续的时间,可以通过 XTIMCLK 寄存器来配置(单位:XTIMCLK 周期)。读和写的默认时间长度都是最大值,即 6 个 XTIMCLK 周期。

在有效阶段里实现对外部设备的访问。如果是读操作,则在读选通信号(XRD)被拉低,同时将数据锁存进 DSP;同理,写操作时,写选通信号(XWE)被拉低,同时将数据送到数据总线(XD)。如果该区域被设置成采样 XREADY 信号,外部设备就可以通过控制 XREADY 信号来扩展该有效阶段的时间长度,从而可以超出设置好的等待状态数。

对于不采样 XREADY 的访问来说,总的时间长度等于一个 XTIMCLK 周期加上 XTIMING 寄存器里指定好的等待状态数。读和写的默认等待状态数被设置成 14 个 XTIMCLK 周期。

结束阶段作用是产生一段保持时间。在这段时间片选仍然保持低电平(有效),虽然此时读和写选通信号已经被设成高电平(无效)。总的结束时间(以 XTIMCLK 为单位),可以通过 XTIMING 寄存器来配置。读写默认值也都是最大值:6 个 XTIMCLK 周期。

根据不同的系统要求,通过对这三个阶段时序的配置,DSP 芯片就能实现与其外设的最佳连接。同时在选择时序参数时,应该考虑以下几点:

- 最小的等待状态要求(将在后面介绍);
- 各 DSP 器件数据手册里描述的 XINTF 时序特性;
- 外部设备的时序要求;
- 28x 和外部设备之间的附加的延时。

5. 每个区域的 XREADY 采样

在对外部设备访问过程中,XREADY 信号可以被用来扩展有效阶段的时间长度,如图 3-2-6 所示。所有的 XINTF 区域共享同一个 XREADY 输入信号,但是,每个区域可以单独配置其是否采样 XREADY 信号;另外,每个区域的采样方式还可以被设置成同步或者异步。

同步采样:XREADY 信号在有效阶段结束前的一个 XTIMCLK 时钟信号里被采样,所以 XREADY 信号的建立和保持阶段应该与有效阶段结束前的一个 XTIMCLK 时钟信号的上升沿对准。

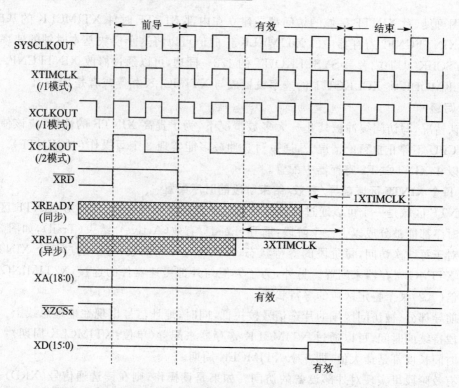

图 3-2-6 读访问时各信号的波形（XRDLEAD = 2，XRDACTIVE = 4，XRDTRAIL = 2 时）

异步采样：XREADY 信号在有效阶段结束前的倒数第三个 XTIMCLK 时钟信号里被采样，所以 XREADY 信号的建立和保持阶段应该与有效阶段结束前的倒数第三个 XTIMCLK 时钟信号的上升沿对准。在这两种方式下，如果 XREADY 采样发现输入信号是低电平，则有效阶段将被延扩一个 XTIMCLK 周期后再次采样 XREADY，一直到 XREADY 为高电平时为止才完成访问操作。

如果一个区域被配置成采样 XREADY，那么读和写访问都会采样 XREADY 信号。默认 XINTF 区域被配置成以异步方式采样 XREADY 信号。如果使用 XREADY 信号，则需要注意：最小的 XINTF 等待状态要求（将在后面介绍），当用同步和异步方式采样 XREADY 时，这个最小要求是不同的，它取决于以下方面：

- 各 DSP 器件数据手册里描述的 XINTF 时序特性；
- 外部设备的时序要求；
- 28x 和外部设备之间的附加的延时。

6. 存储区域切换

当访问从一个 XINTF 区域跨越到另一个区域时，慢速设备为了能及时地释放总线进而使其他设备能获得访问权，可能需要额外的几个周期时间。而存储区域切换功能可以指定好某个区域，当访问要越出或进入这个 XINTF 区域时插入一定数量额外的周期数。存储区域切换功能可以通过在 XBANK 寄存器中指定区域和配置周期数来实现。

7. 外部 MP/$\overline{MC}$ 信号对 XINTF 的作用

复位时，外部 MP/$\overline{MC}$ 引脚的值被采样并锁存进 XINTF 配置寄存器 XINTFCNF2 的 MP/$\overline{MC}$ 状态位。于是在复位期间，这个外部引脚的状态就决定了此时是 boot ROM 还是

XINTF 区域 7 被使能。

如果复位时外部 MP/$\overline{MC}$ 为 1(微处理器模式),则 XINTF 区域 7 被使能,同时复位向量从外部存储器取得。这种情况下,必须保证复位向量指向一个有效的存放执行代码的存储器区域。反之,若复位时外部 MP/$\overline{MC}$ 为 0(微处理器模式),那么 Boot ROM 将被使能,即复位向量从内部 Boot ROM(引导只读存储器)中获得,同时将无法访问 XINTF 区域 7。

在复位后如果需要改变 MP/$\overline{MC}$ 模式,可以通过改写寄存器 XINTFCNF2 的 MP/$\overline{MC}$ 状态位来实现。

3.2.3 前导、有效和结束三个阶段等待状态的配置

为了使 DSP 的 XINTF 在各种应用场合(与外设或者存储器的连接)下都能达到最佳的性能,需要正确的配置其时序控制寄存器。表 3-2-1 列出了寄存器配置的参数和实际的脉冲持续时间(以 XTIMCLK 位单位)的关系。

表 3-2-1 以 XTIMCLK 周期数表示的脉冲持续时间

描述	持续时间	
	X2TIMING=0 时	X2TIMING=1 时
前导阶段读访问	XRDLEAD×tc(xtim)	(XRDLEAD×2)×tc(xtim)
有效阶段读访问	(XRDACTIVE+WS+1)×tc(xtim)	(XRDACTIVE×2+WS+1)×tc(xtim)
结束阶段读访问	XRDTRAIL×tc(xtim)	(XRDTRAIL×2)×tc(xtim)
前导阶段写访问	XWRLEAD×tc(xtim)	(XWRLEAD×2)×tc(xtim)
有效阶段写访问	(XWRACTIVE+WS+1)×tc(xtim)	(XWRACTIVE×2+WS+1)×tc(xtim)
结束阶段写访问	XWRTRAIL×tc(xtim)	(XWRTRAIL×2)×tc(xtim)

说明:

(1) tc(xtim) 代表 XTIMCLK 一个周期的时间;

(2) WS 代表的是使用 XREADY 信号时,插入的硬件等待状态数。如果该区域被设置成忽略 XREADY 信号,则 WS=0。

每个区域的 XTIMING 必须满足最小的等待状态配置。这些等待状态的要求要附加到与其接口的设备的时序要求上。具体器件的要求请参考其数据手册。

注意:没有任何内部的硬件来检测这方面的非法设置,最小值条件必须由程序员自己来检验。

具体最小等待状态的配置如下(LR:读访问时前导阶段等待状态数;LW:写访问时前导阶段等待状态数;AR:读访问时有效阶段等待状态数;AW:写访问时有效阶段等待状态数):

(1) 如果 XREADY 信号被忽略(USEREADY 位=0),则以下条件必须满足:

前导阶段: LR≥tc(xtim), LW≥tc(xtim)

XTIMING 寄存器约束如下:

寄存器位	XRDLEAD	XRDACTIVE	XRDTRAIL	XWRLEAD	XWRTRAIL	X2TIMING	XWRACTIVE
有效值	≥1	≥0	≥0	≥1	≥0	≥0	0,1

(2) 如果 XREADY 信号被设置成同步采样方式(USEREADY 位=1,READYMODE 位=0),则以下条件必须满足:

前导阶段: LR≥tc(xtim),   LW≥tc(xtim)

有效阶段：　　　　　　　AR≥2×tc(xtim)，AW≥2×tc(xtim)

XTIMING 寄存器约束如下：

寄存器位	XRDLEAD	XRDACTIVE	XRDTRAIL	XWRLEAD	XWRTRAIL	X2TIMING	XWRACTIVE
有效值	≥1	≥1	≥0	≥1	≥1	≥0	0,1

如果 XREADY 信号被设置成异步采样方式(USEREADY 位＝1,READYMODE 位＝1)，则以下条件必须满足：

前导阶段：　　　　　　　LR≥tc(xtim)，　　LW≥tc(xtim)

有效阶段：　　　　　　　AR≥2×tc(xtim)，AW≥2×tc(xtim)

前导阶段＋有效阶段：

　　　　　　　　LR＋AR≥4×tc(xtim)，　LW＋AW≥4×tc(xtim)

这些要求导致了 XTIMING 寄存器约束具有如下 2 种可能：

寄存器位	XRDLEAD	XRDACTIVE	XRDTRAIL	XWRLEAD	XWRTRAIL	X2TIMING	XWRACTIVE
有效值	≥1	≥3	≥0	≥1	≥2	≥0	0,1
有效值	≥2	≥1	≥0	≥2	≥1	≥0	0,1
有效值	≥1	≥1	≥0	≥1	≥1	≥0	1

3.2.4　XINTF 寄存器

表 3-2-2 列出了 XINTF 的配置寄存器。再次强调改变这些寄存器的值将影响 XINTF 的访问时序，所以必须通过在 XINTF 之外运行的程序代码来实现它们的修改。

表 3-2-2　XINTF 模块各配置和控制寄存器的映射和功能

名　称	地　址	长度/16 位	功能描述
XTIMING0	0x0000～0x0B20	2	区域 0 的 XINTF 时序寄存器
XTIMING1	0x0000～0x0B22	2	区域 1 的 XINTF 时序寄存器
XTIMING2	0x0000～0x0B24	2	区域 2 的 XINTF 时序寄存器
XTIMING6	0x0000～0x0B2C	2	区域 6 的 XINTF 时序寄存器
XTIMING7	0x0000～0x0B2E	2	区域 7 的 XINTF 时序寄存器
XINTCNF2	0x0000～0x0B34	2	XINTF 配置寄存器
XBANK	0x0000～0x0B38	1	存储块控制寄存器
XREVISION	0x0000～0x0B3A	1	修定寄存器

注意：XTIMING3、XTIMING4 和 XTIMING5 没有使用，而是被保留用于后续的芯片的扩展。XINTCNF1 寄存器同样被保留而没有使用。

3.2.5　外部 DMA 支持

XINTF 支持局部(片外)直接存储器访问(DMA)功能，该功能通过 $\overline{\text{XHOLD}}$ 输入信号和 $\overline{\text{XHOLDA}}$ 输出信号来完成。当 $\overline{\text{XHOLD}}$ 有效时，会向 DSP 的 XINTF 发出一个请求，这个请求将使 XINTF 的所有输出信号呈高阻状态(前提 HOLD 位为 0)。但是，在此之前 DSP 先要完成所有未完成的对 XINTF 的访问，然后才置 $\overline{\text{XHOLDA}}$ 为有效状态。这样就能通过 $\overline{\text{XHOLDA}}$ 发信号给外部设备，通知外部设备 DSP 的 XINTF 已经将其所有的输出置成高阻态。此后，其他设备就能控制外部存储器或者设备的直接访问。

当$\overline{\text{XHOLD}}$引脚的输入信号有效时,通过使能 XINTCNF2 寄存器中 HOLD 模式位可以使引脚$\overline{\text{XHOLDA}}$自动产生输出信号,并允许外部总线的访问。在 HOLD 模式下,CPU 可以连续执行片内存储器(与存储器总线相连)中的代码。如果在$\overline{\text{XHOLDA}}$有效时想要访问外部总线,将会进入未准备好条件,使处理器停止运行。XINTCNF2 寄存器中的状态位将反映$\overline{\text{XHOLD}}$和$\overline{\text{XHOLDA}}$信号的状态。

如果$\overline{\text{XHOLD}}$有效,同时,CPU 又试图写数到 XINTF。那么,写操作将不经过缓存;同时,CPU 也将暂停执行,即写缓冲被禁止。

XINTCNF2 寄存器中的 HOLD 模式位比输入信号具有更高的优先级。因此,在代码中可以决定何时响应或者忽略$\overline{\text{XHOLD}}$请求信号。

当向 XINTF 输入数据时,在所有动作之前,$\overline{\text{XHOLD}}$输入信号是和 XTIMCLK 信号同步的。XINTCNF2 寄存器中的 HOLD 模式位反映当前$\overline{\text{XHOLD}}$输入信号的同步状态。

复位时,HOLD 模式默认被使能。于是,通过$\overline{\text{XHOLD}}$请求信号就能从外部存储器引导并加载程序代码。

在上电期间,如果同步锁存到的输入信号电平没有被定义,那么该信号将被忽略;同时随着时钟信号的稳定,将不断刷新该信号的输入值。所以同步锁存不需要复位。

如果检测到$\overline{\text{XHOLD}}$信号有效,那么当所有被挂起的 XINTF 周期结束后,$\overline{\text{XHOLDA}}$成为唯一被拉低的信号。当操作的目标是 XINTF 时,任何挂起的 CPU 周期都被阻塞,同时 CPU 被保持在未准备好的状态。

两个定义的解释如下:

(1) 挂起的 XINTF 周期:当前 XINTFFIFO 队列中的任何周期;

(2) 挂起的 CPU 周期:不在 FIFO 队列中,但在内核存储器总线上有效的任何周期。

注意:$\overline{\text{XHOLD}}$有效信号应该等到$\overline{\text{XHOLDA}}$信号有效之后才被移除。如果不遵守这一顺序将导致不可预测的后果。

在 HOLD 模式下 XINTF 模块的引脚信号状态如表 3-2-3 所列。

表 3-2-3 在 HOLD 模式下 XINTF 模块的引脚信号状态

信 号	保持允许模式	信 号	保持允许模式
XA(18:0),XD(15:0)	高阻	$\overline{\text{XZCS1}}$	高阻
$\overline{\text{XRD}}$,$\overline{\text{XWE}}$,XR/$\overline{\text{W}}$	高阻	$\overline{\text{XZCS2}}$	高阻
$\overline{\text{XZCS}}$	高阻	$\overline{\text{XZCS7}}$	高阻
$\overline{\text{XZCS0}}$	高阻	$\overline{\text{XZCS6}}$	高阻

注:其他引脚信号保持正常操作状态。

3.3 模/数转换器(ADC)

3.3.1 特 点

ADC 模块有 16 个通道,可配置为两个独立的 8 通道模块,方便为事件管理器 A 和事件管理器 B 服务。两个独立的 8 通道模块可以级连成为一个 16 通道的模块。虽然具有丰富的输入通道和两个排序器,但是,ADC 模块中只有一个转换器。图 3-3-1 是 F2810、F2811 和 F2812 ADC 模块的框图。

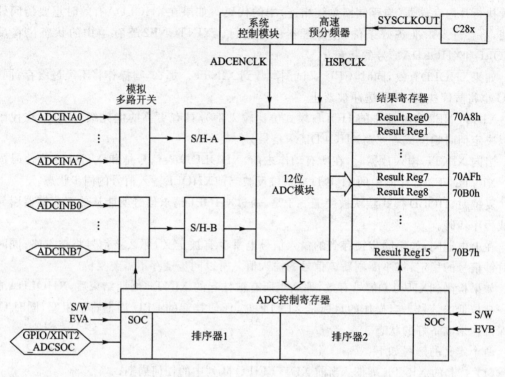

图 3-3-1 ADC 模块的框图

两个 8 通道模块能够自动排序一系列的转换,每个模块可以通过多路开关,选择其具有的 8 个通道中的任何一个。在级连模式下自动排序器作为一个 16 通道的排序器使用。每个排序器一旦转换完成,就将所选择通道的值将存储在其各自的 ADCRESULT 寄存器中。自动排序功能允许对同一个通道进行多次转换,允许用户使用过采样算法,相对传统单次采样转换,这将提高结果的精度。ADC 模块的功能包括:

- 内建有两个采样保持(S/H)的 12 位 ADC 核心。
- 同步采样或者顺序采样模式。
- 模拟输入范围:0～3 V。
- 快速转换时间(运行于 25 MHz 的 ADC 时钟时为 12.5 MSPS)。
- 16 个输入通道:在一次转换任务中,自动排序功能提供多达 16 个自动转换。每个转换可以编程选择 16 个输入通道中的一个,排序器可以作为两个独立 8 状态排序器或者一个 16 状态排序器(即双级连 8 状态排序器)。
- 16 个结果寄存器(可独立寻址)用于保存转换值。
- 输入模拟电压对应的数字值公式为:

$$数字值 = 4095 \times \frac{输入模拟电压值 - ADCLO}{3}$$

- 多个触发源用于启动转换(SOC)序列:
  - 软件:软件立即启动(用 SOC SEQn 位);

- EVA：事件管理器 A(EVA 中的多个事件源可以启动转换)；
- EVB：事件管理器 B(EVB 中的多个事件源可以启动转换)；
- 外部引脚：ADCSOC 引脚。
- 灵活的中断控制机制，允许在每一个或每隔一个转换序列结束(EOS)时产生中断请求。
- 排序器可工作在"启动/停止"模式，允许多个按时间排序的触发源同步转换。
- 在双排序器模式时，EVA 和 EVB 可以独立的触发 SEQ1 和 SEQ2。
- 采样保持获取时间窗具有单独的预分频控制。
- F2810/F2811/F2812 系列 DSP 芯片的版本 B 以后版本的芯片具有排序器覆盖(override)增强功能。

为了获得指定的 ADC 精度，须采用正确的线路板布局。为了获得最佳效果，ADCINxx 引脚引出的引线要尽量远离数字信号线。这将最大程度地消除数字电路中开关噪声与 ADC 输入之间的耦合；同时，ADC 模块的电源引脚与数字电源之间需要使用适当的隔离。ADC 寄存器如表 3-3-1 所列。

表 3-3-1 ADC 寄存器

名 称	地址范围	大小(×16 位)*	描 述
ADCTRL1	0x0000～7100	1	ADC 控制寄存器 1
ADCTRL2	0x0000～7101	1	ADC 控制寄存器 2
ADCMAXCONV	0x0000～7102	1	ADC 最大转换通道寄存器
ADCCHSELSEQ1	0x0000～7103	1	ADC 通道选择排序控制寄存器 1
ADCCHSELSEQ2	0x0000～7104	1	ADC 通道选择排序控制寄存器 2
ADCCHSELSEQ3	0x0000～7105	1	ADC 通道选择排序控制寄存器 3
ADCCHSELSEQ4	0x0000～7106	1	ADC 通道选择排序控制寄存器 4
ADCASEQSR	0x0000～7107	1	ADC 自动排序状态寄存器
ADCRESULT0	0x0000～7108	1	ADC 转换结果缓冲器寄存器 0
ADCRESULT1	0x0000～7109	1	ADC 转换结果缓冲器寄存器 1
ADCRESULT2	0x0000～710A	1	ADC 转换结果缓冲器寄存器 2
ADCRESULT3	0x0000～710B	1	ADC 转换结果缓冲器寄存器 3
ADCRESULT4	0x0000～710C	1	ADC 转换结果缓冲器寄存器 4
ADCRESULT5	0x0000～710D	1	ADC 转换结果缓冲器寄存器 5
ADCRESULT6	0x0000～710E	1	ADC 转换结果缓冲器寄存器 6
ADCRESULT7	0x0000～710F	1	ADC 转换结果缓冲器寄存器 7
ADCRESULT8	0x0000～7110	1	ADC 转换结果缓冲器寄存器 8
ADCRESULT9	0x0000～7111	1	ADC 转换结果缓冲器寄存器 9
ADCRESULT10	0x0000～7112	1	ADC 转换结果缓冲器寄存器 10
ADCRESULT11	0x0000～7113	1	ADC 转换结果缓冲器寄存器 11
ADCRESULT12	0x0000～7114	1	ADC 转换结果缓冲器寄存器 12
ADCRESULT13	0x0000～7115	1	ADC 转换结果缓冲器寄存器 13

续表 3-3-1

名 称	地址范围	(大小×16 位)*	描 述
ADCRESULT14	0x0000~7116	1	ADC 转换结果缓冲器寄存器 14
ADCRESULT15	0x0000~7117	1	ADC 转换结果缓冲器寄存器 15
ADCTRL3	0x0000~7118	1	ADC 控制寄存器 3
ADCST	0x0000~7119	1	ADC 状态寄存器
保留	0x0000~711A 0x0000~711F	6	

* 表中的寄存器映射外设帧 1。该空间只允许进行 16 位访问。采用 32 位访问的结果是未知的。

3.3.2 自动排序器的工作原理

ADC 的排序器由两个独立的、最多可以选择 8 个转换通道的排序器(SEQ1 和 SEQ2)组成。这两个排序器可以级连组成一个最多可选择 16 个转换通道的排序器(SEQ)。单(16 个转换通道、级连)和双(两个 8 个转换通道、分开)排序器方式的原理框图分别如图 3-3-4 和图 3-3-5 所示。

在这两种工作方式下,ADC 能够对一系列的转换进行自动排序。可以通过模拟多路转换器来选择要转换的通道。这就意味着每次 ADC 接收到转换启动请求,模块将能够自动执行多次转换。对于每个转换,可以通过多路开关选择 16 个可用输入通道中的任何一个。

转换结束后,所选通道的转换数值被保存在相应的结果寄存器(ADCRESULTn)中,即第一个转换结果保存在 ADCRESULT0 中,第二个转换结果保存在 ADCRESULT1 中,依次类推。也可以对同一通道进行多次采样,即允许用户执行"过采样",从而与传统的单次采样转换结果相比,可提高精度。

最多可选择 8 个自动转换通道的排序器操作与最多可选择 16 个自动转换通道的排序器操作大致相同。它们的不同之处如表 3-3-2 所列。

在双排序器模式下,进行顺序采样时,来自"未被激活"排序器的启动转换(SOC)请求将在正在进行的排序器完成采样之后自动开始执行。例如,假设当一个来自 SEQ1 的 SOC 请求来到时,A/D 转换正在忙于为 SEQ2 服务,A/D 转换器在完成 SEQ2 请求的工作后立即启动 SEQ1。如果 SEQ1 和 SEQ2 同时发出 SOC 请求,则 SEQ1 的 SOC 请求具有高的优先级。例如,假设 A/D 转换器正在忙于为 SEQ1 服务,过程中又有来自 SEQ1 和 SEQ2 的 SOC 请求。当完成 SEQ1 的当前转换序列后,来自 SEQ1 的 SOC 请求立即被响应。SEQ2 的 SOC 请求将保持待决。

ADC 还能够工作于同步采样模式或者连续采样模式。对于每一个转换(或者同步采样模式时的一对转换),当前的 CONVxx 位域定义了将被采样和转换引脚(或者一对引脚)。在顺序采样模式时,CONVxx 的 4 位全部用来定义输入的引脚。其中最高位 MSB 定义了与输入引脚相连接的采样保持缓冲器,后三位定义了偏移量。例如,如果 CONVxx 寄存器的值为 0101b,则选择的输入引脚为 ADCINA5。如果 CONVxx 的值为 1011B,则选择的输入引脚为 ADCINB3。在同步采样模式,CONVxx 寄存器的最高位 MSB 未使用。

每个采样保持缓冲器采样由 CONVxx 寄存器的低三位所定义的偏移量。举例来说,如果 CONVxx 寄存器的值为 0110B,采样保持器 A(S/H-A)采样 ADCINA6 引脚,采样保持器

B(S/H-B)采样 ADCINB6 引脚。如果 CONVxx 寄存器的值为 1001B,采样保持器 A(S/H-A)采样 ADCINA1 引脚,采样保持器 B(S/H-B)采样 ADCINB1 引脚。采样保持器 A(S/H-A)的电压首先被转换,然后是采样保持器 B(S/H-B)的电压。采样保持器 A(S/H-A)的转换结果存放在当前的 ADCRESULTn 寄存器(ADCRESULT0 用于 SEQ1,假设排序器已经被复位)。采样保持器 B(S/H-B)的转换结果存放在下一个 ADCRESULTn 寄存器中(ADCRESULT1 的 SEQ1,假设排序器已经被复位)。结果寄存器然后被增加 2(指向 ADCRESULT2 用于 SEQ1,假设排序器初始时已经复位)。

1. 顺序采样模式

图 3-3-2 显示了顺序采样模式的时序。在这个例子中,ACQ_PS3-0 位被置为 0001b。

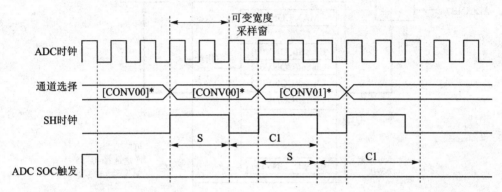

* ADC 通道地址存储在[CONV00] 4 位寄存器;CONV00 用于 SEQ1,CONV08 用于 SEQ2。

注:C1 表示用于结果寄存器更新的时间。

S 表示采样窗。

图 3-3-2 顺序采样模式(SMODE=0)

2. 同步采样模式

图 3-3-3 描述了同步采样模式的时序,在这个例子中,ACQ_PS3 位被置为 0001b。

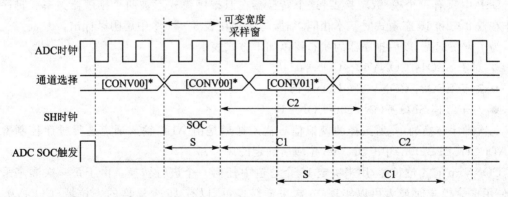

* ADC 通道地址存储在[CONV00] 4 位寄存器;[CONV00] 意味着 A0/B0 通道。

注:C1 表示 Ax 通道结果保存在结果寄存器的时间。

C2 表示 Bx 通道结果保存在结果寄存器的时间。

S 表示采样窗。

图 3-3-3 同步采样模式(SMODE=1)

级连排序器的自动 ADC 转换序列如图 3-3-4 所示,双排序器的自动 ADC 转换序列框图如图 3-3-5 所示。

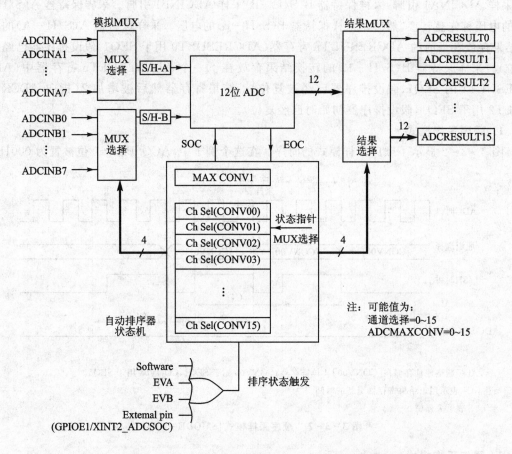

图 3-3-4　级连排序器的自动 ADC 转换序列框图

DSP 中只有一个模/数转换器,这个转换器在双排序模式下被两个排序器共享。排序器工作在双 8 态和 16 态模式时基本相同,细微的差别在表 3-3-2 中用阴影标出。

为了方便起见,以后排序器的状态将以如下方式表示:
- 对于 SEQ1：CONV00～CONV07；
- 对于 SEQ2：CONV08～CONV15；
- 对于级连 SEQ：CONV00～CONV15。

每次排序转换的中,所选择的模拟信号输入通道是由 ADC 输入通道选择排序控制寄存器(ADCCHSELSEQn)中 CONVnn 位域所确定的。

CONVnn 有 4 位长度,用来决定 16 个通道中任何一个进行转换。由于每一次顺序采样中,使用重叠模式时最大可以实现 16 次采样转换,所以有 16 个这样的 4 位域(CONV00～CONV15)寄存器单元,它们分布于 4 个 16 位寄存器(ADCCHSELSEQ1～ADCCHSELSEQ4)。CONVnn 的值可以设定为 0～15。用于转换的模拟通道可以设定为任何期望的顺序,同一个通道可以多次被选择。

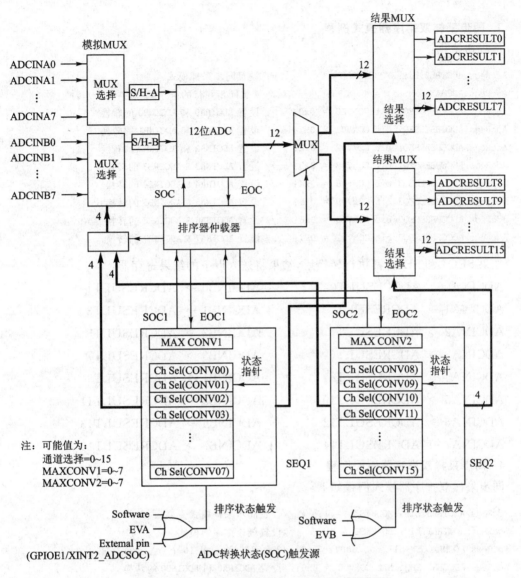

图 3-3-5 双排序器的自动 ADC 转换序列框图

表 3-3-2 单排序器和级联排序器工作方式的比较

特 征	单 8 态排序器 1(SEQ1)	单 8 态排序器 2(SEQ2)	级连 16 态排序器(SEQ)
启动转换(SOC)触发源	EVA,软件,外部引脚	EVB,软件	EVA,EVB,软件,外部引脚
最大自动转换个数(即序列长度)	8	8	16
在每个序列结束(EOS)时自动停止	是	是	是
优先权仲裁	高	低	不适用
ADC 转换结果寄存器位置	0～7	8～15	0～15
ADCCHSELSEQn 位域的分配	CONV00～CONV07	CONV08～CONV15	CONV00～CONV15

3. 同步采样双排序器模式例程

例程初始化：

```
AdcRegs.ADCTRL3.bit.SMODE_SEL = 1;        // 设置同步采样模式
AdcRegs.ADCMAXCONV.all = 0x0033;          // 4次同步并行的排序器(总共8个)转换
AdcRegs.ADCCHSELSEQ1.bit.CONV00 = 0x0;    // 设置 ADCINA0 和 ADCINB0 的转换
AdcRegs.ADCCHSELSEQ1.bit.CONV01 = 0x1;    // 设置 ADCINA1 和 ADCINB1 的转换
AdcRegs.ADCCHSELSEQ1.bit.CONV02 = 0x2;    // 设置 ADCINA2 和 ADCINB2 的转换
AdcRegs.ADCCHSELSEQ1.bit.CONV03 = 0x3;    // 设置 ADCINA3 & ADCINB3 的转换
AdcRegs.ADCCHSELSEQ3.bit.CONV08 = 0x4;    // 设置 ADCINA4 & ADCINB4 的转换
AdcRegs.ADCCHSELSEQ3.bit.CONV09 = 0x5;    // 设置 ADCINA5 & ADCINB5 的转换
AdcRegs.ADCCHSELSEQ3.bit.CONV10 = 0x6;    // 设置 ADCINA6 & ADCINB6 的转换
AdcRegs.ADCCHSELSEQ3.bit.CONV11 = 0x7;    // 设置 ADCINA7 & ADCINB7 的转换
```

如果 SEQ1 和 SEQ2 都执行转换后，结果将送入以下的结果寄存器：

ADCINA0 → ADCRESULT0   ADCINB0 → ADCRESULT1
ADCINA1 → ADCRESULT2   ADCINB1 → ADCRESULT3
ADCINA2 → ADCRESULT4   ADCINB2 → ADCRESULT5
ADCINA3 → ADCRESULT6   ADCINB3 → ADCRESULT7
ADCINA4 → ADCRESULT8   ADCINB4 → ADCRESULT9
ADCINA5 → ADCRESULT10   ADCINB5 → ADCRESULT11
ADCINA6 → ADCRESULT12   ADCINB6 → ADCRESULT13
ADCINA7 → ADCRESULT14   ADCINB7 → ADCRESULT15

4. 同步采样双排序器模式例程

同步采样双排序器模式例程如下：

```
AdcRegs.ADCTRL3.bit.SMODE_SEL = 1;        //设置同步采样模式
AdcRegs.ADCTRL1.bit.SEQ_CASC = 1;         //设置级连排序器模式
AdcRegs.ADCMAXCONV.all = 0x0007;          //8次双转换(总共16个)
AdcRegs.ADCCHSELSEQ1.bit.CONV00 = 0x0;    //设置 ADCINA0 和 ADCINB0 的转换
AdcRegs.ADCCHSELSEQ1.bit.CONV01 = 0x1;    //设置 ADCINA1 和 ADCINB1 的转换
AdcRegs.ADCCHSELSEQ1.bit.CONV02 = 0x2;    //设置 ADCINA2 和 ADCINB2 的转换
AdcRegs.ADCCHSELSEQ1.bit.CONV03 = 0x3;    //设置 ADCINA3 & ADCINB3 的转换
AdcRegs.ADCCHSELSEQ2.bit.CONV04 = 0x4;    //设置 ADCINA4 & ADCINB4 的转换
AdcRegs.ADCCHSELSEQ2.bit.CONV05 = 0x5;    //设置 ADCINA5 & ADCINB5 的转换
AdcRegs.ADCCHSELSEQ2.bit.CONV06 = 0x6;    //设置 ADCINA6 & ADCINB6 的转换
AdcRegs.ADCCHSELSEQ2.bit.CONV07 = 0x7;    //设置 ADCINA7 & ADCINB7 的转换
```

如果级连排序器执行转换完后，结果将送入以下的结果寄存器：

ADCINA0 → ADCRESULT0   ADCINB0 → ADCRESULT1
ADCINA1 → ADCRESULT2   ADCINB1 → ADCRESULT3
ADCINA2 → ADCRESULT4   ADCINB2 → ADCRESULT5
ADCINA3 → ADCRESULT6   ADCINB3 → ADCRESULT7

ADCINA4 → ADCRESULT8   ADCINB4 → ADCRESULT9
ADCINA5 → ADCRESULT10   ADCINB5 → ADCRESULT11
ADCINA6 → ADCRESULT12   ADCINB6 → ADCRESULT13
ADCINA7 → ADCRESULT14   ADCINB7 → ADCRESULT15

3.3.3 非中断自动排序模式

以下描述仅适用于 8 状态(最多可实现 8 个通道自动切换)的排序器(SEQ1 和 SEQ2)。在该模式下,SEQ1/SEQ2 能在一次排序过程中能够最多对来自任何通道的 8 次转换进行自动排序(级连排序器为 16 个)。每次转换结果保存到 8 个结果寄存器里的一个中(SEQ1 为 ADCRESULT0~ADCRESULT7,SEQ2 为 ADCRESULT8~ADCRESULT15),按照地址从低到高的顺序向寄存器存放结果。

在一次排序中的转换次数由 MAX CONVn(MAXCONV 寄存器中的一个 3 位域或 4 位域)控制,该值在自动排序转换过程的开始时被自动装载到自动排序状态寄存器的排序计数器状态位(SEQ CNTR3~0)。MAX CONVn 位域的值在 0~7 之间(级连排序器为 1~15)。当排序器从通道 CONV00 开始有依次顺序地转换(CONV01,CONV02,……)时,SEQ CONTRn 位域的值从装载值开始进行减计数,直到 SEQ CONTRn 为 0。一次自动排序转换中,已经完成的转换次数等于(MAX CONVn+1)。

【例 3-3-1】在双排序模式下用 SEQ1 进行转换。

假设需要用 SEQ1 来完成 7 个通道的转换(即:输入通道 2、3、2、3、6、7 及 12 需要进行自动排序转换),则 MAX CONV1 的值应设为 6,CHSELSEQn 寄存器的值按以及表 3-3-3 进行设置。

表 3-3-3 CHSELSEQn 寄存器设定值

	位 15~12	位 11~8	位 7~4	位 3~0	
70A3h	3	2	3	2	ADCCHSELSEQ1
70A4h	x	12	7	6	ADCCHSELSEQ2
70A5h	x	x	x	x	ADCCHSELSEQ3
70A6h	x	x	x	x	ADCCHSELSEQ4

注:值以十进制表示,x 可取任意值。

一旦排序器接收到启动转换(SOC)触发信号,就开始转换。SOC 触发信号也装入 SEQ CONTRn 位。在寄存器中所设定的通道按照预定的顺序进行转换。每次转换后,SEQ CNTRn 位被自动减 1。当 SEQ CONTRn 的值为 0,将出现以下两种情况,这取决于 ADCTRL1 寄存器中连续运行位(CONT RUN)的状态。

非中断自动排序方式的流程图如图 3-3-6 所示。

如果 CONT RUN 置位,则转换排序再次自动重新开始(即 SEQ CNTRn 重新装入 MAX CONV1 的原始值,SEQ1 的通道指针指向 CONV00)。在这种情况下,为了防止数据被覆盖,用户必须保证在下次转换序列开始之前读取结果寄存器的值。在 ADC 模块试图向结果寄存器写入数据而用户却试图从结果寄存器中读取数据时,即在发生这些冲突时,ADC 模块中的仲裁逻辑保证了结果寄存器不会被破坏。

如果 CONT RUN 为 0,则排序器指针停留在最后状态(在本例中指向),SEQ CONTRn

继续保持 0 值。

由于在 SEQ CNTRn 每次到达 0 时,中断标志位都被设置位。如果需要,用户可以在中断服务子程序(ISR)中,用 ADCTRL2 寄存器中的 RST SEQn 位将排序器自动复位,以便在下一个 A/D 启动信号到来时 SEQ CNTR 装入 MAX CONVn 中的原始值,SEQ1 的指针指向 CONV00。这一特点在排序器启动/停止中很有用。例 3-3-1 也适用于 SEQ2 和 SEQ。

为了在下一个 SOC 信号到来时重复排序工作,排序器必须在 SOC 信号到来前使用 RST SEQn 位进行复位。

如果在每次 SEQ CNTRn 到达 0 的时候中断标志被置位(INT ENA SEQn = 1 和 INT MOD SEQ1 = 0),可以(如果需要)在中断复位程序(ISR)中手动复位排序器(使用 ADCTRL2 寄存器的 RST SEQn 位)。这将使 SEQn 状态复位为初始值(CONV00 用于 SEQ1,CONV08 用于 SEQ2)。这个特点在排序器的启动/停止操作中十分有用。例 3-3-1 也适用于 SEQ2 和级连 16 状态排序器(SEQ),其差别如表 3-3-2 所列。

例 3-3-1 所示是相同的,但是一旦排序器完成其第一次排序,允许排序器再次被触发,而无需复位到初始状态 CONV00(即在中断服务程序中,排序器没有被复位)。

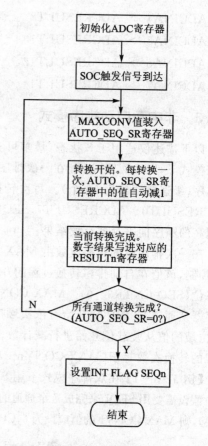

注:相应的 CONT RUN 位为 0。

图 3-3-6 非中断自动排序方式的流程图

1. 排序器的启动/停止模式

排序器的启动/停止模式具有多个"按时间顺序触发信号"的排序器启动/停止操作。

除非中断自动排序模式外,任何排序器(SEQ1,SEQ2 或者 SEQ)都可以工作在启动/停止模式。这种模式可以实现在时间上分别与多个启动转换触发信号同步。这种模式与例 1-1 不同的是,排序器在完成第一个转换序列后,排序器初始指针不需要被复位指到 CONV00 就可以被重新触发,即排序器在中断服务子程序中不需要被复位。因此,当一个转换序列结束时,排序器指针指到当前的通道。在这种方式下,ADCTRL1 寄存器的连续运行位(CON RUN)必须设为 0,即被禁用。

【例 3-3-2】排序器启动/停止模式的操作。

要求:触发信号 1(定时器下溢)启动 3 个自动转换(例如,I1、I2 和 I3),触发信号 2(定时器周期)启动 3 个自动转换(例如,V1、V2 和 V3)

触发信号在时间上是分开的,即间隔 25 μs,由事件管理器 A(EVA)设置,如图 3-3-7 所示。在这种情况下,只有 SEQ1 被用到。

触发信号 1 和 2 可以是来自事件管理器、外部引脚或软件的 SOC 信号。本例中需要的两个触发源可以用同一个触发源发生两次来满足。

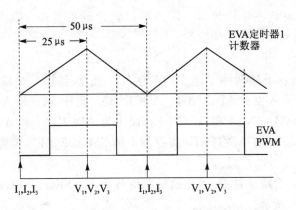

图 3-3-7 用事件管理器触发启动排序器的例子

在此情况下，MAX CONV1 的值被设置为 2，ADC 输入通道选择排序控制寄存器 (CHSELSEQn) 的设置如表 3-3-4 所列。

表 3-3-4 ADC 输入通道排序控制寄存器的设置

	Bit15~12	Bit11~8	Bit7~4	Bit3~0	
70A3h	V1	I3	I2	I1	ADCCHSELSEQ1
70A4h	x	x	V3	V2	ADCCHSELSEQ2
70A5h	x	x	x	x	ADCCHSELSEQ3
70A6h	x	x	x	x	ADCCHSELSEQ4

一旦复位和初始化后，SEQ1 就等待触发信号。第一个触发信号到来之后，通道选择值为 CONV00(I1)、CONV01(I2) 和 CONV02(I3) 的 3 个转换被执行；然后，SEQ1 在当前状态等待另一个触发信号的到来；在 25 μs 后，第 2 个触发信号到来，另外 3 个通道选择值为 CONV03(V1)、CONV04(V2) 和 CONV05(V3) 的转换开始执行。

在这两种触发情况下，MAX CONV1 的值都自动装入 SEQ CNTR1 中。如果第 2 个触发源要求转换的个数和第 1 个不一样，则用户必须在第 2 个触发来到之前，通过软件改变 MAX CONV1 的值。否则，ADC 将重新使用原来的 MAX CONV1 的值。可以在第 1 个触发源引起的转换完成后的中断服务子程序中改变 MAX CONV1 的值，为第 2 个触发源引起的转换个数作准备。

在第 2 个自动转换的结束时，ADC 结果寄存器的值如表 3-3-5 所列。

表 3-3-5 ADC 结果寄存器的值

缓冲器寄存器	ADC 转换结果缓冲器	缓冲器寄存器	ADC 转换结果缓冲器
ADCRESULT0	I1	ADCRESULT8	x
ADCRESULT1	I2	ADCRESULT9	x
ADCRESULT2	I3	ADCRESULT10	x
ADCRESULT3	V1	ADCRESULT11	x
ADCRESULT4	V2	ADCRESULT12	x
ADCRESULT5	V3	ADCRESULT13	x
ADCRESULT6	x	ADCRESULT14	x
ADCRESULT7	x	ADCRESULT15	x

此时,SEQ1 在当前状态保持等待。用户可以通过软件复位 SEQ1,将排序器指针指到 CONV00,重复同样的触发源 1、2 的操作。

2. 同步采样模式

ADC 具有能够同步采样两路 ADCINxx 输入的能力,要求一个输入位于 ADCINA0～ADCINA7,而另一个输入位于 ADCINB0～ADCINB7。此外,两个输入必须有相同的采样保持(S/H)偏移(可以为 ADCINA4 和 ADCINB4,而不为 ADCINA7 和 ADCINB6)。要使 ADC 工作于同步采样模式,必须将 ADCTRL3 寄存器中的 SMODE_SEL 位置位。

3. 输入触发信号

每个排序器都有一套能被使能/禁止的触发信号输入。SEQ1、SEQ2 和 SEQ 的有效输入触发信号如表 3-3-6 所示。

表 3-3-6 排序器有效输入触发信号

SEQ1(排序器 1)	SEQ2(排序器 2)	SEQ 级连排序器
软件触发(软件置位 SOC)	软件触发(软件置位 SOC)	软件触发(软件置位 SOC)
事件管理器 A(EVA SOC)	事件管理器 B(EVB SOC)	事件管理器 A(EVA SOC)
外部 SOC 引脚(ADC SOC)		事件管理器 B(EVB SOC)
		外部 SOC 引脚(ADC SOC)

注意:
- 只要一个排序器处在空闲状态,一个 SOC 触发就能启动一个自动转换序列。排序器的空闲状态是指在接收到一个触发信号之前排序器指针指到 CONV00,或者排序器已完成一个转换序列,即 SEQ CNTRn 已经为 0。
- 转换序列正在进行过程中,如果一个 SOC 触发信号到来时,则将 ADCTRL2 寄存器中的 SOC SEQn 位置位(该位在前一个转换序列开始时已被清 0)。如果再来一个 SOC 触发信号,则该信号将丢失。即当 SOC SEQn 位已经置位(SOC 挂起),则后来的触发信号将被忽略。
- 一旦被触发,排序器将无法在中途被停止或中断。程序必须等到一个序列的结束信号(EOS)或者对排序器复位,这样排序器立刻返回到空闲的起始状态(SEQ1 和级连方式为状态 CONV00,SEQ2 为状态 CONV08)。
- 当 SEQ1/2 工作在级连模式下,进入到 SEQ2 的触发源被忽略,而到 SEQ1 的触发源仍然有效。因此,级连模式可以视为 SEQ1 具有最多 16 个转换通道而不是 8 个。

4. 在排序转换中的中断操作

排序器可以在两种工作方式下产生中断,这两种方式由 ADCTRL2 寄存器中的中断模式使能控制位来决定。对例 3-3-2 稍加改动就可说明在不同的工作条件下,中断方式 1 和中断方式 2 的用途。

情况一:第 1 个序列与第 2 个序列的采样个数不同。方式 1 的中断操作(即在每次 EOS 到来时产生中断请求)如下:

(1) 排序器初始化为 MAX CONVn=1,用于转换 I1 和 I2。
(2) 在中断服务程序"a"中,通过软件将 MAX CONVn 的值改为 2,用于转换 V1、V2 和 V3。
(3) 在中断服务程序"b"中,完成以下操作:

MAX CONVn 再改为 1,以转换 I1 和 I2;

从 ADC 结果寄存器中读出 I1、I2、V1、V2 和 V3 的值；

排序器被复位。

(4) 重复第(2)步和第(3)步。

注意：在每次 SEQ CONTRn 到 0 时，中断标志位被置位，且中断被识别。

情况二：第 1 个和第 2 个序列的采样个数相同。方式 2 的中断操作（即每隔一个 EOS 信号产生中断请求）如下：

(1) 排序器初始化为 MAX CONVn=2，用于以转换 I1、I2 和 I3（或 V1、V2 和 V3）。

(2) 在中断服务程序"b"和"d"中完成以下操作：

● 从 ADC 结果寄存器中读 I1、I2、I3、V1、V2 和 V3 的值；

● 排序器被复位。

(3) 重复第(2)步。

情况三：第一个和第 2 个序列的采样个数相同（带虚读）。方式 2 的中断操作（即每隔一个 EOS 信号产生中断请求）如下：

(1) 排序器初始化为 MAX CONVn=2，用于转换 I1，I2 和 x。

(2) 在中断服务程序"b"和"d"中完成以下操作：

● 从 ADC 结果寄存器中读出 I1、I2、V1、V2 和 V3 的值；

● 排序器被复位。

(3) 重复第(2)步。注意，第 3 个 I 采样（x）是个假采样，并没有要求采样。然而，为了使中断服务子程序的开销和 CPU 的干预最小，可以利用模式 2 的"相间"中断请求功能。

以上三种中断操作如图 3-3-8 所示。

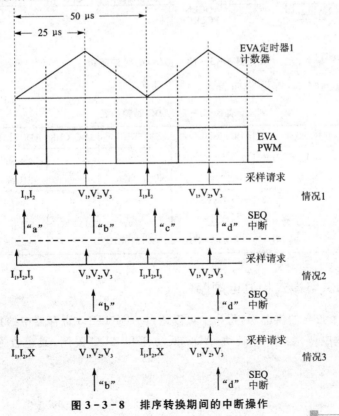

图 3-3-8 排序转换期间的中断操作

3.3.4 ADC 时钟的预标定

系统外设时钟(HSPCLK)通过 ADCTRL3 寄存器中的 ADCCLKPS[3:0] 位所设置的分频系数进行分频。还可以通过设置 ADCTRL1 寄存器中的 CPS 位,对时钟再次进行二分频。同步为了适应不同输入信号源阻抗之间的差异,ADC 还可以通过控制 ADCTRL1 寄存器的 ACQ_PS 3~0 位来加宽采样保持时间。这些位不会影响采样保持和转换过程中的转换部分,但是,延长了启动转换脉冲(SOC)中的采样部分长度,如图 3-3-9 所示。

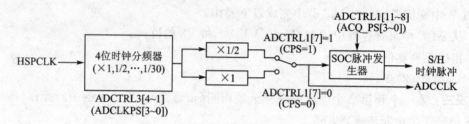

图 3-3-9 ADC 核心时钟和采样保持(S/H)时钟

注意:寄存器中的位定义了时钟的分频比和采样保持(S/H)脉冲的控制。脉冲宽度决定了获取时间窗的宽度(采样开关闭合的时间周期)。

ADC 模块有许多的预分频级来产生任何期望的 ADC 工作时钟速率。图 3-3-10 所示为送入 ADC 模块的时钟级数。

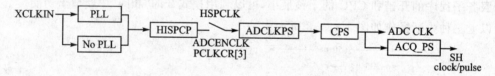

图 3-3-10 ADC 的时钟链路

【例 3-3-3】ADC 时钟链路如表 3-3-7 所列。

表 3-3-7 ADC 时钟链路

XCLKIN	PLLCR[3:0]	HISPCLK	ADCTRL3[4~1]	ADCTRL1[7]	ADC_CLK	ADCTRL1[11~8]	SHWidth
30 MHz	0000B 15 MHz	HSPCP=0 15 MHz	ADCLKPS = 0 15 MHz	CPS=1	7.5 MHz	ACQ_PS = 0 SH pulse clock	1
30 MHz	1010B 150 MHz	HSPCP=3 150/(2×3) =25 MHz	ADCLKPS = 2 25/(2×2) =6.25 MHz	CPS = 1 6.25/(2×1) =3.125 MHz	3.125 MHz	ACQ_PS = 15 SH pulse/clock =16	16

3.3.5 ADC 的供电模式和上电顺序

ADC 支持三个独立的供电源,每一个可以通过 ADCTRL3 寄存器中的独立位来控制。这三位组成了三种供电等级:ADC 启动,ADC 低功耗和 ADC 关闭,其组合方式如表 3-3-8 所列。

表 3-3-8　电源等级

供电等级	ADCBGRFDN1	ADCBGRFDN0	ADCPWDN
ADC 启动	1	1	1
ADC 低功耗	1	1	0
ADC 关闭	0	0	0
保留	1	0	X
保留	0	1	X

当对 ADC 供电时,需要严格按照以下顺序,以保证 ADC 可靠和精确的工作:

(1) 如果 ADC 使用外部参考源,这种工作模式需要在内部带隙参考源开启的情况下,然后将 ADCCTRL3 寄存器的第 8 位置位来使能。主要防止内部参考源(ADCREFP 和 ADCREFM)驱动可能存在的板上接入的外部参考源。

(2) 在开启 ADC 中的带隙参考源电路至少 7 ms 后再打开 ADC 中的其他模拟电路部分。

(3) 在 ADC 完全供电后,至少再延迟 20 μs 才能够进行第一次 ADC 转换。

当对 ADC 部分停止供电时,三个控制位(ADCBGRFDN1、ADCBGRFDN0 和 ADCPWDN)可以被同步清零。ADC 的供电等级必须通过软件控制,它们是独立于 ADC 的供电状态模式的。

3.3.6　排序器覆盖功能

F2810/F2812 系列芯片的版本 A 和版本 B 没有排序器覆盖功能。

在通常的运行模式下,排序器 SEQ1、SEQ2 或者级连的 SEQ1 用于选择 ADC 通道,并将转换结果存储在相应的 ADCRESULTn 寄存器中。在 MAX CONVn 设置的转换结束时,排序器将自动返回 0 处。当使用排序器覆盖(override)功能时,排序器的自动返回可以由软件来控制。排序器的覆盖功能的控制在 ADC 控制寄存器 1(ADCCTRL1)的第 5 位。例如,假设 SEQ OVRD 位是 0,而 ADC 正工作于排序器级连模式下的连续转换模式,同时,AX CONV1 设置为 7。通常,排序器会顺序的增加并将 ADC 转换结果更新结果寄存器至 ADCRESULT7 寄存器,然后返回到 0。在将 ADCRESULT7 寄存器更新完成后,相应的中断标志位将被置位。

当 SEQ OVRD 位重新被置位,排序器在更新 7 个结果寄存器后将不会返回到 0。而是排序器将继续向前增加,并更新 ADCRESULT8 寄存器,直至达到 ADCRESULT15 寄存器。当 ADCRESULT15 寄存器更新完毕后,将会自然转回到 0。这种功能将结果寄存器(0~15)视为一个 FIFO,用于 ADC 对连续数据的捕捉。当 ADC 在最高数据速率下进行转换时,这个功能有助于捕捉 ADC 的数据。

下面是使用排序器覆盖功能时的建议和注意事项:

- 复位后,SEQ OVRD 将复位为 0,因此,排序器的覆盖功能处于禁用状态。
- 当 SEQ OVRD 位因为 MAX CONVn 所有的非零值所置位,相关的中断标志位将在每三个结果寄存器被更新后被置位。例如,如果 ADCMAXCONV 被设为 3,那么,所选排序器的中断标志将在每 4 个结果寄存器被更新后被置位。在每个排序器结束时将发生绕回原点(即在级连模式时,ADCRESULT15 寄存器更新后)。
- 使用 SEQ1、SEQ2 和使用 SEQ1 的级连排序所进行的转换都可以使用该功能。
- 不推荐在程序中动态使能和控制这种功能。只在 ADC 模块初始化的时候使能该功能。
- 在连续转换模式时需要改变排序器,ADC 通道的地址使用 CONVxx 寄存器中预先设定的值。如果需要连续转换同一个通道,那么所有的 CONVxx 寄存器应当设定为相同的地址。例如,使用排序器覆盖功能来得到 ADCINA0 通道的 16 个相临的采样,所有 16 个 CONVxx 寄存器应当被置为 0x0000。

3.3.7 ADC 控制寄存器

ADC 控制寄存器 1(ADCTRL1)各位如图 3-3-11 所示。

15	14	13	12	11	10	9	8
保留	RESET	SUSMOD1	SUSMOD0	ACQ PS3	ACQ PS2	ACQ PS1	ACQ PS0
R—0	R/W—0	R/W—0	R/W—0	R/W—0	R/W—0	R/W—0	R/W—0

7	6	5	4	3			0
CPS	CONT RUN	SEQ1 OVRD	SEQ CASC	保留			
R/W—0	R/W—0	R/W—0	R/W—0	R—0			

注:R=读访问,W=写访问,-n=复位后值。

图 3-3-11 ADC 控制寄存器 1(ADCTRL1)(偏移地址 00h)

位	名 称	描 述
15	保留位	读返回 0,写无效。
14	RESET	ADC 模块软件复位。该位引起整个 ADC 模块的总复位。所有的寄存器和状态机都复位到芯片复位引脚被拉低或者上电复位时的初始状态。所有寄存器和排序器指针都被复位到芯片复位引脚被拉低(或者上电复位)时的初始状态。该位被写为 1 后立即自动清零,读该位总返回 0。同时,ADC 的复位需要 3 个时钟周期,在这期间 ADC 控制寄存器的其他位不能被修改直到 ADC 被复位后的三个时钟周期。该位是一个一次有效位(one-time-effect)位,即该位在被置位为 1 后又立即将自己清零。读该位总返回 0。同样,ADC 的复位需要有 3 个时钟周期的 latency(即必须在 ADC 复位指令后,再经过三个时钟周期才能够对 ADC 控制寄存器的其他位的修改)。 0 无效; 1 复位整个 ADC 模块(该位然后由 ADC 逻辑复位为 0)。 **注意**:在系统复位时,ADC 模块被复位。如果需要在其他任何时间对 ADC 模块进行复位,可以向该位写 1 来实现。在 12 个 NOP 指令后,才能够向 ADCTRL1 寄存器写入相应的

值。

```
MOV ADCTRL1,#01xxxxxxxxxxxxxxb    ;复位 ADC(RESET = 1)
RPT #12
NOP                                ;为再次写 ADCTRL1 提供足够的延时
NOP
MOV ADCTRL1,#00xxxxxxxxxxxxxxb    ;配置 ADCTRL1 为用户期望的值
```

注意：当缺省配置满足要求时，第 2 个 MOV 指令可以不需要。

位	名称	描述
13~12	SUSMOD1~SUSMOD0	仿真悬挂模式。这两位决定仿真悬挂发生时（例如，由于调试遇到一个断点），ADC 模块的工作情况。 0 0　模式 0，仿真器悬挂被忽略。 0 1　模式 1，在当前的排序完成，最终结果锁存，状态机更新后排序器和其他的相关的逻辑停止工作。 1 0　模式 2，在当前的转换完成，结果锁存、状态机更新后，排序器和其他的相关的逻辑停止工作。 1 1　模式 3，一旦仿真悬挂，排序器和其他逻辑立刻停止。
11~8	ACQ_PS3~ACQ_PS0	采样时间窗大小。这几位控制采样脉冲(SOC)的宽度，从而决定了采样开关的闭合多久时间后断开。采样脉冲(SOC)的宽度是寄存器 ADCTRL1 的第 11~8 位的值加 1 个 ADCLK 周期的长度。
7	CPS	核心时钟的预分频器。该预分频器用于将外设时钟源(HSPCLK)进行二分频。 0　Fclk= CLK/1； 1　Fclk= CLK/2。 **注意**：这里的 CLK 是 HSPCLK 经过 ADCCLKPS3~0 预分频后的时钟信号。
6	CONT RUN	连续运行位。该位决定排序器工作于连续转换模式还是启动/停止模式。在转换排序正在运行期间该位可以被修改，在当前转换排序完成后该位才起效。例如，软件可以在 EOS（转换结束信号）发生前置位或者复位该位，然后才能够生效。在连续转换模式，无须复位排序器，然而工作在启动/停止模式的排序器必须在复位后才能够将转换器置为状态 CONV00。 0　启动停止模式。排序器在达到 EOS 后停止。在下一个 SOC 信号到来时，排序器从所停止的状态开始工作，除非排序器被复位。 1　连续转换模式。排序器在达到 EOS 后，排序器将再次回到 CONV00 状态（用于 SEQ1 和级连排序器）或者 CONV08 状态（用于 SEQ2）。

位	名称	描述
5	SEQ OVRD	排序器覆盖。在 MAX CONVn 设置的转换结束时发生覆盖返回，从而提供排序器在连续运行模式更多的灵活性。版本 A 和版本 B 的芯片没有该位，在这些版本中，该位是一个保留的只读位。 0 禁用。允许排序器在 MAX CONVn 设定的转换结束时返回起点。 1 使能。在 MAX CONVn 的设置的转换结尾发生覆盖排序器的返回原点动作。绕回仅在排序器结束时发生。
4	SEQ CASC	排序器级连操作。这位决定 SEQ1 和 SEQ2 是作为两个 8 转换通道的排序器工作，还是作为一个 16 通道排序器(SEQ)工作。 0 双排序器模式。SEQ1 和 SEQ2 作为两个 8 个通道排序器工作； 1 级连模式。SEQ1 和 SEQ2 作为一个 16 通道排序器工作。
3~0	保留	读返回 0，写无效果。

15	14	13	12	11	10	9	8
EVB SPC SEQ	RST SEQ1	SOC SEQ1	保留	INT ENA SEQ1	INT MOD SEQ1	保留	EVA SOC SEQ1
R/W—0	R/W—0	R—0	R/W—0	R/W—0	R/W—0	R—0	R/W—0

7	6	5	4	3	2	1	0
EXT SOC SEQ1	RST SEQ2	SOC SEQ2	保留	INT ENA SEQ2	INT MOD SEQ2	保留	EVB SOC SEQ2
R/W—0	R/W—0	R/W—0	R—0	R/W—0	R/W—0	R—0	R/W—0

注：R=读访问；W=写访问；S=仅能够置位；C=清除；—0=复位值。

图 3-3-12　ADC 控制寄存器 2(ADCTRL2)(偏移地址 01h)

位	名称	描述
15	EVB SOC SEQ	用于级连排序器的 EVB SOC 信号使能(注：该位只在级连模式下有效)。 0 没有动作； 1 置位该位将允许事件管理器 B 的信号启动级联排序器，可以设置事件管理器在不同事件的触发下启动转换
14	RST SEQ1	复位排序器 1。立刻复位排序器 1，使其指针指向 CONV00。当前的转换序列将被中止。向该位写 1，则立刻将排序器复位为初始"预触发"状态，即在 CONV00 处等待触发。 0 没有动作； 1 立即将排序器复位至状态 CONV00。
13	SOC	排序器 1(SEQ1)的启动转换(SOC)触发。以下触发源可

第 3 章 TMS320X281x DSP 的片内外设

以将该位置位:

SEQ1 S/W:软件向这位写 1;

EVA:事件管理器 A;

EVB:事件管理器 B(只用于级连模式);

EXT:外部引脚(即 ADCSOC 引脚)。

当一个触发信号产生时,有 3 种可能的情况:

情况 1:SEQ1 空闲,SOC 位为 0。在判优仲裁控制下,SEQ1 立刻启动。该位被置位后再被清零,允许任何待决的触发源的请求。

情况 2:SEQ1 忙,SOC 位为 0。该位置位表示一个触发请求待决。当 SEQ1 完成当前的转换后,最终将启动,同时清除该位。

情况 3:SEQ1 忙,SOC 位置位。在这种情况下,然后触发信号将被忽略(丢失)。

0 清除一个待决的 SOC 触发。

注意:如果排序器已经启动,该位将被自动清除,因此写 0 没有效果,即不能够通过清除该位来停止一个已经启动的序列。

1 软件触发,从当前停止的位置启动 SEQ1(即空闲模式)。

注意:RST SEQ1 位(ADCTRL2.14)和 SOC SEQ1 位(ADCTRL2.13)不能够在同一条指令中被置位。这将导致将排序器复位而不是启动排序器。正确的排序器操作是首先置位 RST SEQ1 位,然后在下一条指令中置位 SOC SEQ1 位。这将保证排序器有效的复位,然后启动一个新的序列。这个操作顺序也同样适用于 RST SEQ2 位(ADCTRL2.6)和 SOC SEQ2 位(ADCTRL2.5)。

位	名称	说明
12	保留	读返回 0,写无效。
11	INT ENA SEQ1	SEQ1 中断使能。该位使能 INT SEQ1 对 CPU 的中断请求。 0 由 INT SEQ1 引起的中断请求被禁用; 1 由 INT SEQ1 引起的中断请求被使能。
10	INT MOD SEQ1	SEQ1 中断模式。该位选择 SEQ1 的中断模式。它将影响 SEQ1 转换序列结束时 INT SEQ1 的设置。 0 INT SEQ1 在每一个 SEQ1 序列结束时被置位; 1 INT SEQ1 在每隔一个 SEQ1 序列结束时被置位。
9	保留	读返回 0;写无效。
8	EVA SOC SEQ1	事件管理器 A 向 SEQ1 的 SOC 信号屏蔽位。 0 SEQ1 不能够通过 EVA 触发; 1 允许事件管理器 A 触发启动 SEQ1/SEQ。可以设置事件管理器,在不同的事件下启动一个转换。
7	EXT SOC SEQ1	SEQ1 的外部启动转换信号位

			0 无效；
			1 允许一个来自 ADCSOC 引脚上的信号启动 ADC 自动转换序列。
6	RST SEQ2		复位排序器 2
			0 无效；
			1 立刻复位排序器 2 至"预触发状态",即使其指针指向 CONV08。
5	SOC SEQ2		排序器 2 的启动转换触发(仅适用于双排序器模式)。
			以下触发源可以将该位置 1：
			S/W：用软件向这位写 1；
			EVB：事件管理器 B。
			当一个触发信号产生时,有 3 种可能的情况：
			情况 1：SEQ2 空闲,SOC 位为 0。在判优仲裁控制下,SEQ2 立刻启动。该位被置 1 后再次被清零,允许任何悬挂触发源的请求。
			情况 2：SEQ2 忙,SOC 位为 0。该位置位表示一个触发请求待决。当 SEQ2 完成当前的转换后,最终将启动转换,同时该位将被清零。
			情况 3：SEQ2 忙,SOC 位置位。在这种情况下,然后触发信号将被忽略(丢失)。
			0 清除一个待决的 SOC 触发；
			注意：如果排序器已经启动,该位将被自动清除,因此写 0 没有效果,即不能够通过清除该位来停止一个已经启动的序列。
			1 从当前停止的位置启动 SEQ2(即空闲模式)。
4	保留		读返回 0,写无效。
3	INT ENA SEQ2		SEQ2 的中断使能。
			0 由 INT SEQ2 引起的中断请求被禁用；
			1 由 INT SEQ2 引起的中断请求被使能。
2	INT MOD SEQ2		SEQ2 的中断模式。
			该位选择 SEQ2 的中断模式。在 SEQ2 转换序列结束时,它将影响 INT SEQ2 位的置位。
			0 INT SEQ2 在每一个 SEQ2 序列结束时被置位；
			1 INT SEQ2 在每隔一个 SEQ2 序列结束时被置位。
1	保留		读返回 0,写无效。
0	EVB SOC SEQ2		事件管理器 B 对 SEQ2 产生 SOC 信号的屏蔽位。
			0 EVB 的触发信号不能启动 SEQ2；
			1 允许 EVB 的触发信号启动 SEQ2。可以设置事件管理器在各种事件的触发下启动转换。

ADC 控制寄存器 3 各位如图 3-3-13 所示。

15						9	8
保留							EXTREF
R—0							R/W—0
7	6	5	4			1	0
ADCBGRFDN1	ADCBGRFDN0	ADCPWDN	ADCCLKPS[3:0]				SMODE SEL
R/W—0	R/W—0	R/W—0	R/W—0				R/W—0

图 3-3-13 ADC 控制寄存器 3(ADCTRL3)(偏移地址 18h)

位	名称	描述
15～9	保留	读返回 0,写无效。
8	EXTREF	ADCREFM 和 ADCREFP 引脚参考源输入使能
		0 ADCREFP(2V)和 ADCREFM(1V)引脚输出内部参考源电压;
		1 ADCREFP(2V)和 ADCREFM(1V)引脚输入外部参考源电压。
7～6	ADCBGRFDN 1～0	ADC 带隙参考源掉电。该位控制芯片内核带隙参考源电路的上电和关闭。
		0 0 带隙参考源电路关闭;
		1 1 带隙参考源电路开启。
5	ADCPWDN	ADC 关闭。该位控制芯片内核除带隙参考源以外的所有模拟电路的上电和关闭。
		0 芯片内核除带隙参考源以外的所有模拟电路的关闭;
		1 DSP 内核所有模拟部分开启。
4～1	ADCCLKPS 3～0	核心时钟分频。28X 系列 DSP 的外设时钟 HSPCLK 被 2×ADCCLKPS[3～0]分频,当 ADCCLKPS[3～0]为 0000 时,HSPCLK 直通。分频后的时钟可以进一步被 ADCTRL1[7]+1 分频,来产生核心时钟 ADCLK。

ADCCLKPS[3:0]	核心时钟分频器	ADCLK
0000	0	HSPCLK/(ADCTRL1[7]+1)
0001	1	HSPCLK/[2×(ADCTRL1[7]+1)]
0010	2	HSPCLK/[4×(ADCTRL1[7]+1)]
0011	3	HSPCLK/[6×(ADCTRL1[7]+1)]
0100	4	HSPCLK/[8×(ADCTRL1[7]+1)]
0101	5	HSPCLK/[10×(ADCTRL1[7]+1)]
0110	6	HSPCLK/[12×(ADCTRL1[7]+1)]
0111	7	HSPCLK/[14×(ADCTRL1[7]+1)]
1000	8	HSPCLK/[16×(ADCTRL1[7]+1)]

1001	9	HSPCLK/[18×(ADCTRL1[7]+1)]
1010	10	HSPCLK/[20×(ADCTRL1[7]+1)]
1011	11	HSPCLK/[22×(ADCTRL1[7]+1)]
1100	12	HSPCLK/[24×(ADCTRL1[7]+1)]
1101	13	HSPCLK/[26×(ADCTRL1[7]+1)]
1110	14	HSPCLK/[28×(ADCTRL1[7]+1)]
1111	15	HSPCLK/[30×(ADCTRL1[7]+1)]

0   SMODE SEL   采样模式选择。
        0 采用顺序采样模式；
        1 采用同步采样模式。

3.3.8 最大转换通道寄存器(ADCMAXCONV)

最大转换通道寄存器(ADCMAXCONV)各位如图3-3-14所示。

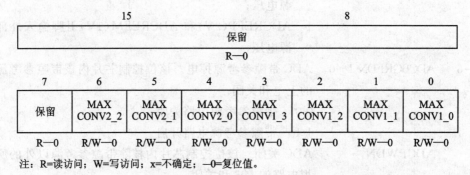

图 3-3-14 最大转换通道寄存器(ADCMAXCONV)(偏移地址 02h)

位	名称	描述
15~7	保留	读返回0，写无效。
6~0	MAX CONVn	MAX CONVn 位域定义了一次自动转换中最大的转换次数。该位域和它们的操作随着排序器工作模式(双/级连)的变化而变化。 对 SEQ1 操作，使用 MAX CONV1_2~0 位； 对 SEQ2 操作，使用 MAX CONV2_2~0 位； 对 SEQ 操作，使用 MAX CONV1_3~0 位。 如果允许，一个自动转换过程总是从初始状态开始，然后连续运行至结束状态。结果缓冲器按照顺序被写入。一次转换过程的转换次数可以设置为 1 至(MAX CONVn +1)次。

【例3-3-4】最大转换通道寄存器(ADCMAXCONV)位的编程。

如果只需要进行5个转换，则 MAX CONVn 设置为4。

情况1：双排序模式 SEQ1 和级连模式。排序器指针依次从 CONV00 指到 CONV04，这5个转换结果依次存放在转换结果缓冲寄存器的 Result 00 至 Result 04 寄存器中。

情况2：双排序模式 SEQ2。排序器指针依次从 CONV08 指到 CONV12，这5个转换结果依次存放在转换结果缓冲寄存器的 Result 08 至 Result12 寄存器中。

双排序器模式时 MAX CONV1 的值大于 7。当 SEQ1 工作在双排序器模式下,MAX CONV1 的值超过 7 时(即两个独立的 8-State 排序器),SEQ CNTRn 在超过 7 之后将继续计数,使得排序器指针重新指到 CONV00,并且继续计数,如表 3-3-9 所列。

表 3-3-9 转换次数不同时 MAX CONV1 位的设置

ADCMAXCONV[3~0]	转换次数	ADCMAXCONV[3~0]	转换次数
0000	1	1000	9
0001	2	1001	10
0010	3	1010	11
0011	4	1011	12
0100	5	1100	13
0101	6	1101	14
0110	7	1110	15
0111	8	1111	16

注:R=可读,W=可写,x=不确定,任意值,_0=复位后的值。

3.3.9 自动排序状态寄存器(ADCASEQSR)

自动排序状态寄存器各位如图 3-3-15 所示。

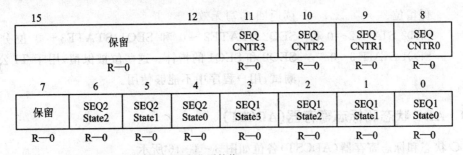

注:x 不确定,可取任意值;—0=复位后的值。

图 3-3-15 自动排序状态寄存器(AUTO_SEQ_SR,偏移地址 70A7h)

位	名称	描述
15~12	保留	读返回 0;写无效。
11~8	SEQ CNTR3~0	排序计数器状态位。 SEQ1、SEQ2 和级连排序器使用 SEQ CNTRn 的 4 位状态域。SEQ2 与级连模式无关。在自动排序的开始,将 MAX CONVn 的值装入 SEQ CNTRn。SEQ CNTRn 位可以在减计数过程中随时被读取,以检查排序器的状态。这些位值结合 SEQ1 和 SEQ2 busy 状态位,可在任何的时间点上惟一的识别正在运行的排序器进程或状态。在一个转换序列启动时,排序器计数器的位域 SEQ CNTR(3~0)被初始化为

MAX CONV 中的值。在自动转换序列时,每个转换(或者在同步采样模式时为一对转换),排序器计数器的值将减去 1。

SEQ CNTRn(只读)	剩余转换次数
0000	1 或 0,依赖于 busy 位
0001	2
0010	3
0011	4
0100	5
0101	6
0110	7
0111	8
1000	9
1001	10
1010	11
1011	12
1100	13
1101	14
1110	15
1111	16

位	名称	描述
7	保留位	读返回 0,写无效。
6~0	SEQ2 STATE 2~0 和 SEQ1 STATE 3~0	SEQ2 STATE2~0 和 SEQ1 STATE3~0 位分别是 SEQ2 和 SEQ1 的指针。这些位被保留,用于 TI 公司的测试,用户程序中不能够使用。

3.3.10 ADC 状态和标志寄存器(ADCST)

ADC 状态和标志寄存器(ADCST)各位如图 3-3-16 所示。

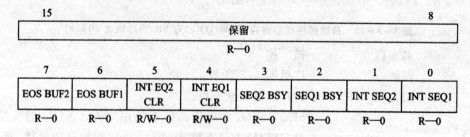

图 3-3-16 ADC 状态和标志寄存器(ADCST,偏移地址 19h)

位	名称	描述
15~8	保留位	读返回 0,写无效。
7	EOS BUF2	SEQ2 的序列缓冲器结束位。 在中断模式 0(即 ADCTRL2[2]=0)时,该位没有被使用并保持为 0。

		在中断模式 1(即 ADCTRL2[2]=1)时,在每次 SEQ2 序列结束时该位被触发置位。该位在设备复位时被清零。该位不会受排序器的复位或清除相应的中断标志所影响。
6	EOS BUF1	SEQ1 的序列缓冲器结束位。 在中断模式 0(即当 ADCTRL2[10]=0)时,该位没有被使用并保持为 0。 在中断模式 1(即当 ADCTRL2[10]=1)时,在 SEQ1 序列结束时被触发置位。该位在设备复位时被清零。该位不会受排序器的复位或清除相应的中断标志所影响。
5	INT SEQ2 CLR EQ2	中断清除位。读该位总返回 0 值,向该位写入 1 后立即执行清除工作。 0　对该位写 0 无效; 1　对该位写 1 清除 SEQ2 中断标志位(INT SEQ2)。
4	INT SEQ1 CLR EQ1	中断清除位。读该位总返回 0 值。向该位写入 1 后立即执行清除工作。 0　对该位写 0 无效; 1　对该位写 1 清除 SEQ1 中断标志位(INT SEQ)。
3	SEQ2 BSY	SEQ2 忙状态位。只读位,写无效。 0　SEQ2 处于空闲状态,等待触发; 1　SEQ2 处于工作状态。
2	SEQ1 BSY	SEQ1 忙状态位。只读位,写无效。 0　SEQ1 处于空闲状态,等待触发; 1　SEQ1 处于工作状态。
1	INT SEQ2	SEQ2 中断标志位。只读位,写无效。 在中断模式 0(即 ADCTRL2[2]=0)时,该位在每一次 SEQ2 序列结束时被置位。在中断模式 1(即 ADCTRL2[2]=1)时,如果 EOS_BUF2 被置位,该位在每次 SEQ2 序列结束时被置位。 0　没有 SEQ2 中断事件; 1　发生 SEQ2 中断事件。
0	INT SEQ1	SEQ1 中断标志位。只读位,写无效。 在中断模式 0(即 ADCTRL2[10]=0)时,该位在每一次 SEQ1 序列结束时被置位。 在中断模式 1(即 ADCTRL2[10]=1)时,如果 EOS_BUF1 被置位,该位在每次 SEQ1 序列结束时被置位。 0　没有发生 SEQ1 中断事件; 1　发生 SEQ1 中断事件。

3.3.11 ADC 输入通道选择排序控制寄存器

ADC 输入通道选择排序控制寄存器 ADCCHSELSEQ1、ADCCHSELSEQ2、ADCCHSELSEQ3 及 ADCCHSELSEQ4 各位如图 3-3-17、3-3-18、3-3-19 及 3-3-20 所示。

15 12	11 8	7 4	3 0
CONV03	CONV02	CONV01	CONV00
R/W—0	R/W—0	R/W—0	R/W—0

图 3-3-17 ADC 输入通道选择排序控制寄存器(ADCCHSELSEQ1,偏移地址 03h)

15 12	11 8	7 4	3 0
CONV07	CONV06	CONV05	CONV04
R/W—0	R/W—0	R/W—0	R/W—0

图 3-3-18 ADC 输入通道选择排序控制寄存器(ADCCHSELSEQ2,偏移地址 04h)

15 12	11 8	7 4	3 0
CONV11	CONV10	CONV09	CONV08
R/W—0	R/W—0	R/W—0	R/W—0

图 3-3-19 ADC 输入通道选择排序控制寄存器(ADCCHSELSEQ3,偏移地址 05h)

15 12	11 8	7 4	3 0
CONV15	CONV14	CONV13	CONV12
R/W—0	R/W—0	R/W—0	R/W—0

图 3-3-20 ADC 输入通道选择排序控制寄存器(ADCCHSELSEQ4,偏移地址 06h)

每一个 4 位域,CONVnn,都可以为自动排序转换选择 16 个模拟输入通道中的一个,如表 3-3-10 所列。

表 3-3-10 CONVnn 位的值和 ADC 输入通道的选择

CONVnn 值	ADC 输入通道选择	CONVnn 值	ADC 输入通道选择
0000	ADCINA0	1000	ADCINB0
0001	ADCINA1	1001	ADCINB1
0010	ADCINA2	1010	ADCINB2
0011	ADCINA3	1011	ADCINB3
0100	ADCINA4	1100	ADCINB4
0101	ADCINA5	1101	ADCINB5
0110	ADCINA6	1110	ADCINB6
0111	ADCINA7	1111	ADCINB7

3.3.12 ADC 转换结果缓冲寄存器(ADCRESULTn)

排序器工作在级连模式时,ADC 转换结果缓冲寄存器 8(ADCRESULT8)至 ADC 转换结果缓冲寄存器 15(ADCRESULT15)用来保存第 9 次～第 16 次转换的结果。ADCRESULTn 各位如图 3-3-21 所示。

15	14	13	12	11	10	9	8
D11	D10	D9	D8	D7	D6	D5	D4
R—0	R—0	R—0	R—0	R—0	R—0	R—0	R—0
7	6	5	4	3	2	1	0
D3	D2	D1	D0	保留	保留	保留	保留
R—0	R—0	R—0	R—0	R—0	R—0	R—0	R—0

图 3-3-21 ADC 转换结果缓冲寄存器(ADCRESULTn)—偏移地址 08h～17h

3.3.13 F2810，F2811 和 F2812 内部 ADC 的校正

由于 F2810、F2811、和 F2812 内建的 12 位模/数转换器自身的增益和偏移误差，模/数转换器的绝对精度受到限制。采用校正方法可以提高模/数转换器的绝对精度，可以获得优于 0.5% 的精度。

1. 增益和偏移误差的定义

一个理想的 12 位模/数转换器在没有增益和偏移误差的情况下，可以使用式 3-3-1 来定义：

$$y = x \times m_i \tag{3-3-1}$$

式中，x = 输入值 = 输入电压 × 4 095/3.0 V；y = 输出值；m_i = 理想增益 = 1.0。

F2810/12 的模数转换器增益和偏移误差使用式 3-3-2 来定义：

$$y = x \times m_a + b \tag{3-3-2}$$

式中，m_a = 实际增益；b = 实际偏移(相对于 0 输入)。实际增益与理性增益曲线如图 3-3-22 所示。

F2810/12(REV E，TMS 版)内部的模数转换器的实测增益和偏移误差大约为：

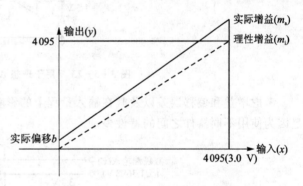

图 3-3-22 实际增益与理性增益图

增益误差 m_a 小于最大值的 ±5%，即：0.95 < m_a < 1.05

偏移误差 b 小于最大值的 ±2%，即：−80 < b < 80

注意： F2810/F2811/F2812 TMS 器件存在的增益误差 < ±3.0%，偏移误差 < ±1%；然而有些器件存在的误差可能会超过上述值，达到误差的最大值。

2. 增益和偏移误差的影响

电压输入范围的最差情况如表 3-3-11 所列。

表中的最后一行显示的是使用器件的安全参数。这时 A/D 转换器的有效位数只是略微降低，为 11.865 位，相对精度值从 0.7326 增加到 0.7345，精度大约降低 0.2%。

双极性偏移误差： 在很多的应用场合，传感器输入的是一个双极性信号，因而需要在送入模数转换器前转换为单极性信号。图 3-3-23 是一个典型简化的电路用于双极性信号转换为单极性信号。

表 3-3-11 电压输入范围的最差情况

线性输入范围/V		线性输出范围(值)	输入摆幅/V	有效位数	相对精度/mV·位精度$^{-1}$
$y=x\times 1.00$	0.0000~3.0000	0~4095	1.5000±1.5000	12.000	0.7326
$y=x\times 1.00+80$	0.0000~2.9414	80~4095	1.4707±1.4707	11.971	0.7326
$y=x\times 1.00-80$	0.0586~3.0000	0~4015	1.5293±1.4707	11.971	0.7326
$y=x\times 1.05+80$	0.0000~2.8013	0~4095	1.4007±1.4007	11.971	0.6977
$y=x\times 1.05-80$	0.0558~2.9130	0~4095	1.4844±1.4286	12.000	0.6977
$y=x\times 0.95+80$	0.0000~2.8013	80~3970	1.5000±1.5000	11.926	0.7710
$y=x\times 0.95-80$	0.0617~3.0000	0~3810	1.5309±1.4691	11.896	0.7710
安全范围	0.0617~2.8013	80~3810	1.4315±1.3698	11.865	0.7345

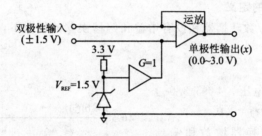

图 3-3-23 用于理想 ADC 的简化图

考虑增益和偏移误差以及其在输入量程上的影响,这个电路需要修改为图 3-3-24 来满足因为使用不同器件之间的特性差别。

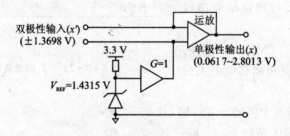

图 3-3-24 修改后的电路图用于不同特性

输入参考源的结构对输入偏移误差的影响发生了改变,偏移误差是相对应于双极性输入时输入值为 $0(x'=0)$ 时来进行测量,相对应于单极性输入时的值即为 $x=1.4315$ V。模数转换器内部的增益和偏移误差会放大相对于理想值的误差。

例如,如果模数转换器有 5% 的增益误差和 2% 偏移误差,从而双极性偏移误差为:

双极性输入: $x'=0.0000$ V

单极性 ADC 输入: $x=1.4315$ V

期望的转换值: $y_e=1.4315\times 4095/3=1954$

实际的转换值: $y_a=1954\times 1.05+80=2132$

双极性偏移误差: $y_a-y_e=2132-1954=178$ counts (9.1% 误差)

这个误差远高于用户所期望的,须通过校正能够有效地减小这个误差。

3. 校　正

校正方法是:将两个已知的参考电压源输入到 ADC 的两个通道,然后计算出校正后的增益和偏移来补偿其他输入通道的值。这种方法的可行性是因为通道之间的误差很小,使用校正方法得到的精度很大程度上依赖于输入到 ADC 的已知电压参考源。能够得到的最优的精度受到 ADC 的通道与通道之间的增益和偏移误差的限制。

注意:在目前的产品中,典型的通道与通道之间的增益和偏移误差在 0.2% 左右。

图 3-3-25 所示为如何利用公式来测量 ADC 的实际增益和偏移,从而计算推导出增益和偏移的校正值。

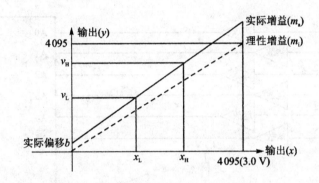

图 3-3-25　测量实际增益与偏移的公式图

再次利用式 3-3-2,得

$$m_a = (y_H - y_L)/(x_H - x_L) \quad (3-3-3)$$

式中,x_L 为已知的参考源低输入;x_H 为已知的参考源高输入;y_L 为参考源低的 ADC 输出值;y_H 为参考源高的 ADC 输出值。

$$b = y_L - x_L \times m_a \quad (3-3-4)$$

这个校正公式通过将描述 ADC 实际增益和偏移的方程 2 的输入和输出进行掉换而得到的,其中,$y = x \times m_a + b$,$x = (y-b)/m_a$,$x = y/m_a - b/m_a$。

$$x = y \times \text{CalGain} - \text{CalOffset} \times \text{CalGain} = 1/m_a \quad (3-3-5)$$

式中,$\text{CalOffset} = b/m_a$。

$$\text{CalGain} = (x_H - x_L)/(y_H - y_L) \quad (3-3-6)$$

式中,$\text{CalOffset} = (y_L - x_L \times m_a)/m_a$,$\text{CalOffset} = y_L/m_a - x_L$。

$$\text{CalOffset} = y_L \times \text{CalGain} - x_L \quad (3-3-7)$$

总之,使用两个已知的参考源 (x_L, y_L) 和 (x_H, y_H),能够计算出实际的偏移和增益的误差,同时使用下列公式计算出增益和偏移的校正值:

(1) $y = x \times m_a + b$　　　　　ADC 实际公式

(2) $m_a = (y_H - y_L)/(x_H - x_L)$　　ADC 实际增益

(3) $b = y_L - x_L \times m_a$　　　　ADC 实际偏移

(4) $x = y \times \text{CalGain} - \text{CalOffset}$　　ADC 校正公式

(5) $\text{CalGain} = (x_H - x_L)/(y_H - y_L)$　ADC 校正增益

(6) CalOffset $= y_L \times$ CalGain $- x_L$ ADC 校正偏移

校正过程的步骤包括以下 4 个基本步骤：

(1) 读取已知参考输入源所在通道的值（y_L 和 y_H）；
(2) 使用公式 6 来计算增益的校正值；
(3) 使用公式 7 来计算偏移的校正值（CalOffset）；
(4) 反复使用公式 5 来实现对每一个通道的修正。

4. 硬件的连接

校正需要使用两个 ADC 通道来连接两个已知的参考源输入，还有 14 个通道可以给用户连接，图 3-3-26 给出了推荐的连接方法。

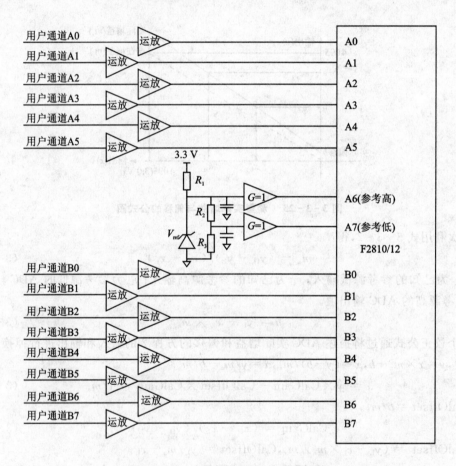

图 3-3-26 通道校正（14 个用户通道）

注意：所有通道之间的通道偏差一般约为 0.2%，因此用户可以随意选择所需校正的通道。但是，最好在同一个组之间选择。在低采样速率（≤8 MHz）时，同一个组中通道之间能有接近 0.1% 的误差，因此可以通过将校正参考源连接在同一个组来提高精确度。每一个组应该使用其各自的校准源。如果将一个双极性输入转换为单极性输入，中点电平可以选择在 1.5 V 左右，同时作为一个参考源输入。另外一个参考源既可以选择一个较高的（约 2.5 V）或者一个较低的（约 0.5 V）的参考源。

为了使用户仍然有 16 个通道来输入信号，可以采用图 3-3-27 所示的系统。这里使用了一个外部的模拟开关来将用户的输入通道扩展为 16 个通道,模拟开关使用软件控制的一个通用 I/O 口来控制。软件执行时,相对其他没有使用多路开关的通道来说,多路开关在采样循环中交替导通,这就意味者使用多路开关的通道只能用于低速场合,用于监视的功能,而剩余 6 对通道(如果使用双通道同步采样模式)能够用于关键性场合。

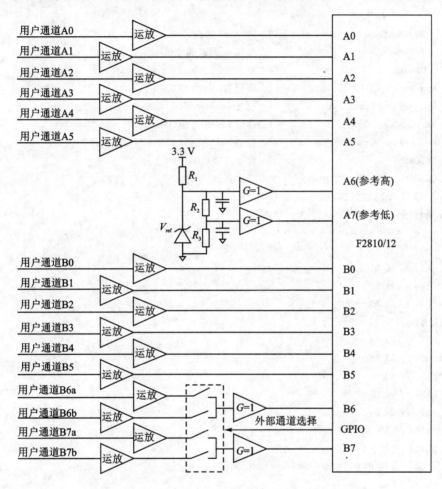

图 3-3-27　两个通道用于校准,16 个用户通道

注意:在多路开关(或者高输出阻抗信号源)的输出端须连接一个缓冲器来防止 ADC 通道采样时由于高信号源内阻造成的误差。

5. 软件校准驱动实例

这里给出了在 F2812 EzDSP 平台的 RAM 中运行使用 C 语言编写的程序用于同步采样模式和顺序采样模式的实例。该示例程序配置事件管理器来产生一个周期的 ADC 启动转换脉冲。ADC 配置为处理所有 16 个输入通道后产生中断。在中断服务子程序,通过调用一个最优的汇编驱动来读取用户选择的 ADC 通道参考,计算校正增益和偏移,并校准所有的其他通道,并将信息存储在一个 RAM 结构中。程序支持 ADC 配置为同步采样或者顺序采样模式:

顺序采样时,ADC 通道每次转换一个:

$$A0 \to A1 \to A2 \to \cdots \to B0 \to B1 \to B2 \to \cdots \to B7$$

同步采样模式时,ADC 通道成对转换:
$$A0,B0 \to A1,B1 \to A2,\cdots,B6 \to A7,B7$$
校准的和转换的通道存储在 RAM 结果中包含以下内容:

```
typedef struct
{
Uint16 * RefHighChAddr;            // RefHigh 通道的地址
Uint16 * RefLowChAddr;             // RefLow 通道的地址
Uint16 * Ch0Addr;                  // 通道 0 的地址
Uint16 Avg_RefHighActualCount;     // 理想 RefHigh 值(Q4)
Uint16 Avg_RefLowActualCount;      // 理想 RefLow 值(Q4)
Uint16 RefHighIdealCount;          // 理想 RefHigh 值(Q0)
Uint16 RefLowIdealCount;           // 理想 RefLow 值(Q0)
Uint16 CalGain;                    // 校正增益(Q12)
Uint16 CalOffset;                  // 校正偏移(Q0)
// 存储校准的 ADC 数据(Q0):
// 同步采样序列
// ===========================
Uint16 ch0; // A0 A0
Uint16 ch1; // B0 A1
Uint16 ch2; // A1 A2
Uint16 ch3; // B1 A3
Uint16 ch4; // A2 A4
Uint16 ch5; // B2 A5
Uint16 ch6; // A3 A6
Uint16 ch7; // B3 A7
Uint16 ch8; // A4 B0
Uint16 ch9; // B4 B1
Uint16 ch10; // A5 B2
Uint16 ch11; // B5 B3
Uint16 ch12; // A6 B4
Uint16 ch13; // B6 B5
Uint16 ch14; // A7 B6
Uint16 ch15; // B7 B7
Uint16 StatusExtMux; // 表示外部多路开关的当前转换的状态
}
ADC_CALIBRATION_DRIVER_VARS;
```

该程序还支持用户设置一个 GPIO 引脚来选择一个外部的模拟多路开关来扩展可用通道。

有时为了满足用户系统的需要,用户可以配置汇编事件选择和设置包含在头文件 ADC-calibrationDriver.h 中。用户必须选择同步采样或者顺序采样模式,例如:

```
#define SEQUENTIAL 1
#define SIMULTANEOUS 0
#define ADC_SAMPLING_MODE SIMULTANEOUS
```

用户还必须选择将哪两个 ADC 转换通道连接到参考源高和参考源低上,以及它们对应的理想的转换值。例如:

```
A6 = RefHigh = 2.5 V (2.5 * 4095/3.0 = 3413 理想转换值)
A7 = RefLow = 1.25 V (1.25 * 4095/3.0 = 1707 理想转换值)
#define REF_HIGH_CH A6
#define REF_LOW_CH A7
#define REF_HIGH_IDEAL_COUNT 3413
#define REF_LOW_IDEAL_COUNT 1707
```

校准软件所需要的周期数为:137 周期或者 0.91 μs @150 MHz(每个用户通道 9.7 个周期)。

不进行校准,校准程序需要大约 4.7 周期来读取和保存用户通道的 ADC 输入值。因此每个通道等的校准过程大约需要 5 周期。

注意:在 C 例程中,在每一个 ADC 中断都执行增益和误差的计算,如果用户需要减少事件开销,可以在通常程序空闲的时候进行校准。

只有在对参考源进行权值平均需要保存在中断程序中。对 CalGain 和 CalOffset 的校准可以放到后台程序执行。这样每个中断可以节余约 20 周期。如果需要进一步的优化,校准可以在先进行而不是调用 C 函数。

6. 使用提示

下面是一些用户用来提高采样精度的一些建议和方法:

(1) 为 ADCLO 引脚提供一条低阻抗的路径,通常需要保证 F2810/F2811/F2812 芯片的 ADCLO 直接连接到模拟地。在该引脚上叠加的额外阻抗都会进一步增加增益和偏移误差。

(2) 当双极性转换电路的参考源作为校准输入。当将双极性转换为单极性时,要保证使用 ADC 量程的一半作为参考源电压并作为一个校准输入通道。这将消除前面讨论过的任何双极性偏移误差。

(3) 将 ADCCLK 频率降至最低。在高采样频率(>10 MHz)时,通道之间的误差开始增加。为了提高精度,用户应该尽量使用控制系统能够承受的最低采样频率。高频时,加宽采样窗宽度对误差的影响不大。

(4) 数字地和模拟地应该在一点连接。为了防止数字电流回路产生的噪声,模拟地和数字地应该在一点连接,保证任何模拟或者数字电流回路不会穿越此点。这是混和数字和模拟信号在单一线路板或者芯片的常用方法。

3.4 事件管理器

事件管理器(EV)模块提供了强大而丰富的控制功能,非常适合应用于运动控制和电机控制等领域。事件管理器模块中包含通用定时器、全比较/PWM 单元、捕获单元以及正交编码脉冲(QEP)电路。事件管理器 A 和 B 具有完全相同的结构和功能,因此能够用于多电机的控制。当通过互补的 PWM 信号来控制驱动桥时,每个事件管理器都能控制一个三相逆变桥的工作。除此之外,它还能附加提供两路非互补的 PWM 输出信号。

本节以 281x DSP 为例介绍事件管理器的具体功能和应用。

3.4.1 概述

如图 3-4-1 所示，TMS320X281x 系列 DSP 中的事件管理器模块与之前 240x 的事件管理器基本上是一致的，它只是在 240x 的基础上引入了一些增强功能，因此，可以保证与 240x 的事件管理器相兼容。281x 中新增加了扩展控制寄存器 EXTCON，必须对该寄存器的相应

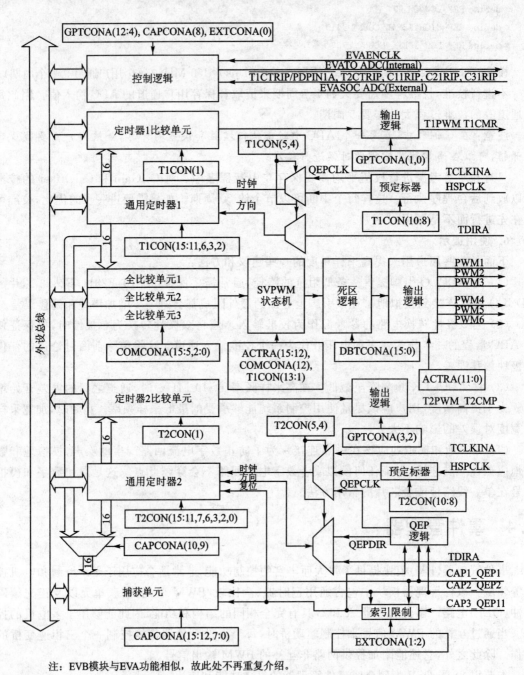

注：EVB 模块与 EVA 功能相似，故此处不再重复介绍。

图 3-4-1 281x 事件管理器 A 的功能框图

第3章 TMS320X281x DSP 的片内外设

位进行设置后才能实现各种增强功能。表3-4-1列出了 EVA 和 EVB 的外部信号引脚。下面列出 281x 事件管理器的主要增强特性：

- 每个定时器和全比较单元具有独立的输出使能位。
- 每个定时器和全比较单元拥有专门的输出切断信号引脚，从而代替 240x 中的 PD-PINT 引脚。
- 可以通过新增的扩展控制寄存器来启动和配置各种增强功能，以保证与 240x 器件的兼容性。
- 每个输出切断信号引脚都有各自的使能信号，这一改进使开发人员可以独立使能或者禁止每个比较输出，这样各个比较器就能被用来控制不同的功率放大器、传动装置或者驱动器。
- CAP3 被重命名为 CAP3_QEPI1，CAP6 被重命名为 CAP6_QEPI2，这两个引脚现在可以分别用来复位定时器 2 和定时器 4，同时引入新的限制模式，在此模式下，以 EVA 为例，QEP1 和 QEP2 可以被用来限制 CAP3_QEPI1。这个三通道（3 引脚）的 QEP 单元使 281x 可以与工业标准的三线正交编码器实现无缝连接。
- 允许输出事件管理器的 ADC 启动转换信号，从而实现与高精度的外部 ADC 同步。

图 3-4-2 列出了事件管理器模块的各 I/O 接口通道。

表 3-4-1 EVA 和 EVB 外部信号引脚

事件管理器 子功能模块	EVA		EVB	
	功能模块	外部信号引脚	功能模块	外部信号引脚
通用定时器	通用定时器 1 通用定时器 2	T1PWM/T1CMP T2PWM/T2CMP	通用定时器 3 通用定时器 4	T3PWM/T3CMP T4PWM/T4CMP
比较单元	比较单元 1 比较单元 2 比较单元 3	PWM1/2 PWM3/4 PWM5/6	比较单元 4 比较单元 5 比较单元 6	PWM7/8 PWM9/10 PWM11/12
捕获单元	捕获 1 捕获 2 捕获 3	CAP1 CAP2 CAP3	捕获 4 捕获 5 捕获 6	CAP4 CAP5 CAP6
正交编码器 脉冲通道	正交编码器 脉冲电路	QEP1 QEP2 QEPI1	正交编码器 脉冲电路	QEP3 QEP4 QEPI2
定时器的 外部输入	定时器计数方向和 时钟的外部输入	TDIRA TCLKINA	定时器计数方向和 时钟的外部输入	TDIRB TCLKINB
切断比较输出 的外部控制输入		$\overline{\text{C1TRIP}}$ $\overline{\text{C2TRIP}}$ $\overline{\text{C3TRIP}}$		$\overline{\text{C4TRIP}}$ $\overline{\text{C5TRIP}}$ $\overline{\text{C6TRIP}}$

续表 3-4-1

事件管理器 子功能模块	EVA		EVB	
	功能模块	外部信号引脚	功能模块	外部信号引脚
切断定时器比较输出的外部控制输入		$\overline{\text{T1CTRIP}}$ $\overline{\text{T2CTRIP}}$		$\overline{\text{T3CTRIP}}$ $\overline{\text{T4CTRIP}}$
总切断外部输入		$\overline{\text{PDPINTA}}$		$\overline{\text{PDPINTB}}$
启动外部 ADC 转换的输出触发信号		EVASOC		EVBSOC

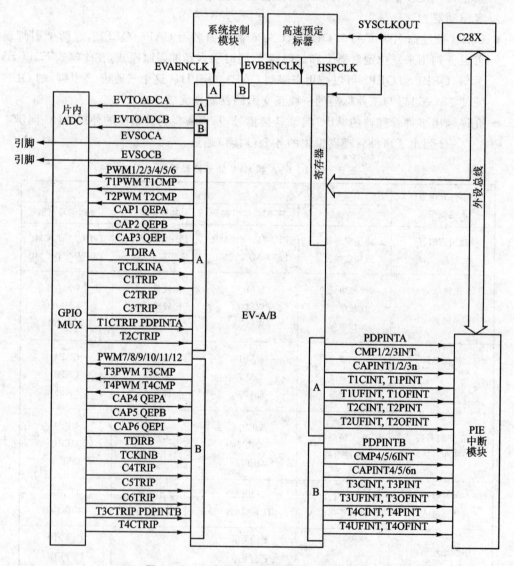

图 3-4-2　事件管理器模块的信号接口图

3.4.2 通用定时器

每个事件管理模块有两个通用定时器(GP timer),这些定时器可以为下列应用提供独立的时间基准:

- 为控制系统产生一个固定的采样周期;
- 为正交编码器脉冲(QEP)电路(只能针对定时器 2/4)和捕获单元的操作提供一个时间基准;
- 为比较单元和 PWM 输出相关电路的操作提供时间基准。

(1) 通用定时器的结构

图 3-4-3 所示为 GP 定时器的结构框图。

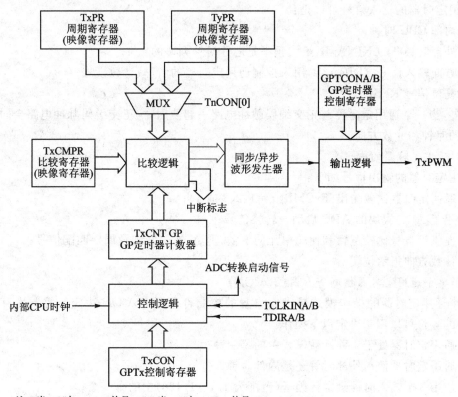

注:当 $x=2$ 时,$y=1$,并且 $n=2$;当 $x=4$ 时,$y=3$,并且 $n=4$。

图 3-4-3 GP 定时器的结构框图($x=2$ 或 4 时)

从图中可以看出每个定时器包含以下部分:

- 一个可读/写(R/W)的 16 位增或增/减计数器寄存器 TxCNT($x=1$、2、3 或 4)。该寄存器存储了计数器的当前值,并根据计数方向连续增加或减少其值;
- 一个可读/写的 16 位定时器比较寄存器(双缓冲)TxCMPR($x=1$、2、3 或 4);
- 一个可读/写的 16 位定时器周期寄存器(双缓冲)TxPR($x=1$、2、3 或 4);
- 一个可读/写的 16 位定时器控制寄存器 TxCON($x=1$、2、3 或 4);
- 可用于内部或外部时钟输入的可编程预定标器(Prescaler);
- 控制和中断逻辑,用于 4 个可屏蔽中断——下溢、上溢、比较和周期中断;

- 一个通用定时器比较输出引脚 TxCMP($x=1$、2、3 或 4)；
- 输出条件逻辑。

另外，还有一个全局控制寄存器 GPTCONA/B，可以针对不同的定时器事件配置相应的定时器操作，并指明 GP 定时器的计数方向。GPTCONA/B 是可读/写的，尽管写操作对其状态位没有影响。

注意：定时器 2 可以选择定时器 1 的周期寄存器作为它的寄存器。如图 3-4-3 所示，对于 EVA，只有当图中的定时器表示的是定时器 2 时，MUX(多路复用选择器)才是可用的；定时器 4 可以选择定时器 3 的周期寄存器作为它的寄存器。如图 3-4-3 所示，对于 EVB，只有当图中的定时器表示的是定时器 4 时，MUX(多路复用选择器)才是可用的。

(2) 通用定时器输入

通用定时器的输入信号可以是：
- 内部 CPU 时钟；
- 外部时钟 TCLKINA/B，最大频率是芯片时钟频率的 1/4；
- 方向输入信号 TDIRA/B，用来控制通用定时器的增/减计数模式；
- 复位信号 RESET。

另外，当一个通用定时器与正交编码脉冲电路一起使用时，正交编码脉冲电路会同时产生定时器的时钟和计数方向。

(3) 通用定时器的输出

通用定时器的输出信号如下：
- 通用定时器比较输出 TxCMP($x=1$、2、3 或 4)；
- 用于 ADC 模块的 ADC 启动－转换信号；
- 提供给自身比较逻辑和比较单元的下溢、上溢、比较匹配及周期匹配信号；
- 计数方向指示位。

(4) 单个通用定时器控制寄存器(TxCON)

一个通用定时器的操作模式是由它自身的控制寄存器 TxCON 决定。控制寄存器 TxCON 中的各位可以用来决定以下操作：

- 通用定时器处于 4 种计数模式中的哪一种；
- 通用定时器使用外部时钟还是内部时钟；
- 使用 8 个输入时钟预定标因子(范围为 1/1～1/128)中的哪一个；
- 在何种条件下触发定时器比较寄存器的重载；
- 通用定时器是使能还是禁止；
- 通用定时器的比较操作是使能还是禁止；
- 通用定时器 2 使用它自身的还是通用定时器 1 的周期寄存器(EVA)；
- 通用定时器 4 使用它自身的还是通用定时器 3 的周期寄存器(EVB)。

关于各通用定时器控制寄存器(TxCON)将在本节的后面介绍。

(5) 全局通用定时器控制寄存器(GPTCONA/B)

全局通用定时器控制寄存器(GPTCONA/B)中规定了通用定时器针对不同的定时器事件所采取的相应动作，并指明了它们的计数方向。

关于全局通用定时器控制寄存器(GPTCONA/B)将在本节的后面介绍。

(6) 通用定时器的比较寄存器

通用定时器的比较寄存器中存储的值不断地与通用定时器的计数值进行比较。当两者发生匹配时,将产生以下事件:

- 相关的比较输出信号根据 GPTCONA/B 位的设置模式发生跳变;
- 相应的中断标志被置位;
- 如果中断没有被屏蔽,则将产生外设中断请求。

通过设置 TxCON 寄存器的相应位,可以使能或禁止通用定时器的比较操作。在任一种定时器模式下均可以使能比较操作和比较输出,包括 QEP 模式。

(7) 通用定时器的周期寄存器

通用定时器的周期寄存器决定了定时器的定时周期。当周期寄存器和定时器的计数值发生匹配时,根据其计数器的计数模式,通用定时器将复位为零或者重新开始递减计数。

(8) 通用定时器中比较寄存器和周期寄存器的双缓冲模式

通用定时器的比较寄存器 TxCMPR 和周期寄存器 TxPR 是带有映像的寄存器。在一个定时周期中的任何时刻,新值可以写到这两个寄存器中的任一个。当然,实际上新值是先被写到相应的映像寄存器中的。对于比较寄存器来说,仅仅当由 TxCON 寄存器规定的定时器事件发生时,映像寄存器中的内容才被载入到工作寄存器中;对于周期寄存器来说,只有当计数器寄存器 TxCNT 中的值为 0 时,实际工作的周期寄存器才重新载入其映像寄存器中的值。比较寄存器重新加载的条件可以是以下几种:

- 数据写入映像寄存器后立即加载;
- 下溢时,也就是说通用定时器计数器的值为 0 时;
- 下溢或周期匹配时,也就是说当计数器的值为 0 或计数器的值与周期寄存器的值相等时。

周期寄存器和比较寄存器的双缓冲特点允许应用程序代码在一个定时周期的任何时刻去更新周期寄存器和比较寄存器中的值,从而实现对下一个定时器周期和 PWM 脉冲宽度的控制。对于 PWM 发生器来说,定时器周期值的快速变化就意味着 PWM 载波频率的快速变化。

注意:通用定时器的周期寄存器需在计数器被初始化为一个非 0 值之前进行初始化,否则,周期寄存器的值将保持不变直到下一次下溢发生。

另外,当相应的比较操作被禁止时,比较寄存器是透明的(即新装入的值直接进入工作中的比较寄存器)。这一特性适用于事件管理器的所有比较寄存器。

(9) 通用定时器的比较输出

通用定时器的比较输出可定义为高电平有效、低电平有效、强制高电平或强制低电平,这取决于 GPTCONA/B 的各位是如何配置的。当它定义为高(低)电平有效时,在第一次比较匹配发生时,比较输出产生一个由低至高(由高至低)的跳变。如果通用定时器工作在增/减计数模式,则在第二次比较匹配时,比较输出还会产生一个由高至低(由低至高)的跳变;如果通用定时器工作在递增计数模式下,则在发生周期匹配时比较输出也会产生一个由从高至低(由低至高)的跳变。当比较输出定义为强制高(低)时,定时器比较输出立即变为高(低)。

(10) 通用定时器的计数方向

在所有定时器操作中,寄存器 GPTCONA/B 中的相应位能够反映通用定时器的计数方向:

1 代表递增计数方向；

0 代表递减计数方向。

当一个通用定时器工作于定向的增/减计数模式时，输入引脚 TDIRA/B 决定了计数的方向。当 TDIRA/B 引脚为高电平时，定义为递增计数；当 TDIRA/B 引脚为低电平时，定义为递减计数。

(11) 通用定时器的时钟

通用定时器的时钟源可以是内部 CPU 时钟，也可以是外部引脚 TCLKINA/B 上的时钟输入信号。如果使用外部时钟，其频率必须小于等于 CPU 时钟频率的 1/4。在定向的增/减计数器模式下，通用定时器 2(EVA 模块)和通用定时器 4(EVB 模块)可与正交编码器脉冲(QEP)电路一起使用。在这种情况下，正交编码脉冲电路可为定时器提供时钟和方向输入。大范围的预定标因子可以用于每个通用定时器的时钟输入。

(12) 基于正交编码器脉冲的时钟输入

当使用正交编码器脉冲(QEP)电路时，它可以为定向的增/减计数模式下的通用定时器 2 和 4 提供输入时钟和计数方向信号。这个输入时钟的频率不能由通用定时器的预定标电路来控制(也就是说，如果选择正交编码脉冲电路作为通用定时器的时钟源，相应的预定标因子总是取 1)。另外，正交编码脉冲电路产生的时钟频率是每个正交编码器脉冲输入通道频率的 4 倍，因为选定的定时器将同时对两个正交编码器脉冲输入通道的上升沿和下降沿进行计数，因此正交编码器脉冲输入的频率必须低于等于内部 CPU 时钟频率的 1/4。

(13) 通用定时器的同步

通过对 T2CON 和 T4CON 寄存器的适当配置，可以实现通用定时器 2 与通用定时器 1 的同步(EVA 模块)；或者通用定时器 4 与通用定时器 3 的同步(EVB 模块)。具体的实现步骤如下：

① EVA 模块

- 将 T2CON 寄存器中的 T2SWT1 位设定为 1，这样定时器 1 的使能位就可以用来启动定时器 2 的计数，然后将 T1CON 寄存器中的 TENABLE 位为 1，这样就能够实现两个定时器的计数器同步启动。
- 在启动同步操作前，将通用定时器 1 和 2 的计数器初始化成不同的值。
- 将 T2CON 寄存器中的 SELT1PR 位设置为 1，这样通用定时器 2 使用通用定时器 1 的周期寄存器为它自己的周期寄存器(忽略它本身的周期寄存器)。

② EVB 模块

EVB 模块中定时器 4 与通用定时器 3 的同步和 EVA 完全一样，只要将 EVA 中的定时器 2 换成 EVB 中的定时器 4，EVA 中的定时器 1 换成 EVB 中的定时器 3。

这样就能实现通用定时器事件之间的同步。因为每个通用定时器从它计数器寄存器的当前值开始计数操作，因此，通过编程就可以实现：一个通用定时器在另一个通用定时器启动后再延时一段特定的时间才启动。

(14) 用通用定时器事件启动模/数转换

在 GPTCONA/B 寄存器中可以定义 ADC(模/数转换)的启动信号由通用定时器的事件来产生，比如该事件可以是下溢、比较匹配或周期匹配。这一特性允许在没有 CPU 干涉的情况下，实现通用定时器事件和模/数转换启动操作的同步。

(15) 仿真挂起时的通用定时器

通用定时器的控制寄存器（TxCON）还定义了仿真挂起时的定时器操作。通过设置相应的位可以实现：当一个仿真中断产生时可以允许通用定时器继续工作，这样就使在线仿真成为可能；或者也可以实现：当仿真中断出现时，通用定时器立即停止操作或在当前计数周期完成后停止操作。当内部 CPU 时钟被仿真器停止时，就发生仿真挂起。例如，在仿真时遇到了一个断点。

(16) 通用定时器的中断

通用定时器的 EVAIFRA、EVAIFRB、EVBIFRA 和 EVBIFRB 寄存器中共有 16 个中断标志，每个通用定时器都可以根据如下事件产生 4 个中断：

- 上溢：TxOFINT（$x=1、2、3$ 或 4）；
- 下溢：TxUFINT（$x=1、2、3$ 或 4）；
- 比较匹配：TxCINT（$x=1、2、3$ 或 4）；
- 周期匹配：TxPINT（$x=1、2、3$ 或 4）。

当通用定时器计数器的值与比较寄存器的值相同时，就产生定时器比较（匹配）事件。如果此时比较操作被使能，则相应的比较中断标志在匹配之后再过一个 CPU 时钟周期才被置位。当定时器计数器的值达到 FFFFh 时，会产生一个上溢事件。当定时器计数器的值达到 0000h 时，会产生一个下溢事件。类似地，当定时器计数器的值与周期寄存器的值相同时，就会产生一个周期事件。定时器的上溢、下溢和周期中断标志位在每个对应事件发生后再过一个 CPU 周期才被置位。

1. 通用定时器的计数操作

每个通用定时器有 4 种可选的操作模式：

- 停止/保持模式；
- 连续递增计数模式；
- 定向的增/减计数模式；
- 连续增/减计数模式。

定时器控制寄存器 TxCON 中相应的模式位决定了通用定时器的计数模式。定时器的使能位为 TxCON[6]，可以使能或禁止定时器的计数操作。当定时器被禁止时，定时器的计数操作将停止，其预定标器被复位为 X/1。当定时器被使能时，定时器将按照寄存器 TxCON 中的相应位（TxCON[12～11]）设定的计数模式并开始计数。

(1) 停止/保持模式

在这种模式下，通用定时器的操作将停止并保持其当前状态，定时器的计数器、比较输出和预定标计数器都保持不变。

(2) 连续递增计数模式

在这种模式下，通用定时器将按照已定标的输入时钟计数，直到定时器计数器的值和周期寄存器的值匹配为止。在发生匹配之后的下一个输入时钟的上升沿，计数器被复位为 0，并开始下一个计数周期。

定时器计数器与周期寄存器发生匹配后再过一个 CPU 时钟周期，周期中断标志将被置位。如果外设中断没有被屏蔽，将会产生一个外设中断请求。如果 GPTCONA/B 寄存器的相应位将定时器的周期中断定义为 ADC（模/数转换）启动信号，那么在周期中断标志被设置的同时,会向ADC模块发出一个ADC启动信号。

通用定时器的计数器到达0后再过一个CPU时钟周期,定时器的下溢中断标志位被置位。如果外设中断没有被屏蔽,将会产生一个外设中断请求。如果GPTCONA/B寄存器的相应位将定时器的下溢中断定义为ADC(模/数转换)启动信号,那么在下溢中断标志被设置的同时,会向ADC模块发出一个ADC启动信号。

在TxCNT中的值达到FFFFh后,定时器的上溢中断标志位会在一个CPU时钟周期后被置位。如果相应外设中断没有被屏蔽将产生一个外设中断请求。

除了第一个计数周期外,定时器的周期时间为(TxPR)+1个定标后的时钟输入周期。如果定时器计数器从0开始计数,那么第一个周期的时间也为(TxPR)+1个定标后的时钟输入周期。

通用定时器的初始值可以是0000h~FFFFh(包括0000h和FFFFh)之间的任意值。当通用定时器计数器的初始值大于周期寄存器的值时,计数器将在计数到FFFFh后复位为0,然后从0开始继续计数操作,就好像初始值是0一样。当定时器计数器的初始值等于周期寄存器的值时,定时器置位周期中断标志位后将计数器复位为0,设置下溢中断标志,然后从0开始继续增计数操作,好像初始值是0一样。如果定时器的初始值在0和周期寄存器的值之间,定时器将计数到周期寄存器的值,完成该计数周期,然后就如计数器的初始值与周期寄存器的值相同时一样工作。

在该模式下,GPTCONA/B寄存器中的定时器计数方向指示位为1。无论是外部时钟还是内部CPU时钟都可作为定时器的输入时钟。在这种计数模式下,TDIRA/B引脚的输入信号将被通用定时器忽略。

在许多电机和运动控制系统中,通用定时器的连续递增计数模式特别适用于边沿触发PWM波形或者异步PWM波形以及采样周期的产生。图3-4-4给出了通用定时器在连续递增计数模式下的工作方式。由图3-4-4所示可知,从计数器达到周期寄存器值到开始另一个计数周期的过程中没有丢失一个时钟周期。

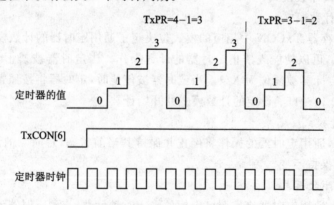

图3-4-4 通用定时器连续递增计数模式(TxPR=3或2)

(3) 定向的增/减计数模式

通用定时器在定向的增/减计数模式中,将根据TDIRA/B引脚的输入,对定标后的时钟进行递增或递减计数。当引脚TDIRA/B保持为高电平时,通用定时器进行递增计数,直到计数值达到周期寄存器的值(或FFFFh,如果计数器初值大于周期寄存器的值)。当定时器的值等于周期寄存器的值(或 FFFFh)时,如果引脚 TDIRA/B 仍保持为高电平,定时器的计数器将复位为 0 并继续重新递增计数到周期寄存器的值。当引脚 TDIRA/B 保持为低电平时,通用定时器将递减计数直到计数值为 0。当定时器的值递减计数到 0 时,如果引脚 TDIRA/B 仍保持为低电平,那么定时器会重新将周期寄存器的值载入计数器,从而开始下一个递减计数周期。

定时器的初始值可以为 0000h~FFFFh(包括 0000h 和 FFFFh)之间的任何值。当定时器的初始值大于周期寄存器的值时,如果引脚 TDIRA/B 保持为高电平,定时器将递增计数到 FFFFh,然后复位为 0,并继续计数直到周期寄存器的值;当定时器的初始值大于周期寄存器的值时,如果引脚 TDIRA/B 保持为低电平,定时器将在递减计数到周期寄存器的值后,继续递减计数直到 0,而后定时器计数器重新装入周期寄存器的值并开始新的递减计数。

在定向的增/减计数模式中,周期、下溢和上溢中断标志位,中断以及相关的操作都会根据各自的事件而产生,这与连续递增计数模式是一样的。

如果引脚 TDIRA/B 上的信号发生变化,那么定时器在完成当前计数周期后的下一个 CPU 时钟周期才改变计数方向(也就说要先完成当前的预定标计数器周期,并再过一个 CPU 时钟周期后才开始新方向的计数)。

在这种模式下,定时器的计数方向由 GPTCONA/B 寄存器中的相应位确定:1 表示递增计数,0 表示递减计数。无论是从 TCLKINA/B 引脚输入的外部时钟还是内部 CPU 时钟都可作为该模式下定时器的输入时钟。通用定时器定向的增/减计数模式工作方式如图 3-4-5 所示。

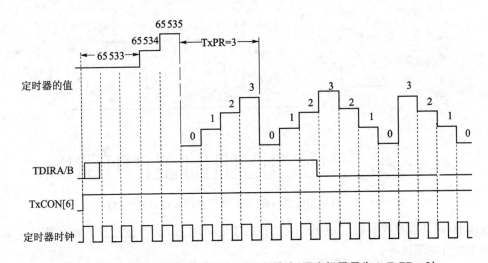

图 3-4-5 通用定时器定向的增/减计数模式(预定标因子为 1,TxPR=3)

定时器 2 和 4 的定向的增/减计数模式能够与事件管理模块中的正交编码脉冲电路结合使用。在这种情况下,正交编码脉冲电路为定时器 2 和 4 提供计数时钟和方向信号。在运动/电机控制和电力电子设备的应用中,这种操作方式还可以对外部事件的发生进行计时。

(4) 连续增/减计数模式

这种工作模式与定向的增/减计数模式一样,但是,在连续增/减计数模式下,引脚 TDIRA/B 的状态对计数的方向没有影响。定时器的计数方向仅在定时器的值达到周期寄存器的值时(或 FFFFh,如果定时器的初始值大于周期寄存器的值),才从递增计数变为递减计数。当计数器的值递减至 0 时,定时器又从递减计数变为递增计数。

在这种工作模式下,除了第一个周期外,定时器的周期都是 2×(TxPR)个定标的输入时钟周期。如果开始计数时,定时器计数器的初始值为 0,那么第一个计数周期的时间就与其他的周期一样。

通用定时器的计数器初始值可以是 0000h～FFFFh(包括 0000h 和 FFFFh)之间的任意值。当该初始值大于周期寄存器的值时,定时器将递增计数到 FFFFh 后复位为 0,然后从 0 开始继续计数操作,接下来就好像初始值是 0 一样。当定时器计数器的初始值等于周期寄存器的值时,定时器将递减计数到 0,然后从 0 开始继续计数,好像初始值是 0 一样。如果定时器的初始值为 0 到周期寄存器值之间的数,定时器将递增计数到周期寄存器的值并继续完成该计数周期,类似计数器的初始值与周期寄存器值相同时的情况。

在连续增/减计数模式下,周期、下溢和上溢中断标志位,中断以及相关的操作都根据各自的事件产生,这也和连续递增计数模式一样。

在连续增/减计数模式下,定时器的计数方向由 GPTCONA/B 寄存器中的相应位确定:1 表示递增计数,0 表示递减计数。无论从 TCLKINA/B 引脚输入的外部时钟还是内部 CPU 时钟都可作为该模式下定时器的输入时钟信号。在此模式下,定时器会忽略 TDIRA/B 引脚上的输入信号。图 3-4-6 为通用定时器在连续增/减计数模式下的工作方式。

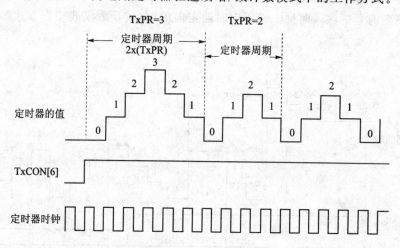

图 3-4-6　通用定时器的连续增/减计数模式(TxPR＝3 或 2)

连续增/减计数模式特别适用于产生对称的 PWM 波形,这种波形被广泛应用于电机/运动控制和电力电子设备。

2. 通用定时器的比较操作

每个通用定时器都有一个相应的比较寄存器 TxCMPR 和一个 PWM 输出引脚 TxPWM。通用定时器计数器的值不断地与对应的比较寄存器进行比较,当定时器计数器的值与比较寄存器相等时,就产生比较匹配。通过将 TxCON[1]位设置为 1 可以使能比较操作。如果比较操作已经被使能,那么比较匹配后会产生下列操作:

- 发生匹配后再过 1 个 CPU 时钟周期,定时器的比较中断寄存器标志位被置位;
- 在匹配后再过 1 个 CPU 时钟周期,根据 GPTCONA/B 寄存器相应位的配置情况,对应的 PWM 输出将发生跳变；
- 如果 GPTCONA/B 寄存器的相应位将定时器的比较中断定义为 ADC（模/数转换）启动信号，那么在比较中断标志被设置的同时，会向 ADC 模块发出一个 ADC 启动信号；
- 如果比较中断没有被屏蔽，就会产生一个外设中断请求。

(1) PWM 输出信号的跳变

PWM 输出信号的跳变由一个非对称/对称的波形发生器以及相应的输出逻辑所控制，并且依赖于以下条件：
- GPTCONA/B 寄存器中的位设置；
- 定时器所处的计数模式；
- 当使用连续增/减计数模式时的计数方向。

(2) 非对称/对称波形发生器

非对称/对称波形发生器依据通用定时器所处的计数模式，产生一个非对称/对称的 PWM 波形。

(3) 非对称波形的发生

当工作在连续增计数模式时，通用定时器会产生一个非对称波形，如图 3-4-7 所示。通用定时器工作在这种模式下，波形发生器的输出按照如下顺序变化：
- 计数操作启动之前为 0；
- 保持不变直到发生比较匹配；
- 比较匹配时发生状态切换；
- 保持不变直至计数周期结束；
- 如果在下一周期的新的比较值不为 0，那么在计数周期结束时，根据周期匹配，复位为 0。

如果在一个计数周期的开始时，比较值为 0，那么在整个周期输出均为 1。如果下一个周期的新比较值为 0，那么输出并不复位到 0。这一点非常重要，通过它可以产生占空比为 0%～100% 的无干扰 PWM 脉冲。如果比较值大于周期寄存器中的值，那么在整个周期内输出为 0。如果比较值等于周期寄存器的值，则在一个定标后的时钟输入周期内，输出保持为 1。

非对称 PWM 波形的一个显著特点是：改变比较寄存器的值只影响 PWM 脉冲的一侧。

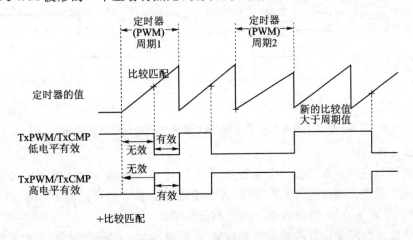

图 3-4-7 通用定时器在递增计数模式下的比较/PWM 输出

(4) 对称波形的发生

如图 3-4-8 所示,当工作在连续增/减计数模式下时,通用定时器会产生对称的波形。在这种模式下,波形发生器的输出状态有如下变化:

- 计数操作开始之前为 0;
- 保持不变直至发生第一次比较匹配;
- 第一次比较匹配时发生状态切换;
- 第二次比较匹配之前状态保持不变;
- 第二次比较匹配时发生状态切换;
- 保持不变直至周期结束;
- 如果没有第二次比较匹配并且下一周期的新的比较值不为 0,那么在周期结束后复位为 0。

如果比较值在周期开始时为 0,则周期开始时波形发生器的输出为 1,一直到第二个比较匹配发生。如果后半周期里比较值为 0,在第一次跳变之后,输出将保持为 1 直到周期结束。当发生以上情况时,如果下一个周期的比较值仍旧为 0,输出不会复位为 0。这样做是确保 PWM 脉冲的占空比可以在 0%~100%之间变化。在周期的前半部分,如果比较值大于或等于周期寄存器值,就不会产生第一个跳变,如果在周期的后半部分又发生一个比较匹配,输出状态仍会发生跳变。这种输出跳变的错误情况,通常是由应用程序中计算不正确造成的,但这种情况在周期结束时会被纠正,因为输出都会被复位到 0,除非下一周期的新的比较值为 0。如果这种情况发生,输出将保持为 1,这样就使得波形发生器的输出又进入正确状态。

注意:输出逻辑决定所有输出引脚的有效状态。

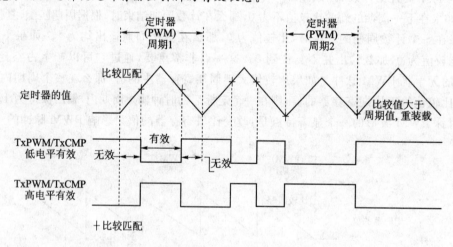

图 3-4-8 通用定时器在增/减计数模式下的比较/PWM 输出

(5) 输出逻辑

输出逻辑可以进一步调节波形发生器的输出,以生成最终的 PWM 输出波形来控制各种不同类型的功率设备。通过配置 GPTCONA/B 寄存器的相应位可以将 PWM 输出信号设置成高电平有效、低电平有效、强制高电平或强制低电平。

当 PWM 输出信号被设置成高电平有效时,它的极性与相应的非对称/对称波形发生器的输出极性相同;当 PWM 输出被设置为低电平有效时,它的极性与相应的非对称/对称波形发生器的输出极性相反。

若 GPTCONA/B 寄存器的相应位定义 PWM 输出为强制高电平(或低电平),PWM 输出将立即被置位(或清零)。

总之,在正常的计数模式下,假定比较操作已被使能,则在连续递增计数时,通用定时器的 PWM 输出信号的变化如表 3-4-2 所列;在连续增/减计数时,通用定时器的 PWM 输出信号的变化如表 3-4-3 所列。

表 3-4-2 连续递增计数模式下的通用定时器的 PWM 输出变化

一个周期内的时间	比较输出状态
比较匹配前	无效
当比较匹配时	设置有效
当周期匹配时	设置无效

表 3-4-3 连续增/减计数模式下的通用定时器的 PWM 输出变化

一个周期内的时间	比较输出状态
第一次比较匹配前	无效
当第一次比较匹配时	设置有效
当第二次比较匹配时	设置无效
当第二次比较匹配后	无效

注:设置有效意味着:对高电平有效设置高,对低电平有效设置低;设置无效则相反。

基于定时器计数模式和输出逻辑的非对称/对称波形的发生,同样适用于比较单元。当以下任一事件发生时,所有通用定时器的 PWM 输出都设置为高阻状态:
- 软件将 GPTCONA/B[6]清零;
- $\overline{\text{PDPINTx}}$ 引脚上的电平被拉低,并且该引脚没有被屏蔽;
- 任何一个复位事件发生;
- 软件将 TxCON[1]清零。

(6) 有效/无效时间的计算

对于连续递增计数模式,比较寄存器中的值代表从计数周期开始到发生第一次比较匹配发生之间的时间(即无效阶段的长度)。其具体时间长度等于定标后的输入时钟周期乘以 TxCMPR 寄存器的值。因此,有效阶段长度,即输出脉冲宽度,等于(TxPR−(TxCMPR)+1)个定标后的输入时钟周期。

对于连续增/减计数模式,比较寄存器在递减计数和递增计数下可以有不同的值。在连续增/减计数模式下,其有效阶段长度,即输出脉冲宽度,等于$(TxPR)-(TxCMPR)_{up}+(TxPR)-(TxCMPR)_{dn}$个定标后的输入时钟周期,这里的$(TxCMPR)_{up}$是增计数时的比较值,$(TxCMPR)_{dn}$是减计数时的比较值。

如果定时器处于连续递增计数模式,当 TxCMPR 中的值为 0 时,则通用定时器的比较输出将在整个周期内有效。对于连续增/减计数模式,如果$(TxCMPR)_{up}$的值为 0,那么比较输出在周期开始时有效;如果$(TxCMPR)_{dn}$也为 0,输出状态将一直被保持到周期结束。

对于连续增计数模式,当 TxCMPR 的值大于 TxPR 的值时,有效阶段长度即输出脉冲宽度为 0。对于连续增/减计数模式,当$(TxCMPR)_{up}$大于或等于(TxPR)时,第一次跳变将不会发生;同样当$(TxCMPR)_{dn}$大于或等于(TxPR)时,第二次跳变也不会发生。在连续增/减计数模式下,如果$(TxCMPR)_{up}$和$(TxCMPR)_{dn}$都大于或等于(TxPR)时,通用定时器的比较输出在整个周期中都无效。

3. 通用定时器的 PWM 输出

每个通用定时器都可以独立提供一个 PWM 输出通道,这样一来每个事件管理器的通用定时器都可以提供 2 个 PWM 输出。

使用通用定时器来产生 PWM 输出时,可选择连续增或连续增/减计数模式来实现。选用连续增计数模式时可产生边沿触发或非对称 PWM 波形;选用连续增/减计数模式时可产生对称 PWM 波形。为了使通用定时器能够产生 PWM 输出,须做以下工作:

- 根据期望的 PWM(载波)周期设置 TxPR;
- 设置 TxCON 寄存器来确定计数模式和时钟源,并启动 PWM 输出操作;
- 把在线算得的 PWM 脉冲的宽度(占空比)值加载到 TxCMPR 寄存器中。

当选用连续增计数模式来产生非对称的 PWM 波形时,将期望的 PWM 周期除以通用定时器输入时钟的周期,并减去 1,就能得到定时器的对应周期值。当选用连续增/减计数模式来产生对称的 PWM 波形时,周期值是通过将期望的 PWM 周期除以 2 倍的通用定时器输入时钟周期而得到的。

GP 定时器可以用前面提及的方法来初始化。在程序运行期间,可以通过计算得到新的占空比,而用其对应的比较值不断地去更新通用定时器的比较寄存器。

4. 通用定时器的复位

当任何复位事件发生时,将产生以下结果:

- GPTCONA/B 寄存器中除了计数方向指示位外,其他相关位都被复位为 0,因此,所有通用定时器的操作都被禁止。而计数方向指示位将都被设置成 1。
- 所有的定时器中断标志位均被复位为 0。
- 所有的定时器中断屏蔽位都被复位为 0,除了 $\overline{PDPINTx}$。因此除了 $\overline{PDPINTx}$,其他所有通用定时器的中断都被屏蔽。
- 所有通用定时器的比较输出都被置为高阻状态。

3.4.3 全比较单元

事件管理器模块 EVA 和 EVB 各有三个全比较单元,分别为全比较单元 1、2、3(EVA)和全比较单元 4、5、6(EVB),每个比较单元有两个相应的 PWM 输出。EVA 模块中全比较单元的时基由通用定时器 1 提供,EVB 模块中全比较单元的时基由通用定时器 3 提供。

各个事件管理器模块的全比较单元包括:

- 三个 16 位的比较寄存器(对于 EVA 为 CMPR1、CMPR2 和 CMPR3;对于 EVB 为 CMPR4、CMPR5 和 CMPR6),所有这些寄存器都带有一个对应的映像寄存器,可读/写。
- 一个 16 位的比较控制寄存器(EVA 为 COMCONA;EVB 为 COMCONB),该寄存器也可读/写。
- 一个 16 位的动作控制寄存器(EVA 为 ACTRA;EVB 为 ACTRB),均带有相应的映像寄存器,可读/写。
- 六个 PWM(三态)输出(比较输出)引脚(即 PWMy 引脚,对于 EVA 来说 $y=1,2,3,4,5,6$;对于 EVB,$y=7,8,9,10,11,12$)。
- 控制和中断逻辑。

比较单元的功能结构如图 3-4-9 所示。

比较单元及相关 PWM 电路的时基由通用定时器 1(EVA)和通用定时器 3(EVB)提供。当使能全比较操作时,它们可以工作在任意计数模式下,并在比较输出上产生跳变。

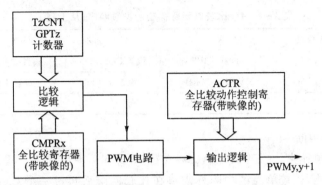

注：对于EVA模块(x=1, 2, 3; y=1, 3, 5; z=1);
　　对于EVB模块(x=4, 5, 6; y=7, 9, 11; z=3)。

图 3-4-9　比较单元功能框图

1. 全比较单元的操作

(1) 全比较单元的输入/输出

一个全比较单元的输入包括：
- 来自控制寄存器的控制信号；
- 通用定时器 1 或 3 的计数器(T1CNT/T3CNT)以及它们的下溢和周期匹配信号；
- 复位信号。

一个全比较单元的输出为一个比较匹配信号。如果使能了全比较操作,这个匹配信号将设置中断标志位,并在相应的两个输出引脚上产生跳变。

(2) 比较操作的模式

比较单元的操作模式由寄存器 COMCONx 中的位来决定,这些位可以用来决定：
- 比较操作是否被使能；
- 比较输出是否被使能；
- 比较寄存器用其映像寄存器的值更新的条件；
- 空间矢量 PWM 模式是否被使能。

(3) 比较操作

通用定时器 1 的计数器值不断地与三个比较寄存器的值相比较,当一个比较匹配产生时,比较单元对应的两个输出引脚就会根据动作控制寄存器(ACTRA)的设置发生跳变。AC-TRA 中的位可以分别定义当比较匹配发生时每个输出引脚为高有效还是低有效(如果没有被强制置高或置低)。如果比较操作被使能,那么当通用定时器 1 的计数器和全比较单元的比较寄存器之间发生匹配时,与比较单元相应的比较中断标志将被置位,此时如果中断没有被屏蔽,则会产生一个外设中断请求。输出跳变的时序、中断标志位的设置以及中断请求的产生都和通用定时器的比较操作相同。输出逻辑、死区单元和空间矢量 PWM 逻辑可以用来控制或修改比较单元在比较模式下的输出。

上段主要叙述了 EVA 模块中全比较单元的操作,对于 EVB 模块只需把对应的通用定时器1和ACTRA改为通用定时器3和ACTRB即可。

（4）比较单元操作的寄存器设置

操作比较单元时,其寄存器应按表3-4-4所列的顺序进行设置。

表3-4-4 比较单元寄存器的设置顺序(从上到下)

EVA模块	EVB模块	EVA模块	EVB模块
设置 T1PR	设置 T3PR	设置 COMCONA	设置 COMCONB
设置 ACTRA	设置 ACTRB	设置 T1CON	设置 T3CON
初始化 CMPRx	初始化 CMPRx		

2. 比较单元的中断

对于每个比较单元来,在EVxIFRA(x=A或B)寄存器中都有一个可屏蔽的中断标志位。如果比较操作被使能,比较单元的中断标志将在比较匹配后再过一个CPU时钟周期才被置位。如果此时中断未被屏蔽,就会产生一个外设中断请求。

3. 比较单元的复位

当任何复位事件发生时,所有与全比较单元相关的寄存器都复位为零,且所有的比较输出引脚被置为高阻状态。

3.4.4 PWM电路

对于每个事件管理器模块,其PWM电路和相关的比较单元能够产生六路带可编程死区和输出极性控制的PWM输出。EVA模块中PWM电路的功能结构如图3-4-10所示,它包括如下的功能单元：

- 非对称/对称波形发生器；
- 可编程的死区单元(DBU)；
- 输出逻辑；
- 空间矢量(SV)PWM状态机。

EVB模块的PWM电路的功能结构图和EVA模块的一样,因此不再重复介绍,如无特殊说明,都以EVA为例进行介绍。

在电机控制和运动控制等应用场合中,芯片设备需要输出PWM波形时,PWM电路的存在可以最大程度地减小CPU的开销和用户的干预。带有比较单元和PWM电路的PWM波形发生器受以下控制寄存器的控制：T1CON、COMCONA、ACTRA和DBTCONA(对于EVA来说)；以及T3CON、COMCONB、ACTRB和DBTCONB(对于EVB来说)。

1. PWM发生器的功能

对于每个事件管理器(A和B)来说,PWM波形发生器的功能可概括如下：

- 5个独立的PWM波形输出,其中3个由全比较单元产生,另外两个由通用定时器产生。此外,三个全比较单元的输出还会产生三个附加的PWM波形输出。
- 可编程死区时间,用于控制与比较单元相对应的PWM输出对。
- 最小的死区时间宽度为一个CPU时钟周期。
- 最小的PWM脉宽及最小的脉宽增减量为一个CPU时钟周期。
- PWM的最大分辨率为16位。

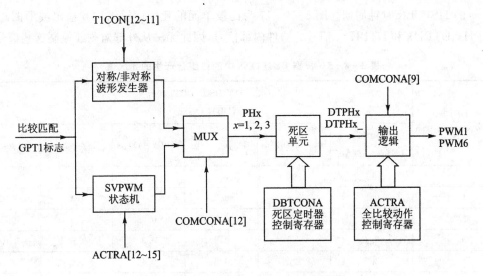

图 3－4－10　PWM 电路功能结构框图

- 能够快速改变 PWM 的载波频率(具有双缓冲的周期寄存器);
- 能够快速改变 PWM 的脉宽(具有双缓冲的比较寄存器);
- 功率驱动保护中断;
- 可产生可编程的非对称、对称及空间矢量 PWM 波形;
- 由于比较和周期寄存器会自动重载,所以能最大程度上减小 CPU 的开销。

2. 可编程的死区单元

EVA 和 EVB 模块都有自己的可编程死区单元(分别为 DBTCONA 和 DBTCONB),可编程死区单元具有如下特点:

- 一个 16 位的死区控制寄存器 DBTCONx(可读/写);
- 一个输入时钟预定标器:预定标因子可以是 $x/1$、$x/2$、$x/4$、$x/8$、$x/16$ 和 $x/32$;
- 内部(CPU)时钟输入;
- 三个 4 位递减计数的定时器;
- 控制逻辑。

(1) 死区单元的输入和输出

死区单元的输入为分别来自比较单元 1、2 和 3 的非对称/对称波形发生器的 PH1、PH2 和 PH3。

死区单元的输出为分别对应于 PH1、PH2 和 PH3 的 DTPH1、DTPH1_、DTPH2、DTPH2_、DTPH3 和 DTPH3_。

(2) 死区的产生

对于每个输入信号 PHx,都会产生两个输出信号 DTPHx 和 DTPHx_。当比较单元及其相应输出的死区单元被禁止时,这两个信号完全相同;当比较单元的死区被使能时,这两个信号的跳变边沿就会被一个叫死区的时间间隔分开,这个时间间隔由 DBTCONx 中相应的位决定。假设 DBTCONx[11~8] 的值为 m,且 DBTCONx[4~2] 的值对应的预定标因子为 x/p,那么死区的值就为 $p \times m$ 个芯片时钟周期。

表 3－4－5 列出了 DBTCONx 寄存器位的典型组合值所对应的死区时间,这些值都基于一

个 25 ns 的 HSPCLK 时钟周期。图 3-4-11 为比较单元的死区逻辑结构和输出波形图。在此图中，PHx、DTPHx 和 DTPHx_ 信号为器件内部信号，因此无法从外部监测或控制这些信号。

表 3-4-5 根据 DBTCONx 中的位组合产生的死区值

DBT3-DBT0(m) (DBTCONx[11~8])	DBTPS2~DBTPS0(p) (DBTCONx[4~2])					
	110 和 1x1(p=32)/μs	100(p=16)/μs	011(p=8)/μs	010(p=4)/μs	001(p=2)/μs	000(p=1)/μs
0	0	0	0	0	0	0
1	0.8	0.4	0.2	0.1	0.05	0.025
2	1.6	0.8	0.4	0.2	0.1	0.05
3	2.4	1.2	0.6	0.3	0.15	0.075
4	3.2	1.6	0.8	0.4	0.2	0.1
5	4	2	1	0.5	0.25	0.125
6	4.8	2.4	1.2	0.6	0.3	0.15
7	5.6	2.8	1.4	0.7	0.35	0.175
8	6.4	3.2	1.6	0.8	0.4	0.2
9	7.2	3.6	1.8	0.9	0.45	0.225
A	8	4	2	1	0.5	0.25
B	8.8	4.4	2.2	1.1	0.55	0.275
C	9.6	4.8	2.4	1.2	0.6	0.3
D	10.4	5.2	2.6	1.3	0.65	0.325
E	11.2	5.6	2.8	1.4	0.7	0.35
F	12	6	3	1.5	0.75	0.375

(3) 死区单元的其他重要特征

设计死区单元的目的是为了保证在任何情况下，每个比较单元的两路 PWM 输出都不会使功率桥的上臂和下臂同时导通，即在一个功率器件没有被完全关断时，另一个器件不会导通。这些情况包括：用户装载了一个大于占空比周期的死区值，以及占空比为 100% 或者 0%。这样一来，如果比较单元的死区被使能，在一个周期结束时相应的 PWM 输出就不会被复位到无效状态。

3. PWM 电路的输出逻辑

输出逻辑电路决定了当比较匹配发生时 PWMx(x=1~12) 输出引脚的极性和动作，同时与每个比较单元相应的输出可以被设定为低有效、高有效、强制低或强制高。通过配置寄存器 ACTR 中的相应位可以规定 PWM 输出的极性及动作。当以下任何一种情况发生时，所有 PWM 输出引脚将会被置为高阻状态：

● 软件使 COMCONx[9] 位清零；
● 当 $\overline{\text{RDPINT}}$x 没有被屏蔽时，外部硬件拉低 $\overline{\text{PDPINT}}$x 引脚上的电平信号；
● 发生任何复位事件。

第 3 章 TMS320X281x DSP 的片内外设

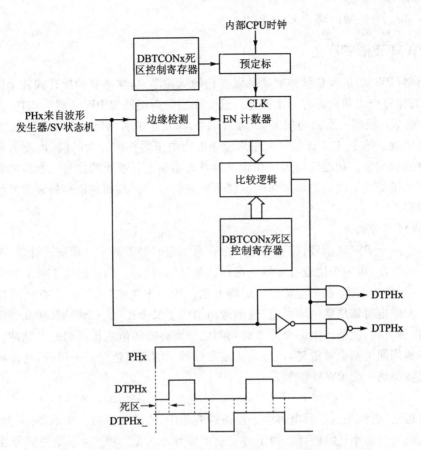

图 3-4-11 死区单元结构图和输出波形图

有效的 $\overline{\text{PDPINTx}}$ 信号(如果该引脚被使能)和系统复位事件将使 COMCONx 和 ACTRx 中相应位的设置被忽略。

输出逻辑电路的结构如图 3-4-12 所示,比较单元输出逻辑的输入信号包括:
- 来自死区单元的 DTPH1 和 DTPH1_、DTPH2 和 DTPH2_、DTPH3 和 DTPH3_,以及比较匹配信号;
- ACTRx 寄存器中的控制位;
- $\overline{\text{PDPINTx}}$ 和复位信号;

比较单元输出逻辑的输出信号包括:
- PWMx,$x=1\sim6$(对于 EVA 模块);

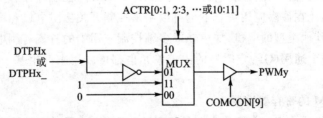

注:$x=1,2$ 或 3;$y=1,2,3,4,5$ 或 6。

图 3-4-12 输出逻辑的结构框图

- PWMy,y=7～12(对于 EVB 模块)。

3.4.5 PWM 波形的产生

脉宽调制(PWM)信号是脉冲宽度可以变化的脉冲序列,这些脉冲展开到几个固定长度的周期内,以确保每个周期内都有一个脉冲。这个固定周期即为 PWM 载波周期,其倒数称为 PWM 载波频率。根据一系列的期望值(调制信号)来决定或者调制 PWM 脉冲的宽度。

在电机控制系统中,PWM 信号被用来控制电力电子器件的开关时间,以便为电机绕组提供所需的电流和能量。相电流的形状和频率以及提供给电机绕组的能量一起控制着电机的速度和转矩。这里提供给电机的电压和电流就是调制信号,通常,调制信号的频率要比 PWM 载波频率低得多。

(1) PWM 信号的产生

为了产生一个 PWM 信号,需要通过一个合适的定时器不断重复地进行计数,其计数周期等于 PWM 的周期,用一个比较寄存器来保存调制值,比较寄存器中的值不断地和定时器计数器相比较,一旦发生匹配,在相应的输出引脚上就产生一个跳变(从低到高或从高到低),当发生第二次匹配或定时器周期结束时,相应的输出引脚上又会产生一个跳变(从高到低或从低到高)。通过这种方式,就能产生一个开关时间和比较寄存器的值成比例的输出脉冲。这个过程在每个定时器周期里都会被重复,但每次比较寄存器里的调制值又是不同的,这样在相应的输出引脚上就能得到一个 PWM 信号。

(2) 死　区

在许多运动/电机控制以及电力电子设备的应用中,通常会将两个功率器件(上级和下级)串联起来构成一个功率转换桥臂。为了避免受击穿导致失效,两个功率器件的导通周期不能有重叠。因此就需要一对无重叠的 PWM 输出信号来正确地开启和关闭这两个桥臂。死区单元的作用就是在一个晶体管被截止到另一个晶体管被导通期间插入一段死区时间,这段时间延迟能确保一个晶体管导通之前另一个晶体管已经完全关闭。具体延迟时间的长短通常由功率管的开关特性和特定应用场合下的负载特性决定。

1. 用事件管理器产生 PWM 输出

三个比较单元中的任一个都可以与通用(GP)定时器 1(对于 EVA 模块)或通用(GP)定时器 3(对于 EVB 模块)、死区单元以及事件管理器模块中的输出逻辑一起,产生一对带可编程死区和极性可控的 PWM 输出。对应于每个 EV 模块中的三个全比较单元,一共有六个这样的专用 PWM 输出引脚,这六个专用的输出引脚可以非常方便地用来控制三相交流感应电机或无刷直流电机。由于比较动作控制寄存器(ACTRx)的控制作用,PWM 的输出动作具有很强的灵活性,因此在许多应用场合下也可以用来控制开关磁阻电机和同步磁阻电机。PWM 电路还用来控制其他类型的电机,如单轴或多轴控制应用中的直流有刷电动机和步进电动机。如果需要的话,每个通用(GP)定时器的比较单元也都可以用来产生基于自身定时器的 PWM 输出。

2. 产生 PWM 的寄存器设置

若通过比较单元及相应电路产生三种 PWM 波形,则需要对事件管理器寄存器进行配置。产生 PWM 波形的寄存器设置步骤如下:

- 设置和装载 ACTRx;

- 如果用到死区单元,还要设置和装载 DBTCONx;
- 初始化 CMPRx;
- 设置和装载 COMCONx;
- 设置和装载 T1CON(对于 EVA)和 T3CON(对于 EVB),来启动比较操作;
- 用新的值对 CMPRx 寄存器进行更新。

3. 非对称和对称 PWM 的产生

EV 模块中的每个比较单元都能够产生非对称和对称的 PWM 波形。此外,用三个比较单元一起还可以产生三相对称空间矢量 PWM 输出。本节将介绍比较单元产生的 3 种 PWM 波形。

(1) 非对称 PWM 波形的产生

边沿触发或非对称 PWM 信号的特点:调制波形不关于 PWM 周期中心对称的。如图 3-4-13 所示,每个脉冲的宽度只能从其脉冲的一侧来改变。

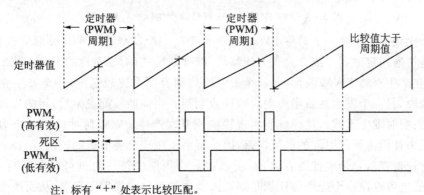

注:标有"+"处表示比较匹配。

图 3-4-13 非对称 PWM 波形的产生($x=1$、3 或 5)

为了能产生一个非对称的 PWM 信号,须将通用定时器 1 设置为连续增计数模式,且其周期寄存器的值必须与 PWM 载波周期相对应。然后在 COMCONx 寄存器中使能比较操作,将相应的输出引脚设置为 PWM 输出,并使能输出。如果使能了死区功能,那么通过软件向 DBTCONx[11~8]的 DBT[3~0]位写入与所需死区时间对应的值,这个值将作为 4 位死区定时器的周期值。所有的 PWM 输出通道使用同一个死区值。

通过软件适当地配置 ACTRx 寄存器后,在相应比较单元的一个输出上将会产生一个 PWM 信号,而其他输出在一个 PWM 周期的开始、中间或结束都保持低电平(关)或高电平(开),这些 PWM 输出的灵活配置特性特别适用于对开关磁阻电机的控制。

当通用定时器 1 或 3 启动后,在每个 PWM 周期,比较寄存器都会被新的比较值更新,以便通过及时调节 PWM 输出的脉冲宽度(占空比)来控制功率器件的开关时间。由于比较寄存器带有映像寄存器,所以在一个周期的任意时刻都可以向其写入新的值;同理,新的值也可以在一个周期的任意时刻写入动作寄存器和周期寄存器,从而修改 PWM 的周期或强迫改变 PWM 输出电平的定义。

(2) 对称 PWM 波形的产生

一个对称 PWM 信号的特征为调制脉冲关于每个 PWM 周期的中心对称。和非对称 PWM 信号相比,对称 PWM 信号的优点在于它有两个相同时间长度的无效区:分别位于每个

PWM 周期的开始和结束。当使用正弦调制时,在交流电动机(如感应电动机和直流无刷电动机)的相电流中对称波形比非对称 PWM 波形产生的谐波要小。图 3-4-14 为对称 PWM 波形的两个例子。

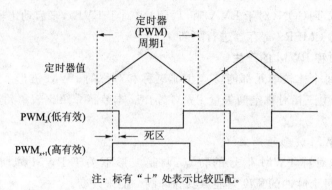

图 3-4-14 对称 PWM 波形的产生(x=1、3 或 5)

用一个比较单元产生一个对称 PWM 波形和产生一个非对称 PWM 波形的过程相似,唯一的区别是将通用定时器 1 或 3 设置为连续增/减计数模式(对于对称的 PWM 波形)。

通常,在产生对称 PWM 波形时,一个 PWM 周期有两个比较匹配,一个发生在前半周期的增计数阶段,另一个发生在后半周期的减计数期间。当周期匹配发生后,新的比较值就变为有效(周期匹配时发生重载),这样就能实现提前或延缓产生 PWM 脉冲的第二个边沿。这一特征可以用来补偿由死区引入的电流误差,因此特别适用于交流电机的控制。

因为比较寄存器是带映像寄存器的,所以在一个周期的任一时刻可以向其写入新的值。同理,新的值也可以在一个周期的任意时刻写入动作寄存器和周期寄存器,从而改变 PWM 周期或强迫改变 PWM 输出电平的定义。

4. 双刷新 PWM 模式

281x 的事件管理器还特别支持双刷新 PWM 模式。在这种操作模式下,可以独立修改每个 PWM 脉冲周期里前导边沿和结束边沿的位置。为了能支持该模式,在 PWM 周期的开始和中间阶段,决定 PWM 脉冲边沿位置的比较寄存器值必须允许被更新。

事件管理器比较寄存器都是带缓冲的,同时也支持多达三个比较值重载/刷新模式(即不同的比较值重载条件)。其中通过下溢(PWM 周期的开始)或者周期(PWM 周期的中间)这两个重载条件就能实现对双刷新 PWM 模式的支持。

5. 通过 EV 模块产生空间矢量 PWM 波形

空间矢量 PWM 指的是三相功率逆变器中的六个功率管的一种特殊的开关方式。它能使三相交流电动机绕组中产生的谐波最小,且相比于正弦调制,它能更加高效地使用供电电源。

空间矢量 PWM 方法的实质就是利用六个功率管的八种开关组合方式给出电机的供电电压向量。空间矢量 PWM 的详细内容请参考相关专业书目。

(1) 软件设置

在事件管理器模块中内置的硬件电路大大简化了空间矢量 PWM 波形的产生。通过以下的用户软件设置,就能产生空间矢量 PWM 输出:

● 配置 ACTRx 寄存器,定义比较输出引脚的极性;
● 配置 COMCONx 寄存器,使能比较操作和空间矢量 PWM 模式,并将 CMPRx 的重载条件设置为下溢；
- 将通用定时器1或3设置成连续增/减计数模式以启动比较操作。

用户还需要确定在二维 $d-q$ 平面内电机各相需要的电压 U_{out}，然后分解 U_{out}，并在每个 PWM 周期完成如下的操作：
- 确定两个相邻向量 U_x 和 U_{x+60}。
- 确定参数 T_1、T_2 和 T_0。
- 将对应于 U_x 的开关模式写入 ACTRx[14～12] 位中，并将1写入 ACTRx[15] 中；或者将对应于 U_{x+60} 的开关模式写入 ACTRx[14～12] 中，并将0写入 ACTRx[15] 中。
- 将值 $(T_1/2)$ 写入 CMPR1 中，并将值 $(T_1/2+T_2/2)$ 写入 CMPR2 中。

(2) 空间矢量 PWM 的硬件

EV 模块中的空间矢量 PWM 硬件通过如下的操作来完成一个空间矢量 PWM 周期：
- 在每个周期的开始，根据 ACTRx[14～12] 中的定义将 PWM 输出设置成新的模式 U_y。
- 在增计数期间，当 CMPR1 和通用定时器 1 在 $(T_1/2)$ 处产生第一次比较匹配时，如果 ACTRx[15] 为1，则将 PWM 的输出切换为 U_{y+60} 模式；如果 ACTRx[15] 为0，则将 PWM 输出切换为 U_y 模式（$U_{0-60}=U_{300}$，$U_{360+60}=U_{60}$）。
- 在增计数期间，当 CMPR2 和通用定时器 1 在 $(T_1/2+T_2/2)$ 处发生第二次比较匹配时，则将 PWM 输出切换为 000 或 111 模式，它们与第二种模式之间只有一位的差别如图 3-4-15。
- 在减计数期间，当 CMPR2 和通用定时器 1 在 $(T_1/2+T_2/2)$ 处发生第一次比较匹配时，则将 PWM 输出切换回第二种模式。
- 在减计数期间，当 CMPR1 和通用定时器 1 在 $(T_1/2)$ 处发生第二次比较匹配时，则将 PWM 输出切换回第一种模式。

(3) 空间矢量 PWM 波形

空间矢量 PWM 波形是关于每个 PWM 周期中间对称的，因此，它又叫做对称空间矢量 PWM 波形。图 3-4-15 所示为空间矢量 PWM 波形的两个例子。

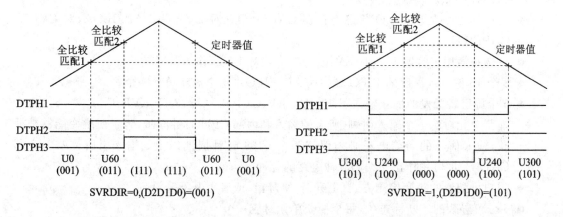

图 3-4-15 对称的空间矢量 PWM 波形的两个例子

(4) 未使用的比较寄存器

产生空间矢量 PWM 输出只用到了两个比较寄存器(对于 EVA 来说是 CMPR1 和 CMPR2),但是,第三个比较寄存器 CMPR3 会不断地与通用定时器 1 的计数器进行比较,当发生比较匹配时,如果相应的比较中断没有被屏蔽,相应的比较中断标志也会被置位,并产生一个外设中断请求。因此,在空间矢量 PWM 输出中没有用到的比较寄存器 CMPR3 仍然可以用来产生其他定时事件。此外,由于状态机引入了额外的延迟,因此在空间矢量 PWM 模式下,比较输出跳变也被延迟了一个 CPU 时钟周期。

(5) 空间矢量 PWM 的边界条件

在空间矢量 PWM 模式下,当两个比较寄存器 CMPR1 和 CMPR2 载入的值均为零时,所有三个比较输出都变为无效。因此,在此空间矢量 PWM 模式下,用户要确保如下的关系:(CMPR1)≤(CMPR2)≤(T1PR),否则将会出现不可预料的结果。

3.4.6 捕获单元

捕获单元可以记录捕获输入引脚上的跳变,事件管理器共有 6 个捕获单元,每个事件管理器模块有 3 个捕获单元。事件管理器 A(EVA)的捕获单元为 CAP1、CAP2 和 CAP3,事件管理器 B(EVB)的捕获单元为 CAP4、CAP5 和 CAP6,每一个捕获单元都有一个相对应的捕获输入引脚。

每个 EVA 捕获单元均可选择 GP 定时器 2 或 1 作为其时间基准,但是,CAP1 和 CAP2 必须要选择同一定时器作为它们的时基;同理,每个 EVB 捕获单元均可选择 GP 定时器 4 或 3 作为它们的时间基准,但是,CAP4 和 CAP5 也必须要选择相同的定时器作为它们的时基。

当在捕获输入引脚 CAPx 上检测到一个规定的跳变信号时,通用定时器的值将被捕获并存储到一个 2 级深度的 FIFO 堆栈中,图 3-4-16 是 EVA 捕获单元的结构框图,EVB 捕获单元的原理与其类似,仅寄存器名称不同。

1. 捕获单元的特点

捕获单元具有以下特点:

- 1 个 16 位的捕获控制寄存器 CAPCONx(对 EVA 为 CAPCONA,对 EVB 为 CAPCONB),可读/写。
- 1 个 16 位的捕获 FIFO 状态寄存器 CAPFIFOx(对 EVA 为 CAPFIFOA,对 EVB 为 CAPFIFOB)。
- 可选择通用定时器 1/2(对 EVA)或者 3/4(对 EVB)作为其时基。
- 3 个 16 位 2 级深度的 FIFO 堆栈(CAPxFIFO),每个捕获单元一个。
- 6 个施密特触发的捕获输入引脚(对于 EVA,CAP1/2/3;对于 EVB,CAP4/5/6),每个捕获单元对应一个输入引脚(所有的输入和内部 CPU 时钟同步,为了使跳变能够被捕获,输入信号的当前电平必须保持两个 CPU 时钟周期以上。输入引脚 CAP1/2 和 CAP4/5 也可用作正交编码脉冲电路的脉冲输入)。
- 用户可配置的跳变检测方式(上升沿,下降沿,或者上升下降沿)。
- 6 个可屏蔽的中断标志位,每个捕获单元对应一个。

2. 捕获单元的操作

捕获单元被使能后,一旦相应输入引脚上检测到指定的信号跳变,对应的定时器计数值就

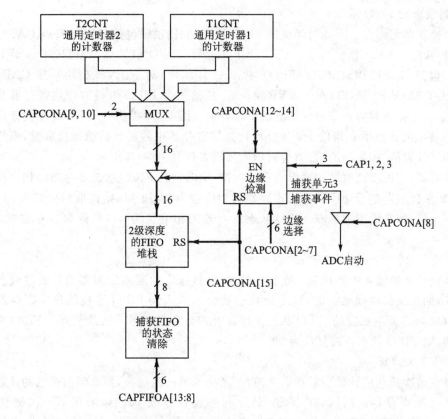

图 3-4-16　EVA 捕获单元的结构框图

会被装入到相应的 FIFO 堆栈里,如果之前有一个或多个有效的捕获值保存在 FIFO 堆栈中(CAPxFIFO 位不等于 0),那么相应的中断标志位就会被置位。如果该中断没有被屏蔽,还将产生一个外设中断请求。每当将捕获到的新计数值存入到 FIFO 堆栈时,CAPFIFOx 寄存器的相应状态位就会被及时调整,以反映 FIFO 堆栈的最新状态。从捕获单元输入引脚处发生跳变到对应定时器的计数值被锁存需要 2 个 CPU 时钟周期的延时。复位时,所有捕获单元的寄存器都被清零。

(1) 捕获单元时间基准的选择

在 EVA 模块中,与 CAP1 和 CAP2 不同,捕获单元 CAP3 有自己独立的时基选择位,这就允许同时使用 2 个通用定时器用于捕获操作,CAP1 和 CAP2 共用一个,而 CAP3 单独使用一个。同理在 EVB 模块,CAP6 有自己独立的时基选择位。捕获的操作并不影响任何通用定时器操作或比较/PWM 操作。

(2) 捕获单元的设置

为了使捕获单元能正常工作,需要对以下寄存器进行设置:
- 初始化捕获 FIFO 状态寄存器(CAPFIFOx),并将相应的状态位清零;
- 设置所使用的通用定时器的工作模式;
- 如果需要,设置相应的通用定时器比较寄存器或周期寄存器;
- 设置相应的捕获控制寄存器 CAPCONA 或 CAPCONB。

3. 捕获单元 FIFO 堆栈

每个捕获单元都有一个 2 级深度的 FIFO 堆栈，堆栈顶层包括 CAP1FIFO、CAP2FIFO 和 CAP3FIFO（对于 EVA 模块），或者 CAP4FIFO、CAP5FIFO 和 CAP6FIFO（对于 EVB 模块）。堆栈底层包括 CAP1FBOT、CAP2FBOT 和 CAP3FBOT（对于 EVA 模块），或 CAP4FBOT、CAP5FBOT 和 CAP6FBOT（对于 EVB 模块）。任何一个 FIFO 堆栈的顶层寄存器是只读寄存器，总是用于存放对应捕获单元捕获的旧计数值。因此，对捕获单元 FIFO 堆栈读访问总是返回栈中最早的计数值。当位于 FIFO 堆栈顶层寄存器中的旧计数值被读取时，堆栈底层寄存器中的新计数值（如果有的话）就会被压入顶层寄存器中。

如果需要，也可以读取堆栈底层寄存器的值，同时捕获 FIFO 状态寄存器的相应位也会发生变化：如果读取前捕获 FIFO 状态寄存器的相应位为 10 或 11，则读取后变成为 01，即堆栈中只有一个值；如果读取前捕获 FIFO 状态寄存器的相应位为 01，则读取后变成 00，即堆栈为空。

(1) 第 1 次捕获

当捕获单元的输入引脚出现一个规定的跳变时，选定的通用定时器的计数值就会被捕获单元捕获，如果捕获堆栈是空的，这个计数值就会被写入到 FIFO 堆栈的顶层寄存器；同时，CAPFIFOx 寄存器中相应的 FIFO 状态位被置成 01。如果在下一次捕获前对 FIFO 堆栈进行了读访问，则 FIFO 状态位被复位为 00。

(2) 第 2 次捕获

如果在前次捕获的计数值被读取之前，又产生了另一次捕获，那么新捕获到的计数值就会被保存到底层寄存器。同时，相应的 FIFO 状态位被置成 10。如果在下一次捕获之前对 FIFO 堆栈进行了读访问，那么顶层寄存器中的旧计数值会被读取，且底层寄存器中的新计数值被压入到顶层寄存器中，相应的状态位被置为 01。

第 2 次捕获会将寄存器相应的捕获中断标志位置 1，如果中断没有被屏蔽，则会产生一个中断请求。

(3) 第 3 次捕获

当 FIFO 堆栈中已有两个计数值，如果这时又发生了一个捕获，则位于堆栈顶层寄存器中最早的计数值会被弹出栈并丢弃，然后堆栈底层寄存器中的计数值将压入到顶层寄存器中，新捕获到的计数器值被写入到底层寄存器中，同时 FIFO 状态位被设置为 11，表明一个或多个旧计数值被丢弃。

第 3 次捕获会将寄存器相应的捕获中断标志位置位，如果中断没有被屏蔽，则会产生一个中断请求。

4. 捕获中断

当一个捕获单元完成了一次捕获，并且 FIFO 中至少有一个捕获计数值时（即 CAPxFIFO 位不为 0），则相应的中断标志位被置位。如果该中断没有被屏蔽，则会产生一个外设中断请求信号。因此如果使用了捕获中断，则可以从中断服务程序中读取一对捕获计数值。如果没有使用中断，也可通过查询中断标志位或 FIFO 堆栈的状态位来确定是否发生了捕获事件，若已发生捕获事件，则可从相应捕获单元的 FIFO 堆栈中读取捕获计数值。

3.4.7 正交编码器脉冲 QEP 电路

每个事件管理器模块都有一个正交编码器脉冲（QEP）电路。当 QEP 电路被使能时，可以对 CAP1/QEP1 和 CAP2/QEP2(对于 EVA 模块),或 CAP4/QEP3 和 CAP5/QEP4(对于 EVB 模块)引脚上输入的正交编码输入脉冲进行解码和计数。正交编码脉冲电路可用于连接光电编码器以获得旋转机械部件的位置和速率等信息。当 QEP 电路被使能时,CAP1/CAP2 和 CAP4/CAP5 引脚上的捕获功能将被禁止。

1. 正交编码脉冲电路的引脚

捕获单元 1/2(或 4/5,对于 EVB 模块)和 QEP 电路共享两个输入引脚。因此,必须正确设置 CAPCONx 寄存器的相应位来使能 QEP 电路,同时禁止捕获功能,这样就把这两个输入引脚分配给正交编码器脉冲(QEP)电路使用。

2. 正交编码脉冲电路的时间基准

正交编码脉冲电路的时间基准可以由通用定时器 2(EVB 模块为通用定时器 4)提供。通用定时器必须被设置成定向的增/减计数模式,并选择 QEP 电路作为其输入时钟源。图 3-4-17 为 EVA 模块中正交编码器脉冲(QEP)电路的原理框图。

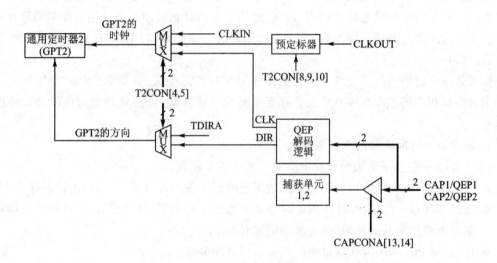

图 3-4-17 EVA 模块中的 QEP 电路的原理框图

3. 正交编码脉冲电路的解码

正交编码脉冲是两个频率可变且正交(相位差 1/4 周期,即 90°)的脉冲序列。当电机轴上的光电编码器产生正交编码脉冲时,通过检测两个脉冲序列的先后顺序,就可以确定电动机的旋转方向,而角位置和转速可以通过脉冲个数和脉冲频率计算得到。

(1) QEP 电路

QEP 电路中的方向检测逻辑可以确定两个输入脉冲序列中的哪一个是先导序列,根据它就可以产生一个方向信号输入给定时器 2 或 4。如果 CAP1/QEP1(CAP4/QEP3,对于 EVB 模块)引脚上输入先导序列,则通用定时器进行增计数;反之,如果 CAP2/QEP2(CAP5/QEP4,对于 EVB 模块)引脚上输入先导序列,则通用定时器进行减计数。

两个正交编码脉冲输入信号的两个边沿均被 QEP 电路计数,因此由 QEP 电路产生的时钟频率是每个输入序列频率的 4 倍,并把这个时钟作为通用定时器 2 或 4 的时钟源信号。

(2) 正交编码脉冲解码实例

图 3-4-18 给出了一个正交编码脉冲输入信号、解码所得的定时器时钟及增/减计数方

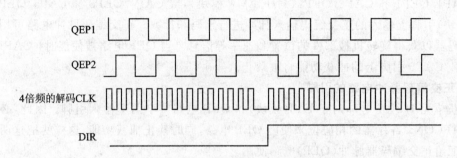

图 3-4-18 正交编码脉冲、解码时钟及方向的波形图

向的波形实例。

4. 正交编码脉冲电路的计数

通用定时器 2 或 4 总是从计数器中的当前值开始计数,因此可以在使能正交编码脉冲电路工作模式前将所需的初始值装载到对应的通用定时器计数器中。当使用正交编码脉冲电路的时钟作为通用定时器的时钟源时,对应的通用定时器将忽略 TDIRA/B 和 TCLKINA/B 引脚上输入信号。

如果通用定时器选择正交编码脉冲电路作为其时钟源输入,其周期、下溢、上溢和比较中断标志仍根据相应的匹配事件产生的。如果中断没有被屏蔽,则还将产生对应的外设中断请求信号。

5. 正交编码脉冲电路的寄存器设置

EVA 模块中启动正交编码脉冲电路时需完成如下设置:

- 如果需要,将所需的初始值装载到通用定时器 2 的的计数器、周期和比较寄存器中;
- 设置 T2CON 寄存器:将通用定时器 2 设置成定向的增/减计数方式,选择正交编码器脉冲电路作为其时钟源,并使能通用定时器 2;
- 设置 CAPCONA 寄存器以使能正交编码脉冲电路。

EVB 模块中启动正交编码脉冲电路时需完成以下设置:

- 如果需要,将所需的初始值装载到通用定时器 4 的的计数器、周期和比较寄存器中;
- 设置 T4CON 寄存器:将通用定时器 4 设置成定向的增/减计数方式,选择正交编码器脉冲电路作为其时钟源,并使能通用定时器 4;
- 设置 CAPCONB 寄存器以使能正交编码脉冲电路。

3.4.8 EV 中断

1. EV 中断总述

事件管理器的中断事件被分为 3 组:事件管理器中断组 A、B 和 C。每组具有不同的中断标志和中断使能寄存器,每个中断组都能够提出相应的事件管理器外设中断请求。表 3-4-6 列出了所有 EVA 中断及其优先级和分组;表 3-4-7 列出了所有 EVB 中断及其优先级和分组;表 3-4-8 列出了对应每个 EV 中断组的中断标志寄存器和中断屏蔽寄存器,每个 EV 模块分别有 3 个中断组。如果 EVAIMRx 寄存器中某中断使能位是 0,则寄存器 EVAIFRx($x=A$,B,或 C)中的相应的中断标志被屏蔽(将不会产生外设中断请求)。表 3-4-9 列出了中断产生的条件。

表 3-4-6 所有 EVA 中断及其优先级和分组

组	中断	组内的优先级	向量(ID)	描述/中断源	内部中断号
A	PDPINTA	1(最高)	0019h	功率驱动保护中断 A	1
A	CMP1INT	2	0021h	比较单元 1 比较中断	4
A	CMP2INT	3	0022h	比较单元 2 比较中断	4
A	CMP3INT	4	0023h	比较单元 3 比较中断	4
A	T1PINT	5	0027h	GP 定时器 1 周期中断	4
A	T1CINT	6	0028h	GP 定时器 1 比较中断	4
A	T1UFINT	7	0029h	GP 定时器 1 下溢中断	4
A	T1OFINT	8	002Ah	GP 定时器 1 上溢中断	4
B	T2PINT	1	002Bh	GP 定时器 2 周期中断	3
B	T2CINT	2	002Ch	GP 定时器 2 比较中断	3
B	T2UFINT	3	002Dh	GP 定时器 2 下溢中断	3
B	T2OFINT	4	002Eh	GP 定时器 2 上溢中断	3
C	CAP1INT	1	0033h	捕获单元 1 中断	3
C	CAP2INT	2	0034h	捕获单元 2 中断	3
C	CAP3INT	3(最低)	0035h	捕获单元 3 中断	3

注：向量 ID 供 DSP/BIOS 使用。

表 3-4-7 所有 EVB 中断及其优先级和分组

组	中断	组内的优先级	向量(ID)	描述/中断源	内部中断号
A	PDPINTB	1(最高)	0020h	功率驱动保护中断 B	1
A	CMP4INT	2	0024h	比较单元 4 比较中断	2
A	CMP5INT	3	0025h	比较单元 5 比较中断	2
A	CMP6INT	4	0026h	比较单元 6 比较中断	2
A	T3PINT	5	002Fh	GP 定时器 3 周期中断	2
A	T3CINT	6	0030h	GP 定时器 3 比较中断	2
A	T3UFINT	7	0031h	GP 定时器 3 下溢中断	2
A	T3OFINT	8	0032h	GP 定时器 3 上溢中断	2
B	T4PINT	1	0039h	GP 定时器 4 周期中断	5
B	T4CINT	2	003Ah	GP 定时器 4 比较中断	5
B	T4UFINT	3	003Bh	GP 定时器 4 下溢中断	5
B	T4OFINT	4	003Ch	GP 定时器 4 上溢中断	5
C	CAP4INT	1	0036h	捕获单元 4 中断	5
C	CAP5INT	2	0037h	捕获单元 5 中断	5
C	CAP6INT	3(最低)	0038h	捕获单元 6 中断	5

注：向量 ID 被 DSP/BIOS 所使用。

表3-4-8 各EV中断组对应的中断标志寄存器和相应的中断屏蔽寄存器

中断标志寄存器	中断屏蔽寄存器	EV模块
EVAIFRA	EVAIMRA	EVA
EVAIFRB	EVAIMRB	
EVAIFRC	EVAIMRC	
EVBIFRA	EVBIMRA	EVB
EVBIFRB	EVBIMRB	
EVBIFRC	EVBIMRC	

表3-4-9 中断产生的条件

中断	产生的条件
下溢	当计数器的计数值达到0000h
上溢	当计数器的计数值达到FFFFh
比较	当计数寄存器与比较寄存器的值相匹配时
周期	当计数寄存器与周期寄存器的值相匹配时

2. 时间管理器的中断请求和服务

当响应外设中断请求信号时,外设中断扩展控制器(PIE)会把相应的外设中断向量装入到外设中断向量寄存器(PIVR)中。装载到PIVR中的是当前被挂起且被使能的中断事件中优先级最高的中断所对应的向量。中断向量寄存器中的值可以被中断服务程序(ISR)读取。

(1) 中断产生。在EV模块中,当一个中断事件发生时,EV中断标志寄存器中相应的中断标志就会被置位。如果在EV中断组中对应的中断没有被屏蔽(EVAIMRx中相应位被置位),外设中断扩展控制器(PIE)就会产生一个外设中断请求。

(2) 中断向量。当CPU响应一个中断请求时,已经被置位并被使能的中断标志中,优先级最高的中断对应的外设中断向量将被装载到PIVR中。

外设寄存器的中断标志位必须在中断服务程序(ISR)中用软件清零,即直接向中断标志位写1来使其清零。如果中断标志位未被清除,则该中断源就无法再次产生中断请求。

3.4.9 事件管理器的寄存器

1. EV寄存器概述

表3-4-10和表3-4-11按功能分别列出了所有事件管理寄存器的地址及其简要描述。从表中我们可以看到EVA寄存器的地址范围为7400h～7431h,EVB寄存器的地址范围为7500h～7531h。

表3-4-10 EVA寄存器一览表

寄存器	地址	描述
定时器寄存器		
GPTCONA	7400h	通用定时器全局控制寄存器A
T1CNT	7401h	定时器1的计数寄存器
T1CMPR	7402h	定时器1的比较寄存器
T1PR	7403h	定时器1的周期寄存器
T1CON	7404h	定时器1的控制寄存器
T2CNT	7405h	定时器2的计数寄存器
T2CMPR	7406h	定时器2的比较寄存器
T2PR	7407h	定时器2的周期寄存器

续表 3-4-10

寄存器	地 址	描 述
T2CON	7408h	定时器 2 的控制寄存器
新增的控制寄存器		
EXTCONA	7409h	扩展控制寄存器 A
比较单元寄存器		
COMCONA	7411h	比较控制寄存器 A
ACTRA	7413h	比较动作控制寄存器 A
DBTCONA	7415h	死区时间控制寄存器 A
CMPR1	7417h	比较寄存器 1
CMPR2	7418h	比较寄存器 2
CMPR3	7419h	比较寄存器 3
捕获单元寄存器		
CAPCONA	7420h	捕获控制寄存器 A
CAPFIFOA	7422h	捕获 FIFO 状态寄存器 A
CAP1FIFO	7423h	捕获 FIFO 堆栈 1 的顶层寄存器
CAP2FIFO	7424h	捕获 FIFO 堆栈 2 的顶层寄存器
CAP3FIFO	7425h	捕获 FIFO 堆栈 3 的顶层寄存器
CAP1FBOT	7427h	捕获 FIFO 堆栈 1 的底层寄存器
CAP2FBOT	7428h	捕获 FIFO 堆栈 2 的底层寄存器
CAP3FBOT	7429h	捕获 FIFO 堆栈 3 的底层寄存器
中断寄存器		
EVAIMRA	742Ch	EVA 的中断屏蔽寄存器 A
EVAIMRB	742Dh	EVA 的中断屏蔽寄存器 B
EVAIMRC	742Eh	EVA 的中断屏蔽寄存器 C
EVAIFRA	742Fh	EVA 的中断标志寄存器 A
EVAIFRB	7430h	EVA 的中断标志寄存器 B
EVAIFRC	7431h	EVA 的中断标志寄存器 C

表 3-4-11 EVB 寄存器一览表

寄存器	地 址	描 述
定时器寄存器		
GPTCONB	7500h	通用定时器全局控制寄存器 B
T3CNT	7501h	定时器 3 的计数寄存器
T3CMPR	7502h	定时器 3 的比较寄存器
T3PR	7503h	定时器 3 的周期寄存器
T3CON	7504h	定时器 3 的控制寄存器
T4CNT	7505h	定时器 4 的计数寄存器

续表 3-4-11

寄存器	地址	描述
T4CMPR	7506h	定时器 4 的比较寄存器
T4PR	7507h	定时器 4 的周期寄存器
T4CON	7508h	定时器 4 的控制寄存器
新增的控制寄存器		
EXTCONB	7509h	扩展控制寄存器 B
比较单元寄存器		
COMCONB	7511h	比较控制寄存器 B
ACTRB	7513h	比较动作控制寄存器 B
DBTCONB	7515h	死区时间控制寄存器 B
CMPR4	7517h	比较寄存器 4
CMPR5	7518h	比较寄存器 5
CMPR6	7519h	比较寄存器 6
捕获单元寄存器		
CAPCONB	7520h	捕获控制寄存器 B
CAPFIFOB	7522h	捕获 FIFO 状态寄存器 B
CAP4FIFO	7523h	捕获 FIFO 堆栈 4 的顶层寄存器
CAP5FIFO	7524h	捕获 FIFO 堆栈 5 的顶层寄存器
CAP6FIFO	7525h	捕获 FIFO 堆栈 6 的顶层寄存器
CAP4FBOT	7527h	捕获 FIFO 堆栈 4 的底层寄存器
CAP5FBOT	7528h	捕获 FIFO 堆栈 5 的底层寄存器
CAP6FBOT	7529h	捕获 FIFO 堆栈 6 的底层寄存器
中断寄存器		
EVBIMRA	752Ch	EVB 的中断屏蔽寄存器 A
EVBIMRB	752Dh	EVB 的中断屏蔽寄存器 B
EVBIMRC	752Eh	EVB 的中断屏蔽寄存器 C
EVBIFRA	752Fh	EVB 的中断标志寄存器 A
EVBIFRB	7530h	EVB 的中断标志寄存器 B
EVBIFRC	7531h	EVB 的中断标志寄存器 C

下面我们按功能分别进行具体介绍。

2. 定时器寄存器

定时器寄存器包括：

- 定时器 x 的计数器寄存器 TxCNT($x=1,2,3$ 或者 4)：保存当前时刻定时器 x 的计数值,16 位。
- 定时器 x 的比较寄存器 TxCMPR($x=1,2,3$ 或者 4)：存放定时器 x 的比较值,16 位。
- 定时器 x 的周期寄存器 TxPR($x=1,2,3$ 或者 4)：存放定时器 x 的周期值,16 位。
- 定时器 x 的控制寄存器 TxCON($x=1,2,3$ 或者 4)：单个通用定时器的控制寄存器 TxCON($x=1,2,3$ 或 4)决定一个通用（GP）定时器的操作模式。每个定时器控制寄存器都是可以独立配置的,其各位的含义如图 3-4-19。
- 通用定时器控制寄存器(GPTCONA/B)：全局通用定时器控制寄存器(GPTCONA/B)规

定了发生各种定时器事件时通用定时器所采取的动作及其计数方向,该寄存器各位的含义如图3-4-20和图3-4-21所示。

本节后文所有的寄存器结构图中,灰色区域表示该位被保留或者是相对于240x增加的功能位。

15	14	13	12	11	10	9	8
Free	Soft	保留	TMODE1	TMODE0	TPS2	TPS1	TPS0
R/W—0	R/W—0	R/W—0	R/W—0	R/W—0	R/W—0	R/W—0	R/W—0
7	6	5	4	3	2	1	0
T2SWT1/T4WT3†	TENABLE	TCLKS1	TCLKS0	TCLD1	TCLD0	TECMPR	SELT1PR/SELT3PR
R/W—0	R/W—0	R/W—0	R/W—0	R/W—0	R/W—0	R/W—0	R/W—0

† 表示该位在T1CON和T3CON中为保留位。

图3-4-19 通用定时器的控制寄存器TxCON($x=1$、2、3或4)

上图中各位的详细描述如下:

位	名称	描述
15~14	Free,Soft	仿真控制位。

    0 0 仿真挂起时立即停止;
    0 1 仿真挂起时在当前定时周期结束后停止;
    1 0 操作不受仿真挂起的影响;
    1 1 操作不受仿真挂起的影响。

13   保留位   读返回为0,写无效。

12~11 TMODE1,TMODE0 计数模式选择。

    0 0 停止/保持;
    0 1 连续增/减计数模式;
    1 0 连续增计数模式;
    1 1 定向的增/减计数模式。

10~8 TPS2~TPS0   输入时钟预定标因子。

    0 0 0 $x/1$; 100 $x/16$;
    0 0 1 $x/2$; 101 $x/32$;
    0 1 0 $x/4$; 110 $x/64$;
    0 1 1 $x/8$; 111 $x/128$。

    x为HSPCLK的时钟频率。

7   T2SWT1/T4SWT3 对于EVA,该位是T2SWT1(GP定时器2由GP定时器1启动)。该位用来确定GP定时器2是否由GP定时器1的使能位来启动,该位在T1CON中是保留位。对于EVB,该位是T4SWT3(GP定时器4由GP定时器3启动)。该位用来确定GP定时器4是否由GP定时器3的使能位来启动,该位在T3CON中是保留位。

    0 使用自身的使能位(TENABLE);
    1 使用T1CON(EVA)或T3CON(EVB)的使能位

			来使能或禁止定时操作,忽略自身的使能位。
6		TENABLE	定时器使能。
			0 禁止定时器操作(定时器保持原状并且使预定标计数器复位);
			1 允许定时器操作。
5~4		TCLKS1,TCLKS0	时钟源选择。
			0 0 内部时钟(即 HSPCLK);
			0 1 外部时钟(即 TCLKINx);
			1 0 保留;
			1 1 正交编码脉冲电路。
3~2		TCLD1,TCLD0	定时器比较寄存器的重载条件。
			0 0 计数器的值为 0 时重载;
			0 1 计数器的值为 0 或等于周期寄存器的值时重载;
			1 0 立即重载;
			1 1 保留。
1		TECMPR	定时器比较使能。
			0 禁止定时器的比较操作;
			1 使能定时器的比较操作。
0		SELT1PR/SELT3PR	对于 EVA,该位是周期寄存器选择位。当 T2CON 的 SELT1PR 位被设置成 1 时,定时器 1 的周期寄存器同时也被当作定时器 2 的周期寄存器,同时定时器 2 忽略其自身的周期寄存器。该位在 T1CON 中为保留位。
			对于 EVB,该位是周期寄存器选择位。当 T4CON 的 SELT1PR 位被设置成 1 时,定时器 3 的周期寄存器同时也被当作定时器 4 的周期寄存器,同时定时器 4 忽略其自身的周期寄存器。该位在 T3CON 中为保留位。
			0 使用自己的周期寄存器;
			1 忽略自身的周期寄存器,将 T1PR(EVA)或 T3PR(EVB)作为周期寄存器。

15	14	13	12	11	10	9	8
保留	T2STAT	T1STAT	T2CTRIPE	T1CTRIPE	T2TOADC		T1TOADC
R—0	R—1	R—1	R/W—1	R/W—1	R/W—0		R/W—0

7	6	5	4	3	2	1	0
T1TOADC	TCMPOE	T2CMPOE	T1CMPOE	T2PIN		T1PIN	
R/W—0	R/W—0	R/W—0	R/W—0	R/W—0		R/W—0	

图 3-4-20 全局通用定时器控制寄存器 GPTCONA

位	名 称	描 述
15	保留位	保留。

14	T2STAT	通用定时器 2 的状态,只读。
		0　递减计数。
		1　递增计数。
13	T1STAT	通用定时器 1 的状态,只读。
		0　递减计数。
		1　递增计数。
12	T2CTRIPE	定时器 2 输出切断功能的使能位。当该位有效时,可以使能或者禁止定时器 2 的比较输出切断功能。该位只有在 EXTCON(0)=1 时有效,若为 0 则该位被保留。
		0　定时器 2 的输出切断功能被禁止。T2CTRIP 引脚上的输入信号将不影响定时器 2 的比较输出、GPTCON(5)以及 PDPINT 标志位(EVIFRA[0])。
		1　定时器 2 的输出切断功能被使能。当 T2CTRIP 引脚为低电平时,定时器 2 的比较输出将进入高阻状态、GPTCON(5)被复位到 0,同时 PDPINT 标志位(EVIFRA[0])被置位。
11	T1CTRIPE	定时器 1 输出切断功能的使能位。当该位有效时,可以使能或者禁止定时器 1 的比较输出切断功能。该位只有在 EXTCON(0)=1 时有效,若为 0 则该位被保留。
		0　定时器 1 的输出切断功能被禁止。T1CTRIP 引脚上的输入信号将不影响定时器 1 的比较输出、GPTCON(4)以及 PDPINT 标志位(EVIFRA[0])。
		1　定时器 1 的输出切断功能被使能。当 T1CTRIP 引脚为低电平时,定时器 1 的比较输出将进入高阻状态、GPTCON(4)被复位到 0,同时 PDPINT 标志位(EVIFRA[0])被置位。
10~9	T2TOADC	使用通用定时器 2 来启动 ADC。
		00　无事件启动 ADC;
		01　设置下溢中断标志启动 ADC;
		10　设置周期中断标志启动 ADC;
		11　设置比较中断标志启动 ADC。
8~7	T1TOADC	使用通用定时器 1 启动 ADC。
		00　无事件启动 ADC;
		01　设置下溢中断标志启动 ADC;
		10　设置周期中断标志启动 ADC;
		11　设置比较中断标志启动 ADC。
6	TCOMPOE	定时器比较输出使能,当该位有效时可以使能或者禁止定时器的比较输出。该位只有在 EXTCON(0)=0 时有效,若为 1 则该位被保留。当 PDPINT/T1CTRIP 引脚输入低

电平且 EVIMRA(0)=1 时，若该位处于有效状态，将被复位为 0。

0　定时器比较输出 T1/2PWM_T1/2CMP 处于高阻态；

1　定时器比较输出 T1/2PWM_T1/2CMP 由各定时器比较逻辑独立驱动。

| 5 | T2CMPOE | 定时器 2 的比较输出使能。当该位有效时可以使能或者禁止事件管理器定时器 2 的比较输出，对应 T2PWM_T2CMP 引脚。该位只有在 EXTCON(0)=1 时有效，若为 0 则该位被保留。如果 T2CTRIP 引脚功能被使能且为低电平，同时该位有效，它将被复位为 0。 |

0　定时器 2 的比较输出引脚 T2PWM_T2CMP 处于高阻状态；

1　定时器 2 的比较输出引脚 T2PWM_T2CMP 的输出状态由定时器 2 的比较逻辑独立驱动。

| 4 | T1CMPOE | 定时器 1 的比较输出使能。当该位有效时可以使能或者禁止事件管理器定时器 1 的比较输出，对应 T1PWM_T1CMP 引脚。该位只有在 EXTCON(0)=1 时有效，若为 0 则该位被保留。如果 T1CTRIP 引脚功能被使能且为低电平，同时该位有效，它将被复位为 0。 |

0　定时器 1 的比较输出引脚 T1PWM_T1CMP 处于高阻状态；

1　定时器 1 的比较输出引脚 T1PWM_T1CMP 的输出状态由定时器 1 的比较逻辑独立驱动。

3~2　T2PIN　通用定时器 2 比较输出的极性。

00　强制低；
01　低有效；
10　高有效；
11　强制高。

1~0　T1PIN　通用定时器 1 比较输出的极性。

00　强制低；
01　低有效；
10　高有效；
11　强制高。

注意：

(1) 当 EXTCON[0]先被置位时，GPTCONA[12]和 GPTCONA[11]将默认值 1。

(2) MUXs 将代替 GPTCONA[6]和(EVIMRA(0)|PDPINT)信号来分别驱动 T1PWM_T1CMP 和 T2PWM_T2CMP 的使能和禁止。MUXs 都由 EXTCON[0]控制：

- 当 EXTCON[0]=0 时，MUXs 都将选择 GPTCONA[6]和(EVIMRA(0)|PDPINT)信号；

第3章 TMS320X281x DSP 的片内外设

- 当 EXTCON[0]=1 时，T1PWM_T1CMP 的 MUX 将选择 GPTCONA[4]，而 T2PWM_T2CMP 的 MUX 将选择 GPTCONA[5]。

(3)(！EVIMRA(0)|PDPINT)表示存在于 240x 构架中的从 PDPINT 引脚到比较输出缓冲器的异步路径。

一般以 A 为后缀的寄存器中对应事件管理器 A 的控制位，以 B 为后缀的寄存器中对应事件管理器 B，两者的布局往往是对应一致的。例如在这里，GPTCONB 的控制位布局与 GPTCONA 完全一样，各位的功能也类似，只不过各位对应的定时器不一样。如果 GPTCONA 某位用来控制定时器 1，在 GPTCONB 中的相应位就是定时器 3 的控制位，同理 GPTCONA 中对应定时器 2 的某控制位在 GPTCONB 中将对应定时器 4。因此，只在这里给出 GPTCONB 各控制位的定义图，对其各位的具体功能不再重复介绍。

15	14	13	12	11	10	9	8
保留	T4STAT	T3STAT	T4CTRIPE	T3CTRIPE	T4TOADC		T3TOADC
R—0	R—0	R—1	R/W—1	R/W—1	R/W—0		R/W—0

7	6	5	4	3	2	1	0
T3TOADC	TCMPOE	T4CMPOE	T3CMPOE	T4PIN		T3PIN	
R/W—0	R/W—0	R/W—0	R/W—0	R/W—0		R/W—0	

图 3-4-21 全局通用定时器控制寄存器 GPTCONB

3. 比较单元的寄存器

(1) 比较控制寄存器(COMCONA/B)

比较单元的比较操作由比较控制寄存器 COMCONA 和 COMCONB 控制，其各位的定义如图 3-4-22 和图 3-4-23 所示。

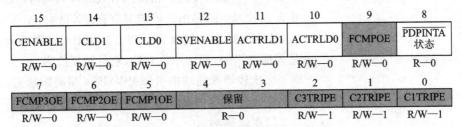

15	14	13	12	11	10	9	8
CENABLE	CLD1	CLD0	SVENABLE	ACTRLD1	ACTRLD0	FCMPOE	PDPINTA 状态
R/W—0	R/W—0	R/W—0	R/W—0	R/W—0	R/W—0	R/W—0	R/W—0

7	6	5	4	3	2	1	0
FCMP3OE	FCMP2OE	FCMP1OE	保留	C3TRIPE		C2TRIPE	C1TRIPE
R/W—0	R/W—0	R/W—0	R—0	R/W—1		R/W—1	R/W—1

注：低8位中，除保留位外，其他位只有在EXTCONA[0]=1时才有效。

图 3-4-22 比较控制寄存器 COMCONA

位	名称	描述
15	CENABLE	比较使能位。
		0 禁止比较操作，所有的映像寄存器(CMPRx 和 ACTRA)变透明；
		1 使能比较操作。
14~13	CLD1、CLD0	比较寄存器 CMPRx 重载条件。
		0 0 当 T1CNT=0(下溢)时重载；
		0 1 当 T1CNT=0 或 T1CNT=T1PR(即下溢或周期匹配)时重载；
		1 0 立即重载；

		1 1　保留位,结果不可预测。
12	SVENABLE	空间矢量PWM模式使能位。
		0　禁止空间矢量PWM模式;
		1　使能空间矢量PWM模式。
11～10	ACTRLD1 ACTRLD0	动作控制寄存器重载条件。
		0 0　当T1CNT=0(下溢)时重载;
		0 1　当T1CNT=0或T1CNT=T1PR(即下溢或周期匹配)时重载;
		1 0　立即重载;
		1 1　保留位,结果不可预测。
9	FCOMPOE	全比较输出使能位。当该位有效时可以同时使能或者禁止所有全比较输出。该位只有在EXTCON(0)=0时有效,若为1则该位被保留。当同时满足PDPINTA/T1CTRIP为低电平和EVAIFRA[0]=1时,若该位有效,它将被复位为0。
		0　PWM输出引脚PWM1/2/3/4/5/6呈高阻状态,即比较输出被禁止;
		1　PWM输出引脚PWM1/2/3/4/5/6由对应的比较逻辑驱动,即全比较输出被使能。
8	$\overline{\text{PDPINTA}}$状态	该位反映了$\overline{\text{PDPINTA}}$引脚的当前状态。
7	FCMP3OE	全比较器3输出使能。当该位有效时可以同时使能或者禁止全比较器3的输出。该位只有在EXTCON(0)=1时有效,若为0则该位被保留。当T3CTRIP引脚功能被使能且为低电平时,若这一位有效,它将被复位为0。
		0　全比较器3的输出引脚PWM5/6呈高阻状态;
		1　全比较器3的输出引脚PWM5/6由全比较器3的比较逻辑驱动。
6	FCMP2OE	全比较器2输出使能。当该位有效时可以同时使能或者禁止全比较器2的输出。该位只有在EXTCON(0)=1时有效,若为0则该位被保留。当T2CTRIP引脚功能被使能且为低电平时,若这一位有效,它将被复位为0。
		0　全比较器2的输出引脚PWM3/4呈高阻状态;
		1　全比较器2的输出引脚PWM3/4由全比较器2的比较逻辑驱动。
5	FCMP1OE	全比较器1输出使能。当该位有效时可以同时使能或者禁止全比较器1的输出。该位只有在EXTCON(0)=1时有效,若为0则该位被保留。当T1CTRIP引脚功能被使能且为低电平时,若这一位有效,它将被复位为0。
		0　全比较器1的输出引脚PWM1/2呈高阻状态;

		1	全比较器1的输出引脚PWM1/2由全比较器1的比较逻辑驱动。
4~3	保留位		保留。
2	C3TRIPE		全比较器3输出切断功能使能。当该位有效时可以同时使能或者禁止全比较器3的输出切断功能。该位只有在EXTCON(0)=1时有效,若EXTCON(0)=0则该位被保留。
		0	全比较器3输出切断功能被禁止,C3TRIP引脚状态将不会影响全比较器3的输出,COMCONA[8]以及PDPINT标志位(EVAIFRA[0]);
		1	全比较器3输出切断功能被使能,当C3TRIP引脚输入低电平,全比较器3的两个输出引脚将进入高阻状态,COMCONA[8]被复位成0且PDPINT标志位(EVAIFRA[0])被置位。
1	C2TRIPE		全比较器2输出切断功能使能。当该位有效时可以同时使能或者禁止全比较器2的输出切断功能。该位只有在EXTCON(0)=1时有效,若EXTCON(0)=0则该位被保留。
		0	全比较器2输出切断功能被禁止,C3TRIP引脚状态将不会影响全比较器2的输出,COMCONA[7]以及PDPINT标志位(EVAIFRA[0]);
		1	全比较器2输出切断功能被使能,当C3TRIP引脚输入低电平,全比较器2的两个输出引脚将进入高阻状态,COMCONA[7]被复位成0且PDPINT标志位(EVAIFRA[0])被置位。
0	C1TRIPE		全比较器1输出切断功能使能。当该位有效时可以同时使能或者禁止全比较器1的输出切断功能。该位只有在EXTCON(0)=1时有效,若EXTCON(0)=0则该位被保留。
		0	全比较器1输出切断功能被禁止,C3TRIP引脚状态将不会影响全比较器1的输出,COMCONA[6]或者PDPINT标志位(EVAIFRA[0]);
		1	全比较器1输出切断功能被使能,当C3TRIP引脚输入低电平,全比较器1的两个输出引脚将进入高阻状态,COMCONA[6]被复位成0且PDPINT标志位(EVAIFRA[0])被置位。

COMCONB的控制位布局与COMCONA完全一样,各位的功能也类似,区别在于各位对应的定时器和全比较单元不同:COMCONA中对应的是事件管理器A的定时器1和全比较单元1、2、3的控制位,而COMCONB中对应事件管理器B的定时器3和全比较单元4、5、6的控制位。因此和全局定时器控制寄存器一样我们只在这里给出COMCONB的控制位定义图,对各位的具体功能不再重复介绍。

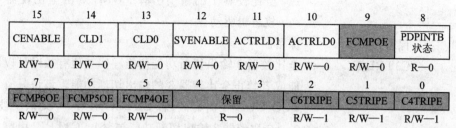

图 3-4-23 比较控制寄存器 COMCONB

(2) 比较动作控制寄存器(ACTRA/B)

如果 COMCONx[15]位使能了比较操作,那么当比较事件发生时,比较动作控制寄存器(ACTRA 和 ACTRB)就控制着 6 个比较输出引脚(PWMx,对于 ACTRA,$x=1\sim6$;对于 ACTRB,$x=7\sim12$)的动作。

ACTRA 和 ACTRB 都是双缓冲的,它们的重载条件由 COMCONx 寄存器的相应位决定,它们还包括了空间矢量 PWM 操作所需的 SVRDIR、D2、D1 和 D0 位。图 3-4-24 和图 3-4-25 为 ACTRA 和 ACTRB 寄存器的位定义。

15	14	13	12	11	10	9	8
SVDIR	D2	D1	D0	CMP6ACT1	CMP6ACT0	CMP5ACT1	CMP5ACT0
R/W—0	R/W—0	R/W—0	R/W—0	R/W—0	R/W—0	R/W—0	R/W—0
7	6	5	4	3	2	1	0
CMP4ACT1	CMP4ACT0	CMP3ACT1	CMP3ACT0	CMP2ACT1	CMP2ACT0	CMP1ACT1	CMP1ACT0
R/W—0	R/W—0	R/W—0	R/W—0	R/W—0	R/W—0	R/W—0	R/W—0

图 3-4-24 比较动作控制寄存器 ACTRA

位	名称	描述	
15	SVRDIR	空间矢量 PWM 的旋转方向位,仅用于产生空间矢量 PWM 输出。	
		0	正向(逆时针方向);
		1	负向(顺时针方向)。
14~12	D2~D0	基本的空间矢量位。仅用于产生空间矢量 PWM 输出。	
11~10	CMP6ACT1~CMP6ACT 0	比较输出引脚 6(CMP6)上的动作。	
		00	强制低;
		01	低有效;
		10	高有效;
		11	强制高。
9~8	CMP5ACT1~CMP5ACT 0	比较输出引脚 5(CMP5)上的动作。	
		00	强制低;

			01 低有效；
			10 高有效；
			11 强制高。
7～6	CMP4ACT1～ CMP4ACT 0		比较输出引脚 4(CMP4)上的动作。 00 强制低； 01 低有效； 10 高有效； 11 强制高。
5～4	CMP3ACT1～ CMP3ACT 0		比较输出引脚 3(CMP3)上的动作。 00 强制低； 01 低有效； 10 高有效； 11 强制高。
3～2	CMP2ACT1～ CMP2ACT 0		比较输出引脚 2(CMP2)上的动作。 00 强制低； 01 低有效； 10 有效； 11 强制高。
1～0	CMP1ACT1～ CMP1ACT 0		比较输出引脚 1(CMP1)上的动作。 00 强制低； 01 低有效； 10 高有效； 11 强制高。

同样,在这里只给出 ACTRB 寄存器的控制位定义图,对各位的功能不再重复介绍。AC-TRA 中的各位控制事件管理器 A 的比较输出 1、2、3、4、5 和 6,而 ACTRB 中的相应的位将对应控制事件管理器 B 的比较输出 7、8、9、10、11 和 12。

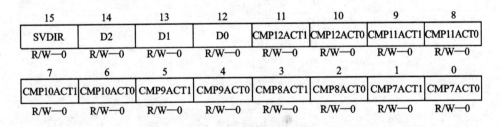

图 3-4-25 比较动作控制寄存器 ACTRB

(3) 死区控制寄存器 DBTCONA/B

死区定时器控制寄存器(DBTCONA/B)控制着死区单元的操作,图 3-4-26 和图 3-4-27 分别描述了它们的位定义。

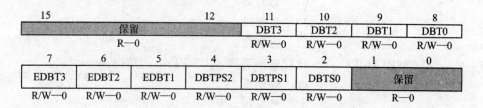

图 3-4-26 死区定时器控制寄存器 DBTCONA

位	名称	描述
15~12	保留位	读为零，写无影响。
11~8	DBT3~DBT0	死区定时器周期，这些位同时定义了三个 4 位死区定时器的周期值。
7	EDBT3	死区定时器 3 使能位（对于比较单元 3 的 PWM5 和 PWM6 引脚）。 0 禁止； 1 使能。
6	EDBT2	死区定时器 2 使能位（对于比较单元 2 的 PWM3 和 PWM4 引脚）。 0 禁止； 1 使能。
5	EDBT1	死区定时器 1 使能位（对于比较单元 1 的 PWM1 和 PWM2 引脚）。 0：禁止； 1：使能。
4~2	DBTPS2~DBTPS0	死区定时器的预定标因子。 000　$x/1$； 001　$x/2$； 010　$x/4$； 011　$x/8$； 100　$x/16$； 101　$x/32$； 110　$x/32$； 111　$x/32$。 $x=$CPU 时钟频率

DBTCONB 各位的名称与 DBTCONA 的都一样，而 DBTCONB 对应控制事件管理器 B 的死区，其 EDBT3~EDBT1 三个死区定时器 3、2 和 1 的使能位分别对应比较单元 6 的 PWM11 和 PWM12 引脚输出、比较单元 5 的 PWM9 和 PWM10 引脚输出、比较单元 4 的 PWM7 和 PWM8 引脚输出。

(4) 比较寄存器 CMPRx($x=1$~6)

保存比较单元的比较值：对于比较寄存器 1、2、3 来说，它们被用来与定时器 1 的计数器值

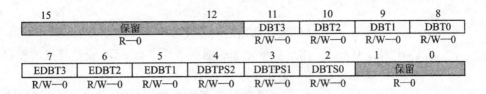

图 3-4-27 死区定时器控制寄存器 DBTCONB

作比较;而对于比较寄存器 4、5、6 来说,它们将被用来和定时器 3 的计数器值作比较。

4. 捕获单元的寄存器

捕获单元的操作由 4 个 16 位的控制寄存器 CAPCONA/B 和 CAPFIFOA/B 控制。由于捕获电路的时间基准是由通用定时器 1/2 或 3/4 提供的,因此 TxCON($x=1,2,3$ 或 4)寄存器也用于控制捕获单元的操作。另外,寄存器 CAPCONA/B 也可用于控制正交编码脉冲电路的操作。

(1) 捕获控制寄存器 CAPCONA/B

图 3-4-28 和 3-4-29 给出了 CAPCONA/B 寄存器的位定义。

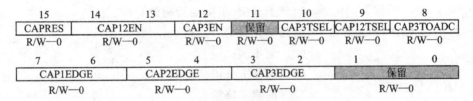

图 3-4-28 捕获控制寄存器 CAPCONA

位	名称	描述
15	CAPRES	捕获复位,读该位总返回 0。向该位写 0 将清除所有的捕获寄存器和 QEP 寄存器的值。但使能捕获功能时不需要向该位写 1。 0 所有捕获单元和正交编码脉冲电路的寄存器清零; 1 无操作。
14~13	CAP12EN	捕获单元 1 和 2 的使能位。 00 禁止捕获单元 1 和 2,FIFO 堆栈保持原样; 01 使能捕获单元 1 和 2; 10 保留; 11 保留。
12	CAP3EN	捕获单元 3 使能位。 0 禁止捕获单元 3,其 FIFO 堆栈保持原原样; 1 使能捕获单元 3。
11	保留位	读为 0,写无效。
10	CAP3TSEL	捕获单元 3 的通用定时器选择位。 0 选择通用定时器 2; 1 选择通用定时器 1。
9	CAP12TSEL	捕获单元 1 和 2 的通用定时器的选择位。

		0 选择通用定时器2;
		1 选择通用定时器1。
8	CAP3TOADC	用捕获单元3的捕获事件启动ADC模数转换的控制位。
		0 无操作;
		1 当CAP3INT标志位被置位时,启动ADC模数转换。
7~6	CAP1EDGE	捕获单元1的边沿检测控制位。
		00 无检测;
		01 检测上升沿;
		10 检测下降沿;
		11 上升沿、下降沿均检测。
5~4	CAP2EDGE	捕获单元2的边沿检测控制位。
		00 无检测;
		01 检测上升沿;
		10 检测下降沿;
		11 上升沿、下降沿均检测。
3~2	CAP3EDGE	捕获单元3的边沿检测控制位。
		00 无检测;
		01 检测上升沿;
		10 检测下降沿;
		11 上升沿、下降沿均检测。
1~0	保留位。	

在这里也只给出CAPCONB寄存器的控制位定义,对各位的功能不再重复介绍。CAPCONA包含事件管理器A的捕获通道1、2和3的控制位,而在CAPCONB中将对应控制事件管理器B的捕获通道4、5和6。

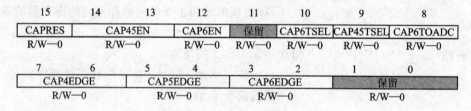

图3-4-29 捕获控制寄存器CAPCONB

(2) 捕获FIFO状态寄存器(CAPFIFOA/B)

CAPFIFOA中包括了捕获单元的3个FIFO堆栈状态位。如果在CAPnFIFOA的状态位正在更新时(因为发生了一个捕获事件)向CAPnFIFOA状态位写入数据,则写数据操作将被优先执行。图3-4-30和图3-4-31给出了CAPFIFOA/B的位定义。

通过向CAPFIFOx寄存器中写入数据可以给程序的编写带来的很大的灵活性。例如,如果01写入CAPnFIFO位,那么EV模块就会认为FIFO中已经有一个输入了,这样一来,随后FIFO每获得一个新的捕获值,都将产生一个捕获中断。

位　　　名　称　　　描　述

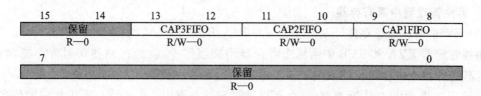

图 3-4-30 捕获 FIFO 状态寄存器 CAPFIFOA

15~14	保留位	读为 0,写无效。
13~12	CAP3FIFO	捕获单元 3 的 FIFO 堆栈状态位。
		00 空;
		01 已有一个输入值压入栈;
		10 已有两个输入值压入栈;
		11 已有两个输入值的前提下又捕获到一个,则最先输入的值将被丢弃。
11~10	CAP2FIFO	捕获单元 2 的 FIFO 堆栈状态位。
		00 空;
		01 已有一个输入值压入栈;
		10 已有两个输入值压入栈;
		11 已有两个输入值的前提下又捕获到一个,则最先输入的值将被丢弃。
9~8	CAP1FIFO	捕获单元 1 的 FIFO 堆栈状态位。
		00 空;
		01 已有一个输入值压入栈;
		10 已有两个输入值压入栈;
		11 已有两个输入值的前提下又捕获到一个,则最先输入的值将被丢弃。
7~0	保留位	读为 0,写无效。

显然 CAPFIFOB 将对应包含事件管理器 B 捕获单元的 3 个 FIFO 堆栈状态位,如图 3-4-31 所示,各位功能介绍略。

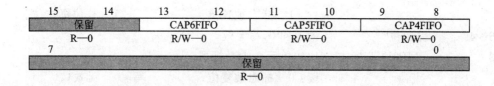

图 3-4-31 捕获 FIFO 状态寄存器 CAPFIFOB

(3) 用于捕获 FIFO 堆栈的顶层寄存器 CAPxFIFO($x=1\sim6$)

16 位只读寄存器在发生多次捕获时用来存放捕获单元先前捕获的旧计数值;位 4 用于捕获 FIFO 堆栈的底层寄存器 CAPxFBOT($x=1\sim6$);位 16 寄存器在发生多次捕获时用来存放捕获单元最近捕获的新计数值。

5. 事件管理器中断寄存器

(1) EV 中断标志寄存器（EVyIFRx，y 可取 A、B，x 可取 A、B、C）

事件管理器 EVA 和 EVB 中断标志寄存器均被当作 16 位的存储器映射寄存器，当通过软件这些寄存器中的保留位时，读操作总是返回 0，写操作则没有任何效果。由于 EVyIFRx 是可读的寄存器，所以当中断被屏蔽时，可以通过软件查询中断标志寄存器中相应的位来监测中断事件的发生。下面以事件管理器 A 的中断标志寄存器 EVAIFRA、EVAIFRB 和 EVAIFRC 为例进行介绍。寄存器各位如图 3-4-32、3-4-33、3-4-34、3-4-35、3-4-37 及 3-4-38 所示。

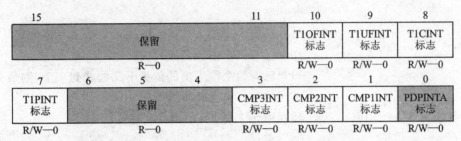

图 3-4-32 EV 中断标志寄存器 EVAIFRA

位	名称	描述
15～11	保留位	读返回 0，写无效。
10	T1OFINT 标志	通用定时器 1 的上溢中断标志。 读：0 标志被复位；　　写：0 无效； 　　1 标志被置位。　　　　1 复位标志位。
9	T1UFINT 标志	通用定时器 1 的下溢中断标志。 读：0 标志被复位；　　写：0 无效； 　　1 标志被置位。　　　　1 复位标志位。
8	T1CINT 标志	通用定时器 1 的比较中断标志。 读：0 标志被复位；　　写：0 无效； 　　1 标志被置位。　　　　1 复位标志位。
7	T1PINT 标志	通用定时器 1 的周期中断标志。 读：0 标志被复位；　　写：0 无效； 　　1 标志被置位。　　　　1 复位标志位。
6～4	保留位	读返回 0，写无效。
3	CMP3INT 标志	比较单元 3 中断标志。 读：0 标志被复位；　　写：0 无效； 　　1 标志被置位。　　　　1 复位标志位。
2	CMP2INT 标志	比较单元 2 中断标志。 读：0 标志被复位；　　写：0 无效； 　　1 标志被置位。　　　　1 复位标志位。
1	CMP1INT 标志	比较单元 1 中断标志。 读：0 标志被复位；　　写：0 无效；

1 标志被置位。 1 复位标志位。

0 PDPINTA 标志 功率驱动保护中断标志。

该位的定义取决于 EXTCONA[0]位。当 EXTCONA[0]=0 时,其定义仍和 240x 系列器件一样;而当 EXTCONA[0]=1 时,若任何一个比较输出切断功能被使能同时其切断输入引脚又是低电平,该位将被置位。

读:0 标志被复位; 写:0 无效;

1 标志被置位。 1 复位标志位。

15–8
保留
R—0

7–4	3	2	1	0
保留	T2OFINT 标志	T2UFINT 标志	T2CINT 标志	T2PINT 标志
R—0	R/W—0	R/W—0	R/W—0	R/W—0

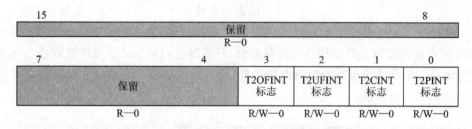

图 3-4-33 EV 中断标志寄存器 EVAIFRB

位 名 称 描 述

15～4 保留位 读返回 0,写无效。

3 T2OFINT 标志 通用定时器 2 的上溢中断标志。

读:0 标志被复位; 写:0 无效;

1 标志被置位。 1 复位标志位。

2 T2UFINT 标志 通用定时器 2 的下溢中断标志。

读:0 标志被复位; 写:0 无效;

1 标志被置位。 1 复位标志位。

1 T2CINT 标志 通用定时器 2 的比较中断标志。

读:0 标志被复位; 写:0 无效;

1 标志被置位。 1 复位标志位。

0 T2PINT 标志 通用定时器 2 的周期中断标志。

读:0 标志被复位; 写:0 无效;

1 标志被置位。 1 复位标志位。

15–8
保留
R—0

7–3	2	1	0
保留	CAP3INT 标志	CAP2INT 标志	CAP1INT 标志
R—0	R/W—0	R/W—0	R/W—0

图 3-4-34 EV 中断标志寄存器 EVAIFRC

位 名 称 描 述

15～3 保留位 读返回 0,写无效。

2	CAP3INT 标志	捕获单元 3 中断标志。		
		读：0 标志被复位；	写：0	无效；
		1 标志被置位。	1	复位标志位。
1	CAP2INT 标志	捕获单元 2 中断标志。		
		读：0 标志被复位；	写：0	无效；
		1 标志被置位。	1	复位标志位。
0	CAP1INT 标志	捕获单元 1 中断标志。		
		读：0 标志被复位；	写：0	无效；
		1 标志被置位。	1	复位标志位。

事件管理器 B 的中断标志寄存器 EVBIFRA、EVBIFRB 和 EVBIFRC 与上面介绍的事件管理器 A 的中断标志寄存器布局功能都很近似，只不过它们对应的是事件管理器 B 中断。这一点与前面介绍的事件管理器的控制寄存器都一样，所以也只给出各寄存器的控制位布局图而省略其具体功能的介绍。

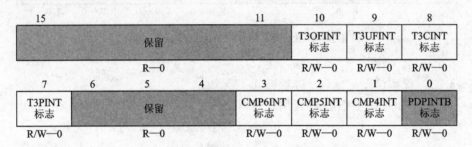

图 3-4-35　EV 中断标志寄存器 EVBIFRA

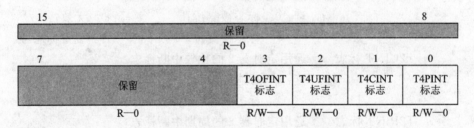

图 3-4-36　EV 中断标志寄存器 EVBIFRB

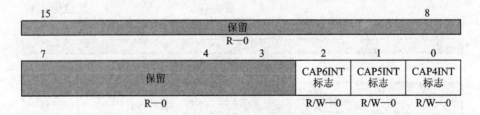

图 3-4-37　EV 中断标志寄存器 EVBIFRC

(2) 中断屏蔽寄存器(EVyIMRx，y 可取 A、B，x 可取 A、B、C)

中断屏蔽寄存器的各位与中断标志寄存器的各位相对应，只有当中断屏蔽寄存器的某位与中断标志寄存器的相应位同时为 1 时，外设中断扩展控制器(PIE)才会产生一个外设中断请求。下面以事件管理器 A 为例对各个中断屏蔽寄存器进行介绍。寄存器各位如图 3-4-38、3-4-39、3-4-40、3-4-41、3-4-42 及 3-4-43 所示。

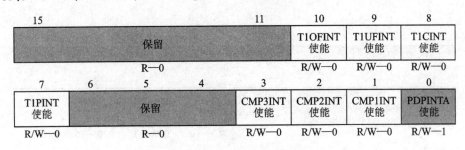

图 3-4-38 EV 中断屏蔽寄存器 EVAIMRA

位	名称	描述
15~11	保留位	读返回 0,写无效。
10	T1OFINT 使能	通用定时器 1 的上溢中断使能。 0 禁止； 1 使能。
9	T1UFINT 使能	通用定时器 1 的下溢中断使能。 0 禁止； 1 使能。
8	T1CINT 使能	通用定时器 1 的比较中断使能。 0 禁止； 1 使能。
7	T1PINT 使能	通用定时器 1 的周期中断使能。 0 禁止； 1 使能。
6~4	保留位	读返回 0,写无效。
3	CAP3INT 使能	比较单元 3 中断使能。 0 禁止； 1 使能。
2	CAP2INT 使能	比较单元 2 中断使能。 0 禁止； 1 使能。
1	CAP1INT 使能	比较单元 1 中断使能。 0 禁止； 1 使能。
0	PDPINTA 使能	功率驱动保护中断使能。复位后即被使能(设置为 1)。该位的定义取决于 EXTCONA[0]位。当 EXTCONA[0]=0 时,它的定义仍和 240x 系列器件一样,也就是说该位同时使能或者禁止 PDP(功率驱动保护)中断和从 PDPINT 引脚到比较输出缓冲器的直接路径；而当 EXTCONA[0]=1

时,该位仅仅用于使能或者禁止 PDP 中断。
0 禁止;
1 使能。

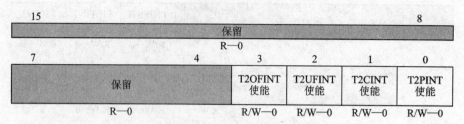

图 3-4-39 EV 中断屏蔽寄存器 EVAIMRB

位	名 称	描 述
15~4	保留位	读返回 0,写无效。
3	T2OFINT 使能	通用定时器 2 的上溢中断使能。 0 禁止; 1 使能。
2	T2UFINT 使能	通用定时器 2 的下溢中断使能。 0 禁止; 1 使能。
1	T2CINT 使能	通用定时器 2 的比较中断使能。 0 禁止; 1 使能。
0	T2PINT 使能	通用定时器 2 的周期中断使能。 0 禁止; 1 使能。

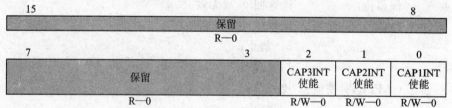

图 3-4-40 EV 中断屏蔽寄存器 EVAIMRC

位	名 称	描 述
15~3	保留位	读返回 0,写无效。
2	CAP3INT 使能	捕获单元 3 中断使能。 0 禁止; 1 使能。
1	CAP2INT 使能	捕获单元 2 中断使能。 0 禁止; 1 使能。

0   CAP1INT 使能   捕获单元 1 中断使能。
　　　　　　　　　　0 禁止；
　　　　　　　　　　1 使能。

与中断标志寄存器一样,这里我们也将只给出事件管理器 B 的各中断屏蔽寄存器的布局图而省略其具体功能的介绍。

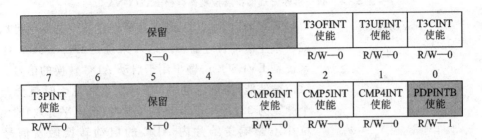

图 3-4-41　EV 中断屏蔽寄存器 EVBIMRA

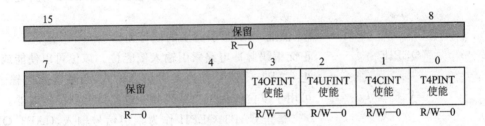

图 3-4-42　EV 中断屏蔽寄存器 EVBIMRB

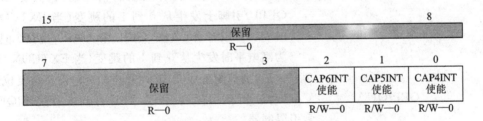

图 3-4-43　EV 中断屏蔽寄存器 EVBIMRC

6. 事件管理器的扩展控制寄存器

EXTCONA 和 EXTCONB 是 281x 相对于 240x 新增加的扩展控制寄存器,主要用来使能或者禁止 281x 中新增或者修改过的功能。设计 EXTCONx 寄存器的目的是为了使 281x 的事件管理器能与 240x 的事件管理器保持兼容。通过 EXTCONx 寄存器分别使能或者禁止事件管理器中各新增或者修改过的功能特性,程序员就能在兼容性和新特性之间进行灵活的选择。默认情况下这些新功能特性都是被禁止的。与事件管理器中其他控制寄存器一样,对于 EXTCONB 来说,除了它可用来控制事件管理器 B 以外,其他功能都与 EXTCONA 一致。寄存器各位如图 3-4-44 及 3-4-45 所示。

位	名　称	描　述
15～4	保留位	保留。

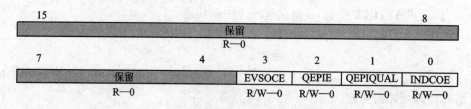

图 3-4-44 事件管理器扩展控制寄存器 EXTCONA

| 3 | EVSOCE | 事件管理器启动 ADC 转换的输出使能。这一位可以使能或者禁止事件管理器(对 EVA 来说是 EVASOCn,对 EVB 来说是 EVBSOCn)输出用于启动 ADC 转换的信号。如果该位被使能,当规定的 ADC 启动事件发生时就会产生一个脉宽为 32 个 HSPCLK 的负脉冲(低电平有效)输出。该位并不影响送给片内 ADC 的启动转换触发信号 EVTOADC。|

  0 禁止 $\overline{\text{EVSOC}}$ 引脚上的信号输出,$\overline{\text{EVSOC}}$ 引脚处于高阻状态;

  1 使能 $\overline{\text{EVSOC}}$ 引脚上的信号输出。

| 2 | QEPIE | 正交编码脉冲电路索引输入使能位。该位可以使能或者禁止 CAP3_QEPI1 作为索引信号输入,当使能索引输入时,可用于复位作为正交编码脉冲电路计数器的定时器。|

  0 禁止 CAP3_QEPI1 作为索引信号输入,CAP3_QEPI1 引脚上的变化将不影响作为 QEP 计数器的定时器;

  1 使能 CAP3_QEPI1 作为索引信号输入,只要 CAP3_QEPI1 引脚上发生从 0 到 1 的跳变(当 EXTCONAP[1]=0),或者当 CAP3_QEP1 和 CAP3_QEP2 同时都为高电平时发生从 0 到 1 的跳变(当 EXTCONAP[1]=1),则被配置成 QEP 计数器的定时器将被复位为 0。

| 1 | QEPIQUAL | CAP3_QEPI 索引限制模式。该位打开或者关闭 QEP 的索引限制器。|

  0 CAP3_QEPI1 的限制模式被关闭。允许 CAP3_QEPI1 信号通过限制器而不受任何影响。

  1 CAP3_QEPI1 的限制模式被打开。只有当 CAP3_QEP1 和 CAP3_QEP2 都为高电平时,才允许从 0 到 1 的信号跳变通过限制器,否则限制器的输出将保持低电平。

| 0 | INDCOE | 比较输出的独立使能模式。当该位被置位时,允许独立地使能或者禁止各个比较输出。|

  0 比较输出的独立使能模式被禁止。定时器 1 和定时器 2 的比较输出由 GPTCONA[6]位同时使能或者禁止,全比较单元 1、2 和 3 的输出则由 COMCONA[9]位同

第3章 TMS320X281x DSP 的片内外设

时使能或者禁止。GPTCONA[12,11,5,4]和 COMCONA[7:5,2:0]位将被保留。EVIFRA[0]同时使能或者禁止所有的比较输出。EVIMRA[0]同时使能或者禁止 PDP 中断和 $\overline{\text{PDPINT}}$ 的信号路径。

1   比较输出的独立使能模式被使能。两个定时器的比较输出由 GPTCONA[5,4]位分别使能或者禁止,全比较单元的输出则由 COMCONA[7:5]位分别决定。而它们比较输出切断功能将分别由 GPTCONA[12,11]和 COMCONA[2:0]来使能或是禁止。此时 GPTCONA[6]和 COMCONA[9]位将被保留不用。当任何一个被使能的切断输入信号为低时,就会把 EVIFRA[0]置位,而这里 EVIMRA[0]将仅仅用于中断的使能或者禁止。

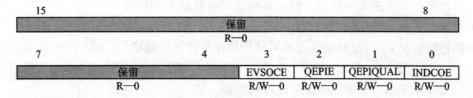

图 3-4-45 事件管理器扩展控制寄存器 EXTCONB

3.5 串行外设接口(SPI)

串行外设接口(SPI)是一个高速同步串行输入/输出(I/O)口,允许可编程位长的串行位流(1~16 位)以可编程的位传输率移入或移出器件。SPI 通常用于 DSP 控制器和外设或另一个处理器之间的通信。典型的应用包括外设 I/O 或通过如移位寄存器、显示驱动器或模数转换器等器件所做的外设扩展。SPI 支持主/从形式的多机通信。

C28x 系列 DSP 支持一个 16 级深度的接收和发送 FIFO,用来减少 CPU 的开销。

3.5.1 增强型 SPI 模块简介

SPI 的 CPU 模型如图 3-5-1 所示。

SPI 模块包括以下特征:
- 四个外部引脚:
  — SPISOMI:串行外设接口从输出/主输入引脚;
  — SPISIMO:串行外设接口从输入/主输出引脚;
  — SPISTE:串行外设接口从传送使能引脚;
  — SPICLK:串行外设接口串行时钟引脚。

注:如果没有使用 SPI 模块,四个引脚可以作为通用 I/O 口。
- 两种工作模式:主模式和从模式操作。
- 波特率:125 种可编程波特率。所能够使用的最大波特率受到 SPI 引脚所使用的 I/O

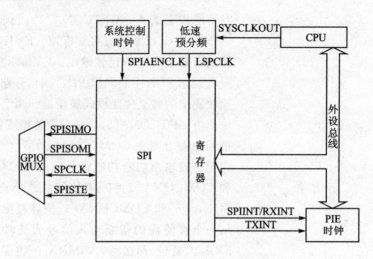

图 3-5-1 SPI CPU 接口

缓冲器的最大速率所限制。详见具体芯片的数据手册。
- 数据字长度：1~16 位数据位。
- 四种时钟配置（由时钟极性位和时钟相位位所控制），包括：
  — 下降沿无相位延时：SPICLK 高电平有效。SPI 在 SPICLK 信号的下降沿发送数据，在 SPICLK 信号的上升沿接收数据。
  — 下降沿有相位延时：SPICLK 高电平有效。SPI 在 SPICLK 信号下降沿的前半个周期发送数据，在 SPICLK 信号的下降沿接收数据。
  — 上升沿无相位延时：SPICLK 低电平有效。SPI 在 SPICLK 信号的上升沿发送数据，在 SPICLK 信号的下降沿接收数据。
  — 上升沿有相位延时：SPICLK 低电平有效。SPI 在 SPICLK 信号下降沿的前半个周期发送数据，在 SPICLK 信号的上升沿接收数据。
- 同步接收和发送（发送功能可以通过软件禁用）。
- 发送器和接收器可以通过中断驱动或者 polled 算法完成工作。
- 12 个 SPI 模块控制寄存器：位于控制寄存器帧中起始地址为 7040h。

注：SPI 模块中的所有寄存器是 16 位寄存器，与外设帧 2 相连。当访问寄存器时，寄存器数据在低字节（7~0 位），高字节（15~8 位）读为 0。写高字节无效。

- 增强功能：
  — 16 级发送/接收 FIFO；
  — 延迟发送功能。

1. 模块框图

图 3-5-2 为 SPI 工作于从控制器模式时的框图，显示了 28x SPI 模块中的基本控制块。

2. SPI 模块信号简介

SPI 模块信号及描述如表 3-5-1 所列。

3. SPI 模块的寄存器

表 3-5-2 列出了 SPI 端口的配置和控制寄存器。

SPI 具有 16 位发送和接收的能力，双缓冲发送和双缓冲接收。所有寄存器是 16 位宽度。

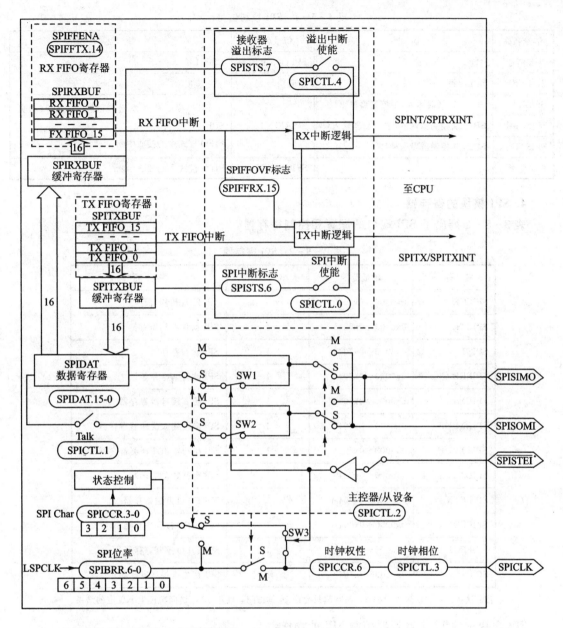

* 从设备的 SPISTE 引脚由主控制器拉低。

图 3-5-2 串行外设接口模块框图

从模式下的 SPI 不再限制最大传送速率为 LSPCLK/8。从控制器模式和主控制器模式下的最大传送速率都是 LSPCLK/4。写入发送串行数据寄存器 SPIDAT 和新的发送缓冲器 SPITXBUF 的数据必须是一个左对齐的 16 位寄存器数据。

用于控制选择通用 I/O 口和专用功能口的切换控制位从寄存器 SPIPC1(704Dh) 和 SPIPC2(704Eh) 中移除，这些位现在位于通用 I/O 寄存器。

表 3-5-1 SPI 模块信号

信号名称	描 述	信号名称	描 述
外部信号		SPI CLock Rate	LSPCLK
SPICLK	SPI 时钟	中断信号	
SPISIMO	SPI 从控制器输入,主控制器输出	SPIRXINT	无 FIFO 模式中的发送中断/接收中断(参见 SPI INT)
SPISOMI	SPI 从控制器输出,主控制器输入		FIFO 模式中的接收中断
SPISTE	SPI 从控制器发送使能		
控制信号		SPITXINT	FIFO 模式中的发送中断

4. SPI 模块的寄存器

表 3-5-2 列出了 SPI 端口的配置和控制寄存器。

表 3-5-2 SPI 寄存器

名 称	地址范围	大小(×16 位)	描 述
SPICCR	0x0000～0x7040	1	SPI 配置控制寄存器
SPICTL	0x0000～0x7041	1	SPI 操作控制寄存器
SPIST	0x0000～0x7042	1	SPI 状态寄存器
SPIBRR	0x0000～0x7044	1	SPI 波特率寄存器
SPIEMU	0x0000～0x7046	1	SPI 仿真缓冲器寄存器
SPIRXBUF	0x0000～0x7047	1	SPI 串行输入缓冲器寄存器
SPITXBUF	0x0000～0x7048	1	SPI 串行输出缓冲器寄存器
SPIDAT	0x0000～0x7049	1	SPI 串行数据寄存器
SPIFFTX	0x0000～0x704A	1	SPI FIFO 发送寄存器
SPIFFRX	0x0000～0x704B	1	SPI FIFO 接收寄存器
SPIFFCT	0x0000～0x704C	1	SPI FIFO 控制寄存器
SPIPRI	0x0000～0x704F	1	SPI 优先级控制寄存器

注:这些寄存器映射外设帧 2。该空间只允许 16 位访问。使用 32 位访问将产生不确定的结果。

SPI 模块中的 12 个寄存器控制 SPI 的操作:
- SPICCR(SPI 配置控制寄存器):包含用于 SPI 配置的控制位。
  — SPI 模块软件复位;
  — SPICLK 极性选择;
  — 4 个 SPI 字符长度控制位。
- SPICTL(SPI 操作控制寄存器):包含数据传送的控制位。
  — 两个 SPI 中断使能位;
  — SPICLK 相位选择;
  — 工作模式(主控制器/从控制器);
  — 数据传送使能。

- SPISTS(SPI 状态寄存器)：包含两个接收缓冲器状态位和一个发送缓冲器状态位。
  — 接收器溢出；
  — SPI INT FLAG；
  — TX BUF FULL FLAG。
- SPIBRR(SPI 波特率寄存器)：包含的 7 位用来设定传输率。
- SPIRXEMU(SPI 接收仿真缓冲寄存器)：存放收到的数据。该寄存器仅用于仿真操作。SPIRXBUF 应该被用于正常操作。
- SPIRXBUF(SPI 接收缓冲器——串行接收缓冲寄存器)：存放收到的数据。
- SPITXBUF(SPI 发送缓冲器——串行发送缓冲寄存器)：存放下一个将要发送的数据。
- SPIDAT(SPI 数据寄存器)。存放被 SPI 发送的数据，用作发送/接收移位寄存器。写入 SPIDAT 的数据在后续的 SPICLK 周期中被移出。对于移出 SPI 的每一位，都有一个来自接收数据流的位被移入移位寄存器的另一端。
- SPIPRI(SPI 优先级寄存器)：这些位用于确定中断优先级和在使用 XDS 仿真器时程序挂起期间的串行外设接口的操作。

3.5.2 操作介绍

图 3-5-3 表明了用于通信的串行外设接口与两个控制器(主控制器和从控制器)之间的连接方式。主控制器通过发送 SPICLK 信号来启动数据传送。对于主控制器和从控制器，数据都在 SPICLK 的一个边沿移出移位寄存器，并在相对的另一个边沿锁存进移位寄存器。如果 CLOCK PHASE(SPICTL.3)位为高，则在 SPICLK 跳变之前的半个周期时数据被发送和

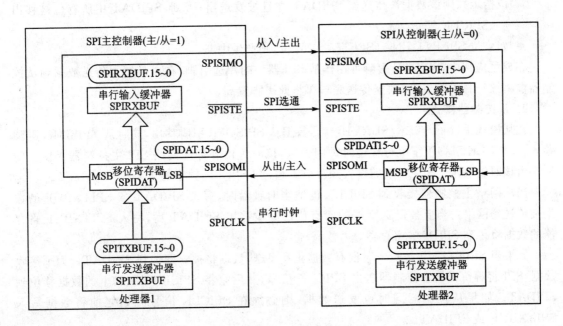

图 3-5-3 SPI 主机与从机的连接

接收。因此，两个控制器可同时发送和接收数据。应用软件决定数据的真伪。有三种可能的数据发送方法：

- 主控制器发送数据；从控制器发送伪数据；
- 主控制器发送数据；从控制器发送数据；
- 主控制器发送伪数据；从控制器发送数据。

主控制器可在任何时刻启动数据传送，因为它控制着 SPICLK 信号。但是软件决定了主控制器如何检测从控制器准备发送数据的时间。SPI 可以工作于主控制器或从控制器模式。MASTER/SLAVE(SPICTL.2)位用于选择操作模式和 SPICLK 信号的来源。

1. 主控制器模式

主控制器模式下(MASTER/SLAVE=1)，SPI 的 SPICLK 引脚上提供了整个串行通信网络的串行时钟。数据从 SPISIMO 引脚输出，并在 SPISOMI 引脚锁存输入。

SPIBRR 寄存器决定了网络发送和接收的位传输率。SPIBRR 可选择 126 种不同的数据传输率。

写入 SPIDAT 或 SPITXBUF 的数据启动 SPISIMO 引脚上的数据发送，先发送数据最高有效位(MSB)。同时，接收的数据通过 SPISOMI 引脚移入 SPIDAT 的最低有效位(LSB)。当设定数量的位已经发送完时，接收到的数据被送到 SPIRXBUF(接收缓冲器)以备 CPU 读取。数据以右对齐方式存储在 SPIRXBUF 中。

当指定数量的数据已经通过 SPIDAT 移出后，则产生下列事件：

- SPIDAT 的内容传送到 SPIRXBUF。
- SPI INT FLAG(SPISTS.6)位被置位。
- 如果传送缓冲器 SPITXBUF 中存在有效数据(由 SPISTS 寄存器中的 TXBUF FULL 位指示)，则该数据被传送到 SPIDAT 并且被发送出；否则，SPIDAT 中所有位被移出后，SPICLK 停止。
- 如果位 SPI INT ENA(SPICTL.0)置位，则产生中断。

在典型应用中，SPISTE 引脚可用作从 SPI 器件的片选引脚，在主控制器传送数据到从控制器前将该选择引脚置低，数据传送完毕再将此引脚置高。

2. 从控制器模式

在从模式中(MASTER/SLAVE=0)，数据从 SPISOMI 引脚移出，同时从 SPISIMO 引脚移入。SPICLK 引脚用于串行移位时钟的输入，该时钟由外部的网络 SPI 主控制器提供。传输率由该时钟决定。SPICLK 的输入频率应不超过 LSPCLK 频率的 1/4。

当从网络主控制器接收到 SPICLK 的适当时钟沿时，写入 SPIDAT 或 SPITXBUF 的数据被传送到网络。当要被传送字符的所有位已经被移出 SPIDAT 后，写入 SPITXBUF 寄存器的数据将传到 SPIDAT 寄存器。

如果当 SPITXBUF 被写入时没有数据正在发送，数据将被立即传到 SPIDAT。为了接收数据，SPI 将等待网络主控制器送出 SPICLK 信号，然后它将 SPISIMO 引脚上的数据移位到 SPIDAT。如果从控制器同时也发送数据，则必须在 SPICLK 信号开始之前将数据写入 SPITXBUF 或 SPIDAT。

当 TALK 位(SPICTL.1)被清除时，数据传送被禁止，输出线(SPISOMI)置成高阻状态。如果这发生在一个正在进行的传送过程中，即使 SPISOMI 被迫设置成高阻状态，当前的字符也要完全被传送,以保证 SPI 仍然可以正确接收上传数据。TALK 位使得同一网络上可以有多个从器件,而某一时刻只能有一个从器件驱动 SPISOMI。

SPISTE 作为从器件选通引脚。引脚 SPISTE 上的低电平有效信号使能从 SPI 器件将数据传送到串行数据线;而高电平无效信号则使从 SPI 器件的串行移位寄存器停止工作,并且其串行输出引脚被置成高阻态。这将允许同一网络上可以有多个从器件,而某一时刻只能有一个从器件被选中。

3.5.3 SPI 中断

本小节叙述用于初始化中断、数据格式、时钟、复位初始化和数据传送的一些控制位。

1. SPI 中断控制位

5 个控制位用来初始化 SPI 的中断:
- SPI INT ENA 位(SPICTL.0);
- SPI INT FLAG 位(SPISTS.6);
- OVERRUN INT ENA 位(SPICTL.4);
- RECEIVEROVERRUN FLAG 位(SPISTS.7);
- SPI PRIORITY 位(SPIPRI.6)。

(1) SPI INT ENA 位(SPICTL.0)

当 SPI 中断使能位置位时,如果发生一个中断情况,将产生相应的中断。

(2) SPI INT FLAG 位(SPISTS.6)

状态标志一个字符已经存入 SPI 接收器缓冲器,准备被读取。当一个完整的字符移入或者移出 SPIDAT 时,SPI INT FLAG 位(SPISTS.6)被置位,同时如果 SPI INT ENA 位(SPICTL.0)使能的话将产生一个中断。中断标志保持至以下情况之一发生:

- 中断响应(不同于 C240 系列 DSP);
- CPU 读取 SPIRXBUF(读取 SPIRXEMU 不会清除 SPI INT FLAG 位);
- IDLE 指令使设备进入 IDLE2 模式或者 HALT 模式;
- 软件清除 SPI SW RESET 位(SPICCR.7);
- 发生系统复位。

当 SPI INT FLAG 位置位时,一个字符已经存入 SPIRXBUF,准备被读取。如果 CPU 没有在下一个完整字符收到前读取该字符,新的字符将被写入 SPIRXBUF,同时接收器溢出标志位(SPISTS.7)被置位。

(3) OVERRUN INT ENA 位(SPICTL.4)

当 RECEIVEROVERRUN FALG 位(SPISTS.7)被硬件置位时,溢出中断使能位允许产生一个中断。由 SPISTS.7 产生的中断的由 SPI INT FLAG 位(SPISTS.6)产生的中断共享一个中断向量。

(4) RECEIVEROVERRUN 标志位(SPISTS.7)

当 SPIRXBUF 中前一个字符被读取前,又有新的字符被收到并且存入 SPIRXBUF,RECEIVEROVERRUN 标志位被置位。RECEIVEROVERRUN 标志位必须由软件来清除。

2. 数据格式

SPICCR.3~0 这四位确定了数据字符的位数(1~16 位)。该信息指状态控制逻辑计数接收和发送的位数,从而决定何时处理完了一个完整的字符。下列情况适用于少于 16 位的字符:

- 字符写入 SPIDAT 或 SPITX-BUF 时必须左对齐;
- 从 SPIRXBUF 读出的字符是右对齐;
- SPIRXBUF 中存放最新接收的字符(右对齐),再加上那些已移位到左边的前次传送留下的位。

注:如果SPISOMI为高电平x=1;如果SPISOMI为低电平x=0。假设为主控制器模式。

图 3-5-4 从 SPIRXBUF 的位传送

【例 3-5-1】从 SPIRXBUF 的位传送。

条件:发送字符长度=1 位(由位 SPICCR.3~0 决定),SPIDAT 的当前值=737Bh。

3. 波特率和时钟方案

SPI 模块支持 125 种不同的波特率和四种不同的时钟设置。根据 SPI 时钟处于从方式还是主方式,引脚 SPICLK 可分别接收一个外部的 SPI 时钟信号或提供 SPI 时钟信号。

在从模式,SPI 的时钟是从 SPICLK 引脚上接收外部时钟源,并且该时钟不能超过 LSPCLK 频率的 1/4。

在主模式,SPI 时钟由 SPI 产生并且从 SPICLK 引脚输出,同时该时钟不能超过 LSPCLK 频率的 1/4。

(1) 波特率设定

式(3-5-1)给出了如何确定 SPI 的波特率。

对于 SPIBRR=3~127:

$$\text{SPI 波特率} = \frac{\text{LSPCLK}}{\text{SPIBRR}+1} \qquad (3-5-1)$$

对于 SPIBRR=0,1 或者 2:

$$\text{SPI 波特率} = \frac{\text{LSPCLK}}{4}$$

式中:LSPCLK=器件的低速外设时钟频率;SPIBRR=主 SPI 器件中 SPIBRR 寄存器的值。

为了确定 SPIBRR 中所写入的值,用户必须知道器件的系统时钟频率(LSPCLK)(它取决于具体器件)和将所要使用的波特率。

(2) 最大 SPI 波特率的计算

【例 3-5-2】如何确定芯片能够进行通信的最大波特率。假设 LSPCLK = 40 MHz。

$$\text{最大 SPI 波特率} = \frac{\text{LSPCLK}}{4} = \frac{40\,\text{MHz}}{4} = 10 \times 10^6 \text{ bps}$$

(3) SPI 的时钟设计

CLOCK POLARITY 位（SPICCR.6）和 CLOCK PHASE 位（SPICTL.3）控制 SPICLK 引脚上四种不同的时钟设计。CLOCK POLARITY 位选择有效的时钟信号沿（上升沿或者下降沿）。CLOCK PHASE 位用来选择时钟沿的半周期延时。四种不同的时钟设计如下：

- 无延时的下降沿。SPI 在 SPICLK 的下降沿发送数据并在 SPICLK 的上升沿接收数据。
- 有延时的下降沿。SPI 在 SPICLK 信号的下降沿之前的半个周期时发送数据，而在 SPICLK 信号的下降沿接收数据。
- 无延时的上升沿。SPI 在 SPICLK 的上升沿发送数据，在 SPICLK 的下降沿接收数据。
- 有延时的上升沿。SPI 在 SPICLK 信号的上升沿之前的半个周期时发送数据，在 SPICLK 信号的上升沿接收数据。

串行外设时钟设计的选择如表 3-5-3 所列。这四个时钟设计的例子与图 3-5-5 中发送和接收的数据一一对应。

表 3-5-3 SPI 时钟方案选择

SPICLK 方案	CLOCK POLARITY (SPICCR.6)	CLOCK PHASE (SPICTL.3)
无延时的上升沿	0	0
有延时的上升沿	0	1
无延时的下降沿	1	0
有延时的下降沿	1	1

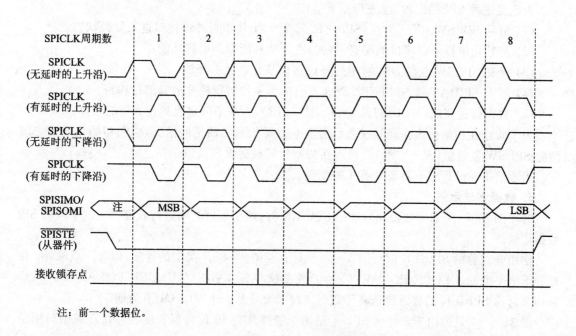

注：前一个数据位。

图 3-5-5 SPICLK 信号选项

对于 SPI 来说，仅当（SPIBRR+1）的结果为偶数时才保持 SPICLK 的对称性。当（SPIBRR+1）为奇数，并且 SPIBRR 大于 3 时，SPICLK 变成非对称。当 CLOCK POLARITY 位清零时，SPI-

CLK 的低电平脉冲比它的高电平脉冲长一个 CLKOUT。当 CLOCK POLARITY 位置位时，SPI-CLK 的高电平脉冲比它的低电平脉冲长一个 CLKOUT，如图 3-5-6 所示。

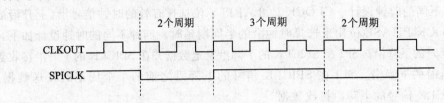

图 3-5-6　SPI 的 SPICLK CLKOUT 特性((BRR+1)为奇数，BRR>3 且 CLOCK POLARITY=1)

4. 复位时的初始化

系统复位迫使 SPI 外设模块进入下列缺省的配置：
- 该单元被配置成从控制器模式(MASTER/SLAVE=0)；
- 禁止发送功能(TALK=0)；
- 在 SPICLK 信号的下降沿锁存输入的数据；
- 字符长度假设为一位；
- 禁用 SPI 中断；
- SPIDAT 中数据被复位为 0000h；
- SPI 模块引脚功能被设定为通用输入口(这在 I/O 多路复用控制寄存器 B[MCRB]中完成)。

为改变这种 SPI 的配置，应进行如下操作：

(1) 清除 SPI SW RESET 位(SPICCR.7)为 0，迫使串行外设接口进入复位状态；
(2) 初始化串行外设接口的配置、格式、波特率和所需的引脚功能；
(3) 设置 SPI SW 复位为 1，将串行外设接口从复位状态释放；
(4) 写入 SPIDAT 或 SPITXBUF(这就启动了主控制器模式的通信过程)；
(5) 数据传送完成后(SPISTS.6=1)，读 SPIRXBUF 来确定收到什么样的数据。

为了防止在初始化改变期间或之后出现不需要和不可预见的情况，应在初始化改变之前清除 SPI SW 复位位(SPICCR.7)，然后在初始化完成后设置该位。

当通信正在进行时不要改变 SPI 的配置。

5. 数据传送示例

时序图 3-5-7 表明在使用对称的 SPICLK 时，两个器件之间进行长度为 5 位字符的 SPI 数据传送。

使用非对称的 SPICLK 时序图 3-5-6 具有与图 3-5-7 类似的性质，但有一点除外：在脉冲低电平期间(CLOCK POLARITY=0)或在脉冲高电平期间(CLOCK POLARITY=1)，采用非对称 SPICLK 的数据传送在传送每一位时要延长一个 CLKOUT 周期。

图 3-5-7 只适用于 8 位的 SPI，不适用于能够具有 16 位数据长度的芯片。该图只用于说明。

对图 3-5-7 有如下几点说明：

(1) 从控制器将 0D0h 写入 SPIDAT，并等待主控制器移出数据；
(2) 主控制器将从控制器的 SPISTE 信号置低(有效)；

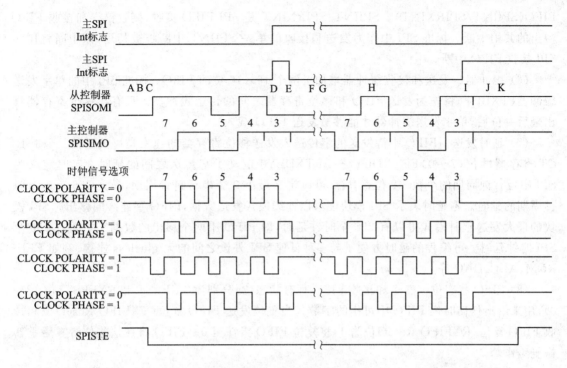

图 3-5-7 字符长度为 5 位

(3) 主控制器将 058h 写入 SPIDAT 来启动传送过程；

(4) 第一个字节完成,置位中断标志位；

(5) 从控制器从它的 SPIRXBUF(右对齐)中读取 0Bh；

(6) 从控制器将 04Ch 写入 SPIDAT,并等待主控制器移出数据；

(7) 主控制器将 06Ch 写入 SPIDAT 来启动传送过程；

(8) 主控制器从 SPIRXBUF(右对齐)中读取 01Ah；

(9) 第二个字节完成,置位中断标志位；

(10) 主、从控制器分别从它们的 SPIRXBUF 中读取 89h 和 8Dh。用户软件屏蔽掉未使用位之后,主、从控制器分别接收到 09h 和 0Dh；

(11) 控制器清除从控制器的 SPISTE 信号为高电平(无效)。

3.5.4 SPI FIFO 介绍

下面的步骤说明了 FIFO 的特点,有助于使用 SPI FIFO 功能：

(1) 复位。在上电复位后,SPI 处于标准 SPI 模式,FIFO 功能被禁用。FIFO 寄存器：SPIFFTX、SPIFFRX 和 SPIFFCT 处于无效状态。

(2) 标准 SPI。标准的 240x SPI 模式将使用 SPIINT/SPIRXINT 作为中断源。

(3) 模式转换。FIFO 模式的使能是通过设置 SPIFFTX 寄存器中的 SPIFFEN 位为 1 来实现的。SPIRST 可以在使用过程中的任何阶段复位 FIFO 模式。

(4) 激活寄存器。所有的 SPI 寄存器和 SPI FIFO 寄存器 SPIFFTX、SPIFFRX 和 SPIFFCT 将被激活。

(5) 中断。FIFO 模式有两个中断,一个用于发送 FIFO(SPITXINT),另外一个用于接收

FIFO(SPIINT/SPIRXINT)。SPIINT/SPIRXINT 是 SPI FIFO 接收、接收错误和接收 FIFO 溢出的共用中断。标准 SPI 中作为发送和接收的单一 SPIINT 中断将被禁用,该中断将作为 SPI 接收 FIFO 中断。

(6) 缓冲器。发送和接收缓冲器增加了两个 16×16 位的 FIFO。标准 SPI 中的单字发送缓冲器(TXBUF)将作为发送 FIFO 和移位寄存器之间的传送缓冲器。只有在移位寄存器移出最后一位后,单字发送缓冲器才能够被发送 FIFO 载入。

(7) 延时发送。FIFO 中待发送的字传送入发送移位寄存器的速率是可编程的。SPIFFCT 寄存器的位(7~0)FFTXDLY7~FFTXDLY0 定义了字传送之间的延时。延时定义为 SPI 串行时钟周期的个数。8 位寄存器 可以定义最小 0 个串行时钟周期,最大 256 个串行时钟周期的延时。零延时表示 SPI 模块能够以连续模式发送数据,FIFO 字连续的移出。SPI 模块的最大发送延时模式可以有 256 个时钟延时,即 FIFO 中两个移出的数据字之间有 256 个 SPI 时钟延时。可编程的延时方便了与多种低速 SPI 外设之间的无 glueless 连接,例如 EEPROM、ADC、DAC 等。

(8) FIFO 状态位。发送和接收 FIFO 都有状态位,分别为 TXFFST 和 RXFFST(位 12~0),用来给出任何时候 FIFO 中可用的字数。当置位发送 FIFO 复位(TXFIFO Reset)位和接收 FIFO 复位(RXFIFO Reset)位为 1,将复位 FIFO 指针至 0。FIFO 将在这些位清零后重新恢复工作。

(9) 设置中断等级。发送和接收 FIFO 都能够产生 CPU 中断。发送 FIFO 状态位 TXFFST(位 12~8)匹配(小于或者等于)中断触发等级位 TXFFIL(位 4~0)时,将触发中断。这为 SPI 的发送和接收环节提高了一个可编程的中断触发。接收 FIFO 的触发等级位默认值为 0x11111,而发送 FIFO 的触发等级位默认值为 0x00000。

SPI FIFO 中断标志和使能逻辑产生如图 3-5-8 所示。中断标志模式如表 3-5-4 所列。

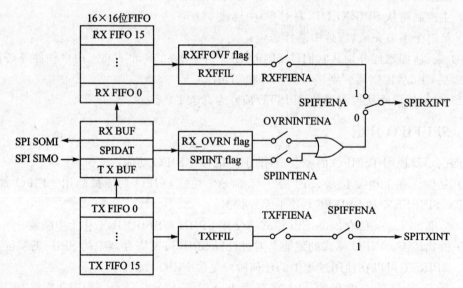

图 3-5-8 SPI FIFO 中断标志和使能逻辑产生

表 3 - 5 - 4 SPI 中断标志模式

FIFO 选项	SPI 中断源	中断标志	中断使能	FIFO 使能 SPIFFENA	中断线
SPI 无 FIFO					
	接收溢出	RXOVRN	OVRNINTENA	0	SPIRXINT*
	数据接收	SPIINT	SPIINTENA	0	SPIRXINT*
	发送空	SPIINT	SPIINTENA	0	SPIRXINT*
SPI FIFO 模式					
	FIFO 接收	RXFFIL	RXFFIENA	1	SPIRXINT*
	发送空	TXFFIL	TXFFIENA	1	SPITXINT*

* 在无 FIFO 模式,SPIRXINT 与 240x 系列 DSP 中的 SPIINT 中断相同。

3.6 串行通信接口

串行通讯接口(SCI)是一个两线制异步串行接口,通常被称为 UART。SCI 模块支持 CPU 与其他异步外设之间使用标准非归零码(NRZ)进行数字通信。SCI 的接收器和发送器各自具有一个 16 级深度的 FIFO,以减少 CPU 开销,而且它们还有各自独立的使能位和中断位。两者可以独立地进行半双工通讯,或者同时进行全双工通信。

为了保证数据的完整性,SCI 检查收到数据的间断侦测(break detection)、奇偶性、溢出和帧错误。通过使用 16 位波特率选择寄存器可以设置不同速率的位率。

同时,28x 系列 DSP 中的 SCI 模块还增加了 240xA 系列 DSP 的 SCI 中所没有的增强功能。

3.6.1 增强型 SCI 模块概述

SCI 接口如图 3-6-1 所示。
SCI 模块具有以下特征:
- 两个外部引脚:
  — SCITXD:SCI 发送输出引脚;
  — SCIRXD:SCI 接收输入引脚。
  如果不用于 SCI 通信,两个引脚都可以作为通用 I/O 口。
- 可编程为多达 64K 种不同的波特率。
- 数据字的格式:
  — 一位起始位;

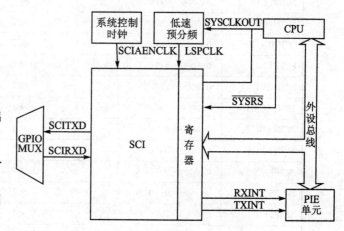

图 3-6-1 SCI CPU 接口

——1～8位可编程数据字长度；
——可选择进行奇校验、偶校验或者不进行奇偶校验；
——1～2位停止位。
● 四个错误检测标志：奇偶校验、溢出、帧和间断侦测。
● 两种多处理器唤醒模式：空闲线（idle-line）和地址位（address bit）。
● 半双工或者全双工操作。
● 双缓冲接收和发送功能。
● 发送器和接收器可以通过具有状态标志的中断驱动或者polled算法来完成操作。
● 独立的发送器中断使能位和接收器中断使能位（除BRKDT）。
● 非归零码（NRZ）格式。
● 13个SCI模块控制寄存器位于控制寄存器，帧起始地址为7050h。

模块中所有的寄存器与外设帧2连接的8位寄存器。当访问寄存器时，寄存器中的数据位于低字节（7～0），高字节（15～8）读返回0值。写高半字节无效。

● 增强功能：
——自动波特率侦测硬件逻辑；
——16级深度的发送/接收FIFO。

图3-6-2是SCI模块框图。表3-6-1和表3-6-2列出了SCI端口配置和控制所使用的寄存器。

表3-6-1 SCI-A寄存器

名 称	地址范围	大小（×16）	描 述
SCICCR	0x0000～0x7050	1	SCI-A 通信控制寄存器
SCICTL1	0x0000～0x7051	1	SCI-A 控制寄存器1
SCIHBAUD	0x0000～0x7052	1	SCI-A 波特率寄存器（高位）
SCILBAUD	0x0000～0x7053	1	SCI-A 波特率寄存器（低位）
SCICTL2	0x0000～0x7054	1	SCI-A 控制寄存器2
SCIRXST	0x0000～0x7055	1	SCI-A 接收状态寄存器
SCIRXEMU	0x0000～0x7056	1	SCI-A 接收仿真数据缓冲器寄存器
SCIRXBUF	0x0000～0x7057	1	SCI-A 接收数据缓冲器寄存器
SCITXBUF	0x0000～0x7059	1	SCI-A 发送数据缓冲寄存器
SCIFFTX	0x0000～0x705A	1	SCI-A FIFO 发送寄存器
SCIFFRX	0x0000～0x705B	1	SCI-A FIFO 接收寄存器
SCIFFCT	0x0000～0x705C	1	SCI-A FIFO 控制寄存器
SCIPRI	0x0000～0x705F	1	SCI-A 优先级控制寄存器

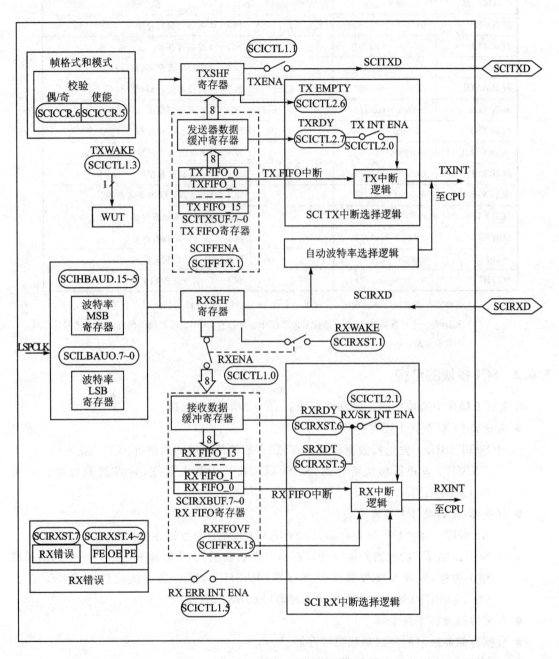

图 3-6-2 串行通信接口(SCI)模块框图

表 3-6-2 SCI-B 寄存器

名 称	地址范围	大小(×16)	描 述
SCICCR	0x0000~0x7750	1	SCI-B 通信控制寄存器
SCICTL1	0x0000~0x7751	1	SCI-B 控制寄存器 1
SCIHBAUD	0x0000~0x7752	1	SCI-B 波特率寄存器(高位)
SCILBAUD	0x0000~0x7753	1	SCI-B 波特率寄存器(低位)
SCICTL2	0x0000~0x7754	1	SCI-B 控制寄存器 2
SCIRXST	0x0000~0x7755	1	SCI-B 接收状态寄存器
SCIRXEMU	0x0000~0x7756	1	SCI-B 接收仿真数据缓冲器寄存器
SCIRXBUF	0x0000~0x7757	1	SCI-B 接收数据寄存器
SCITXBUF	0x0000~0x7759	1	SCI-B 发送数据缓冲器寄存器
SCIFFTX	0x0000~0x775A	1	SCI-B FIFO 发送寄存器
SCIFFRX	0x0000~0x775B	1	SCI-B FIFO 接收寄存器
SCIFFCT	0x0000~0x775C	1	SCI-B FIFO 控制寄存器
SCIPRI	0x0000~0x775F	1	SCI-B 优先级控制寄存器

注：(1) 这些寄存器被映射到外设帧 2。该帧只允许 16 位访问，使用 32 位访问将产生不确定的结果。

(2) SCIB 是一个可选的外设，在一些型号的芯片中也许没有 SCIB。可能提供的外设请参考具体芯片的数据手册。

3.6.2 SCI 模块的结构

在全双工操作中所使用的主要部件如图 3-6-2 所示，它包括：
- 发送器(TX)及其主要寄存器。
  —— SCITXBUF：发送器数据缓冲寄存器，存放等待发送的数据(由 CPU 载入)。
  —— TXSHF：发送器移位寄存器，从 SCITXBUF 中载入数据，并将数据每逐位移至 SCITXD 引脚。
- 接收器(RX)及其主要寄存器。
  —— RXSHF：接收器移位寄存器，将 SCIRXD 引脚上的数据逐位移入。
  —— SCIRXBUF：接收器数据缓冲寄存器。存放数据供 CPU 读取。来自一个远端处理器的数据，先载入接收器移位寄存器(RXSHF)，然后装入接收数据缓冲寄存器(SCIRXBUF)和接收仿真缓冲寄存器(SCIRXEMU)。
- 可编程的波特率发生器。
- 数据存储器映射的控制和状态寄存器。

串行通信接口的接收器和发送器可以独立或同时工作。

1. SCI 模块的信号概述

信号名称	描 述
外部信号	
SCIRXD	SCI 异步串行端口接收数据
SCITXD	SCI 异步串行端口发送数据

控制信号	
Baud clock	LSPCLK 预分频时钟
中断信号	
TXINT	发送中断
RXINT	接收中断

2. 多处理器(多机)异步通信模式

SCI 有两种多处理器协议,即空闲线(idle-line)多处理器模式和地址位(address-bit)多处理器模式。这些协议允许在多个处理器之间进行有效的数据传输。

SCI 提供了与许多流行的外围设备接口的通用异步接收器/发送器(UART)通信模式。异步模式与许多标准设备连接需要两条线,如果使用 RS-232-C 格式的终端和打印机等,数据发送的字符包括:

- 1 个起始位;
- 1~8 个数据位;
- 1 个奇偶校验位或无奇偶校验位;
- 1~2 个停止位。

3. SCI 的可编程数据格式

串行通信接口的数据,不管是接收还是发送均采用非归零(NRZ)格式。非归零的数据格式包括以下组成部分:

- 1 个起始位;
- 1~8 位数据位;
- 1 个奇偶校验位(可选);
- 1 或 2 个停止位;
- 1 个附加位用于识别数据中地址(仅用于地址位模式)。

基本单元的数据称作一个字符,其长度为 1~8 位。数据中的每个字符的格式为:1 个起始位、1 个或 2 个停止位、可选的奇偶校验位和地址位。带有格式化信息数据的一个字符称作一个帧,如图 3-6-3 所示。

图 3-6-3 典型的 SCI 数据帧格式

为了对数据格式进行配置,要使用 SCI 通信接口控制寄存器(SCICCR)。用于对数据格式进行编程的位如表 3-6-3 所列。

表 3-6-3　使用 SCICCR 设置数据格式

位	位名称	位置	功能
2~0	SCI CHAR2~0	SCICCR.2~0	选择字符(数据)的长度(1~8位)
5	PARITY ENABLE	SCICCR.5	置位使能奇偶校验功能,或者清零禁用奇偶校验功能
6	EVEN/ODD PARITY	SCICCR.6	当奇偶校验使能时,如果该位清零,则为奇校验;如果置位,则为偶校验
7	STOP BITS	SCICCR.7	设置发送停止位的个数。如果该位清零,则有一个停止位;如果该位置位,则有 2 个停止位

4. SCI 多处理器通信

多处理器通信格式允许一个处理器在同一串行线路中将数据块有效地传送给其他处理器。在一条串行线路中,每次只可以有一个传送。换句话说,一条串行线上每次只能有一个信息源。

地址字节:发出信息块的第一个字节包括了一个地址位,它被所有处于接收状态的处理器读取。只有地址正确的处理器才能被紧随地址字节之后的数据字节中断。而地址不正确的处理器,仍然保持不被中断,直到下一个地址字节。

休眠(SLEEP)位:串行线路上的所有处理器均将 SCI 的 SLEEP 位(SCICTL1.2)置位,这样它们就仅在检测到地址字节时才被中断。当一个处理器读到一个地址与 CPU 设备的地址(可由应用程序软件设置)相一致时,用户的程序必须清零 SLEEP 位,以使 SCI 能够在接收到每个数据字节时都产生一个中断。

尽管当 SLEEP 位为 1 时接收器仍能工作;但是,它不会使 RXRDY、RXINT 或任何接收错误状态位置位,除非检测到地址字节,并且接收到帧中的地址位为 1(适用于地址位模式)。SCI 并不会改变 SLEEP 位,必须由用户软件改变 SLEEP 位。

(1) 识别地址字节

处理根据所使用的多处理器模式不同,识别地址字节也不同。例如:

空闲线(idle-line)模式在地址字节之前留有一段静空间(quiet space)。这种模式没有一个附加的数据/地址位,当处理包含超过 10 字节的数据块的情况下,其效率要比地址位模式高。空闲线模式应该用于典型的非多处理器 SCI 通信。

地址位(address-bit)模式为每个字节增加一个附加位(即地址位),用来从数据中区分出地址。这种模式能够更加高效的处理大量小块的数据,因为和空闲线模式相比,在数据块之间不需要等待。然而在高的发送速度下,程序速度难以避免在传输流中出现一个 10 位的空闲。

(2) 控制 SCI TX 和 RX 特性

多处理器模式可以由软件通过 ADDR/IDLE MODE 位(SCICCR.3)来设置。两种模式均使用 TXWAKE(SCICTL1.3)标志位、RXWAKE(SCIRXST.1)标志位和 SLEEP(SCICTL1.2)标志位来控制 SCI 发送器和接收器的这些工作状态。

(3) 接收顺序

两种多处理器模式的接收顺序如下:

① 在接收一个地址块时,SCI 端口唤醒并请求一个中断(SCICTL2 寄存器的第一位 RX/

BK INT ENA 位必须使能来请求一个中断)。端口读取包含有目的地址的块的第一帧数据。

② 通过中断和检查程序引入地址进入一个软件服务程序,并且将该接收到的地址字节与保存在内存中的器件地址再次进行校对。

③ 如果检查显示该数据块是该 DSP 设备的地址,则 CPU 清零 SLEEP 位,并读取块的其余部分。如果不是则退出子程序,SLEEP 仍然保持置位。并且在下一个块开始之前不接收中断。

5. 空闲线多处理器模式

空闲线多处理器协议(ADDR/IDLE MODE＝0)规定：数据块之间的空闲时间大于每一块中各帧之间的空闲时间。在一个帧之后,十个或更多的高电平位的空闲时间表明了下一个新数据块的开始。一个位的时间可以由波特率值(每秒的位数)直接算出。空闲线多处理器模式通信模式如图 3-6-4 所示(ADDR/IDLE MODE 位是 SCICCR.3)。

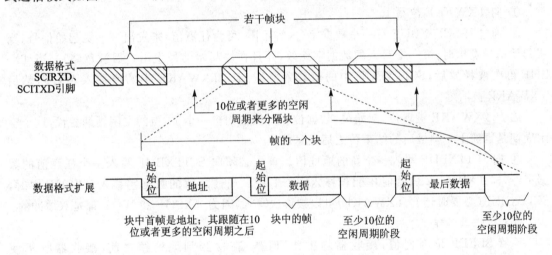

图 3-6-4 空闲线多处理器通信模式

(1) 空闲线模式的使用步骤

空闲线模式的步骤如下：

① 串行通信接口(SCI)在接收到块起始信号后被唤醒；

② 处理器识别下一个串行通信接口(SCI)中断；

③ 中断服务程序将接收到地址(由一个远端发送器传送)与其自己的地址相比较；

④ 如果 CPU 正在被寻址,则服务程序清零 SLEEP 位,并接受数据块的剩余部分；

⑤ 如果 CPU 不被寻址,则 SLEEP 保持置位状态。这样允许 CPU 继续执行主程序而不被 SCI 端口中断,直到检测到下一个块的起始信号。

(2) 块启动信号

一个块的起始信号有两种发送方式：

方法 1：通过在上一个块的最后一帧数据和新块的地址帧之间进行延时,预留出十个位或者更多的空闲时间。

方法 2：在写入 SCITXBUF 寄存器之前,串行通信接口(SCI)先将 TXWAKE 位(SCICTL1.3)置位。这样就恰好发送一段实际上是 11 位的空闲时间。在这种方法中,串行通信线的空闲数据不会比需要的长。(在置位 TXWAKE 后,发送地址之前,需要向 SCITX-

BUF 寄存器写入一个任意值,用来发送空闲时间。)

(3) 唤醒临时标志

与发送唤醒(TXWAKE)标志位相应的是唤醒临时(WUT)标志。WUT 是一个内部标志,是与 TXWAKE 构成双缓冲。当发送器的移位寄存器(TXSHF)从发送数据缓冲寄存器(SCITXBUF)载入时,WUT 从 TXWAKE 载入,并且 TXWAKE 位清零,这种安排如图 3-6-5 所示。

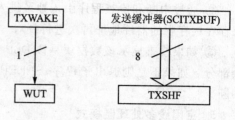

图 3-6-5 双缓冲的 WUT 和 TXSHF

(4) 发送一个块的起始信号

在一系列的块传送期间,为了使一个块起始信号的发送时间长度恰好为一个帧的时间,需做以下工作:

① 向 TXWAKE 位写 1。

② 通过向 SCITXBUF 写一个数据字(内容不限,可为任意值)来发出一个块起始信号(当块起始信号发出时,第一个写入的数据字无效,并且在块起始信号发出之后被忽略)。当 TXSHF 再次被释放后,SCITXBUF 中的值移入 TXSHF,TXWAKE 中的值移入 WUT,然后 TXWAKE 被清零。

因为 TXWAKE 被置位,起始位、数据位和奇偶位均被一个 11 位的空闲周期替代,这个空闲周期是紧随上一帧最后的结束位之后发送的。

③ 向 SCITXBUF 写入一个新的地址值。首先必须向 SCITXBUF 写入一个任意值的数据字,这样 TXWAKE 位的值才能被移入 WUT 中。当任意值的数据字移入 TXSHF 中时,SCITXBUF(必要时还有 TXWAKE)可以被再次写入,因为 TXSHF 和 WUT 都是双缓冲的。

(5) 接收器工作

不管 SLEEP 位为何值,接收器均工作,但是,在检测到地址帧之前,接收器既不使 RXRDY 位置位,也不使错误状态位置位,也不会请求一个接收中断。

6. 地址位多处理器模式

在地址位协议中(ADDR/IDLE MODE=1),每个帧中有一个附加位,称为地址位,它紧跟最后一个数据位。在块的第一帧中,数据位置位,而在其他所有的帧中清零。空闲阶段的时间是不相连的。如图 3-6-6 所示。

TXWAKE 位的值放在地址位中。在发送期间,当 SCITXBUF 寄存器和 TXWAKE 寄存器被分别载入 TXSHF 寄存器和 WUT 寄存器时,TXWAKE 复位为 0,WUT 变为当前帧中地址位的值。所以传送一个地址,需要进行以下操作:

(1) 将 TXWAKE 位置位,并向 SCITXBUF 写入适当的地址值。当这个地址值送入 TXSHF 并移出时,它的地址位被以 1 发送,这将标志着由串行线路上的其他处理器来读取该地址。

(2) 由于 TXSHF 和 WUT 都是双缓冲的,因此 SCITXBUF 和 TXWAKE 可以在 TXSHF 和 WUT 载入后立即写入。

(3) 在发送非地址帧时,保持 TXWAKE 位的值为 0。

注意:地址位格式通常用于 11 个位或更少的数据帧。这种格式在每个发送的数据字节加一个位值(1 代表地址帧,0 代表数据帧)。空闲线格式典型应用为 12 位或更多的数据帧。

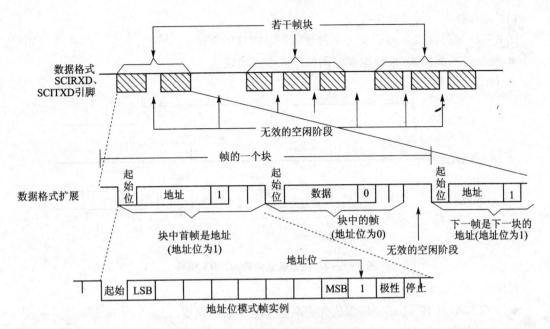

图 3-6-6　地址位多处理器通信模式

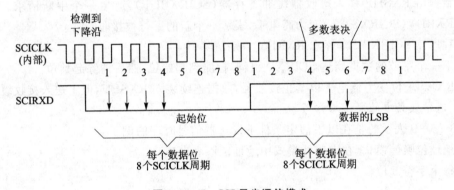

图 3-6-7　SCI 异步通信模式

7. SCI 通信格式

SCI 异步通信格式使用单线(单路,即半双工)或双线(双路,即全双工)通信。在这种模式下,帧包括一个起始位、1~8 个数据位、一个可选的奇偶校验位和 1 或 2 个停止位(见图 3-6-7)。每个数据位占 8 个 SCICLK 周期。

接收器在接收到一个有效的起始位后开始工作。一个有效的起始位由 4 个连续的内部 SCICLK 周期的 0 位来识别,如图 3-6-7 所示。如果任何一位不为 0,则处理器重新启动并开始寻找另一个起始位。

对于起始位后的位,处理器通过在该位中间进行 3 次采样判定该位的值。这种采样发生在第 4、5、6 个 SCICLK 周期,位值判定是基于多数原则(3 次采样 2 次为某值,则判定为该值)。图 3-6-7 描述了有起始位的异步通信格式,显示了如何发现信号沿以及在何处进行多数表决。

因为接收器使自己与帧同步,所以外部的发送和接收设备不必使用同步串行时钟,时钟可以在本地产生。

(1) 通信模式中的接收器信号

图 3-6-8 是在以下假定条件下接收器信号时序的例子：
- 地址位唤醒模式(地址位在空闲线模式中不出现)。
- 每个字符含 6 位。

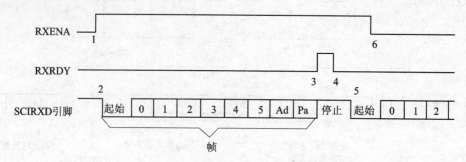

图 3-6-8　通信模式中的 SCI RX 信号

对图 3-6-8 说明如下：
- RXENA(SCICTL1.0)标志位变为高电平时使能接收器。
- 起始位检测到之后，数据到达 SCIRXD 引脚。
- 数据由 RXSHF 移入接收器缓冲寄存器(SCIRXBUF)，产生一个中断请求。标志位 RXRDY(SCIRXST.6)变为高电平，表示一个新的字符被接收。
- 程序读 SCIRXBUF，标志 RXRDY 自动清除。
- 下一个字节的数据到达 SCIRXD 引脚，检测到起始位，然后清除起始位。
- RXENA 位变为低电平以禁止接收器，数据连续装入 RXSHF，但不送入接收缓冲器。

(2) 通信模式中的发送器信号

图 3-6-9 表示的是在以下假定条件下发送器信号时序的例子：
- 地址位唤醒模式(在空闲线模式中地址位不会出现)。
- 每个字符 3 位。

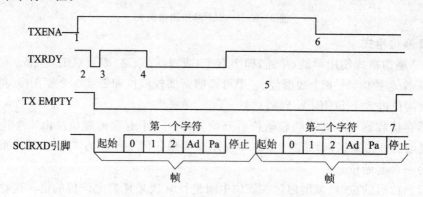

图 3-6-9　通信模式中的 SCI TX 信号

对图 3-6-9 说明如下：
- TXENA(SCICTL1.1)变为高电平时，使能发送器的数据发送。
- SCITXBUF 被写入，这样会有使发送器不再为空，而且 TXRDY 变为低电平。
- SCI 把数传送到移位寄存器(TXSHF)，发送器准备发送第二字符(TXRDY 变为高电平),并且产生一个中断请求(使能一个中断,必须置位 TX INT ENA(SCICTL2.0 位))。

- TXRDY 再次变为高电平(第3项)以后,程序向 SCITXBUF 写入第二个字符(第二个字符写入 SCITXBUF 后,TXRDY 将再次变为低电平)。
- 第一个字符发送完成后,开始将第二个字符传送至移位寄存器 TXSHF。
- TXENA 位变为低电平,禁止发送器,SCI 完成当前字符的发送。
- 第二个字符的发送完成,发送器空,等待新的字符发送。

(3) 串行通信接口的中断

SCI 接收器和发送器可以通过中断控制。SCICTL2 寄存器中有一个标志位(TXRDY),表示有效的中断条件,而 SCIRXST 寄存器有 2 个中断标志位(RXRDY 和 BRKDT),以及接收错误(RX ERROR)中断标志(该中断标志是一个 FE、OE 和 PE 条件的逻辑或)。发送器和接收器有各自的中断使能位。当被禁止时,不会产生中断,但条件标志仍有效,反映发送和接收的状态。

串行通信接口(SCI)的发送器和接收器有自己独立的外设中断向量。外设中断请求可设为高优先级或低优先级,这由从外设到 PIE(外设中断扩展)控制器输出的优先级位来表示。当接收(RX)和发送(TX)中断都设置为相同的优先级时,接收具有比发送更高的优先级,这样可以减少接收溢出。

如果 RX/BK INT ENA 位(SCICTL2.1)置位,则当发生以下事件之一时将产生接收中断:

SCI 接收到一个完整的帧并将 RXSHF 寄存器中的数据传送到 SCIRXBUF 寄存器中,该操作会 RXRDY 标志置位,并产生一个中断。

间断检测条件发生(在一个丢失的停止位之后,SCIRXD 引脚为低电平并保持 10 个周期)。该动作会设置 BRKDT 标志位,并初始化一个中断。

如果 TX INT ENA 位(SCICTL2.0)置位,当 SCITXBUF 寄存器中的数据传送到 TX-SHF 寄存器时,则产生一个发送器中断请求,用以表示 CPU 可以写数据到 SCITXBUF 寄存器中,该操作会设置 TXRDY 标志,并初始化一个中断。

注意:RXRDY 和 BRKDT 位的中断产生由 RX/BK INT ENA 位(SCICTL2.1)控制。RX ERROR 位的中断产生由 RX ERR INT ENA 位(SCICTL1.6)控制。

(4) SCI 波特率计算

内部产生的串行时钟由低速外设时钟(LSPCLK)和波特率选择寄存器决定。对于给定的低速外设时钟(LSPCLK),SCI 使用 16 位的波特率选择寄存器来选择 64K 种不同的串行时钟频率中的一种。表 3-6-4 列出了常用 SCI 通信位率时的异步波特率寄存器值。

表 3-6-4 常用 SCI 通信位率时的异步波特率寄存器值

理想波特率	LSPCLK 时钟频率 37.5 MHz		
	BRR	实际波特率	误差/%
2400	1952(7A0h)	2400	0
4800	976(3D0h)	4798	−0.04

续表 3-6-4

理想波特率	LSPCLK 时钟频率 37.5 MHz		
	BRR	实际波特率	误差/%
9 600	487(1E7h)	9 606	0.06
19 200	243(F3h)	19 211	0.06
38 400	121(79h)	38 422	0.06

8. SCI 增强功能

28x 系列 DSP 中的 SCI 具有自动波特率侦测功能和发送/接收 FIFO。下面章节将介绍 FIFO 的使用。

(1) SCI FIFO 简介

下面介绍 FIFO 的特点，有助于了解对带有 FIFO 功能的 SCI 的应用编程。

① 复位。上电复位后，SCI 模块工作于标准 SCI 模式，FIFO 功能被禁用。FIFO 寄存器 SCIFFTX、SCIFFRX 和 SCIFFCT 保持停止状态。

② 标准 SCI 模式。标准的 F24x SCI 模式使用 TXINT/RXINT 中断作为模块的中断源。

③ FIFO 使能。通过将 SCIFFTX 寄存器中的 SCIFFEN 位置位来使能 FIFO 模式。SCIRST 能够在运行的任何阶段复位 FIFO 模式。

④ 有效的寄存器。所有的 SCI 寄存器和 SCI FIFO 寄存器(SCIFFTX、SCIFFRX 和 SCIFFCT)都是有效的。

⑤ 中断。FIFO 模式有两个中断：中断 TXINT 用于发送 FIFO，中断 RXINT 用于接收 FIFO。中断 RXINT 被 SCI FIFO 接收、接收出错和接收 FIFO 溢出条件所共用。标准 SCI 模式中的 TXINT 中断将被禁止，而是作为 SCI 发送 FIFO 中断。

⑥ 缓冲器。发送和接收缓冲器具有两个 16 级深度 FIFO。发送 FIFO 寄存器宽度是 8 位，接收 FIFO 寄存器宽度是 10 位。标准 SCI 中的单字发送缓冲器作为发送 FIFO 和移位寄存器之间的一个转换缓冲器。

只有在移位寄存器移出最后一位后，单字发送器缓冲器才从发送 FIFO 加载数据。当 FIFO 被使能后，TXSHF 在一个可选择的延时后(SCIFFCT)直接被装载，TXBUF 没有被使用。

⑦ 延时发送。FIFO 中的字传送到发送移位寄存器的速度是可编程的。SCIFFCT 寄存器的第 7~0 位(FFTXDLY7~FFTXDLY0)定义了两个字发送之间的延时。延时定义为 SCI 波特率时钟周期的个数。8 位长度的寄存器能够定义最小为 0 个波特率时钟周期到最大 256 个波特率时钟周期。对 0 延时，SCI 模块可以以连续的模式发送数据，FIFO 字连续移出；而对 256 个时钟延时，SCI 模块在最大延时模式发送数据，FIFO 的数据字以 256 波特率时钟为间隔延时移出。这个可编程的延时方便了与低速 SCI/UART 的通信，而且 CPU 干预的极少。

⑧ FIFO 状态位。发送 FIFO 和接收 FIFO 都具有状态位，分别是 TXFFST 和 RXFFST，它们用来定义任何时刻 FIFO 中可用字的个数。当将发送 FIFO 复位位(TXFIFO RESET)和接收 FIFO 复位位(RXFIFO RESET)清零时，FIFO 指针复位为 0。这些位一旦被复位为 0 后，FIFO 将重新开始工作。

⑨ 可编程中断等级。发送和接收 FIFO 都能够向 CPU 发出中断。一旦发送 FIFO 状态

位 TXFFST (Bits 12～8) 与等级位 TXFFIL(Bits 4～0) 匹配（小于或者等于），中断将被触发。这为 SCI 的发送和接收提供了一个可编程的中断触发。接收 FIFO 的触发等级默认值是 0x11111，发送 FIFO 的触发等级默认值是 0x00000。

图 3-6-10 和表 3-6-5 描述了在无 FIFO 模式和 FIFO 模式下，SCI 中断的操作和配置。

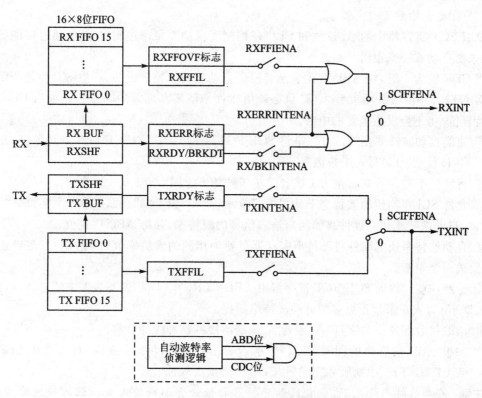

图 3-6-10　SCI FIFO 中断标志和使能逻辑

表 3-6-5　SCI 中断标志

FIFO 选择	SCI 中断源	中断标志	中断使能	FIFO 使能 SCIFFENA	中断线
SCI 无 FIFO	接收错误	RXERR	RXERRINTENA	0	RXINT
	接收中断	BRKDT	RX/BKINTENA	0	RXINT
	数据接收	RXRDY	RX/BKINTENA	0	RXINT
	发送内容空	TXRDY	TXINTENA	0	TXINT
SCI 有 FIFO	接收错误和接收中断	RXERR	RXERRINTENA	1	RXINT
	FIFO 接收	RXFFIL	RXFFIENA	1	RXINT
	发送内容空	TXFFIL	TXFFIENA	1	TXINT
自动波特率	自动波特率侦测	ABD	任意	x	TXINT

注：(1) RXERR 可以由 BRKDT、FE、OE 和 PE 标志所置位。在 FIFO 模式，BRKDT 中断只通过 RXERR 标志置位。
(2) FIFO 模式时，经过延时后，TXSHF 被直接装载，TXBUF 没有被使用。

(2) SCI 自动波特率

绝大多数的 SCI 模块并没有内置自动波特率侦测逻辑的硬件。嵌入式控制器中集成的这些 SCI 模块的时钟速率由内部锁相环(PLL)的复位值所决定。通常最终设计后的嵌入式控制器时钟会改变。增强的功能使模块支持一个硬件的自动波特率侦测逻辑。下面部分将叙述自动波特率侦测功能的使能顺序。

(3) 自动波特率侦测步骤

SCIFFCT 寄存器中的 ABD 位和 CDC 位控制了自动波特率逻辑。必须通过使能 SCIRST 位来使自动波特率逻辑开始工作。

当 CDC 位为 1 时,将 ABD 置位表示将发生自动波特率侦测成功,产生 SCI 发送 FIFO 中断(TXINT)。中断服务结束后,CDC 位必须由软件来清零。如果中断服务结束后 CDC 位仍然保持置位,将不会发生重复的中断。

① 使能自动波特率模式。方法是将 SCIFFCT 中的 CDC 位(SCIFFCT.13)置位,并通过向 ABDCLR 位(位 14)写入 1 来清零 ABD 位(位 15)。

② 将波特率寄存器初始化为 1 或者是小于波特率上限 500 Kbps 的值。

③ 允许 SCI 在期望的波特率下从主机接收字符"A"或者"a"。如果第一个字符是"A"或者是"a",自动波特率侦测硬件将侦测出输入信号的波特率,并将 ABD 位置位。

④ 自动波特率侦测硬件将波特率寄存器更新为相同的波特率值(16 进制)。逻辑还将向 CPU 发送一个中断。

⑤ 中断响应。将向 SCIFFCT 寄存器中 ABD CLR(第 14 位)位写入 1 来清零 ADB 位,同时向 CDC 位写入 0 来禁止更多的自动波特率捕捉。

⑥ 读取接收缓冲中的字符"A"或者"a"来清空缓冲器和缓冲状态。

⑦ 如果 ABD 被置位的同时 CDC 也为 1,表示自动波特率侦测成功,将产生 SCI 发送 FIFO 中断(TXINT)。中断服务完成后,CDC 位必须由软件清零。

注意: 在高波特率情况下,收发器和连接器的性能会影响输入数据位的转换速率(slew rate)。虽然常规的串行通信能够正常工作,但是在高波特率(通常大于 100k 波特)时转换速率将限制自动波特率侦测的可靠性,导致自动波特率捕捉功能失效。

为了防止出现这种情况,推荐下列操作方法:

● 在主机与 28 系列 DSP 的 SCI boot loader 之间使用一个低的波特率完成波特率锁定。
● 主机然后可以与已经载入应用程序的 28 系列 DSP 进行握手联络,将 SCI 波特率寄存器设置为期望的高波特率。

3.6.3 SCI 模块寄存器概述

表 3-6-6 和表 3-6-7 列出了 SCI 控制和访问的寄存器。

表 3-6-6 SCIA 寄存器

寄存器名	地 址	位 数	描 述
SCICCR	0x0000~7050	1	SCI-A 通信控制寄存器
SCICTL1	0x0000~7051	1	SCI-A 控制寄存器 1
SCIHBAUD	0x0000~7052	1	SCI-A 波特率寄存器(高位)

续表 3-6-6

寄存器名	地 址	位 数	描 述
SCILBAUD	0x0000~7053	1	SCI-A 波特率寄存器(低位)
SCICTL2	0x0000~7054	1	SCI-A 控制寄存器 2
SCIRXST	0x0000~7055	1	SCI-A 接收状态寄存器
SCIRXEMU	0x0000~7056	1	SCI-A 接收仿真数据缓冲器寄存器
SCIRXBUF	0x0000~7057	1	SCI-A 接收数据缓冲器寄存器
SCITXBUF	0x0000~7059	1	SCI-A 发送数据缓冲器寄存器
SCIFFTX	0x0000~705A	1	SCI-A FIFO 发送寄存器
SCIFFRX	0x0000~705B	1	SCI-A FIFO 接收寄存器
SCIFFCT	0x0000~705C	1	SCI-A FIFO 控制寄存器
SCIPRI	0x0000~705F	1	SCI-A 优先级控制寄存器

注：阴影中的寄存器只用于增强模式。

表 3-6-7　SCIB 寄存器

寄存器名	地 址	位 数	描 述
SCICCR	0x0000~7750	1	SCI-B 通信控制控制寄存器
SCICTL1	0x0000~7751	1	SCI-B 控制寄存器 1
SCIHBAUD	0x0000~7752	1	SCI-B 波特率寄存器,高位
SCILBAUD	0x0000~7753	1	SCI-B 波特率寄存器,低位
SCICTL2	0x0000~7754	1	SCI-B 控制寄存器 2
SCIRXST	0x0000~7755	1	SCI-B 接收状态寄存器
SCIRXEMU	0x0000~7756	1	SCI-B 接收仿真数据缓冲器寄存器
SCIRXBUF	0x0000~7757	1	SCI-B 接收数据缓冲器寄存器
SCITXBUF	0x0000~7759	1	SCI-B 发送数据缓冲器寄存器
SCIFFTX	0x0000~775A	1	SCI-B FIFO 发送寄存器
SCIFFRX	0x0000~775B	1	SCI-B FIFO 接收寄存器
SCIFFCT	0x0000~775C	1	SCI-B FIFO 控制寄存器
SCIPRI	0x0000~775F	1	SCI-B 优先级控制寄存器

3.7　增强型 CAN 控制器模块

　　C28 系列 DSP 内部的增强型控制局域网络(eCAN)模块能够完全兼容 CAN 2.0B 标准。该模块使用标准的 CAN 协议与其他控制器在有电磁干扰的环境中进行串行通信。eCAN 模块具有 32 个完全可配置的邮箱和时间标记功能,因此,提供了一个通用而可靠的串行通信接口。TMS320x281x 系列 DSP 中的 eCAN 模块和 TMS320x280x 系列 DSP 中的 eCAN~A 模块结构上完全相同,并有相同的寄存器偏移地址。TMS320x280x 系列 DSP 中部分型号还具有第二个 CAN 模块(eCAN-B)。后文中提到的 eCAN 通常指 CAN 模块,而后缀 A 或 B 用来指特定的哪一个模块。

3.7.1 CAN 简介

图 3-7-1 所示为 eCAN 中的主要模块和接口电路。

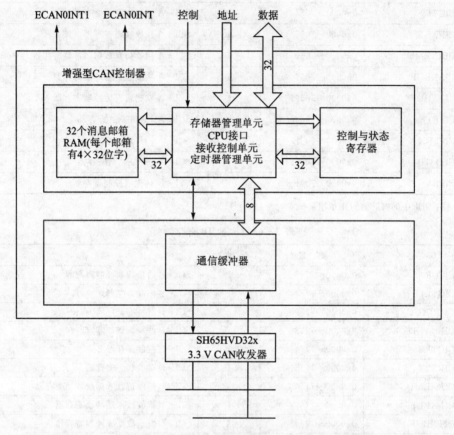

图 3-7-1　eCAN 的框图和接口电路

1. CAN 的特征

eCAN 模块具有以下特点：
- 完全兼容 CAN 2.0B 协议。
- 支持高达 1Mbps 的传输速率。
- 32 个邮箱，每个邮箱都具有以下功能特征：
  — 可配置为接收或发送邮箱；
  — 可配置为具有标准标识符或者扩展标识符；
  — 一个可编程的验收过滤屏蔽；
  — 支持数据帧和远程帧；
  — 支持 0 至 8 位长度的数据；
  — 具有一个 32 位时间标记用于接收和发送消息；
  — 保护措施防止接收的新消息覆盖旧消息；
  — 允许动态改变发送消息的优先级；
  — 一个可配置为两个中断级别的可编程的中断；

— 具有一个可编程发送或接收超时的中断。
- 低功耗模式。
- 可编程的总线唤醒功能。
- 自动应答远程请求消息。
- 在发生仲裁丢失和错误时自动重发帧。
- 由特定消息同步的 32 位时间标记(time-stamp)计数器(与邮箱 16 相关联通信)。
- 自检测模式,可工作于环路返回(loopback)模式来接收自己发出的消息,并提供一个虚拟的响应信号,从而无须额外的节点来提供应答位。

2. eCAN 与 TI 公司的其他 CAN 模块的兼容性

eCAN 模块与 TI 公司 TMS470 系列微控制器在结构上基本相同,只有略微区别。与 240x 系列 DSP 中的 CAN 模块相比,许多性能有较大提高(比如增加了具有独立接收屏蔽功能邮箱的数目和时间标记等),因此,原用于 240x 系列 DSP 中 CAN 模块的代码不能直接用于 eCAN 模块。

然而,eCAN 模块的寄存器仍然与 240x 系列中的 CAN 模块保持了相同的功能位分布和每一个位的功能,例如,许多位在两个平台中起相同的功能。这样可方便程序的编写,特别是在使用 C 语言编程时。

3.7.2 CAN 的网络和模块

控制局域网络(CAN)使用一个串行多主通信协议,从而有效地提供了高安全等级的分布式实时控制,通信速率可以达到 1Mbps。CAN 总线主要应用于充满干扰等苛刻环境下的可靠通信,比如汽车和工业现场等需要可靠通信的领域。根据消息优先级的不同,可以将每帧最多为 8 字节长度的数据传送到多主方式串行总线上,采用总线仲裁技术和错误检测机制来保证数据的高度完整性。

CAN 协议支持用于通信的四种不同的帧类型:
- 数据帧:从发送节点携带数据至接收节点。
- 远程帧:由一个节点发送,请求发送具有相同标识符的数据帧。
- 错误帧:由任何检测到总线错误的节点所发送。
- 过载帧:在前后两个数据帧或远程帧之间提供一个额外的延时。

此外,CAN2.0B 协议支持两种不同格式的帧,其主要区别在于标识符的长度:标准帧格式有 11 位标识符,扩展帧格式有 29 位标识符。

CAN 的标准数据帧长度范围为 44~108 位,CAN 的扩展数据帧包含 64~128 位。而且还可以进一步根据数据流的代码不同,可以在标准数据帧中最多插入 23 个填充位,可以在扩展数据帧中最多插入 28 个填充位。所以,标准数据帧最大的总体长度是 131 位,扩展数据帧最大的总体长度是 156 位。

位域由标准/扩展数据帧组成,图 3-7-2 给出了它们的位置。
- 帧起始位;
- 包含发送消息的标识符和类型的仲裁域;
- 包含数据位数的控制域;

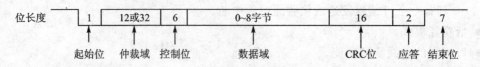

图 3-7-2　CAN 的数据帧

- 最多为 8 字节的数据；
- 循环冗余校验码(CRC)；
- 响应位；
- 帧结束位。

仲裁域包括：

- 11 位标识符＋标准帧格式的 RTR 位；
- 29 位标识符＋SRR 位＋IDE 位＋控制帧格式的 RTR 位。

其中：RTR＝远程传送请求；SRR＝替代(substitude)远程请求；IDE＝标识符扩展。

eCAN 模块的结构如图 3-7-3，由 CAN 协议核(CPK)与一个消息控制器组成。

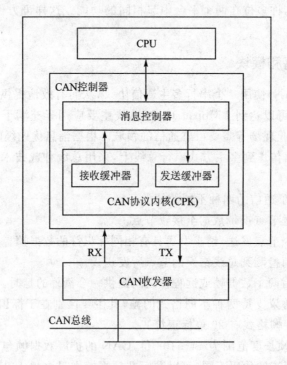

* 接收和发送缓冲器对于用户来说是透明的，因此，无法通过用户程序代码来获取。

图 3-7-3　CAN 模块的结构

CPK 具有两个功能，一个是解码 CAN 总线上所有符合 CAN 协议的消息，并将这些消息传送到接收缓冲器中；另外一个功能是将消息依据 CAN 协议传送到 CAN 总线上去。

CPK 中收到的任何一条消息都要由 CAN 控制器中的消息控制器负责决定是进行保存给 CPU 使用还是丢弃。在初始化阶段，CPU 根据应用程序指定消息控制器所有可用的消息标识符。消息控制器另外的功能是依据发送消息的优先级将下一条发送消息传递给 CPK。

3.7.3 eCAN 控制器简介

eCAN 由一个 32 位架构的 CAN 控制器组成,eCAN 模块包括:
- CAN 协议内核(CPK)。
- 消息控制器包括:
  — 存储管理单元,包括 CPU 接口和接收控制单元(接收规律)和定时器管理单元;
  — 能够存储 32 条消息的邮箱随机存储器(邮箱 RAM);
  — 控制状态寄存器。

在 CPK 接收到一个有效的消息后,消息控制器中的接收控制单元将决定是否将收到的消息保存入邮箱存储器中 32 个消息目标中的一个消息目标。接收控制单元通过检查状态、标识符和所有消息目标邮箱的屏蔽来找到合适的邮箱位置。接收的消息被存储在经过验收过滤后的第一个邮箱。如果接收控制单元无法找到任何可以存储消息的邮箱,那么这条消息将被丢弃。

一条消息由 11 位或 29 位的标识符、一个控制域和最多 8 字节的数据组成。

当一条消息需要被发送时,消息控制器将消息传送到 CPK 的发送缓冲器中,从而能够在下一个总线空闲状态时开始消息的传送。当需要发送多条消息时,待发送消息中优先级最高的将被消息控制器传送到 CPK 中。如果两个邮箱有相同的优先级,那么邮箱标号高的那个将被首先传送。

定时器管理单元是一个时间标记(time-stamp)计数器,所有发送和接收的消息都要有时间标记。当在允许时间内没有完成一条消息的接收或发送(超时)时,定时器管理单元将产生一个中断信号。只有在 eCAN 模式才具有时间标记功能。

在初始化数据发送时,须将相应的控制寄存器中的发送请求位置位。整个传送过程和可能的差错处理都可以无须 CPU 介入。一个邮箱被配置为接收消息,CPU 可以方便地使用读指令读取其中的数据寄存器。邮箱可以配置为中断模式,在每次成功地接收和发送数据后向 CPU 发出中断。

1. 标准 CAN 控制器(SCC)模式

标准 CAN 控制器模式属于 eCAN 的简化功能模式,在这种模式只有 16 个邮箱(0~15),没有时间标记功能,减少了可用的验收屏蔽个数,该模式为默认模式。标准 CAN 控制器(SCC)或者增强型 CAN(eCAN)控制器模式可以通过 SCB 位(CANMC.13)来选择。

2. 存储器映射

eCAN 模式具有映射在 TMS320x28xx 存储器中的两个不同的地址段,第一个地址段用来访问控制寄存器、状态寄存器、验收屏蔽、时间标记和消息目标的超时标志。控制和状态寄存器的访问被限制为 32 位宽度访问。局部验收屏蔽,时间标志寄存器和超时寄存器能够通过 8 位,16 位和 32 位宽度进行访问。第二个地址段用来读取邮箱,这个存储器范围可以以 8 位,16 位和 32 位宽度读取。两个存储器块都有 512 字节地址空间,如图 3-7-4 所示,eCAN 控制和状态寄存器如表 3-7-1 所列。

消息存储在 RAM 中,可以通过 CAN 控制器或者 CPU 来分配确定地址。CPU 通过修改 RAM 中的不同邮箱或者其他寄存器来控制 CAN 控制器。不同的存储单元内容用来实现验收过滤、消息传送和中断处理等功能。

eCAN 中的邮箱模块提供 32 个 8 字节数据长度的消息邮箱，一个 29 位的标识符和一些控制位。每一个邮箱能够配置为发送或者接收。在 eCAN 中，每一个邮箱有其独立的验收屏蔽。

应用程序中，LAMn、MOTSn 和 MOTOn 寄存器和没有使用的邮箱（在 CANME 寄存器中禁用）可以作为 CPU 的通用数据存储器。

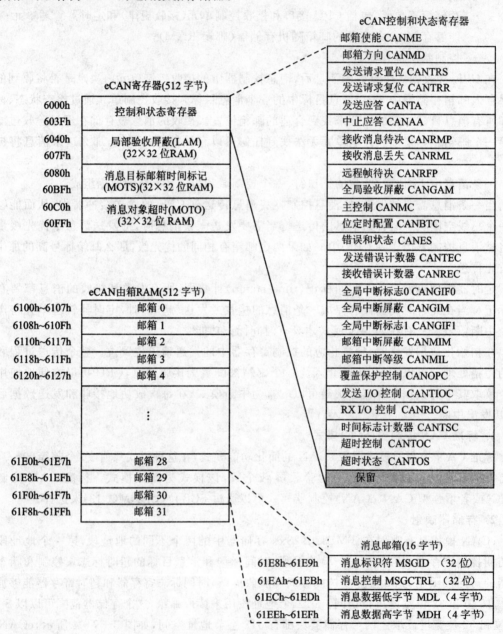

图 3-7-4　存储器映射

表 3-7-1　eCAN 控制和状态寄存器

寄存器名称	ECAN-A 地址	ECAN-B 地址	SIZE(×32 位)	描述
CANME	0x6000	0x6200	1	邮箱使能
CANMD	0x6002	0x6202	1	邮箱方向
CANTRS	0x6004	0x6204	1	发送请求置位
CANTRR	0x6006	0x6206	1	发送请求复位
CANTA	0x6008	0x6208	1	发送响应
CANAA	0x600A	0x620A	1	中止应答
CANRMP	0x600C	0x620C	1	接收消息待决
CANRML	0x600E	0x620E	1	接收消息丢失
CANRFP	0x6010	0x6210	1	远程帧待决
CANGAM	0x6012	0x6212	1	全局验收屏蔽
CANMC	0x6014	0x6214	1	主控制
CANBTC	0x6016	0x6216	1	位定时器配置
CANES	0x6018	0x6218	1	错误和状态
CANTEC	0x601A	0x621A	1	发送错误计数器
CANREC	0x601C	0x621C	1	接收错误计数器
CANGIF0	0x601E	0x621E	1	全局中断标志 0
CANGIM	0x6020	0x6220	1	全局中断屏蔽
CANGIF1	0x6022	0x6222	1	全局中断标志 1
CANMIM	0x6024	0x6224	1	邮箱中断屏蔽
CANMIL	0x6026	0x6226	1	邮箱中断等级
CANOPC	0x6028	0x6228	1	覆盖 保护控制
CANTIOC	0x602A	0x622A	1	发送 I/O 控制
CANRIOC	0x602C	0x622C	1	RX I/O 控制
CANTSC	0x602E	0x622E	1	时间标记计数器(SCC 模式中保留)
CANTOC	0x6030	0x6230	1	超时控制(SCC 模式中保留)
CANTOS	0x6032	0x6232	1	超时状态(SCC 模式中保留)

注：控制和状态寄存器只允许进行 32 位访问。这个限制不适用于邮箱 RAM 区域。

3.7.4　消息对象

eCAN 模块有 32 个不同的消息对象(邮箱)。每一个邮箱能够配置为发送或者接收。在 eCAN 中，每一个邮箱有其独立的验收屏蔽。每一个数据对象组成一个邮箱，包括：

● 29 位的消息标识符；
● 消息控制寄存器；
● 8 字节的消息数据；
● 1 个 29 位的验收屏蔽；

- 1 个 32 位的时间标记;
- 1 个 32 位的超时值。

此外,寄存器中相应的控制和状态位用来控制消息对象。

3.7.5 消息邮箱

消息邮箱是指在 RAM 中,CAN 的消息在接收或者发送前实际存储的地方。CPU 可以将未存储消息的消息邮箱所在的 RAM 区域作为普通的存储器使用。

每一个消息邮箱包括:

- 消息标识符:其中 29 位最为扩展消息标识符,11 位作为标准标识符;
- 标识符扩展位 IDE(MSGID.31);
- 验收屏蔽使能位 AME(MSGID.30);
- 自动应答模式位 AAM(MSGID.29);
- 传送优先级别 TPL(MSGCTRL.12~8);
- 远程传送请求位 RTR(MSGCTRL.4);
- 数据长度代码 DLC(MSGCTRL.3~0);
- 多达 8 个字节的数据域。

每一个邮箱可以被配置为表 3-7-2 所列 4 种消息目标类型中的一种。

表 3-7-2 消息目标类型

消息对象功能	邮箱方向寄存器(CANMD)	自动应答模式位(AAM)	远程传送请求位(RTR)
发送消息对象	0	0	0
接收消息对象	1	0	0
请求消息对象	1	0	1
应答消息对象	0	1	0

消息对象的发送和接收能够用来在一个发送者和多个接收者(1~N 个通信链接)之间交换数据。但是,在请求和应答消息目标时一般用"一对一"的通信链接。

1. 发送邮箱

CPU 将需要发送的数据存储在配置为发送功能的邮箱中。在将数据和标识符写入 RAM 后,如果该邮箱被使能(相应的 ME.n 位被置位),且当相应的 TRS[n] 位被置位时,消息将被发送。如果有一个以上的邮箱被配置为发送邮箱,并且相应有多个相应的 TRS[n] 位被置位,消息将依据所在邮箱的优先级,从高到低依次发送,等级最高的邮箱最先发送。

在 SCC 兼容模式中,邮箱发送的优先级是根据邮箱的编号来排列的,最高编号的邮箱(15 号)的优先级最高。在 eCAN 模式下,邮箱传送的优先级由消息控制域寄存器(MSGCTRL)中的 TPL 域所决定。邮箱的 TPL 域值越高,优先级越高。只有当两个邮箱的优先级相同(TPL 值相同)时,邮箱编号高的那个邮箱将被发送。

如果一次发送由于丢失仲裁或者是由于发生错误,消息将被再次尝试发送。在再次尝试发送前,CAN 模块将检查是否有其他发送请求,然后优先级最高的邮箱将被发送。

2. 接收邮箱

接收到消息的标识符和存储在接收邮箱中的标识符使用相应的屏蔽进行比较。当找到标识符相同的信箱时,接收到的标识符、控制位和数据字节将被存入相匹配的 RAM 地址中。同时,相应的接收消息待决位 RMP[n](RMP.31~0)被置位,那么在使能的情况下将产生一个接收中断。如果没有检测到相匹配的标识符,那么该消息将不会被储存。

当接收到一条消息时,消息控制器从编号最高的邮箱开始寻找具有匹配标识符的邮箱。eCAN 工作在 SCC 兼容模式时,邮箱 15 具有最高的接收优先级;eCAN 工作在 eCAN 模式时,邮箱 31 具有最高的接收优先级。

当读取数据后,CPU 必须复位 RMP[n](RMP.31~0)位。当接收消息待决位已经置位时,如果同一个邮箱又收到第二条消息,那么相应的消息丢失位(RML[n](RML.31~0))将被置位。此时,如果覆盖保护位 OPC[n](OPC.31~0)被清除,那么存储的消息将被新的数据所覆盖;否则将检查下一个邮箱。

如果一个邮箱被配置为接收邮箱,同时该邮箱的 RTR 位被置位,那么该邮箱能够发送一个远程帧。一旦远程帧被发送,邮箱的 TRS 位被 CAN 模块自动清除。

3. CAN 模块的正常配置

如果 CAN 模块正用于正常配置(即不在自测试模式),网络上至少应该有一个以上的配置有相同位率的 CAN 模块。无须设置其他 CAN 模块来实际从发送节点接收消息,但是,应该配置为相同的位率。这是因为一个发送中的 CAN 模块希望 CAN 网络中至少有 1 个节点能够应答其正确接收了发送的消息。CAN 协议规定而不管其是否被配置为存储接收到的消息,任何 CAN 节点在接收到消息后将发出应答(除非应答机够已经被明确的关闭)。

在自测试模式(STM)下无须另外一个节点存在。一个发送节点产生其自己的应答信号。惟一需要的是该节点被配置为有效的位率,即位定时器寄存器的值应该应该是 CAN 协议所允许的值。

3.8 多通道缓冲串口

多通道缓冲串口(McBSP)为 DSP 提供了一个与其他设备直接连接的串行数据接口。通过 McBSP,DSP 可以非常方便地实现与音频处理集成电路,以及组合编解码器等 McBSP 兼容设备的连接,并可以提供 8/16/32 位串行数据的同步发送和接收。McBSP 提供的主要特性有:

- 全双工通信方式;
- 通过双缓冲发送和三缓冲接收实现连续数据流的通信;
- 发送和接收具有独立的时钟和帧结构;
- 128 个发送和接收通道;
- 多通道选择模式可以允许或者阻止每个通道的传输;
- DMA 被两个 16 级的 32 位 FIFO 代替;
- 支持 A-bia 模式;
- 支持与工业标准的编解码器、模拟接口芯片及其他串行接口的 A/D 和 D/A 设备的直接连接;
- 支持外部时钟信号和帧同步信号的产生;
- 一个可编程的采样率发生器,可用于采样内部生成的时钟并控制帧同步信号;

- 可编程的内部时钟和帧发生器;
- 帧同步和数据时钟的极性可编程;
- 支持 SPI 设备;
- 支持 T1/E1 接口,可以直接与下列设备接口:T1/E1 帧调节器、MVIP(多厂商集成协议)兼容设备和 ST-BUS 兼容设备(包括 MVIP 帧调节器、H.100 帧调节器和 SCSA 帧调节器)、IOM-2 兼容设备,AC97 兼容设备,IIS 兼容设备及 SPI 设备等;
- 数据长度的选择范围:8、12、16、20、24 和 32 位(**注意:**在这一节里这个选择的数据字长被称为串行字或者字);
- 数据传输时可选择先发送/接收高 8 位或低 8 位。

3.8.1 McBSP 模块的功能和结构总览

FIFO 和 McBSP 模块的结构布局如图 3-8-1 所示。

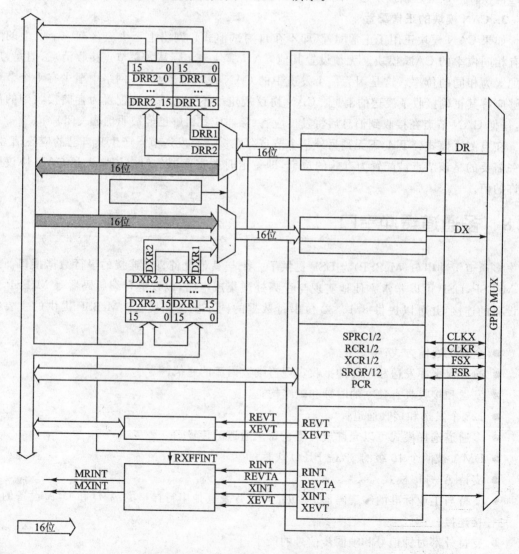

图 3-8-1 FIFO 和 McBSP 模块的功能框图

当数据进行通信时,McBSP 通过 DX 引脚发送数据,通过 DR 引脚接收数据。时钟形式和帧同步形式的通信控制信号通过 CLKX(发送时钟)、CLKR(接收时钟)、FSX(发送帧同步)、FSR(接收帧同步)引脚进行传输。如果串行字长为 8、12 或者 16 位,那么 DRR2、RBR2、RSR2、DXR2 和 XSR2 寄存器将被闲置,只有在使用更长的串行字长时这些寄存器才被用来装载高位数据。

3.8.2 McBSP 模块的操作

1. McBSP 中数据的传输过程

图 3-8-2 给出了 McBSP 的数据传输路径。McBSP 通过三缓冲接收数据,通过双缓冲发送数据。寄存器的使用取决于配置的串行字长是小于等于 16 位,还是大于 16 位。如果是前者,那么用来装载高 16 位数据的寄存器 DRR2、RBR2、RSR2、DXR2 和 XSR2 就不会被使用。

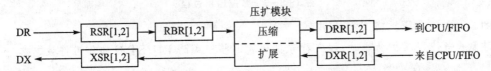

图 3-8-2 McBSP 的数据传输路径

当字长小于等于 16 位时(如 8、12、16 位),这时接收到的数据从 DR 引脚移到接收移位寄存器 1(RSR1)。当一个串行字被完整接收时,如果接收缓冲寄存器 1(RBR1)不为满,那么 RSR1 的内容就被复制到 RBR1 中。如果数据接收寄存器 1(DRR1)中原先的内容已经被 CPU 读取(即 DRR1 为空),那么 RBR1 内容也将被复制到 DRR1 中(在 RBR1 中有缓冲数据的前提下)。如果要实现 McBSP 的压缩扩展功能,则要求串行字长必须是 8 位,同时接收到的数据从 RBR1 传递到 DRR1 之前将被扩展(也可理解为解压缩)到一定的格式。

发送数据的过程基本上是接收的逆过程,但在其传输路径中间少一个缓冲寄存器:发送数据先由 CPU 发送到数据发送寄存器 1(DXR1),如果在发送移位寄存器(XSR1)中没有未发送的数据,则 DXR1 的数据被复制到 XSR1 中。反之,只有当先前未发送的数据的最后一位从 DX 引脚移出后,DXR1 的数据才被复制到 XSR1 中。如果在数据发送时使能了压缩扩展功能,则该功能模块在数据从 DXR1 传递到 XSR1 之前会将 16 位数据压缩成一定格式的 8 位数据。最后帧同步完成后,发送器就开始将 XSR1 的数据逐位移到 DX 引脚上。

当串行字长大于 16 位时(如 20、24 和 32 位)数据的接收和发送与上述过程类似。但是,需要使用寄存器 DRR2、RBR2、RSR2、DXR2 和 XSR2。须注意的是,接收数据时 DR 引脚的数据先被移到 RSR2 寄存器而后才是 RSR1。同时,CPU 读数据接收寄存器的顺序是先 DRR2 后 DRR1,只有当 DRR1 被读取后,才进行下一个 RBR 到 DRR 寄存器的复制。发送时 CPU 写数据发送寄存器的顺序是先 DXR2 后 DXR1,而当先前数据的最后一位(最高位)被移出 DX 引脚后,DXR 的数据才被复制到 XSR。帧同步后,XSR 寄存器就开始将数据逐位移出 DX 引脚。

2. 数据的压缩扩展

281x 支持硬件上的数据压扩功能,从而使数据能够非常方便地以 μ-律或者 A-律格式进行压扩。

一般美国和日本使用 μ-律格式作为标准压扩格式,而欧洲则将 A-律格式作为标准。μ-

律或者A-律分别允许13位和14位的动态范围,任何该范围以外的值都被设成最大正数或者最小负数。因此,为了使压扩能达到最好的效果,通过McBSP传输的的数据应该至少具有16位的宽度。μ-律或者A-律格式都将数据编码成8位字长,所以压缩后的数据总是8位宽度。为了表明8位宽度的串行数据流,以下相应的字长配置位(RWDLEN1、RWDLEN2、XWDLEN1和XWDLEN2)必须被置为0。当压扩功能被使能时,即使数据字的长度少于8位,压扩仍如8位时一样继续工作。图3-8-3所示为压扩的实现过程。

注意:对接收数据进行扩展时,数据将最终被扩展为16位2的补码形式。

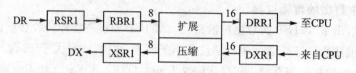

图3-8-3 数据压扩过程

图3-8-4为压扩格式示意图。

注意:当使用压扩功能时,规定符号扩展和调整模式的RJUST位的作用将被忽略。

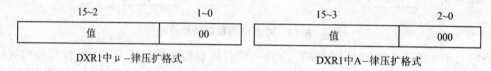

图3-8-4 压扩格式示意图

另外,若McBSP没有被使用(串口发送和接收部分被复位),数据压扩硬件还能用来对DSP的内部数据进行μ-律或者A-律压扩。

一般来说,McBSP首先接收或者发送数据的最高位(MSB)。但是,特定的8位数据协议(那些不使用压扩数据的协议)要求最低位(LSB)先被发送。因此如果设定XCR2中的XCOMPAND等于01那么这8位的数据的发送顺序将被颠倒(LSB首先被发送)。同理,若RCOMPAND等于01,数据接收的顺序也将作相应的变换(LSB首先被接收)。与数据压扩功能类似,该功能只有在特定的串行字长位被清零时才能使用。

3. 时钟和帧数据

这部分介绍几个基本概念和术语,它们将有助理解McBSP在数据传输时如何进行同步和定界。

(1) 时钟

每位数据的传输时间通过时钟信号的上升沿或者下降沿来控制。具体来说,接收时钟信号(CLKR)控制DR引脚到RSR寄存器的数据传输;发送时钟信号(CLKX)控制XSR到DX引脚的数据传输。这两个时钟信号既可以通过McBSP模块的引脚得到,也可以来自McBSP内部。同时,它们的极性也都是可配置的。对于这两个时钟信号,需要注意的是频率不能高于CPU时钟频率的1/2,否则将导致McBSP无法工作。时钟信号控制波形如图3-8-5所示。

(2) 串行字

数据位在寄存器和引脚之间传输时是以组的形式进行的,给这个组取一个名称叫**串行字**,程序员可以自己定义每个串行字的长度。接收时,只有当RSR从DR引脚接收到一个完整的串行字数据后才将它复制到RBR;同理,发送时,只有在一个完整的串行字从XSR传送到DX

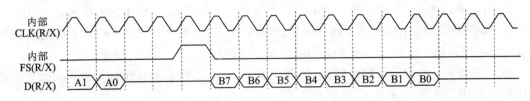

图 3-8-5　时钟信号控制波形图

引脚后，XSR 才接收来自 DXR 的新数据。图 3-8-5 所示为 8 位串行字的传输波形。

（3）帧和帧信号

一个或者多个串行字所组成的更大的数据单位被称为**帧**，数据传输时只有在帧间才允许暂停。McBSP 使用帧同步信号来决定每帧信号何时被发送/接收：当一个脉冲出现在帧同步信号输入端，McBSP 就开始接收/发送一帧数据。下一个脉冲到来时，McBSP 就开始发送第二帧，以后依此类推。接收帧同步信号（FSR）上的脉冲会启动 DR 引脚的帧数据发送，发送帧同步信号（FSX）上的脉冲将启动 DX 引脚的帧数据接收。这两个同步信号既可以从外部引脚获得，也可以从 McBSP 内部得到。当帧同步信号从无效到有效转变时，就代表开始下一帧数据的传输。因此，帧同步信号的高电平脉宽可以是任意个时钟周期。只有在 MsBSP 先采样到帧同步信号无效，而后再次有效的情况下，才发生下一个帧的同步。图 3-8-5 为帧数据（一个串行字）的传输波形。

McBSP 可以通过中断来告诉 CPU 各种特定事件的发生，为了使帧同步信号的检测更加简便。但是，与其他串口中断模式不同的是，当对应模块处于复位状态时，仍然能产生中断（比如当接收器被重置时仍能使 RINT 有效）。因此，即使串口处于复位状态，帧信号仍将被检测并据此产生 RINT 和 XINT 中断请求给 CPU，于是 CPU 就能检测到一个新的帧同步，接着就可以安全地把串口模块重新使能。另外，通过寄存器设置可以选择使能或者忽略帧同步脉冲输入信号。

McBSP 帧频率的计算公式如下：

$$帧频率 = \frac{时钟频率}{帧同步脉冲间的时钟周期数}$$

McBSP 最大帧频率的计算公式如下：

$$帧频率 = \frac{时钟频率}{每帧数据的位数}$$

（4）帧相位

McBSP 允许程序员将每帧配置成一个或者两个相位。每帧串行字的数目和每个串行字的数据位数可以在一帧数据的不同相位阶段中独立配置，从而带给程序员很大的灵活性，比如程序员可以定义一个帧由两个相位阶段组成，第一个相位阶段传送两个 16 位串行字数据，第二相位阶段将传输 10 个 8 位串行字的数据。这样一来，程序员可以非常方便地实现自定义数据的传输，以达到最高的传输效率。单相位帧的最大数据量为 128 串行字/帧，双相位帧最大为 256 串行字/帧。**注意**：双相位帧传送时两个相位之间没有时间间隙，为一个连续数据流。

4．McBSP 数据的接收

下面介绍数据从 DR 引脚传输到 CPU 所经历的几个阶段：

① McBSP 内部的 FSR 等待接收帧同步脉冲。

② 当脉冲到达后，McBSP 插入由 RCR2 寄存器中 RDATDLY 位决定的数据延迟时间。

③ McBSP 从 DR 引脚接收数据并将数据移入 RSR 中（数据大于 16 位时才使用 RSR2，并在 RSR2 中存放数据的高位，RBR2，DRR2 寄存器同理）。

④ 当完整的一个串行字接收到后，如果 RBR 中没有之前未被读出的数据，McBSP 就将其内容从 RSR 寄存器复制到 RBR 寄存器。

⑤ 假设 DDR 中没有先前未被读出的数据，McBSP 就会将 RBR 的内容复制到 DRR 寄存器中，而 DRR 接收到新的数据后，SPCR1 中的接收就绪位（RRDY）就被置位，这样 CPU 就能知道 McBSP 硬件已经完成了数据的接收工作，接下来 CPU 就可以去读取接收到的数据了；当数据压扩功能被使能时，8 位数据从 RBR1 复制到 16 位 DRR1 之前会被自动扩展成 16 位，如果该功能被禁止，则从数据 RBR 复制到 DRR 时，数据会按照 RJUST 位的规定进行对齐和填充。

⑥ CPU 从 DRR 寄存器读取数据，当 DRR1 的数据被读取时，RRDY 位将被清零，同时发起下一个 RBR 到 DRR 的传输。

注意：如果两个 DRR 寄存器都被使用（串行字长 16 位），CPU 必须先读 DRR2 的数据再读 DRR1。因为 DRR1 的数据一被读取，下一个从 RBR 到 DRR 的数传输就被启动，此时 DRR2 中未被读取的数据就会丢失。

5. McBSP 数据的发送

以下是 McBSP 数据发送过程所经历的几个阶段：

① CPU 将数据写到 DXR 中，DXR1 被加载（写入）时，SPCR2 寄存器的发送就绪位（XRDY）被清零，表示发送器还没有为发送新数据做好准备（数据字大于 16 位时才使用 DXR2 寄存器，并在 DXR2 中存放数据的高位，XSR2 寄存器同理）。

注意：如果两个 DXR 寄存器都被使用（串行字长大于 16 位），CPU 必须先装载 DXR2 的数据再装 DXR1。因为 DXR1 的数据一旦被装载，下一个到 XSR 寄存器的数据传输就被启动，如果此时 DXR2 的数据没被装载，那传送到 XSR2 的数据将是未被更新的不正确的内容。

② 当新的数据到达 DXR1，McBSP 就开始复制其内容到发送移位寄存器，同时，将发送就绪标志位 XRDY 置 1，从而告诉 CPU 可以接收新的数据了。和接收过程类似，在这个复制发生前如果数据压扩被使能，McBSP 将 DXR1 中的 16 位数据压缩成 8 位数据后才复制到 XSR；如果该功能被禁止，则数据会原封不动地被复制。

③ McBSP 等待内部 FSX 的发送帧同步脉冲信号。

④ 当脉冲到达后，McBSP 插入由 XCR2 寄存器中 XDATDLY 位决定的数据延迟时间。

⑤ 最后，McBSP 将数据从发送移位寄存器逐位移出到 DX 引脚。

6. McBSP 的中断和 FIFO 事件

McBSP 通过内部信号给 CPU 和 FIFO 发送重要事件的通知，这些内部信号包括：

- 接收中断 RINT：McBSP 的接收器在一种选择好的条件下向 CPU 发送中断请求，这个条件由 SPCR1 中的 RINTM 位决定。
- 发送中断 XINT：McBSP 的发送器在一种选择好的条件下向 CPU 发送中断请求，这个条件由 SPCR2 中的 XINTM 位决定。
- 接收同步事件 REVT：当数据已经被接收到数据接收寄存器（DRR）时，一个 REVT 信号就被发送到 FIFO。

- 发送同步事件 XEVT：当数据发送寄存器(DXR)已经准备好接收下一个串行字时,一个 XEVT 信号就被发送到 FIFO。
- A-bis 模式下的接收同步事件 REVTA：如果 ABIS 位等于1(即 A-bis 模式被使能)则每隔16个周期 REVTA 信号被发送到 FIFO。
- A-bis 模式下的发送同步事件 REVTA：如果 ABIS 位等于1(即 A-bis 模式被使能)则每隔16个周期 XEVTA 信号被发送到 FIFO。

7. McBSP 的采样率发生器

McBSP 包含一个采样率发生器模块,它的功能是通过编程可以产生内部数据时钟信号(CLKG)和内部的帧同步信号(FSG)。这个 CLKG 可以用来作数据接收引脚(DR)或者数据发送引脚(DX)移位时的节拍信号,而 FSG 则可用来作初始化 DR 或者 DX 引脚帧传输的帧同步信号。图 3-8-6 给出了 McBSP 中该发生器模块的总体框图。

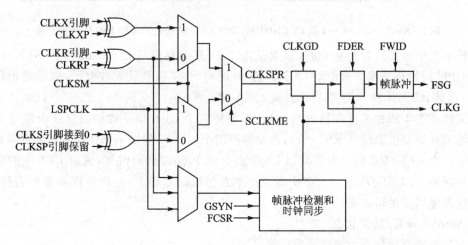

图 3-8-6 采样率发生器的结构框图

从图 3-8-6 中可以看出该模块通过个三级分频器实现 CLKG 和 FSG 信号的可编程。通过它们就可以实现时钟降频,帧周期和帧同步脉冲宽度的控制。另外,该发生器还包括了帧同步脉冲检测和时钟同步模块,从而使降频后的时钟信号和 FSR 引脚输入的帧同步脉冲保持同步。

当用于时钟信号的产生时,在此发生器可以选择源时钟,选择时钟极性(当时钟源来自外部引脚时),配置输出时钟信号(CLKG)的频率及保持 CLKG 与外部输入时钟的同步。具体的控制见对应的寄存器配置。但是,要注意其中的时钟模式位(CLKRM 和 CLKXM)在 McBSP 模块中的作用受到数字环模式和时钟停止模式的影响。

当它用于帧同步信号的产生时,通过寄存器配置可以控制 FSG 同步脉冲的宽度,并能保持 FSG 与外部时钟的同步。

另外,还能实现同步采样率发生器的输出信号与外部时钟的同步：当选择外部时钟来为发生器的时钟源时,SRGR2 寄存器的 GSYNC 位和 FSR 引脚可以用来控制 CLKG 的是时序和 FSG 脉冲相对输入时钟的关系。给出一个具体信号波形如图 3-8-7 所示,当 GSYNC 位等于1时,FSR 引脚的输入信号在每个输入时钟信号的有效沿被采样,如果检测到该信号发生了从无效到有效的变化过程,则触发 CLKG 信号和输入外部时钟信号的同步,同时产生一个 FSG 脉冲。

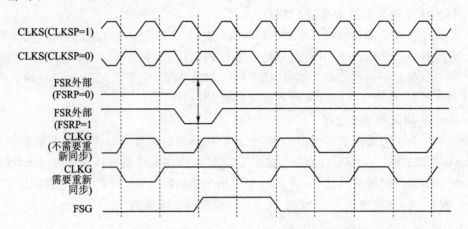

图 3-8-7　GSYNC=1 且 CLKGDV=1 时 CLKG 信号的同步和 FSG 脉冲的产生

采样率发生器复位和初始化时,如果是由于 DSP 的复位导致 SPCR2 中的 $\overline{\text{GRST}}$ 被置为 0,则用 CPU 时钟信号除 2 来驱动 CLKG 信号,同时 FSG 被置成无效电平;如果是程序代码将 $\overline{\text{GRST}}$ 清零,CLKG 和 FSG 都将被置成无效状态。

在采样率发生的相关寄存器被修改后,要等待两个 CLKSRG 周期以保证内部能正确同步。使能采样率发生器时($\overline{\text{GRST}}=1$),也要等待两个 CLKG 周期来保证发送器的逻辑达到稳定。在下一个 CLKSRG 的上升沿处,CLKG 跳变到 1,同时启动时钟,这时 CLKG 的频率=输入时钟频率/(CLKGDV+1)。在使能采样率发生器的基础上,才能根据需要开启接收器、发送器以及帧同步逻辑功能。

8. McBSP 异常/错误状态

以下为五种会导致系统错误的串口事件

(1) 接收器超载(RFULL=1)

上一个从 RBR 到 DRR 的复制发生后,DRR1 的数据还没有被读取,于是接收器不会发起当前从 RBR 到 DRR 的复制操作,如果此时 RSR 寄存器又接收到了一个新的串行字,那么 RFULL 就会被置位,表示此后从 DR 引脚接收的数据将会覆盖 RSR 寄存器的内容,也就是说先前 SRS 中的那个串行字数据会丢失。而且数据将持续被覆盖,直到 DRR1 的数据被读取。

(2) 意外的接收帧同步脉冲(RSYNCERR=1)

这里意外的接收帧同步脉冲是指在当前帧的所有位还没有被接收完的情况下,又出现了启动下一帧传输的接收帧同步脉冲。因为这个意外帧脉冲将重新初始化数据的接收,所以,如果此时 RBR 中还有数据位被复制到 DRR 中,这个数据将被丢失。在数据接收时,如果使 RFIG=0,同时又收到一个意外的接收帧同步脉冲,则 RSYNCERR 就自动置位,以表示发生了该错误事件。

(3) 发送器数据覆盖

这种情况是指在 DXR 中的数据被复制到 XSR 之前 CPU 就向 DXR 寄存器中写入数据,而使原来 DXR 中的数据丢失。

(4) 发送器下溢

如果新数据还没有被装载到 DXR1 中就接收到了新的帧同步信号,那么先前 DXR 中的数据将被再次发送,如果 DXR1 一直不被装载新数据,每个帧同步脉冲都将导致该过期数据被重复发送一次。

(5) 意外的发送帧同步信脉冲(XSYNCERR=1)

意外的发送帧同步脉冲是指在当前帧的所有位还没有被发送完全的情况下,接收到了启动下一帧数据传输的发送帧同步脉冲。这个意外帧脉冲将中止当前的数据发送,并重新开始新一帧数据的发送。所以,如果有此时 DXR 中还有数据没有被复制到 DXR 中,这个数据将被丢失。在数据发送时,如果我们使 XFIG=0 同时又发生了一个意外的发送帧同步脉冲,则 XSYNCERR 就自动被置位,表示发生了此错误事件。

3.8.3 多通道选择模式

1. 通道、单元和分区

一个 McBSP 通道是指一个串行字中所有数据位移入/移出时占用的时间间隔。每个 McBSP 支持多达 128 个用于接收的通道及 128 个用于发送的通道。这 128 个通道都被分成八个单元,每单元包含 16 个相邻的通道,例如单元 0 对应通道 0~15,以此类推最后单元 7 对应通道 122~127。根据分区选择模式,这些单元还将被分配给指定的分区,比如在 2-分区模式下,用户可以把偶数号单元分配给分区 A,奇数号单元分配给分区 B;在 8-分区模式下,单元 0~7 自动被一一对应地分配给从 A 到 H 的 8 个分区。发送和接收分区的数量是相互独立的,如用户可以同时使用 2 个接收分区(A 和 B)和 8 个发送分区(A~H)。

(1) 多通道选择

当 McBSP 在与其他 McBSP 或者串行设备通信时,如果使用分时复用传输的数据流,则 McBSP 必须只在少数通道里接收或者发送数据。为了节省存储空间和总线带宽,可以使用多通道选择模式来防止数据在某些通道的溢出。

每个通道分区有一个专用的通道使能寄存器,在相应的多通道选择模式下,寄存器的每一位可以控制是否允许传输该分区中某一个通道的数据流。

在使能多通道选择模式前,还必须按照以下步骤正确地配置数据帧:先选择单相帧,每帧代表一个分时复用传输的数据流;然后设置帧的长度,这个长度一定要大于被使用的最大通道号。例如若使用 0、15 和 39 通道用于接收数据,那么接收帧的长度至少要是 40,在这种情况下,接收器将在一帧数据的传输中建立 40 个时间窗,但是只在每帧传输的时间窗 0、15 和 39 中接收数据。

① 2-分区模式

在发送或者接收时选择此模式,McBSP 会通过交替采样通道的方式进行数据传输:当收到一个帧同步脉冲信号后,数据先从 A 分区的通道开始接收/发送,紧接着是 B 分区的通道,然后又是 A 分区的通道,两个分区如此交替进行直到该帧数据传输的结束。接收或者发送时都可以给分区 A 和 B 分配 2 个单元(8 个单元中的任意两个),即接收或者发送时最多可以同时使能 32 个通道。图 3-8-8 就是一个在 A 分区通道和 B 分区通道间交替传输数据的例子(通道 0~15 被分配给分区 A,16~31 被分配给分区 B)。

如果在一帧数据的传输中通道数超过 32 个,那么程序员可以在数据传输的过程中动态修改分区 A 和 B 所包含的单元。但是要注意正在进行传输的分区,其单元配置位和相关的通道使能寄存器不能修改,但是可以通过以下方法实现两个分区里单元的重新分配:

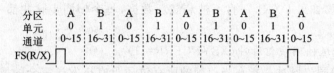

图 3-8-8　2-分区模式下数据交替传输示意图

- 在程序中查询 RCBLK/XCBLK 位(反映各单元数据传输状态),当某分区不处于数据传输状态时才去修改相应的寄存器;
- 数据传输时到每个单元的最后时刻(两个分区的边界时刻),可以向 CPU 发一个中断,在这个中断中判别 RCBLK/XCBLK 的状态并修改无效状态分区的寄存器。

② 8-分区模式

在此模式下,McBSP 通道按照如下的分区顺序被开启:A、B、C、D、E、F、G 和 H。当收到一个帧同步脉冲信号后,从分区 A 开始按上面的分区顺序进行数据传输,直到完成一帧数据的传输。在这种模式下各个分区内的单元配置是固定的,不能被改变。具体关系如表 3-8-1 所列。

表 3-8-1　8-分区模式下各接收/发送分区中单元的分配及对应的通道控制寄存器

接收/发送分区	分配的单元及其包含的通道	用于通道控制的寄存器
A	单元 0:通道 0~15	RCERA 和 XCERA
B	单元 1:通道 16~31	RCERB 和 XCERB
C	单元 2:通道 32~47	RCERC 和 XCERC
D	单元 3:通道 48~63	RCERD 和 XCERD
E	单元 4:通道 64~79	RCERE 和 XCERE
F	单元 5:通道 80~95	RCERF 和 XCERF
G	单元 6:通道 96~111	RCERG 和 XCERG
H	单元 7:通道 112~127	RCERH 和 XCERH

(2) 接收多通道选择模式

MCR1 寄存器中的 RMCM 位决定接收数据时所有通道都被使能还是仅仅使能被选定的那一部分通道:如果该位等于 0,那么 128 个通道都被使能而且无法被禁止掉;如果等于 1 则使能多通道选择模式,在此模式下,通过对接收通道使能寄存器的配置,各个通道可以(RCERs)被单独使能或者禁止。但是要注意在不同的通道分区模式(2 或者 8 分区)下,各通道分配给 RCERs 寄存器的方式也不同。

如果某一个通道被禁止,那么该通道接收到的数据位只能到达 RBR,而 RBR 的内容不会被复制到 DRR 中,这样就能保证接收就绪位 RRDY 不会被置位。

(3) 发送多通道选择模式

XCR2 寄存器的 XMCM 位决定使能全部的发送通道还是仅使能指定的发送通道。发送时 McBSP 有三种多通道选择模式可供选择,它们由 XMCM 位决定,具体方式如表 3-8-2 所列。

表 3-8-2 通过 XMCM 位来选择发送多通道选择模式

XMCM	对应的发送通道选择模式
00	没有开启发送多通道选择模式。所有的通道都被使能,而且都不能被禁止或者屏蔽
01	除非在相应发送通道使能寄存器(XCERs)里被选定,否则所有的通道都被禁止
10	所有通道都被使能,但是在发送通道使能寄存器(XCERs)中没有被选定的通道还是会被屏蔽
11	该模式用于对称发送和接收。除非在接收通道使能寄存器里被使能的,其他所有发送通道将被禁止。一旦使能,除非在相应的发送通道使能寄存器里被选定,否则都将被屏蔽

(4) 禁止/使能和屏蔽/非屏蔽的比较

McBSP 发送数据时,一个通道可以同时实现以下控制选项:使能和非屏蔽(可以发起并且完成发送操作),使能同时屏蔽(可以发起但是不能完成发送),以及禁止(发送操作不会发生)。

下面对这几个控制选项解释一下:
- 使能通道:该通道可以通过将数据从 DXR 复制到 XSR 来发起一个传输过程。
- 屏蔽通道:DX 引脚被保持在高阻状态,数据无法从 DX 移出,因此就无法完成数据的发送。在发送和接收对称系统中,通过屏蔽发送通道可以实现串行总线的共享。但是对于接收就不需要这个功能,因为多路接收不会引起总线控制权的竞争。
- 禁止通道:被禁止掉的通道同时也是被屏蔽的。因为从 DXR 到 XSR 的复制操作不会发生,SPCR2 寄存器的 XRDY 位不会被置位,所以既不会产生 FIFO 的发送事件也不会有中断请求出现。
- 非屏蔽通道:也就是没有被屏蔽的通道,数据可以顺利地从 XSR 寄存器移出 DX 引脚。

2. A-bis 模式

在 A-bis 模式下(SPCR1 寄存器中的 ABIS 位为 1),McBSP 在一个 PCM 连接中可以接收和发送多达 1024 位的数据。接收单元根据一个规定的位使能模式可以从一个 1024 位的 PCM 帧中提取 1024 位数据,同时在 16 个使能位被压缩进 DRR1 后或者一个接收帧被完成后,发出中断请求。与此同时,发送单元也能根据规定的位使能模式在一个指定的位置把 1024 位数据扩展成 1024 位 PCM 帧,也能在 16 个使能位被发送或者一个发送帧完成后提出中断请求。位使能模式由通道使能寄存器 A 和 B(对于接收是 RCERA 和 RCERB,对于发送是 XCERA 和 XCERB)确定。这些寄存器规定了数据流中的哪些位将被使能。

下面介绍一下 A-bis 模式的接收和发送操作。

在 A-bis 模式下,RCERA 和 RCERB 寄存器中那些没有被使能的位将被忽略并且不被压缩进接收器里,只有被使能的位才被接收和压缩进 DRR1,具体过程如图 3-8-9 所示。

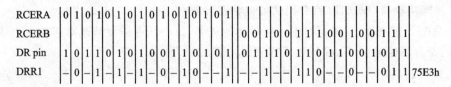

图 3-8-9 A-bis 模式的接收操作

发送时,只有在 XCERA 和 XCERB 中被使能的位才可以从 DX 引脚发送出去,而未被使能的位不能被发送,同时在这些未被使能数据位对应的时钟周期里,DX 引脚呈高阻状态,具体过程如图 3-8-10 所示。

XCERA	0	1	1	1	1	1	0	0	0	1	1	0	0	1	1	1																
XCERB																	0	0	1	1	0	0	0	1	1	0	0	0	1	1	0	0
DXR1	1	0	1	1	0	1	0	1	0	0	0	1	1	1	1	1	1	0	1	1	0	1	1	0	1	1	0	0	0	0	0	0
DX pin	z	0	1	1	0	1	z	z	z	0	0	z	z	1	1	1	z	z	1	1	z	z	z	0	1	z	z	z	0	0	z	z

图 3-8-10 A-bis 模式的发送操作

3. SPI 协议

SPI 协议是指有一个主设备和一个或者多个从设备构成的主从配置结构,具体内容将在 SPI 模块里进行介绍。

McBSP 提供的时钟停止模式可以使其兼容 SPI 协议。当 McBSP 被配置成时钟停止模式时,发送器和接收器是内部同步的,于是 McBSP 可以作为 SPI 的主设备或者从设备进行工作。发送时钟信号(CLKX)对应于 SPI 协议中的串行时钟信号(SCK),而发送帧同步信号(FSX)作为从设备的使能信号,在此模式下接收时钟信号(CLKR)和接收帧同步信号(FSR)没有被使用,因为这些信号在内部分别与 CLKX 和 FSX 相连。

将 McBSP 配置成 SPI 功能的步骤:

(1) 将接收器和发送器都置成复位状态:分别将 SPCR2 的发送复位位和 SPCR1 的接收复位位清零。

(2) 将采样率发生器置成复位状态:将 SPCR2 中的采样率发生器复位位清零。

(3) 对影响 SPI 操作的寄存器进行配置。

(4) 使能采样率发生器:将 SPCR2 中的采样率发生器复位位置位。**注意**:在向 SPCR2 写数时,必须确保只修改了采样率发生器复位位,否则将会改变上述步骤中选择好的 McBSP 配置。

(5) 使能发送器和接收器。采样率发生器从复位状态释放后,一定要等待两个采样率发生器的时钟周期以使 McBSP 的逻辑能进入稳定状态。接收和发送器被使能后,同样也要等待两个相同的时钟周期使 McBSP 的逻辑趋于稳定。

(6) 如果需要,使能采样率发生器的帧同步逻辑。

3.8.4 接收器和发送器配置

总的配置流程:

(1) 将接收器/发送器置成复位状态;

(2) 根据需要完成的接收/发送操作配置 McBSP 的相应寄存器;

(3) 使能接收器/发送器(将它们从复位状态释放)。

以下是配置接收器/发送器时的一些具体的任务,每个任务需要修改对应的一个或者多个 McBSP 的寄存器位域。(SRG 代表采样率发生器)。

全局行为:

- 将接收/发送引脚设置成 McBSP 外设功能;
- 使能/禁止数字回送模式;
- 使能/禁止时钟停止模式;

- 使能/禁止多通道选择模式；
- 使能/禁止 A-bis 模式。

数据行为：
- 为每个接收帧/发送帧配置 1 个或者 2 个相位；
- 设置接收/发送数据的字长；
- 设置接收帧/发送帧的长度；
- 使能/禁止帧同步忽略功能；
- 设置接收/发送压扩模式；
- 设置数据接收/发送延时；
- 设置数据接收的符号扩展和对齐模式/设置数据发送的 DXENA 模式；
- 设置接收/发送的中断模式。

帧同步行为：
- 设置接收/发送帧同步模式；
- 设置接收/发送帧同步极性；
- 设置 SRG 的帧同步周期和脉冲宽度。

时钟行为：
- 设置接收/发送时钟模式；
- 设置接收/发送时钟极性；
- 设置 SRG 时钟分频值；
- 设置 SRG 时钟同步模式；
- 设置 SRG 时钟模式(选择一个输入时钟)；
- 设置 SRG 输入时钟极性。

3.8.5 McBSP 初始化流程

McBSP 的软件初始化流程如下：

(1) 使寄存器 SPCR1 和 SPCR2 中的 $\overline{XRST}=\overline{RRST}=\overline{FRST}=0$。如果在此之前是 DSP 复位,则不需要这一步。

(2) 当串口处于复位状态时,根据需要只修改 McBSP 配置寄存器(不能是数据寄存器)。

(3) 等待 2 个时钟周期,保证内部完全同步。

(4) 根据需要设置数据采集寄存器(比如向 DXR1、2 写数)

(5) 令 $\overline{XRST}=\overline{RRST}=1$ 来使能串口。**注意**：设置这两位时不能修改其所属寄存器的其他位状态。

(6) 如果需要内部产生帧同步信号,将 $\overline{FRST}$ 置位。

(7) 接收器和发送器有效前需要等待两个时钟周期。

3.8.6 McBSP 的 FIFO 和中断

McBSP 模块的每个数据寄存器(DRR2/DRR1 和 DXR2/DXR1)都连接到一个 16×16 位(16 级)的 FIFO。这个 FIFO 寄存器的顶部寄存器与非 FIFO 模式下的数据寄存器共享同一地址。

在一般模式下,McBSP 可以与各种具有不同串行字长的编解码器进行通信。除这种模式外，McBSP 在与其他 McBSP 模块或串行设备通信时采用分时复用（TDM）的数据流。McBSP 的多通道模式为这种分时复用数据流的传输提供了很大的灵活性。

1. McBSP 的 FIFO 操作

McBSP 上电时，FIFOs 并没有被使能，可以通过设置 MFFTX 寄存器的 FIFO 使能位使能 FIFO 模式。下面将对 FIFO 功能特点和软件编程进行介绍：

- 复位：此时 McBSP 默认 FIFO 功能是被禁止的，FIFO 寄存器的 MFFTX、MFFRX 和 MFFCT 处于无效状态。
- 非 FIFO 模式：也就是 McBSP 中的 FIFO 寄存器没有被使能。数据的发送和接收通过 DRR 和 DXR 寄存器的操作来实现，CPU 直接访问这些寄存器，而中断信号的产生也是基于这些寄存器的内容及它们相关的标志位。
- FIFO 模式：通过将 MFFTX 寄存器的 MFFENA 位置位就可以使能 FIFO 模式。
- 有效的寄存器：所有 McBSP 寄存器和 McBSP 的 FIFO 寄存器 MFFTX、MFFRX 及 MFFCT 都是有效的。
- 中断：MRINT/MXINT 将根据 FIFO 中的接收和发送条件产生相应的 CPU 中断。
- 缓冲器：McBSP 的发送和接收数据寄存器可以各自拥有四个 16×16 位的 FIFO 寄存器，接收数据时，从 RBR 来的数据将被复制到由接收数据寄存器 DRR2 和 DRR1 以及两个 16×16 位的 FIFO 组成的缓冲队列。类似地，发送数据时，DXR2 和 DXR1 以及两个 16×16 位的 FIFO 构成一个发送缓冲队列，CPU 只要把数据写到这个队列中，就能自动缓冲发送。
- 从发送 FIFO 到 DXR2/DXR1 的数据传输是基于 McBSP 的 XEVT/XINT 中断信号及相应标志位的；同理，从 DRR2/DRR1 到接收 FIFO 数据寄存器的数据传输是基于 REVT/RINT 中断信号及相应标志位的。
- FIFO 状态位：所有的发送和接收 FIFO 寄存器都有相应的状态位：TXFFST（位 12～0）或者 RXFFST（位 12～0）。它们反映的是任何时刻里 FIFO 队列中有效数据字的个数，当发送/接收 FIFO 复位位 TXFIFO/RXFIFO 被置位时，FIFO 的指针会被复位成 0，一旦这些复位位被清零，FIFO 就重新开始工作。
- 可编程的中断级别：发送和接收 FIFO 都能产生 CPU 中断。一旦发送 FIFO 的状态位 TXFFST 与中断触发级别位 TXFFIL 发生匹配，就能触发一个中断请求，这一特性为 McBSP 数据的发送和接收提供了一个可编程的中断触发器。默认情况下，接收 FIFO 的中断触发级别是 0x11111，发送 FIFO 的是 0x00000。

2. McBSP 接收和发送中断的产生

McBSP 模块中，数据的接收和错误条件以及发送和错误条件各自会产生两套中断信号，一套是用于 CPU 另一套用于 DMA 传输。因为该 28x 的 McBSP 模块并不具有 DMA 功能，所以这个 DMA 中断信号被 FIFO 的控制逻辑使用。通过参考这些中断信号，FIFO 的控制逻辑就能控制 FIFO 寄存器和实际的接收/发送寄存器之间的数据传输。

3. FIFO 数据寄存器的访问限制

McBSP 寄存器只能通过 16 位的外设总线进行访问，包括接收和发送通道中的寄存器对，其中 DRR2/DRR1 是接收寄存器对，DXR2/DXR1 是发送寄存器对。

注意：只有按特定的顺序对这些寄存器对进行访问时 FIFO 的指针才进行更新。

4. FIFO 错误标志

McBSP 模块中,数据接收和发送通道都包含几个错误标志位。在 FIFO 模式下,这些位要么不起作用,要么会提供等效的标志位,具体如表 3-8-3 所列。

表 3-8-3 McBSP 的错误标志位

错误标志位	在非 FIFO 模式下的功能	在 FIFO 模式下的功能
RFULL	表示 DRR2/DRR1 的数据没有被读取,同时 RSR 寄存器的内容被覆盖	该位永远不会被置位,因为 DRR1/DRR1 的值被读进 FIFO 寄存器,将用 RXFFOVF 来代替表示错误状态
RXFFOVF	不被使用	接收 FIFO 溢出标志,表示接收 FIFO 的溢出状态。在 FIFO 顶部的数据(最先进入的)将被丢失
RSYNCERR	表明发生意外帧同步的情况,当前数据的接收将被中止并且重新开始。在此情况下如果 RINTM 位为 11,则将产生中断请求信号	表明发生意外帧同步的情况,当前数据的接收将被中止并且重新开始。在此情况下如果 RINTM 位为 11,则将产生中断请求信号
XSYNCERR	表明发生意外帧同步的情况,当前数据的发送将被中止并且重新开始。在此情况下如果 XINTM 位为 11,则将产生中断请求信号	表明发生意外帧同步的情况,当前数据的发送将被中止并且重新开始。在此情况下如果 XINTM 位为 11,则将产生中断请求信号

5. McBSP 的 FIFO 寄存器

McBSP 中的 FIFO 发送寄存器(MFFTX)各位如图 3-8-11 所示。

15	14	13	12	11	10	9	8
保留	MFFENA	TXFIFO Reset	TXFFST4	TXFFST3	TXFFST2	TXFFST1	TXFFST0
R—0	R/W—0	R/W—1	R—0	R—0	R—0	R—0	R—0

7	6	5	4	3	2	1	0
TXFFINT Flag	TXFFINT Clear	TXFFIENA	TXFFIL4	TXFFIL3	TXFFIL2	TXFFIL1	TXFFIL0
R—0	W—0	R/W—0	R/W—0	R/W—0	R/W—0	R/W—0	R/W—0

图 3-8-11 FIFO 发送寄存器 MFFTX

位	名称	描述
15	保留位	保留。
14	MFFENA	FIFO 功能的使能位。 0 McBSP 的 FIFO 增强功能被禁止,FIFO 处于复位状态; 1 McBSP 的 FIFO 增强功能被使能。
13	TXFIFO Reset	发送 FIFO 复位位。 0 将 FIFO 的指针复位到 0,并使 FIFO 保持在复位状态; 1 重新使能发送 FIFO 功能。
12~8	TXFFST4~0	发送 FIFO 的状态位。 00000 发送 FIFO 为空; 00001 发送 FIFO 里有 1 个数据字; 00010 发送 FIFO 里有 2 个数据字; 00011 发送 FIFO 里有 3 个数据字;

		0xxxx 发送FIFO里有x个数据字；
		10000 发送FIFO里有16个数据字。
7	TXFFINT	发送FIFO中断标志位(只读)。
		0 TXFIFO中断没有发生；
		1 TXFIFO中断已经发生。
6	TXFFINT CLR	发送FIFO中断标志的清除位。
		0 写0对TXFFINT位没有任何效果；
		1 写1将清除有效的TXFFINT标志位。
5	TXFFIENA	发送FIFO中断使能位。
		0 禁止基于TXFFIVL匹配的发送FIFO中断；
		1 使能基于TXFFIVL匹配的发送FIFO中断。
4~0	TXFFIL4~0	发送FIFO中断级别位。一旦发送FIFO状态位TXFFST4~0和此发送FIFO中断级别位相匹配(小于或者等于)，就产生中断请求。默认值为0x00000。

McBSP的FIFO接收寄存器(MFFRX)各位如图3-8-12所示。

15	14	13	12	11	10	9	8
RXFFOVF Flag	RXFFOVF Clear	RXFIFO Reset	RXFFST4	RXFFST3	RXFFST2	RXFFST1	RXFFST0
R—0	W—0	R/W—1	R—0	R—0	R—0	R—0	R—0
7	6	5	4	3	2	1	0
RXFFINT Flag	RXFFINT Clear	RXFFIENA	RXFFIL4	RXFFIL3	RXFFIL2	RXFFIL1	RXFFIL0
R—0	W—0	R/W—0	R/W—1	R/W—1	R/W—1	R/W—1	R/W—1

图3-8-12 FIFO接收寄存器MFFRX

位	名称	描述
15	RXFFOVF	接收FIFO的溢出标志位。
		0 接收FIFO没有溢出；
		1 接收FIFO已经溢出，即FIFO一次接收到了多于16个字的数据，同时最先接收到数已经被丢失。
14	RXFFOVF Clear	接收FIFO溢出标志的清除位。
		0 写0对RXFFOVF标志位没有任何影响；
		1 写1将清除已经有效的RXFFOVF标志位。
13	RXFIFO Reset	接收FIFO复位位。
		0 将接收FIFO的指针复位到0，并使FIFO保持在复位状态；
		1 重新使能接收FIFO功能。
12~8	RXFFST4~0	接收FIFO的状态位。
		00000 接收FIFO为空；
		00001 接收FIFO里有1个数据字；

		00010	接收 FIFO 里有 2 个数据字;
		00011	接收 FIFO 里有 3 个数据字;
		0xxxx	接收 FIFO 里有 x 个数据字;
		10000	接收 FIFO 里有 16 个数据字。
7	RXFFINT	接收 FIFO 中断的标志位(只读)。	
		0 RXFIFO 中断没有发生;	
		1 RXFIFO 中断已经发生。	
6	RXFFINT CLR	接收 FIFO 中断标志清除位。	
		0 写 0 对 RXFFINT 位没有任何效果;	
		1 写 1 将清除已经有效的 RXFFINT 标志位。	
5	RXFFIENA	接收 FIFO 的中断使能位。	
		0 禁止基于 RXFFIVL 匹配的接收 FIFO 中断;	
		1 使能基于 RXFFIVL 匹配的接收 FIFO 中断。	
4~0	RXFFIL4~0	接收 FIFO 中断级别位。	
		当接收 FIFO 状态位 RXFFST4~0 和接收此 FIFO 中断级别位匹配时(大于或者等于关系),就会产生中断请求。其默认值为 0x11111,这样就能保证复位后接收 FIFO 不会频繁产生中断请求。	

McBSP 的 FIFO 控制寄存器(MFFCT)各位如图 3-8-13 所示。

15	14							8
IACKM	保留							
R/W—0	R—0							
7	6	5	4	3	2	1		0
FFTXDLY7	FFTXDLY6	FFTXDLY5	FFTXDLY4	FFTXDLY3	FFTXDLY2	FFTXDLY1		FFTXDLY0
R/W—0	R/W—0	R/W—0	R/W—0	R/W—0	R/W—0	R/W—0		R/W—0

图 3-8-13 FIFO 控制寄存器 MFFCT

位	名称	描述
15	IACKM	
		0 写入的默认值;
		1 保留功能,该位不能写 1。
14~8	保留位	保留。
7	FFTXDLY7~0	FIFO 发送延时位。只有在 SPI 模式下,这几位才被使用。在 McBSP 模式下,它们不起任何作用。这几位决定了数据传输(从发送 FIFO 寄存器到发送寄存器)之间的延时,延时的时间以 CLKX 串行时钟或者波特率的时钟周期为单位,于是程序员就能定义 0~255 个串行周期的延时。在 FIFO 模式下,只有在移位寄存器完成最后一位的移位操作后,才能开始从 FIFO 到 DXR2/DXR1 的数据传输,从而能够保证数据流中相邻两个串行字之间具有一定的延时。

在启用 FIFO 且使能延时的 McBSP/SPI 模式下，DXR2/DXR1 寄存器将不被当作额外的缓冲器来使用。

McBSP 的 FIFO 中断寄存器(MFFINT)各位如图 3-8-14 所示。

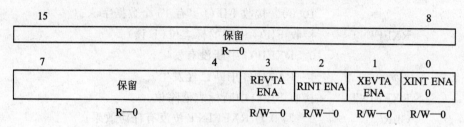

图 3-8-14 FIFO 控制寄存器 MFFINT

位	名称	描述
15~4	保留位	保留。
3	REVTA ENA	A-bis 模式下,接收中断(每 16 个 CLKX/CLKR 周期产生一次)的使能位,该位只在 A-bis FIFO 模式下有效。 0　A-bis 接收中断禁止; 1　A-bis 接收中断使能。
2	RINT ENA	非 FIFO 模式下的接收中断使能位,只在非 FIFO 模式下有效。 0　由 RRDY 产生的接收中断被禁止; 1　由 RRDY 产生的接收中断被使能。
1	XEVTA ENA	A-bis 模式下,发送中断(每 16 个 CLKX/CLKR 周期产生一次)的使能位,该位只在 A-bis FIFO 模式下有效。 0　A-bis 发送中断禁止; 1　A-bis 发送中断使能。
0	XINT ENA	非 FIFO 模式下的发送中断使能位,只在非 FIFO 模式下有效。 0　XRDY 产生的发送中断被禁止; 1　XRDY 产生的发送中断被使能。

McBSP 的 FIFO 状态寄存器(MFFST)各位如图 3-8-15 所示。

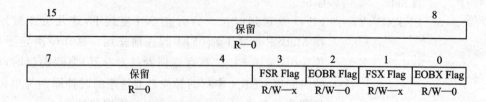

图 3-8-15 FIFO 状态寄存器 MFFST

位	名称	描述
15~4	保留位	保留。

位	名称	说明
3	FSR Flag	新的帧同步 FSR 脉冲检测标志位。无论 RINTM 位是否为 10,该位都可以被置位,它用来检测 FSR 脉冲而不必产生中断请求。复位时,根据 FSX/FSR 引脚的状态对该位进行更新。如果该引脚悬空,由于引脚的内部上拉,该位将被置位。该位通过写 0 可以清除。 0 没有检测到 FSR 帧同步脉冲; 1 检测到 FSR 帧同步脉冲。
2	EOBR Flag	多通道模式下接收单元的结束(EOB)标志位,无论 RINTM 位是否为 10,该位都可以被置位。该位可以用来检测 EOB 而不必产生中断请求。 0 接收单元结束(EOB)条件还没有发生; 1 发生接收单元结束(EOB)条件。
1	FSX Flag	新的帧同步脉冲 FSX 检测标志。无论 XINTM 位是否为 10,该位都可以被置位,该位可以用来检测 FSX 脉冲而不必产生中断请求。 0 没有检测到 FSX 帧同步脉冲; 1 检测到 FSX 帧同步脉冲。
0	EOBX Flag	多通道模式下发送单元的结束(EOB)标志位,无论 XINTM 位是否为 10,该位都可以被置位,该位可以用来检测 EOB 而不必产生中断请求。 0 发送单元结束(EOB)条件还没有发生; 1 发送单元结束(EOB)条件发生。

3.8.7　McBSP 的其他寄存器

数据接收和发送寄存器,以及数据如何从数据接收引脚(DR)传送到 DRR 寄存器等内容在本节开头已经介绍的比较详细,这里不再重复。

1. 串口控制寄存器(SPCR1 和 SPCR2)

每个 McBSP 都有两个串口控制寄存器如图 3-8-16 和图 3-8-17 所示,通过配置这两个寄存器程序员就能实现:

15	14	13	12	11	10		8
DLB	RJUST		CLKSTP		保留		
R/W—0	R/W—0		R/W—0		R—0		

7	6	5	4	3	2	1	0
DXENA	ABIS	RINTM		RSYNCERR	RFULL	RRDY	RRST
R/W—0	R/W—0	R/W—0		R/W—0	R—0	R—0	R/W—0

图 3-8-16　串口控制寄存器 1(SPCR1)

- 控制不同的 McBSP 模式:数字回送模式(DLB),接收数据时的符号扩展和调整模式(RJUST),时钟停止模式(CLKSTP),A-bia 模式(ABIS),中断模式(RINTM 和 XINTM),仿真模式(FREE 和 SOFT);

- 打开或者关闭 DX 引脚的延时使能(DXENA);
- 检查接收和发送操作的状态(RSYNCERR、XSYNCERR、RFULL、$\overline{\text{XEMPTY}}$、RRDY 和 XRDY);
- 复位 McBSP 的各部分($\overline{\text{RRST}}$、$\overline{\text{XRST}}$、$\overline{\text{FRST}}$和$\overline{\text{GRST}}$)。

位	名称	描述
15	DLB	数字回送模式使能位。 0 禁止数字回送模式; 1 使能数字回送模式。
14~13	RJUST	接收符号扩展和对齐模式位。 00 将 DRR 中的数据右对齐同时高位填 0; 01 将 DRR 中的数据右对齐同时高位进行符号扩展; 10 将 DRR 中的数据左对齐同时低位填 0; 11 保留。
12~11	CLKSTP	时钟停止模式。在 SPI 模式下,这两位与 PCR 寄存器中的 CLKXP 和 CLKRP 位的设置相关。 非 SPI 模式: 00 时钟停止模式被禁止。 SPI 模式下: CLKSTP CLKXP CLKRP 00　　　0　　　0　时钟信号从上升沿开始,没有延时; 01　　　1　　　0　时钟信号从下降沿开始,没有延时; 10　　　0　　　1　时钟信号从上升沿开始,有延时; 11　　　1　　　1　时钟信号从下降沿开始,有延时。
10~8	保留位	保留。
7	DXENA	DX 引脚使能器,为开启时间引入附加的延时。该位控制 DX 引脚的高阻状态,而不是数据本身,所以正常模式下只有数据的第一位会被延时。在 A-bis 模式下,任何位都能引入延时,因为它们都可以从高阻变为有效。 0 DX 引脚使能器关闭; 1 DX 引脚使能器打开。
6	ABIS	ABIS 模式位。 0 A-bis 模式被禁止; 1 A-bis 模式被使能。
5~4	RINTM	接收中断模式位。 00 (接收)INT 由(接收)RDY(也就是串行字的结束)和 A—bis 模式下的帧结束驱动; 01 在多通道操作模式下,单元传输的结束或者帧传输的结束驱动(接收)INT 信号; 10 新的帧同步产生(接收)INT 信号;

第3章 TMS320X281x DSP 的片内外设

		11 （接收）SYNCERR 产生（接收）INT 信号。
3	RSYNCERR	接收同步错误标志位。
		0 没有出现接收同步错误；
		1 McBSP 检测到接收同步错误。
2	RFULL	接收移位寄存器（RSR）超载标志位。
		0 RSR 没有发超载；
		1 DRR 中的数据还没有被读取，且 RBR 为满，RSR 被新数据覆盖。
1	RRDY	接收就绪位。
		0 接收器还未就绪；
		1 接收器已经就绪，同时数据已经在 DRR 中等待被读取。
0	$\overline{\text{RRST}}$	接收器复位位，该位用于复位或者使能接收器。
		0 串口的接收器被禁止，并保持在复位状态；
		1 串口接收器被使能。

15						10	9	8
保留							FREE	SOFT
R—0							R/W—0	R/W—0

7	6	5	4	3	2	1	0
$\overline{\text{FRST}}$	$\overline{\text{GRST}}$	XINTM		XSVNCERR	XEMPTY	XRDY	$\overline{\text{XRST}}$
R/W—0	R/W—0	R/W—0	R/W—0	R/W—0	R—0	R—0	R/W—0

图 3-8-17 串口控制寄存器 2(SPCR2)

位	名称	描述
15~10	保留位	保留。
9	FREE	由运行模式位（当 EMUSUPEND 位有效才起作用）。
		0 自由运行模式被禁止；
		1 自由运行模式被使能。
8	SOFT	软件位（当 EMUSUPEND 位有效才起作用）。
		0 软件模式被禁止；
		1 软件模式被使能。
7	$\overline{\text{FRST}}$	帧同步发生器复位位。
		0 帧同步逻辑被复位，采样率发生器将不产生帧同步逻辑信号 FSG；
		1 在（FPER+1）个 CLKG 周期后产生帧同步信号 FSG，即所有的帧计数器的取值由程序中设定的值决定。
6	$\overline{\text{GRST}}$	采样率发生器复位位。
		0 采样率发生器被复位；
		1 采样率发生器从复位状态转为有效，CLKG 由采样率发生寄存器中预先设置好的值驱动。
5~4	XINTM	发送中断模式位。
		00 （发送）INT 由（发送）RDY（也就是串行字的结束）和 A-

		bis 模式下帧结束驱动;
	01	在多通道操作模式下,单元传输的结束或者帧传输的结束驱动(发送)INT 信号;
	10	新的帧同步产生(发送)INT 信号;
	11	(发送)SYNCERR 产生(发送)INT 信号。
3	XSYNCERR	发送同步错误位。
	0	没有发生发送同步错误;
	1	McBSP 检测到发送同步错误。
2	$\overline{\text{XEMPTY}}$	发送移位寄存器(XSR)的空标志位。
	0	XSR 位空;
	1	XSR 位不为空。
1	XRDY	发送就绪位。
	0	发送还未就绪;
	1	发送已经就绪,数据已经装载到 DXR 中了。
0	$\overline{\text{XRST}}$	发送器复位位,可以用来复位或者使能发送器。
	0	串口发送器被禁止并保持在复位状态;
	1	串口发送器被使能。

2. 接收控制寄存器(RCR1 和 RCR2)

McBSP 中的两个接收控制寄存器具有如下功能:
- 决定每帧接收数据具有一个或者两个相位;
- 为每个相位定义参数:串口字的长度(RWDLEN1 和 RWDLEN2)和串口字的个数 (RFRLEN1,RFRLEN2);
- 选择接收压扩模式(RCOMPAND);
- 使能或者禁止接收帧同步忽略功能(RFIG);
- 选择接收数据延迟时间(RDATDLY)。

接收控制寄存器 2(RCR2)各位如图 3-8-18 所示。

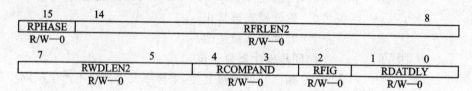

图 3-8-18 接收控制寄存器 2(RCR2)

位	名称	描述
15	RPHASE	接收相位配置位。
	0	单相位帧;
	1	双相位帧。
14~8	RFRLEN2	接收帧每帧数据的长度位 2(相位 2 的参数,单相位时被忽略)。
	0000000	每帧 1 个数据字;

		0000001 每帧 2 个数据字；
		⋮ ⋮
		1111111 每帧 128 个数据字。
7～5	RWDLEN2	接收数据的字长位 2（相位 2 的参数，单相位时被忽略）。
		000 每个数据字长度是 8 位；
		001 每个数据字长度是 12 位；
		010 每个数据字长度是 16 位；
		011 每个数据字长度是 20 位；
		100 每个数据字长度是 24 位；
		101 每个数据字长度是 32 位；
		11x 保留。
4～3	RCOMPAND	接收压扩模式位。除了取值为 00 时，其他情况只有在接收 WDLEN 为 000 的情况下才被使能，以表明是 8 位字长的数据。
		00 不进行数据压扩，数据从最高位开始传输；
		01 不进行数据压扩，数据字长为 8 位，数据从最低位开始传输；
		10 采用 μ-律编码方式对接收到的数据进行压扩；
		11 采用 A-律编码方式对接收到的数据进行压扩。
2	RFIG	接收帧忽略位。
		0 第一个后面的接收帧同步脉冲信号都将重新开始数据的传输；
		1 第一个后面的接收帧同步脉冲信号被忽略。
1～0	RDATDLY	接收数据延时位。
		00 数据延时 0 位；
		01 数据延时 1 位；
		10 数据延时 2 位；
		11 保留。

接收控制寄存器 1（RCR1）各位如图 3-8-19 所示。

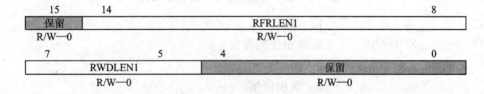

图 3-8-19 接收控制寄存器 1（RCR1）

位	名称	描述
15	保留位	保留。
14～8	RFRLEN1	接收帧每帧数据的长度位 1（相位 1 的参数，单相位时作为整帧的参数）。

			0000000	每帧 1 个数据字；
			0000001	每帧 2 个数据字；
			⋮	⋮
			1111111	每帧 128 个数据字。

7~5	RWDLEN1	接收数据的字长位 1（相位 1 的参数，单相位时作为整帧的参数）。
		000　每个数据字长度是 8 位；
		001　每个数据字长度是 12 位；
		010　每个数据字长度是 16 位；
		011　每个数据字长度是 20 位；
		100　每个数据字长度是 24 位；
		101　每个数据字长度是 32 位；
		11x　保留。
4~0	保留位	保留。

3. 发送控制寄存器（XCR1 和 XCR2）

McBSP 中两个发送控制寄存器可以实现：
- 规定每帧发送数据具有一个或者两个相位；
- 定义每个相位参数：串口字的长度（XWDLEN1 和 XWDLEN2）和串口字的个数（XFRLEN1,XFRLEN2）；
- 选择发送数据压扩模式（XCOMPAND）；
- 使能或者禁止发送帧同步忽略功能（XFIG）；
- 选择发送数据延迟时间（XDATDLY）。

发送控制寄存器 2（XCR2）各位如图 3-8-20 所示。

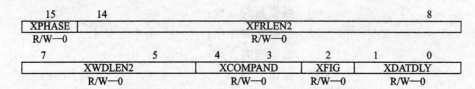

图 3-8-20　发送控制寄存器 2（XCR2）

位	名称	描述
15	XPHASE	发送相位配置位。
		0　单相位帧；
		1　双相位帧。
14~8	XFRLEN2	发送帧每帧数据的长度位 2（相位 2 的参数，单相位时被忽略）。
		0000000　每帧 1 个数据字；
		0000001　每帧 2 个数据字；
		⋮　　　　　⋮
		1111111　每帧 128 个数据字。

7～5	XWDLEN2	发送数据的字长位2(相位2的参数,单相位时被忽略)。
		000 每个数据字长度是8位;
		001 每个数据字长度是12位;
		010 每个数据字长度是16位;
		011 每个数据字长度是20位;
		100 每个数据字长度是24位;
		101 每个数据字长度是32位;
		11x 保留。
4～3	XCOMPAND	发送压扩模式位。除了取值为00时,其他情况只有在XWDLEN为000的情况下才被使能,以表明是8位字长的数据。
		00 不进行数据压扩,数据从最高位开始传输;
		01 不进行数据压扩,数据字长位8位,数据从最低位开始传输;
		10 采用μ-律编码方式对发送的数据进行压扩;
		11 采用A-律编码方式对发送的数据进行压扩。
2	XFIG	发送帧忽略位。
		0 第一个后面的发送帧同步脉冲信号将重新开始数据的传输;
		1 第一个后面的发送帧同步脉冲信号被忽略。
1～0	XDATDLY	发送数据延时位。
		00 数据延时0位;
		01 数据延时1位;
		10 数据延时2位;
		11 保留。

发送控制寄存器1(XCR1)各位如图3-8-21所示。

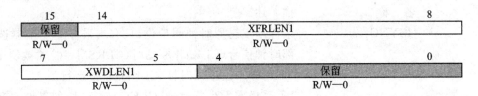

图 3-8-21 发送控制寄存器1(XCR1)

位	名称	描述
15	保留位	保留。
14～8	XFRLEN1	发送帧每帧数据的长度位1(相位1的参数,单相位时作为整帧的参数)。
		0000000 每帧1个数据字;
		0000001 每帧2个数据字;
		⋮
		1111111 每帧128个数据字。

7~5	XWDLEN1	发送数据的字长位1(相位1的参数,单相位时作为整帧的参数)。
		000 每个数据字长度是8位;
		001 每个数据字长度是12位;
		010 每个数据字长度是16位;
		011 每个数据字长度是20位;
		100 每个数据字长度是24位;
		101 每个数据字长度是32位;
		11x 保留。
4~0	保留位	保留。

4. 采样率发生寄存器(SRGR1和SRGR2)

每个McBSP中有两个采样率发生器寄存器,通过对它们进行配置可以实现:

- 为采样率发生器选择输入时钟源;
- 设置CLKG信号的分频系数;
- 为内部产生的发送帧同步脉冲选择驱动信号;
- 规定帧同步脉冲信号的宽度和周期。

如果选择外部时钟源(通过CLKR或者CLKX引脚)为采样率发生器提供源时钟信号输入,则

- 可以选择输入时钟极性;
- 可以设置CLKG信号是否与FSR引脚输入的外部帧同步信号同步。

采样率发生器寄存器2(SRGR2)各位如图3-8-22所示。

15	14	13	12	11			0
GSYNC	保留	CLKSM	FSGM			FPER	
R/W—0	R/W—1	R/W—1	R/W—0			R/W—0	

图3-8-22 采样率发生器寄存器2(SRGR2)

位	名称	描述
15	GSYNC	采样率发送器时钟同步位,只有当采样率发生器选择外部时钟信号(CLK)作驱动时(CLKSM=0)才被使用。
		0 采样率发生器时钟(CLKG)自由运行。
		1 采样率发生器时钟(CLKG)运行时,如果检测到接收帧同步信号(FSR),CLKG将被重新同步,同时产生帧同步信号(FSG)。而帧周期位FPER将被忽略,因为帧周期由外部输入的帧同步脉冲决定。
14	保留位	保留。
13	CLKSM	采样率发生器的时钟模式位,与PCR寄存器中的SCLKME位一起决定采样率发生器的输入时钟源。
		SCLKME CLKSM
		0　　　　0　　保留;
		0　　　　1　　内部时钟LSPCLK;

	1	0	外部 CLKR 引脚输入的时钟信号;
	1	1	外部 CLKX 引脚输入的时钟信号。
12	FSGM	采样率发生器发送帧同步模式位,当 PCR 寄存器的 FSXM=1 时使用。
		0 根据 DXR 到 XSR 复制产生发送帧同步信号;
		1 由采样率发生器的帧同步信号 FSG 驱动发送帧同步信号。
11~0	FPER	帧周期位。该位决定下一个帧同步信号何时变为有效。取值范围:$1\sim 2^{12}=4096$ 个 CLKG 周期。

采样率发生器寄存器 1(SRGR1)各位如图 3-8-23 所示。

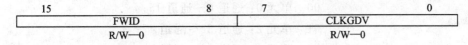

图 3-8-23 采样率发生器寄存器 1(SRGR1)

位	名称	描述
15~8	FWID	帧脉冲的宽度位。该位决定帧同步脉冲信号 FSG 有效时间的宽度,取值范围:$1\sim 2^8=256$ 个 CLKG 周期。
7~0	CLKGDV	采样率发生器分频系数位,通过设置这个分频系数可以获得一定频率时钟信号提供给采样率发生器。其默认值为1。

5. 多通道控制寄存器(MCR1 和 MCR2)

每个 McBSP 有两个多通道控制寄存器,其中 MCR1 包含的是与接收操作相关的控制和状态位,而 MCR2 中的各位是与发送操作相关的。通过这两个寄存器可以完成以下操作:

- 使能所有的通道或者选定的通道用于数据的接收;
- 发送数据时,选择哪些通道被使能/禁止或被屏蔽/非屏蔽;
- 选择使用 2 分区(每次 32 个通道)或者 8 分区(每次 128 个通道)模式;
- 当使用 2 分区模式时,可以为分区 A 和分区 B 分配指定单元;
- 确定 16 个通道中哪个单元正在进行数据传输。

多通道控制寄存器 2(MCR2)各位如图 3-8-24 所示。

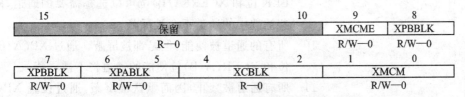

图 3-8-24 多通道控制寄存器 2(MCR2)

位	名称	描述
15~10	保留位	保留。
9	XMCME	增强的发送多通道选择使能位,该位与 RMCME 位一起工作,XMCME 位和 RMCME 位值必须一样: 如果 XMCME=RMCME=0;(普通多通道选择模式也就是

默认值)每次最多可以同时使能 32 个通道。

如果 XMCME＝RMCME＝1:（128 通道选择模式)每次最多可以同时使能 128 个通道。

其他取值组合被保留

| 8～7 | XPBBLK | 发送分区 B 的单元配置位。 |

00　单元 1：通道 16～通道 31；
01　单元 3：通道 48～通道 63；
10　单元 5：通道 80～通道 95；
11　单元 7：通道 112～通道 127。

| 6～5 | XPABLK | 发送分区 A 的单元配置位。 |

00　单元 0：通道 0～通道 15；
01　单元 2：通道 32～通道 47；
10　单元 4：通道 64～通道 79；
11　单元 6：通道 96～通道 111。

| 4～2 | XCBLK | 当前使用中的发送单元指示位。 |

000　单元 0：通道 0～通道 15；
001　单元 1：通道 16～通道 31；
010　单元 2：通道 32～通道 47；
011　单元 3：通道 48～通道 63；
100　单元 4：通道 64～通道 79；
101　单元 5：通道 80～通道 95；
110　单元 6：通道 96～通道 111；
111　单元 7：通道 112～通道 127。

| 1～0 | XMCM | 发送多通道选择模式位。 |

00　所有的通道被使能且没有被屏蔽（发送数据时，DX 引脚一直有效)。

01　所有通道被禁止，因此默认被屏蔽。通过使能 XP(A/B)BLK 位和 XCER(A/B)位可以选择需要的通道，同时这些被选中的通道不会被屏蔽。

10　所有的通道被使能，但是都被屏蔽。通过 XP(A/B)BLK 位和 XCER(A/B)位使能的通道将不被屏蔽。

11　所有通道被禁止，因而默认被屏蔽，通过设置 XP(A/B)BLK 位和 XCER(A/B)位可以选择非屏蔽通道。在对称发送和接收操作时使用这个模式。

多通道控制寄存器 1(MCR1)各位如图 3-8-25 所示。

15						10	9	8
保留							RMCME	RPBBLK
R—0							R/W—0	R/W—0
7	6	5	4		3	2	1	0
RPBBLK	RPABLK		RCBLK				保留	RMCM
R/W—0	R/W—0		R—0				R—0	R/W—0

图 3-8-25　多通道控制寄存器 1(MCR1)

位	名称	描述
15～10	保留位	保留。
9	RMCME	接收多通道选择使能位,该位与 XMCME 位一起工作,XMCME 位和 RMCME 位值必须一样,具体见 MCR2 中 XMCME 位的描述。
8～7	RPBBLK	接收/分区 B 的单元配置位。 00　单元 1：通道 16～通道 31； 01　单元 3：通道 48～通道 63； 10　单元 5：通道 80～通道 95； 11　单元 7：通道 112～通道 127。
6～5	RPABLK	接收分区 A 的单元配置位。 00　单元 0：通道 0～通道 15； 01　单元 2：通道 32～通道 47； 10　单元 4：通道 64～通道 79； 11　单元 6：通道 96～通道 111。
4～2	RCBLK	当前正在使用中的发送单元指示位。 000　单元 0：通道 0～通道 15； 001　单元 1：通道 16～通道 31； 010　单元 2：通道 32～通道 47； 011　单元 3：通道 48～通道 63； 100　单元 4：通道 64～通道 79； 101　单元 5：通道 80～通道 95； 110　单元 6：通道 96～通道 111； 111　单元 7：通道 112～通道 127。
1	保留位	保留。
0	RMCM	接收多通道选择模式位。 0　所有 128 个通道被使能。 1　所有通道默认被禁止。通过设置 RP(A/B)BLK 位和 RCER(A/B)位可以使能需要的通道。

6. 引脚控制寄存器(PCR)

每个 McBSP 有一个引脚控制寄存器,通过它可以实现以下功能:
- 为发送器和接收器选择帧同步模式;
- 为发送器和接收器选择时钟模式;
- 为采样率发生器选择输入时钟源;
- 当 CLKS,DX 和 DR 引脚被配置成通用输入/输出引脚时,可读写数据;
- 配置帧同步信号的有效电平;
- 规定数据在时钟信号的上升沿还是下降沿被采样。

引脚控制寄存器(PCR)各位如图 3-8-26 所示。

15			12	11	10	9	8
保留				FSXM	FSRM	CLKXM	CLKRM
R—0				R/W—0	R/W—0	R/W—0	R/W—0
7	6	5	4	3	2	1	0
SCLKME	CLKS_STAT	DX_STAT	DR_STAT	FSXP	FSRP	CLKXP	CLKRP
R/W—0	R—0	R/W—0	R—0	R/W—0	R/W—0	R/W—0	R/W—0

图 3-8-26 引脚控制寄存器(PCR)

位	名称	描述
15~12	保留位	保留。
11	FSXM	发送帧同步模式位。 0 帧同步脉冲由外部设备发出,FSR 为输入引脚; 1 帧同步信号由内部采样率发生器产生。除了 SRGR 寄存器的 GSYNC 位等于 1 时,FSR 都为输出引脚。
9	FSRM	接收帧同步模式位。帧同步脉冲由外部设备提供,帧同步信号由 SRGR2 寄存器的采样率发生器帧同步模式位 FSGM 决定。
9	CLKXM	发送时钟模式位。 0 接收/发送时钟由外部时钟信号驱动,CLK(R/X)为输入引脚; 1 CLK(R/X)为输出引脚,同时由内部的采样率发生器驱动。 在 SPI 模式下(CLKSTP 为非 0 值): 0 McBSP 为从设备,CLKX 时钟由系统中的主 SPI 设备驱动,CLKR 由 CLKX 在内部驱动; 1 McBSP 为主设备,其产生的 CLKX 时钟信号同时用来驱动它的接收时钟(CLKR)和系统中 SPI 从设备的移位时钟。
8	CLKRM	接收时钟模式位。 当 SPCR1 中的数字回送位为 0 时: 0 接收时钟(CLKR)是由外部时钟驱动的一个输入引脚; 1 CLKR 引脚是由内部采样率发生器驱动的一个输出引脚。 当 SPCR1 中的数字回送位为 1 时: 0 接收时钟(不是 CLKR 引脚)是由基于 PCR 寄存器中 CLKXM 位的发送时钟 CLKX 驱动的,同时 CLKR 引脚处于高阻态; 1 CLKR 引脚是一个由发送时钟驱动的输出引脚,这个发送时钟同样是基于 PCR 寄存器中 CLKXM 位产生的。
7	SCLKME	增强的采样时钟模式选择位。McBSP 允许将接收时钟引脚或者发送时钟引脚配置成采样率发生器的时钟源输入。这个增强的功能可以通过这一位以及 SRGR2 的 CLKSM 位来使能。

	0	若 CLKSM 为 0,则保留;
		若 CLKSM 为 1,则选择内部时钟 LSPCLK 作为时钟源;
	1	若 CLKSM 为 0,则选择外部 CLKR 引脚上输入信号作时钟源;
		若 CLKSM 为 1,则选择外部 CLKX 引脚上输入信号作时钟源。
6	CLKS_STAT	被保留。
5	DX_STAT	DX 引脚状态位。当 DX 引脚被选择作为通用输入/输出引脚时用于反映其电平状态。
4	DR_STAT	DR 引脚状态位。当 DR 引脚被选择作为通用输入/输出引脚时用于反映其电平状态。
3	FSXP	发送帧同步极性配置位。
	0	帧同步脉冲信号 FSXP 高电平有效;
	1	帧同步脉冲信号 FSXP 低电平有效。
2	FSRP	接收帧同步极性配置位。
	0	帧同步脉冲信号 FSRP 高电平有效;
	1	帧同步脉冲信号 FSRP 低电平有效。
1	CLKXP	发送时钟极性配置位。
	0	发送数据在 CLKX 时钟信号的上升沿被采样;
	1	发送数据在 CLKX 时钟信号的下降沿被采样。
0	CLKRP	接收时钟极性配置位。
	0	接收数据在 CLKX 时钟信号的上升沿被采样;
	1	接收数据在 CLKX 时钟信号的下降沿被采样。

7. 接收通道使能寄存器(RCERA~RCERH)

每个 McBSP 有 8 个接收通道使能寄存器,只有当接收器被配置成允许独立使能/禁止时(RMCM=1)或者在 A-bis(ABIS=1)模式下接收器需要使用位使能方式时,才使用这些寄存器。接收通道使能寄存器(RCERx)各位如图 3-8-27 所示。

15	14	13	12	11	10	9	8
RCEx15	RCEx14	RCEx13	RCEx12	RCEx11	RCEx10	RCEx9	RCEx8
R/W—0	R/W—0	R/W—0	R/W—0	R/W—0	R/W—0	R/W—0	R/W—0
7	6	5	4	3	2	1	0
RCEx7	RCEx6	RCEx5	RCEx4	RCEx3	RCEx2	RCEx1	RCEx0
R/W—0	R/W—0	R/W—0	R/W—0	R/W—0	R/W—0	R/W—0	R/W—0

图 3-8-27 接收通道使能寄存器(RCERx)

在 2-分区模式下,对于 RCERA 寄存器:

位	名称	描述
15~0	RCEAn	分区 A 的接收通道使能位。
		$0 \leqslant n \leqslant 15$
	0	禁止 A 分区中偶数号单元的第 n 个通道;
	1	使能 A 分区中偶数号单元的第 n 个通道。

在 2-分区模式下,对于 RCERB 寄存器:

位	名称	描述
15~0	RCEBn	分区 B 的接收通道使能位。

$0 \leqslant n \leqslant 15$

0 禁止 B 分区中奇数号单元的第 n 个通道;

1 使能 B 分区中奇数号单元的第 n 个通道。

在 8-分区模式下:

位	名称	描述
15~0	RCExn	分区 x 的接收通道使能位。

$0 \leqslant n \leqslant 15$

0 禁止 x 分区第 n 个通道的数据接收;

1 使能 x 分区第 n 个通道的数据接收。

注意:x = A、B、C、D、E、F、G 和 H。

在 A-bis 模式下,只用到 RCERA 和 RCERB 寄存器。每次传输 16 位数据到接收器。当 16 位数据分别到达 DR 引脚时(最高位先到达),根据 RCERA 和 RCERB 寄存器中的位使能设置,决定各位数据是被存储还是被忽略。具体来说,首先传到的 16 位数据将根据 RCERA 的设置对其各位进行存储或者忽略操作。例如,如果 RCEA6 位为 1,其他位都为 0,那么只有第六位数据会被存储,下一个传输到 DR 的 16 位数据则根据 RCERB 寄存器的内容进行上述操作。连续接收 16 位数据字时,接收器将交替使用 RCERA 和 RCERB 寄存器。

8. 发送通道使能寄存器(XCERA~XCERH)

每个 McBSP 有 8 个发送通道使能寄存器,只有当发送器被配置成允许独立使能/禁止时(XMCM=1)或者在 A-bis(ABIS=1)模式下发送器需要使用位使能方式时,才使用这些寄存器。发送通道使能寄存器(XCERx)各位如图 3-8-28 所示。

15	14	13	12	11	10	9	8
XCEx15	XCEx14	XCEx13	XCEx12	XCEx11	XCEx10	XCEx9	XCEx8
R/W—0	R/W—0	R/W—0	R/W—0	R/W—0	R/W—0	R/W—0	R/W—0
7	6	5	4	3	2	1	0
XCEx7	XCEx6	XCEx5	XCEx4	XCEx3	XCEx2	XCEx1	XCEx0
R/W—0	R/W—0	R/W—0	R/W—0	R/W—0	R/W—0	R/W—0	R/W—0

图 3-8-28 发送通道使能寄存器(XCERx)

在 2-分区模式下,对于 XCERA 寄存器:

位	名称	描述
15~0	XCEAn	分区 A 的发送通道使能位。

$0 \leqslant n \leqslant 15$

0 禁止 A 分区中偶数号单元的第 n 个通道的数据发送;

1 使能 A 分区中偶数号单元的第 n 个通道的数据发送。

在 2-分区模式下,对于 XCERB 寄存器:

位	名称	描述
15~0	XCEBn	分区 B 的发送通道使能位。

$0 \leqslant n \leqslant 15$

第 3 章 TMS320X281x DSP 的片内外设

  0 禁止 B 分区中奇数号单元的第 n 个通道；
  1 使能 B 分区中奇数号单元的第 n 个通道。

在 8 - 分区模式下：

位	名 称	描 述
15～0	XCExn	分区 x 的发送通道使能位 $0 \leqslant n \leqslant 15$ 0 禁止 x 分区第 n 个通道的数据发送； 1 使能 x 分区第 n 个通道的数据发送。

注意：x＝A、B、C、D、E、F、G 和 H。

  在 A - bis 模式下，只使用 XCERA 和 XCERB 寄存器。CPU 或者 FIFO 每次传送 16 位数据到数据发送寄存器，数据发送时，16 位数据中的每一位是通过 DX 引脚发送还是忽略要取决与 XCERA 和 XCERB 寄存器的位使能设置。具体来说，首先传送的 16 位数据将根据 XCERA 的设置选择进行发送还是忽略操作。例如，若 XCEA12 位为 1，其他位都为 0，那么只有第 12 位数据会被发送，下一个传 16 位数据则根据 XCERB 寄存器的内容进行上述操作。连续发送 16 位数据字时，发送器将交替使用 XCERA 和 XCERB 寄存器。

第 4 章

TMS320C28x DSP 的寻址方式和指令系统

本章介绍寻址方式和指令系统。因为 TMS320X281x 系列芯片是基于 TMS320C28x CPU 内核的,所以本章将介绍 TMS320C28x CPU 的寻址方式和指令系统。

4.1 寻址方式

4.1.1 寻址方式概述

C28x 的 CPU 支持以下几种基本类型的寻址方式:

(1) 直接寻址方式。DP(数据页指针):在此方式下,16 位的 DP 寄存器被当作一个固定的页指针,将指令中提供的 6 位或者 7 位地址偏移量与 DP 寄存器中的值组合起来就构成完整的地址。当访问具有固定地址的数据结构时,这种寻址方式特别有用,例如,外设寄存器和 C/C++ 中的全局及静态变量。

(2) 堆栈寻址方式。SP(堆栈指针):在这种方式下,16 位的 SP 指针被用来访问软件堆栈的内容。C28x 系列 DSP 的堆栈是从低端地址向高端地址生长的,SP 总是指向下一个空的存储单元。当需要访问堆栈中的数据时,SP 的值减去指令中提供的 6 位偏移量作为被访问数据的地址,而堆栈指针将在压栈后加 1,出栈前减 1。

(3) 间接寻址方式。XAR0 到 XAR7(辅助寄存器指针):在该方式下,32 位的 XARn 寄存器被当作一般的数据指针来使用。通过相应的指令可以实现操作后 XARn 增 1、操作前/后减 1,还可以配合 3 位偏移量或者其他 16 位寄存器实现变址寻址。

(4) 寄存器寻址方式。这种方式下,另一个寄存器可以是该次访问的源或者目的操作数。这样在 C28x 中就能实现寄存器到寄存器的操作。

大多数的 C28x 指令里,可以通过指令操作代码里的 8 位字段来选择寻址方式以及对该寻址方式所作的修改。在 C28x 指令集里,这个 8 位字段可以用于以下寻址方式:

(5) loc16。为 16 位数据选择直接/堆栈/间接/寄存器寻址方式。

(6) loc32。为 32 位数据选择直接/堆栈/间接/寄存器寻址方式。

其他被支持的寻址方式类型还包括:

(7) 数据/地址/IO 空间立即寻址方式。在这种方式下,存储器中操作数的地址被包含在指令中。

(8) 程序空间间接寻址方式。某些指令可以通过间接指针来访问位于程序空间中的存储器操作数。由于在 C28xCPU 中存储器是统一寻址的,所以单周期内可以读取两个操作数。

只有一小部分的指令使用上述寻址方式,一般它们和 loc16/loc32 方式结合起来使用。接下来我们将通过指令实例详细介绍各寻址方式。

4.1.2 寻址方式选择位

为了适应不同类型的寻址方式,ST1(状态寄存器 1)中的 AMODE 位(寻址方式位)可以为上面提及的 8 位字段(loc16/loc32)选择译码方法。寻址方式大致上可以分成以下几类:

(1) AMODE=0。它是 DSP 复位时的默认值,也是 C28xC/C++ 编译器使用的寻址方式。但是,此方式并不完全兼容 C2xLP CPU 的寻址方式。其数据页指针的偏移量是 6 位的(C2xLP 的是 7 位)且不支持所有的间接寻址方式。

(2) AMODE=1。该方式包括的寻址方式完全与 C2xLP 器件的寻址方式兼容。数据页指针的偏移量是 7 位并支持所有 C2xLP 支持的间接寻址方式。

对于 loc16 或者 loc32 字段,其可用的寻址方式总结如表 4-1-1 所列。

在 C28x 间接寻址方式中,使用哪个辅助寄存器指针在指令中并不被明确指出。而在 C2xLP 的间接寻址方式中,3 位长度的辅助寄存器指针被用来选择当前使用哪个辅助寄存器以及下一次操作将使用哪个辅助寄存器。

表 4-1-1 loc16 或者 loc32 的寻址方式

AMODE=0		AMODE=1	
8 位译码	loc16/loc32 语法	8 位译码	loc16/loc32 语法
直接寻址方式(DP)			
0 0 III III	@6 位数	0 I III III	@@7 位数
堆栈寻址方式(SP)			
0 1 III III	*-SP[6 位数]		
1 0 111 101	*SP++	1 0 111 101	*SP++
1 0 111 110	*--SP	1 0 111 110	*--SP
C28x 间接寻址方式(XAR0 到 XAR7)			
1 0 000 AAA	*XARn++	1 0 000 AAA	*XARn++
1 0 001 AAA	*--XARn	1 0 001 AAA	*--XARn
1 0 010 AAA	*+XARn[AR0]	1 0 010 AAA	*+XARn[AR0]
1 0 011 AAA	*+XARn[AR1]	1 0 011 AAA	*+XARn[AR1]
1 1 III AAA	*+XARn[3 位数]		
C2xLP 间接寻址方式(ARP,XAR0 到 XAR7)			

续表 4-1-1

AMODE=0		AMODE=1	
8 位译码	loc16/loc32 语法	8 位译码	loc16/loc32 语法
10 111 000	*	10 111 000	*
10 111 001	*++	10 111 001	*++
10 111 010	*--	10 111 010	*--
10 111 011	*0++	10 111 011	*0++
10 111 100	*0--	10 111 100	*0--
10 101 110	*BR0++	10 101 110	*BR0++
10 101 111	*BR0--	10 101 111	*BR0--
10 110 RRR	*,ARPn	10 110 RRR	*,ARPn
		11 000 RRR	*++,ARPn
		11 001 RRR	*--,ARPn
		11 010 RRR	*0++,ARPn
		11 011 RRR	*0--,ARPn
		11 100 RRR	*BR0++,ARPn
		11 101 RRR	*BR0--,ARPn
循环间接寻址方式(XAR6,XAR1)			
10 111 111	*AR6%++	10 111 111	*+XAR6[AR1%++]
32—位寄存器寻址方式(XAR0 到 XAR7,ACC,P,XT)			
10 100 AAA	@XARn	10 100 AAA	@XARn
10 101 001	@ACC	10 101 001	@ACC
10 101 011	@P	10 101 011	@P
10 101 100	@XT	10 101 100	@XT
16—位寄存器寻址方式(AR0 到 AR7,AH,AL,PH,PL,TH,SP)			
10 100 AAA	@ARn	10 100 AAA	@ARn
10 101 000	@AH	10 101 000	@AH
10 101 001	@AL	10 101 001	@AL
10 101 010	@PH	10 101 010	@PH
10 101 010	@PL	10 101 010	@PL
10 101 100	@TH	10 101 100	@TH
10 101 101	@SP	10 101 101	@SP

下列指令说明了 C28x 的间接寻址方式与 C2xLP 间接寻址方式的区别：

指　　令　　　　　　　　　　　　　　　　说　　明

ADD　AL，*XAR4++　　　根据辅助寄存器 XAR4 指定的 16 位数据存储器地址，将该地址的内容加至 AL 寄存器，并在完成此操作后使 XAR4 的内容增 1。

ADD　AL，*++　　　　　假设 ST1 中的 ARP 指针值为 4，读取由辅助寄存器 XAR4 指定的 16 位数据存储器地址中的内容，将其加到 AL 寄存器中，并在操作完成后将 ARP 的值增 1。

```
ADD    AL,*++,ARP5
```
假设 ST1 中的 ARP 指针值为 4，读取由辅助寄存器 XAR4 指定的 16 位数据存储器地址中的内容，将其加到 AL 寄存器中，并在操作完成后将 ARP 的值增 1，即将 ARP 指针指向 XAR5。

注意：在 C28x 的指令语法里，目标操作数总是在左边，而源操作数总在右边。

4.1.3 汇编器/编译器对 AMODE 位的追踪

编译器总是假定 AMODE=0，所以它只使用对 AMODE=0 有效的寻址模式。而汇编器可以通过设置命令行选项实现默认 AMODE=0 或者 AMODE=1。相关的命令行选项如下：

```
-v28                ;假定 AMODE=0(C28x 寻址方式)
-v28-m20            ;假定 AMODE=1(与 C2xLP 全兼容的寻址方式)
```

另外，汇编器允许在文件中使用内嵌伪指令，这样汇编器就能忽略默认的方式并将语法检查转向新的寻址方式：

```
.c28_amode          ;告诉汇编器后面的代码段都假定 AMODE=0(C28x 寻址方式)
.lp_amode           ;告诉汇编器后面的代码段都假定 AMODE=1(与 C2xLP 完全兼容的寻址方式)
```

上述伪指令不能嵌套。在汇编程序中，可以这样使用这些伪指令：

```
                    ;假设被汇编的文件使用"-v28"命令选项(AMODE=0)
⋮                   ;下面的代码段将只能使用 AMODE=0 寻址模式
SETC AMODE          ;令 AMODE=1
.lp_amode           ;告诉汇编器后面的代码段要根据 AMODE=1 去检查语法
⋮                   ;下面的代码段将只能使用 AMODE=1 寻址模式
CLRC AMODE          ;令 AMODE=0
.c28_amode          ;告诉汇编器后面的代码段要根据 AMODE=0 去检查语法
⋮                   ;下面的代码段将只能使用 AMODE=0 寻址模式
                    ;文件结束
```

4.1.4 各寻址方式的具体说明

1. 直接寻址方式

直接寻址方式下 loc16/loc32 的语法说明如表 4-1-2 所列。

表 4-1-2 直接寻址方式下 **loc16/loc32** 的语法说明

AMODE	loc16/loc32 语法	说明
0	@6 位数	32 位数据地址(31:22)=0 32 位数据地址(21:6)=DP(15:0) 32 位数据地址(5:0)=6 位数 注：这个 6 位偏移量与 DP 寄存器组合起来使用。利用这个 6 位的偏移量可以寻址相对于当前页指针寄存器值 0~63 字的地址范围

续表 4-1-2

AMODE	loc16/loc32 语法	说　明
1	@@7 位数	32 位数据地址(31:22)=0 32 位数据地址(21:7)=DP(15:1) 32 位数据地址(6:0)=7 位数 注：这个 7 位偏移量与 DP 寄存器的高 15 位组合起来使用，最低位将被忽略且不受操作影响。利用这个 7 位的偏移量可以寻址相对于当前页指针寄存器高 15 位值的 0～127 字的地址范围

注：在 C28x 中，通过直接寻址方式只能访问数据地址空间的低 4M 范围。

2. 堆栈寻址方式

堆栈寻址方式下 loc16/loc32 的语法说明如表 4-1-3 所列。

表 4-1-3　堆栈寻址方式下 loc16/loc32 的语法说明

AMODE	loc16/loc32 语法	说　明
0	*-SP[6 位数]	32 位数据地址(31:16)=0 32 位数据地址(15:0)=SP-6 位数 注：从当前 16 位 SP 寄存器里减去这个 6 位偏移量。利用这个 6 位的偏移量可以寻址相对于当前堆栈指针寄存器值的 0～63 字的地址范围
X	*SP++	32 位数据地址(31:16)=0 32 位数据地址(15:0)=SP 如果是 loc16,SP = SP +1 如果是 loc32,SP = SP +2
X	*--SP	如果是 loc16,SP = SP-1 如果是 loc32,SP = SP-2 32 位数据地址(31:16)=0 32 位数据地址(15:0)=SP

注：X 表示任何值(0 或者 1)。对于 C28x,此寻址方式只能访问数据地址空间的低 64K 范围。

3. 间接寻址方式

C28x 的间接寻址方式(XAR0 到 XAR7)如表 4-1-4 所列。

表 4-1-4　C28x 的间接寻址方式下 loc16/loc32 的语法说明

AMODE	loc16/loc32 语法	说　明
X	*XARn++	ARP = n 32 位数据地址(31:0)= XARn 如果是 loc16,XARn = XARn + 1 如果是 loc32,XARn = XARn + 2
X	*--XARn	ARP = n 如果是 loc16,XARn = XARn-1 如果是 loc32,XARn = XARn-2 32 位数据地址(31:0)= XARn

续表 4-1-4

AMODE	loc16/loc32 语法	说　明
X	*+XARn[AR0]	ARP = n 32 位数据地址(31:0)= XARn+AR0 注:XAR0 的低 16 位(AR0)被加到指定的 32 位寄存器中,XAR0 的高 16 位将被忽略。AR0 被当作一个 16 位的无符号数,执行加时 XARn 的低 16 位有可能上溢到高 16 位
X	*+XARn[AR1]	ARP = n 32 位数据地址(31:0)= XARn+AR1 注:XAR1 的低 16 位(AR1)被加到指定的 32 位寄存器中,XAR1 的高 16 位将被忽略。AR1 被当作一个 16 位的无符号数,执行加时 XARn 的低 16 位有可能上溢到高 16 位
0	*+XARn[3 位数]	ARP = n 32 位数据地址(31:0)= XARn+3 位数 注:这个 3 位立即数被当作无符号数

注:汇编器也能把"XARn"当作一种寻址方式,这是一种与"*+XARn[0]"相同的译码方式。

C2xLP 的间接寻址方式(ARP,XAR0 到 XAR7)如表 4-1-5 所列。

表 4-1-5　C2xLP 的间接寻址方式下 loc16/loc32 的语法说明

AMODE	loc16/loc32 语法	说　明
X	*	32 位数据地址(31:0)= XAR(ARP) 注:由当前 ARP 的值规定使用哪个 XARn 寄存器,例如 ARP=0 指向 XAR0;ARP=1 指向 XAR1,等
X	*++	32 位数据地址(31:0)= XAR(ARP) 如果是 loc16,XAR(ARP)= XAR(ARP)+1 如果是 loc32,XAR(ARP)= XAR(ARP)+2
X	*－－	32 位数据地址(31:0)= XAR(ARP) 如果是 loc16,XAR(ARP)= XAR(ARP)-1 如果是 loc32,XAR(ARP)= XAR(ARP)-2
X	*0++	32 位数据地址(31:0)= XAR(ARP) XAR(ARP)= XAR(ARP)+AR0 注:XAR0 的低 16 位(AR0)被加到由 ARP 指定的 32 位寄存器中,XAR0 的高 16 位将被忽略。AR0 被当作一个 16 位的无符号数,执行加时 XAR(ARP)有可能上溢到高 16 位
X	*0－－	32 位数据地址(31:0)= XAR(ARP) XAR(ARP)= XAR(ARP)-AR0 注:从由 ARP 指定的 32 位寄存器中减去 XAR0 的低 16 位(AR0),XAR0 的高 16 位将被忽略。AR0 被当作一个 16 位的无符号数,执行减时 XAR(ARP)有可能下溢到高 16 位

续表 4-1-5

AMODE	loc16/loc32 语法	说 明
X	*BR0++	32 位数据地址(31:0) = XAR(ARP) XAR(ARP)(15:0) = XAR(ARP)rcadd AR0 XAR(ARP)(31:16)不变 注:XAR0 的低 16 位(AR0)使用反向进位加法(rcadd)加到由 ARP 指定寄存器的低 16 位,XAR0 的高 16 位将被忽略。指定寄存器的高 16 位数据将不受该操作影响
X	*BR0--	32 位数据地址(31:0) = XAR(ARP) XAR(ARP)(15:0) = XAR(ARP)rbsub AR0 XAR(ARP)(31:16)不变 注:利用反向借位减法从指定寄存器的低 16 位减去 XAR0 的低 16 位,XAR0 的高 16 位将被忽略。指定寄存器的高 16 位数据将不受该操作影响
X	*,ARPn	32 位数据地址(31:0) = XAR(ARP) ARP = n
1	*++,ARPn	32 位数据地址(31:0) = XAR(ARP) 如果是 loc16,XAR(ARP) = XAR(ARP) + 1 如果是 loc32,XAR(ARP) = XAR(ARP) + 2 ARP = n
1	*--,ARPn	32 位数据地址(31:0) = XAR(ARP) 如果是 loc16,XAR(ARP) = XAR(ARP) - 1 如果是 loc32,XAR(ARP) = XAR(ARP) - 2 ARP = n
1	*0++,ARPn	32 位数据地址(31:0) = XAR(ARP) XAR(ARP) = XAR(ARP) + AR0 ARP = n 注:XAR0 的低 16 位(AR0)被加到由 ARP 指定的 32 位寄存器中,XAR0 的高 16 位将被忽略。AR0 被当作一个 16 位的无符号数,执行加时 XAR(ARP)有可能上溢到高 16 位
1	*0--,ARPn	32 位数据地址(31:0) = XAR(ARP) XAR(ARP) = XAR(ARP) - AR0 ARP = n 注:从由 ARP 指定的 32 位寄存器中减去 XAR0 的低 16 位(AR0),XAR0 的高 16 位将被忽略。AR0 被当作一个 16 位的无符号数,执行减时 XAR(ARP)有可能下溢到高 16 位
1	*BR0++,ARPn	32 位数据地址(31:0) = XAR(ARP) XAR(ARP)(15:0) = XAR(ARP)rcadd AR0 XAR(ARP)(31:16)不变 ARP = n 注:XAR0 的低 16 位(AR0)使用反向进位加法(rcadd)加到由 ARP 指定寄存器的低 16 位,XAR0 的高 16 位将被忽略。指定寄存器的高 16 位数据将不受该操作影响

续表 4-1-5

AMODE	loc16/loc32 语法	说 明
1	*BR0--,ARPn	32 位数据地址(31:0)= XAR(ARP) XAR(ARP)(15:0)= XAR(ARP)rbsub AR0 XAR(ARP)(31:16)不变 ARP = n 注:利用反向借位减法从指定寄存器的低 16 位减去 XAR0 的低 16 位,XAR0 的高 16 位将被忽略。指定寄存器的高 16 位数据将不受该操作影响

4. 循环间接寻址方式

循环间接寻址方式如表 4-1-6 所列。

表 4-1-6 循环间接寻址方式下 **loc16/loc32** 的语法说明

AMODE	loc16/loc32 语法	说 明

0	*AR6%++	32 位数据地址(31:0)= XAR6
		如果(XAR6(7:0)= XAR1(7:0))
		{
		    XAR6(7:0)= 0
		    XAR6(15:8)不变
		}
		否则
		{
		    如果是 16 位数据,XAR6(15:0)+= 1
		    如果是 32 位数据,XAR6(15:0)+= 2
		}
		XAR6(31:16)不变
		ARP = 6
		注:在这种寻址方式下,循环缓冲器不能跨越 64 个字的页边界,同时它被限制在数据存储器空间的低 64K 范围

1	*+XAR6[AR1%++]	32 位数据地址(31:0)= XAR6+AR1
		如果(XAR1(15:0)= XAR1(31:16))
		{
		    XAR1(15:0)= 0
		}
		否则
		{
		    如果是 16 位数据,XAR1(15:0)+= 1
		    如果是 32 位数据,XAR1(15:0)+= 2
		}
		XAR1(31:16)不变
		ARP = 6
		注:在这种寻址方式下,对循环缓冲器没有定位要求

5. 寄存器寻址方式

这一方式包括对 32 位和 16 位寄存器的寻址。32 位寄存器寻址方式如表 4-1-7 所列。

表 4-1-7 寄存器寻址方式下 loc32 的语法说明

AMODE	loc32 语法	说 明
X	@ACC	访问 32 位寄存器 ACC 的内容。当寄存器"@ACC"为目的操作数时,Z、N、V、C、OVC 等标志位可能会受到影响
X	@P	访问 32 位寄存器 P 的内容
X	@XT	访问 32 位寄存器 XT 的内容
X	@XARn	访问 32 位寄存器 XARn 的内容

16 位寄存器寻址方式如表 4-1-8 所列。

表 4-1-8 寄存器寻址方式下 loc16 的语法说明

AMODE	loc16 语法	说 明
X	@AL	访问 16 位寄存器 AL 的内容。寄存器 AH 的内容不受影响。当"@AL"作目标操作数时,Z、N、V、C、OVC 等标志位可能会受到影响
X	@AH	访问 16 位寄存器 AH 的内容。寄存器 AL 的内容不受影响。当"@AH"作目标操作数时,Z、N、V、C、OVC 等标志位可能会受到影响
X	@PL	访问 16 位寄存器 PL 的内容。寄存器 PH 的内容不受影响
X	@PH	访问 16 位寄存器 PH 的内容。寄存器 PL 的内容不受影响
X	@TH	访问 16 位寄存器 TH 的内容。寄存器 TL 的内容不受影响
X	@SP	访问 16 位寄存器 SP 的内容
X	@ARn	访问 16 位寄存器 AR0 到 AR7 的内容。寄存器 AR0H 到 AR7H 的内容不受影响

6. 数据/程序/IO 空间立即寻址方式

数据/程序/IO 空间立即寻址方式如表 4-1-9 所列。

表 4-1-9 数据/程序/IO 空间立即寻址方式下的指令语法说明

语 法	说 明
*(0:16 位数)	32 位数据地址(31:16)= 0 32 位数据地址(15:0)= 16 位立即数 注:如果指令被重复执行,地址将在每次操作后增 1,此寻址方式只能寻址数据空间的低 64K 字
*(PA)	32 位数据地址(31:16)= 0 32 位数据地址(15:0)= PA 里的 16 位立即数 注:如果指令被重复执行,地址将在每次指令执行后增 1。当使用这种寻址方式访问 I/O 空间时,I/O 选通信号将被触发。数据空间的地址线被用来访问 I/O 空间

第4章 TMS320C28x DSP的寻址方式和指令系统

续表 4-1-9

语 法	说 明
0:pma	22位数据地址(21:16) = 0 32位数据地址(15:0) = pma 16位立即数 注:如果指令被重复执行,地址将在每次执行后增1。此寻址方式只能寻址程序空间的低64K字
*(pma)	22位数据地址(21:16) = 0x3F 32位数据地址(15:0) = pma 16位立即数 注:如果指令被重复执行,地址将在每次执行后增1。此寻址方式只能寻址程序空间的高64K字

7. 程序空间间接寻址方式

程序空间间接寻址方式如表 4-1-10 所列。

表 4-1-10 程序空间间接寻址方式下的指令语法说明

语 法	说 明
*AL	22位程序地址(21:16) = 0x3F 32位程序地址(15:0) = AL 注:如果指令被重复执行,AL中的地址被复制到阴影寄存器中,同时地址值将在每次指令执行后增1。寄存器AL中的内容没有改变。此寻址方式只能访问程序空间的高64K字
*XAR7	22位程序地址(21:0) = XAR7 注:如果指令被重复执行,只有在指令 XPREAD 和 XPWRITEAL 中,XAR7 中的地址值才被复制到阴影寄存器中,同时地址值将在每次指令执行后增1。寄存器 XAR7 的值并没有被修改。对于其他指令,即时重复执行,地址值也不会增加
*XAR7++	22位程序地址(21:0) = XAR7 如果是16位数据操作,XAR7 += 1 如果是32位数据操作,XAR7 += 2 注:如果指令被重复执行,地址将按正常情况在每次执行后增1

8. 字节寻址方式

字节寻址方式如表 4-1-11 所列。

表 4-1-11 字节寻址方式的指令语法说明

语 法	说 明
*+XARn[AR0] *+XARn[AR1] *+XARn[3位数]	32位数据地址(31:0) = XARn+偏移量(即 AR0/AR1/3位数)。 如果(偏移量==偶数),访问16位存储单元的最低有效字节;其最高有效字节不受影响; 如果(偏移量==奇数),访问16位存储单元的最高有效字节;其最低有效字节不受影响。 注:其他寻址方式只能访问固定地址单元的最低有效字节而不影响最高有效字节

4.1.5　32位操作的定位

对存储器的32位读/写操作都是针对存储器接口的偶数地址边界,即32位数据的的最低有效字被定位到存储器的偶数地址。地址信号产生单元的输出并不需要强制定位,因此指针值仍保持不变。比如下例中的AR0：

```
MOVB  AR0,#5         ;AR0 = 5
MOVL  *AR0,ACC       ;AL -> 地址 0x000004
                     ;AH -> 地址 0x000005
                     ;AR0 = 5(保持不变)
```

当产生的地址并不定位到偶数边界地址时,程序员必须要考虑上述情况。

32位操作数按如下顺序进行存储：低位的0～15位,接下来是高位的16～31位,然后是最高的16位地址增量。

4.2　C28x汇编语言简介

C28x系列DSP支持通过汇编、C/C++语言开发其软件。一般来说C编译器与C++编译器相比具有更高的编译效率,同时随着C编译器的发展,利用C编译器和C语言源文件所生成的目标代码,其执行的效率已经十分接近汇编语言程序。因此,相对于庞大、复杂的汇编语言系统来说,C语言具有不可比拟的优势。在大多数应用场合下,作者推荐使用C语言来开发DSP的软件程序。所以,在这一节不详细介绍C28x汇编语言的指令系统,只在本书的附录里给出按操作类型分类的简要指令说明,具体请见附录A。

第 5 章

TMS320X281x DSP 的程序编写和调试

5.1 DSP 集成开发环境 CCS

CCS 是 TI 公司推出的功能强大的软件开发环境,现在该集成软件环境可以用于 TI 各系列 DSP 系统的软件程序开发。CCS 主要具有以下特性和功能:

- 集成可视化代码编辑界面,可以直接编写 C/C++、汇编、头文件以及 CMD 文件等;
- 集成代码生成工具,包括汇编器、C 编译器、C++编译器和链接器等;
- 集成基本调试工具,可以完成执行代码的装入、寄存器和存储器的查看、反汇编器、变量窗口的显示等功能,同时还支持 C 源代码级的调试;
- 支持多 DSP 的调试;
- 集成断点工具,包括设置硬件断点、数据空间读/写断点,条件断点等;
- 集成探针工具(probe points),可用于算法仿真,数据监视等用途;
- 提供代码分析工具(profile points),可用于计算某段代码执行时消耗的时钟数,从而能够对代码的执行效率做出评估;
- 提供数据的图形显示工具,可绘制时域/频域波形等图像;
- 支持通过 GEL(通用扩展语言)来扩展 CCS 的功能,可以实现用户自定义的控制面板/菜单、自动修改变量或配置参数等功能;
- 支持 RTDX(实时数据交换)技术,可在不打断目标系统运行的情况下,实现 DSP 与其他应用程序(OLE)间的数据交换;
- 提供开放式的 plug-ins 技术,支持其他第三方的 ActiveX 插件,支持包括软件仿真在内的各种仿真器(需要安装相应的驱动程序);
- 提供 DSP/BIOS 工具,增强了对代码的实时分析能力,如分析代码的执行效率、调度程序执行的优先级、方便了对系统资源的管理或使用(代码/数据空间的分配、中断服务程序的调用、定时器的使用等),减小了开发人员对 DSP 硬件知识的依赖程度,从而缩短了软件系统的开发进程。

5.1.1 CCS 中的工程

CCS 中的工程文件(.pjt)主要包含工程的版本信息、工程设置和源文件 3 个部分。其中,工程设置里主要记录了该工程对应的编译、汇编以及链接选项的设置；源文件部分记录了该工程包含哪些源文件(这里的源文件可以是 C 源代码文件、C++源代码文件、汇编源代码文件、库文件、DSP/BIOS 配置文件以及链接器命令文件等)。

打开或者新建一个工程后，程序员就可以在 Project→Build Options 中对该工程的各种编译、汇编和链接选项进行设置，从而实现对编译、汇编和链接过程的控制，其中包括代码优化级别、目标芯片的选择及其他编译/汇编/链接选项。

对于每一个新建的工程，CCS 会自动为其生成两个工程配置：调试(Debug)和发行(Release)。一般来说，调试配置是未经优化的，发行配置是优化过的。利用如图 5-1-1 所示的下拉菜单就可以在这两种配置之间进行快速切换，同时通过 Project→Project Configuration 对话框还能增加自定义的工程配置。

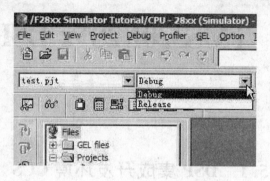

图 5-1-1 工程配置的切换

5.1.2 CCS 的界面组成

CCS 界面的主要组成如图 5-1-2 所示。

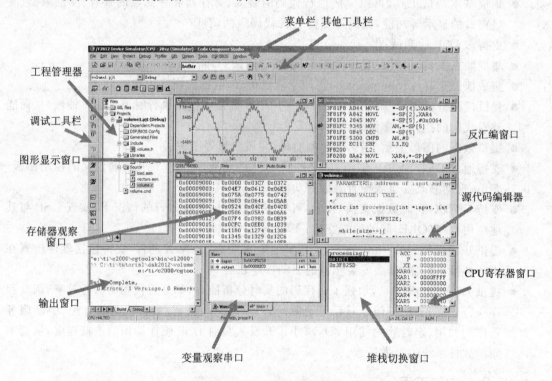

图 5-1-2 CCS 的界面组成

工程管理器主要用于统一管理各工程中所包含的文件，在工程管理器窗口中，可以添加、删除、激活和编辑工程中的源文件，同时也可以对编译器、汇编器和链接器的参数进行设置。

管理器可以同时打开多个工程。但是，当前只能有一个工程是有效的。

调试工具栏集成了程序员调试 DSP 软件时最常用的调试命令。

输出窗口可以用来输出或者显示编译/汇编/链接过程中的各种信息、输出 C 语言标准输出函数的运行结果以及调试过程中出现的错误信息（例如断点设置错误等）。

变量观察窗口可以观察程序中变量的地址或者取值，其中 Watch Locals 标签页窗口中会自动显示当前堆栈帧中的所有局部变量。程序员也可以在这个窗口或者其他 Watch 窗口中添加其他需要观察的变量，同时，还能根据需要设置其显示的数据格式。

堆栈切换窗口主要用于各个堆栈帧之间的切换，因为当前局部变量的访问涉及当前堆栈帧在堆栈中的位置时，或当调试运行到任意一个被调函数中时，由于其调用函数中的局部变量不在当前堆栈帧中，如果想访问它就必须要进行堆栈切换。这个窗口能显示系统堆栈中的各级堆栈帧，只要点击对应的函数名，就能访问到对应函数中的局部变量。

CPU 寄存器窗口显示当前 CPU 寄存器中的值，同时也可以对其进行修改。

CCS 工作区中，主要有以下四类窗口：

- 源代码编辑窗口：可以打开，编辑 C++、C 或者汇编等源代码文件。
- 反汇编窗口：通过仿真器从目标系统中读取二进制程序代码，将其反汇编为汇编指令后显示出来，同时还显示各种符号信息（如函数名）以及对应的地址和指令的二进制目标代码。
- 存储器观察窗口：通过指定存储器的起始地址和数据格式，可以读取目标系统存储器中连续区域的数据并显示，同时也可以对其进行修改。
- 图像显示窗口：根据某段连续存储器中的数据显示特定的图形，具体来说可以显示时/频域波形、图像等形式的图形，其中，时/频域波形的显示在调试信号处理算法的过程中是一个非常有效的工具，不管对于时域的采集信号还是最后计算得到的功率谱，通过这个窗口中的显示波形，都能确定其结果是否正确。

5.2 TMS320X281x DSP 的软件开发流程

本节介绍基于 TMS320X281x DSP 系统软件程序开发的总体步骤，并对其中比较重要和常用的工具进行介绍。

图 5-2-1 是开发 DSP 程序的整体流程，它可以帮助程序开发人员更好地理解如何使用 CCS 集成开发环境的各功能部件。

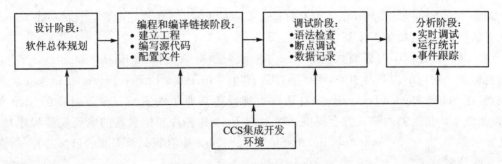

图 5-2-1 DSP 程序开发流程

由于 CCS 集成开发环境在代码生成工具的基础上,扩展了一系列调试和实时分析功能,因此它能够用于 DSP 系统软件开发的各个阶段,如图 5-2-1 所示。

一般来说,安装好 CCS 后,首先要正确地对 CCS 进行设置(安装仿真器驱动等),然后对源程序文件进行规划,建立汇编源代码文件、C 或者 C++源代码文件和定位控制文件(.cmd),把这些文件和必要的库文件(主要针对包含 C 或者 C++源代码文件的工程)都添加到新建的工程中。若采用 DSP/BIOS 工具来开发程序,还需要添加 DSP/BIOS 的 CDB 文件,与 DSP/BIOS 相关的部分将在本章最后一节中介绍。接下来对此工程的各种汇编、编译和链接选项进行设置,再通过"build all"命令来完成整个工程的编译和链接。如果编译和链接时没有出现错误就能生成一个输出文件(.out),最后用 File 菜单下的 load 命令将其加载到 DSP 系统的程序存储器(RAM)中,之后就可以开始对 DSP 软件程序进行在线调试,确保软件算法能稳定、能可靠地实现目标系统各种功能,另外 CCS 还可以通过强大的分析工具,对代码的执行情况进行统计和分析,并将其作为进一步优化的依据,从而提高代码的执行效率。

调试出稳定、可靠、高效的软件程序后,我们就能将程序烧写到 DSP 芯片内部的 Flash 里(如 TMS320F2812)使 DSP 系统能够脱开仿真器独立工作,从而完成 DSP 系统样机的研制。

接下来将一步一步具体演示如何在 CCS 集成开发环境中通过工程来开发 DSP 软件。

5.2.1 CCS 集成开发环境的设置

安装 CCS 时要注意,绝对不能将其安装路径时指定到名称中含有空格(或者中文字符)的目录下,否则将导致 CCS 不能正常工作。工程文件所在的目录也有同样的限制。

安装完 CCS 集成开发环境后,首先要对其进行设置:安装特定的仿真器驱动,并对其进行配置,使其能够适应不同的目标硬件和仿真器。这一过程可以通过 CCS 的设置程序(Setup CCS)来实现,在这个设置程序里用户可以使用标准的配置文件或者自定义的配置文件。下面以并口仿真器为例简单介绍这一配置过程。

(1) 双击桌面上的 Setup CCS('C2000)图标。

(2) 在如图 5-2-2 所示的 Import Configuration 对话框中单击 Clear 按键,这样就能清除之前的配置;然后就可以根据 DSP、仿真器型号以及与仿真器相连的 PC 机并口地址在 Available Configuration 中选择标准配置文件,各个文件所对应的具体配置会在 Configuration Description 文本框(图 5-2-3 中 3 个框中最右边那个)中显示,选择好配置文件后单击 Import 按键导入配置,然后单击 Close 关闭图 5-2-2 对话框,最后保存并关闭 Code Composer Studio Setup 程序。

如果 Available Configuration 中没有符合要求的配置,则在清除配置后直接单击 Close 关闭该对话框,接着再按如下步骤完成配置。

(3) CCS 设置程序的界面如图 5-2-3 所示。如果 Available Board/Simulator Type 中没有目标系统对应的仿真器驱动,则要通过最右边的 Install a Device Driver 命令来安装仿真器驱动,在 Select Device Driver File 对话框中选择仿真器驱动安装目录下对应的.dvr 文件(一般来说生产仿真器的第三方会提供一个对应于 DSP 芯片和仿真器的驱动安装程序)。然后就能在图 5-2-3 的 Available Board/Simulator Type 中看到最新安装的目标芯片/仿真器组合的驱动名称了。

第 5 章 TMS320X281x DSP 的程序编写和调试

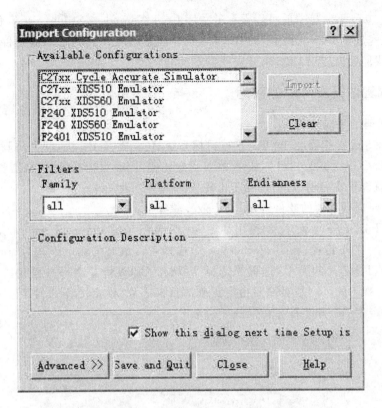

图 5-2-2 Import Configuration 对话框

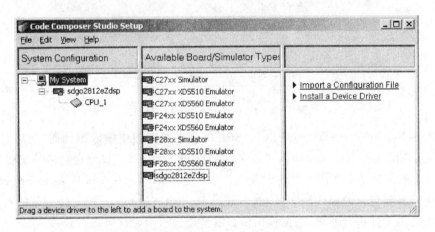

图 5-2-3 CCS 设置程序

(4) 双击图 5-2-3 的 Available Board/Simulator Type 中刚刚安装的目标芯片/仿真器组合,对目标板属性进行配置:第一步选择目标板名称、数据文件、诊断工具及其参数,一般取默认设置即可;第二步选择和仿真器相连的 PC 机并口的地址(PC 机开机时,进入 BIOS 设置就能找到这个地址);第三步选择 Available Processors 中的 TMS320C28xx 后单击 Add Single 命令将其添加到 Processors On Board 中(这里仅针对单处理的 DSP 系统而言);最后为目标板处理器选择一个启动时调用的 GEL 文件,如果不需要直接单击 Finish 即可。完成上述步骤后在图 5-2-3 最左边的 System Configuration 栏中就能看到刚才建好目标板配置已经

·273·

添加到 My System 下。接着就可以保存并关闭 Code Composer Studio Setup 程序。

到这里就完成了 CCS 的配置,这样 CCS 软件环境就能和我们具体的硬件系统及仿真器相适应,接着我们就能应用 CCS 来开发我们系统的软件。

5.2.2 CCS 集成开发环境的应用

1. 目标代码的生成

在完成 CCS 设置基础上,就可以连接目标系统、仿真器及 PC 机,并为仿真器和目标系统上电,然后打开 CCS(C2000)程序,如果 CCS 设置正确,同时目标系统、仿真器和 PC 机间的连接无误,CCS 就能正常启动(启动过程不出现任何错误提示窗口)。

接下来就能进行具体的软件开发,其一般步骤如下:

(1) 选择 Porject→New 命令,弹出如图 5-2-4 所示的 Porject Creation 对话框,填入工程名并为其选择工作路径;在 Project Type 中选择工程最终的输出形式(.out 或者.lib),在 Target 中选择目标芯片的类型(这里须选择 TMS320C28XX)。这一过程和目前大多数软件开发环境类似,唯一的区别是必须要指定正确的目标芯片,给定工程的名字后 CCS 会在指定的目录下自动产生一个和工程名相同的子目录。

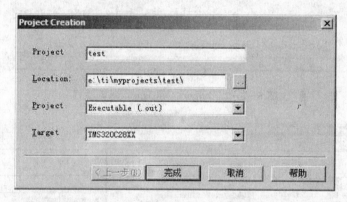

图 5-2-4 Porject Creation 对话框

(2) 选择 File→New→Source File,在打开的文本编辑器中输入源代码,然后选择 File→Save as,在出现的文件对话框中输入文件名,并为其选择路径(一般就在对应的工程目录下)。

(3) 接下来需要将源代码文件包含到工程中:选择 Project→Add Files to Project,在出现的对话框中选择要包含的源代码文件,然后通过 Project→Compile File 命令就能对当前文本编辑窗口中的源文件进行编译,根据输出窗口的错误提示对源代码进行修改。

除了源代码文件外,一个完整的工程还可能需要包括其他源文件(如库文件、链接器命令文件等)才能生成最终的输出文件。例如,如果工程中存在 C 语言源代码文件则还要添加 C 实时运行库,库文件可以通过以下两种方式添加:

● 利用 Project→Add files to project 命令添加;
● 选择 Project→Build Options,在其打开对话框中 Linker 标签页下的 Library Search Path 和 Include Libraries 框中分别输入库文件的路径和名称。

(4) 添加 C 实时运行库的同时还要将 Build OptionsLinker 中标签页下的 Autoinit Model 设置成 Run-time Autoinitialization(-c)。

(5) 接下来用 Project→Add files to project 命令添加链接器命令文件(.cmd)文件,此文件的作用将在第 6 章中介绍。

(6) 最后选择 Project→build 对整个工程进行编译、汇编和链接。

完成上述各步后,CCS 就能生成一个和工程相对应的.out 文件,通过 File→Load Program 命令就能将此.out 文件加载到目标系统中。

2. 目标代码的调试

下面以 CCS 安装目录下的教学程序(…\ti\tutorial\dsk2812\volume1)为例来简单介绍一下软件的调试过程:

这个工程包含三个源代码文件:两个汇编源代码文件,一个 C 源代码文件(主程序所在文件)。其中 vectors.asm 用于存放中断向量表,这里只有一个复位中断向量,因为没有定义其他中断服务函数。Load.asm 中的代码是一个可以在 C 语言中调用的汇编函数。主程序的作用非常简单,将输入缓冲中的数据乘上一个增益后,放到输出缓冲中。

因为 volume1.pjt 已经存在,可以直接用 build 命令对整个工程进行编译、汇编和链接,生成 volume1.out;也可以将 volume1.pjt 删除,用上面介绍的代码生成流程后重新建立这个工程文件,最后将工程 volume1 生成的 volume1.out 目标代码文件加载到目标系统中,接下来就能利用 CCS 提供的各种调试手段对其进行调试。

(1) 调试工具栏上的命令

如图 5-2-5 所示为工具栏上的常用调试命令。

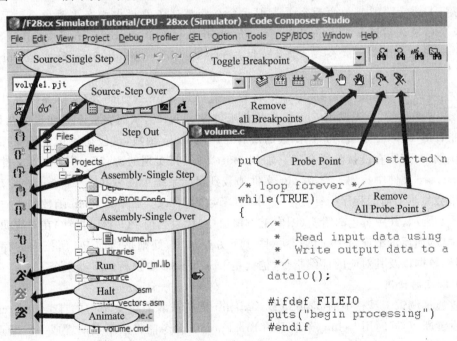

图 5-2-5 工具栏中的常用调试命令

对图 5-2-5 工具栏中常用调试命令介绍如下:

Source-Single Step:用于 C 源程序里的单步,遇到函数调用会跳到函数中继续单步执行。

Source-Step Over:用于 C 源程序里的单步,但是,遇到函数调用时不会跳转到函数中执行,而是把整条函数当成一个单步来执行。

Step Out:当程序执行到被调函数中时(无论是在汇编或者C里),如果使用该命令,则程序将执行到该函数返回处才停止。

Assembly – Single Step:用于汇编程序里的单步,遇到函数调用会跳到函数中继续单步执行。

Assembly – Step Over:用于汇编程序里的单步,但是,遇到函数调用时不会跳转到函数中执行,而是把整条函数当成一个单步来执行。

Run:运行程序,直到断点处停止运行,直到再次触发运行命令才恢复程序的运行。

Halt:停止程序的运行。

Animate:运行程序,遇到断点后,CCS先暂停程序的运行,对打开的变量、寄存器、存储器、图像显示等窗口中的数据进行刷新。然后,自动恢复程序运行,这样在图像显示窗口中就可以观察到动画效果。

Toggle breakpoint:在源程序编辑窗口中提示符所在的行设置断点,如果该行已经存在断点,则取消该断点。

Remove all breakpoints:取消工程中所有已设置的断点。

Toggle Probe Point:在源程序编辑窗口中提示符所在的行设置探针点,如果该行已经存在探针点,则取消该探针点。

Remove all Probe Points:取消工程中所有已设置的探针点。

注意:Debug菜单下面的两个单步调试命令和调试工具栏中四个单步命令的区别和联系,如果在C源代码模式下,Step Into和Step Over就相当于Source – Single Step和Source – Step Over,而在汇编或者混合模式下,则相当于Assembly – Single Step和Assembly – Step Over。

首先,可以用Debug→Go main命令将程序运行到main源代码处(实际系统在执行源代码里的main函数前,要先调用一个C初始化函数即_c_int00,从而完成全局变量的初始化,设置堆栈指针等工作,在这个初始化函数的最后才调用main函数,这段初始化代码保存在运行时间库函数中,工程在链接阶段会把它加到.out文件,其实现的源代码可以在库文件所在路径下的rts.src文件中找到。当把.out文件加载到目标系统中或者执行Restart命令后,反汇编窗口中会显示当前的程序指针处于_c_int00函数的入口处,而不是main函数的入口处),如图5-2-8所示,其中黄色的箭头(图中上方窗口中)代表当前PC(程序指针)在对应源代码文件中的位置,而反汇编窗口中绿色箭头(图中下方窗口中)处则是当前PC所指向的存储器地址、机器码数据以及其对应的汇编指令,也就是DSP下一步要执行的机器指令。

(2) 断点的使用

可以通过调试工具栏中的Toggle Breakpoint图标或者右键菜单中的Toggle breakpoint命令来设置断点,同时用Debug菜单下的Breakpoints命令能将该断点配置成一般断点、条件断点(特定的表达式为真时才停止程序的运行)或者硬件断点。

设置好断点后运行程序(Run)以后,当程序执行到断点处时会停止运行直到下一个运行命令被触发,在程序停止运行期间,CCS还会对各种调试数据进行更新。在源文件任何有效语句处都可以设置断点,如果断点设置出错,例如将断点设到了无效行,CCS会给出错误提示,并自动将断点转移到下一有效行处。

源程序窗口和反汇编窗口如图 5-2-6 所示。

图 5-2-6　源程序窗口和反汇编窗口

(3) 观察窗口的使用

在 volume.c 中,选中任意一个变量,在右键菜单中选择 Quickwatch 或者 Add to watch Window,CCS 将打开 Quickwatch 窗口的 Watch 1 子窗口并显示选中的变量。在观察窗口中变量名后面的 Value 一栏中可以直接修改被观察变量的取值,在 Radix 一栏中还能设定数据的显示格式(十六进制、八进制、十进制、二进制、浮点数,无符号整型等等)。另外 Quickwatch 窗口的 Watch Locals 子窗口中会自动显示当前函数作用域中所有局部变量的值。

把全局变量 str 加到观察窗口中,执行程序后,点击变量左边的"+",观察窗口会将结构变量展开,同时显示结构变量中的每个成员的值,该显示方式同样适用于数组的显示。

把 main 函数中的局部变量 input 添加到观察窗口中,执行程序进入 dataIO 函数(通过断点或者单步都可以),此时 input 变量超出了起作用范围(main 函数),所以变量 Value 一栏显示"identifier not found: input",但是可以利用 Stack Call 窗口来察看不同作用域中的变量,如图 5-2-7 所示,执行 View→Call Stack 打开堆栈切换窗口,双击窗口中的 main()项,即可在观察窗口中查看 input 变量的当前值了。

(4) 使用探针点实现文件输入/输出

探针点是实际上是一种特殊的断点。通过这个功能可以实现:当程序运行到探针点时,CCS 中断目标系统中 DSP 的运行,从与该探针点关联的数据文件中(PC 机中的.dat 文件)读出数据并写到目标系统的存储器中,或者从目标系统的存储器中读出数据并写到数据文件中。完成数据的交换后,CCS 自动恢复目标系统 DSP 的运行。探针点特别适合用于算法的仿真,

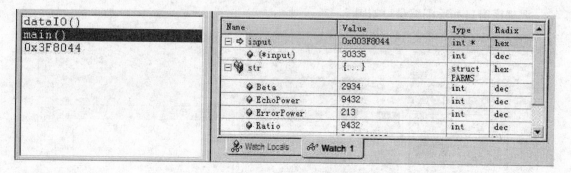

图 5-2-7 堆栈切换窗口及变量观察窗口

在目标系统的输入/输出硬件电路完成前,可以使用该工具来模拟数据的输入/输出。另外,它还可以在软件仿真时为虚拟目标系统提供数据的输入/输出功能。它是用已知的数据流测试算法正确性的必备工具。

下面将在工程 volume1 的基础上,利用探针点工具来模拟数据的输入。C 源代码程序中有一个 dataIO()函数,由于没有硬件支持,该函数仅仅是个空函数,所以我们就用探针点来模拟其数据输入的功能,具体步骤如下:

① 假设.out 文件已经加载,在光标移到 main()函数中 dataIO()函数的调用语句行上,用右键菜单或者工具栏上的 Toggle Probe Point 命令设置探针点,设置好后,该行语句前面会出现一个蓝色的菱形标识。

② 为探针点建立关联的数据文件:在 File 菜单中选择 File I/O,出现如图 5-2-8 所示的数据文件 I/O 配置对话框中,用 Add File 按钮选择要关联的数据文件,这里可以选择 volume1 目录下的 sine.dat 文件;在 Address 文本框中输入相应的目标系统存储器的起始地址,如果此时已经加载了.out 文件,那么也可以直接输入符号来表示该地址,如_inp_buffer(C 源文件中变量 inp_buffer 在汇编文件中的引用形式)或者 inp_buffer;在 Length 文本框中输入

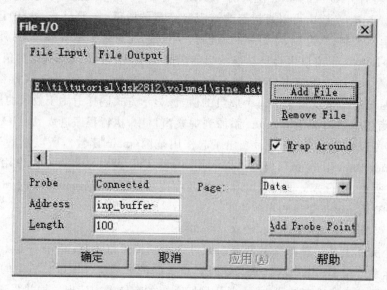

图 5-2-8 数据文件 I/O 配置对话框

数据的长度(如100),设置好后运行程序,当程序运行到探针点处时,会从对应的数据文件中读取100个数据到 inp_buffer 缓冲区中。

③ 在图 5-2-8 中单击 Add Probe Point 按钮,弹出如图 5-2-9 所示的对话框,在对话框中可以实现探针点和特定 I/O 文件的关联。这个过程和断点的设置一样,先在已有探针点窗口中选定需要设置的探针点,接着选择探针点的类型(一般探针点、条件探针点还是硬件探针点)。如果是条件探针,还要输入代表条件的表达式;然后在 Connect 中选择刚才在 File I/O 中设置好的输入文件并单击 Replace,此后可以从探针点窗口观察到探针点属性的变化,点确定后就完成了 I/O 文件的关联。

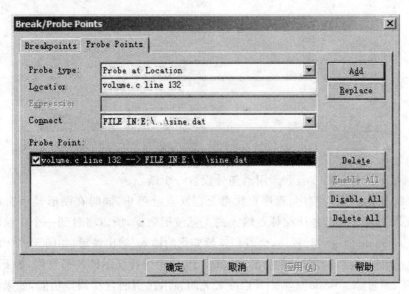

图 5-2-9 探针点的设置对话框

④ 完成上述设置工作后,即可运行程序,当程序运行至 dataI() 处时,CCS 就会自动从 sine.dat 文件中读取100个数据并写入到 inp_buffer 数组中,从而实现输入功能的模拟。如果在数据文件 I/O 配置窗口中勾选了 Wrap Around 功能,则 CCS 会自动重复使用该文件中的数据。

(5) 图形功能简介

上文中,利用探针工具和外部数据文件模拟实现了数据的输入,下面在此基础上将通过波形显示的方式来观察输入/输出的结果。

① 在 View 菜单项中选 Graph,然后选 Timer/Frequency,进入图形属性设置对话框,如图 5-2-10 所示。

② 在 Graph Title 中输入图形窗口的名称:input,在 Start Address 中输入数据(用于绘制图形)在存储器中的起始地址。如果此时已经加载.out 文件,则可以直接输入变量符号 inp_buffer;在 Acquisition Buffer Size 和 Display Data Size 中输入要显示的数据长度100,这里前者表示是数据缓冲区的大小,后者表示用于绘制图形的实际数据大小;最后在 DSP Data Type 中选择相应的数据类型,此处我们选 16-bit signed integer;其他属性都取默认值,点击确认后自动打开图形显示窗口。重复上述过程,在 Graph Title 中输入 output,将起始地址改为 out_buffer,再打开一个图形显示窗口用来显示输出数据。

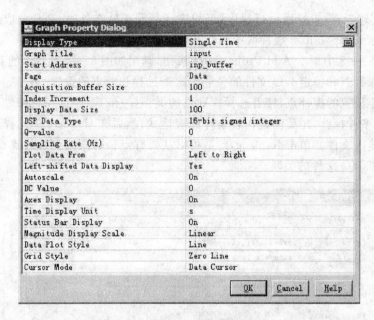

图 5-2-10　图形属性设置对话框

③ 在主函数中 dataIO() 函数调用语句处设置一个断点。

④ 连续单击 Run 运行程序,程序每次都会在断点处停止,同时在图形显示窗口中显示输入信号的波形,这个信号就是从探针点输入的正弦波形数据,所以将看到一个正弦波。

⑤ 使用 Animate 命令运行程序,会看到连续变化的输入/输出波形,如图 5-2-11 所示。另外,还可以通过图形属性设置对话框中的 Display Type 中选择显示的波形类型,如 FFT 幅值图、FFT 相位图等;通过 Autoscale 选项来开启或者关闭显示比例的自动调整功能,如果该功能被关闭,还可以设置显示波形的最大、最小值。具体其他功能不在此细述,请参考 CCS 是使用手册。

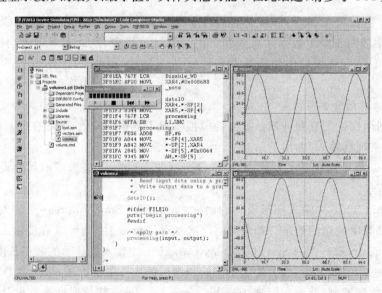

图 5-2-11　图形显示功能

第5章 TMS320X281x DSP 的程序编写和调试

(6) 分析工具(Profiler)的使用

在 CCS 中,还集成了代码分析工具 Profiler,可以用来计算某段代码共执行了多少个机器周期。这样不但能为程序代码的进一步优化提供依据,也可以为程序的实时性提供一个较精确的度量。下面还是以工程 volume1 为例简单介绍一下这个工具的使用。

① 加载生成的 volume1.out 文件,将程序执行到 main()处。

② 选择 Profiler→Start New Session 命令,新建一个分析任务,并为其指定任务名。

③ 打开主程序源文件,如图 5-2-12 所示,在 Processing()函数定义的首行处选择右键菜单中的 Profile Function,将该函数添加到分析窗口中。

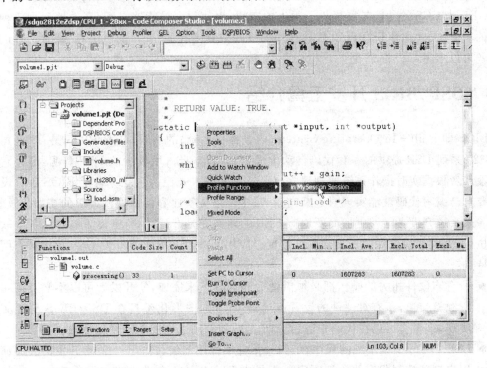

图 5-2-12 代码分析工具的使用

④ 运行程序,每次程序停止时(遇到断点、单步执行或者使用 Halt 命令)或者运行到探针点时,分析窗口的统计数据就会被刷新。统计数据主要包含三个部分,一是被分析代码的长度(Code Size)以及该段代码已经被执行的次数,比如这里 Processing()函数的代码长度就是 33,其执行次数随着运行时间的增加而递增;二是整个被分析的代码区间(包含其中子函数调用的执行情况)中以机器周期数为单位的统计数据,如累计执行时间,最大、最小及平均执行时间等;三是整个被分析的代码区间(不包含其子函数调用的开销)中以机器周期数为单位的统计数据,如累计执行时间,最大、最小及平均执行时间等。

Profiler 工具其他更深入的使用方法也请参考 CCS 的使用手册。

5.2.3 通用扩展语言(GEL)

通用扩展语言是一种高级的脚本语言,用户通过用该语言编写的 .gel 文件就能够扩展 CCS 的各种功能或者自动运行 CCS 中一系列常用的命令。具体来说,它有如下特点:

- 语法和 C 语言类似。
- 程序员利用 GEL 语言可以建立自定义的 CCS 功能命令,只要将对应的 GEL 文件装载到 CCS 中,就能够将扩展的功能以 GEL 菜单下菜单项的形式增加到 CCS 界面中,直接点击就能执行对应的扩展命令。
- 通过 GEL 程序员可以直接访问实际的或者仿真的目标存储器区域;可以避免 CCS 中各种重复性的操作,如观察某段地址固定的存储区域、观察某外设模块的所有控制和状态寄存器、执行一系列顺序固定的调试命令等。
- GEL 在软件的自动测试时或者用户需要调整 CCS 的工作空间时特别有效。

GEL 为 CCS 的功能扩展提供了很大的空间,也使程序员能够灵活、高效地运用各种开发工具的功能,大大加快开发 DSP 软件程序的进程。具体有关 GEL 的语法和 GEL 文件的使用等问题可以参考 CCS 的帮助。

5.3 DSP/BIOS 开发工具介绍

BIOS 即 Built-In Operating System(内置操作系统)的缩写,DSP/BIOS 是 TI 公司为其 TMS320 系列 DSP 提供的一套代码自动生成工具,其本身占用极少的 DSP 资源,通过它可以帮助设计者根据实时操作系统原理建立自己特定的嵌入式控制系统。有了 BIOS 工具设计者不需要自己编写代码就能实现对中断向量表、中断服务程序和内部硬件模块的初始化及管理,这样一来系统开发者能够更加简便地对 DSP 的硬件资源进行控制,更灵活地协调各个软件模块的执行,大大加快软件的开发和调试进度。应用 DSP/BIOS 工具开发 DSP 程序具有两个显著的特点:

- 所有与硬件相关的操作都必须借助 DSP/BIOS 来完成,使开发者可以不必直接和硬件资源打交道,所有对硬件的设置都通过 CCS 的图形化工具在 DSP/BIOS 配置文件中实现,或者也可以在代码中通过 API 函数的调用来完成动态硬件设置。
- DSP/BIOS 工具生成的程序在运行时,并不像用汇编、C/C++语言开发的程序那样由用户自己控制程序的执行顺序。而是由 DSP/BIOS 自动生产的操作系统去控制用户程序的执行。程序员编写的应用程序都是建立在 DSP/BIOS 的基础上,DSP/BIOS 根据任务、中断的优先级对应用程序进行调度,控制程序的执行顺序。

具体来说,DSP/BIOS 可以为程序员提供底层的应用函数接口,支持系统实时分析、线程管理、任务调度、周期函数和 IDLE 函数等。通过 DSP/BIOS 生成的代码,能够为程序员提供多种代码的实时分析和评估工具,如图形化显示各个线程占用 CPU 的时间、代码执行时间统计和显示输出信息等。对于程序员,DSP/BIOS 并不是唯一的开发途径,例如传统的汇编、C/C++语言程序也能实现系统功能。但是,DSP/BIOS 却是一个非常高效的开发工具,由于其可以提供实时操作系统的很多功能,如任务的调度管理、任务间的同步和通讯、内存管理、实时时钟管理和中断服务管理等,所以特别适用于功能复杂的系统。原来只有 C5000 和 C6000 系列才支持 DSP/BIOS 工具,现在 TI 在其 C2000 系列中也引入了该工具,28x 就是其中首个支持 DSP/BIOS 的芯片型号。

如图 5-3-1 所示,DSP/BIOS 集成在 CCS 2(C2000)中。DSP/BIOS 配置工具主要包括如下部分:系统配置工具(System)、实时调度程序(Scheduling)、实时分析工具(Instrumentation),任务同步模块(Synchronization),以及实时数据交换模块(Input/Output)。由 DSP/BI-OS 配置工具生成的配置文件(.cdb)能够添加到任何一个建好的工程中。

图 5-3-1 DSP/BIOS 工具的主要组成

由于 DSP/BIOS 工具的应用涉及许多实时操作系统的知识,超出了本书的范围,所以下面仅简单介绍一下如何利用 DSP/BIOS 工具来开发 F2812 的软件:

首先每个使用 DSP/BIOS 的工程都需要一个 DSP/BIOS 配置文件,根据这个配置文件,程序会自动生成对应的.cmd 文件和汇编代码文件(这些文件也必须手动或者自动添加到工程文件中)。利用 DSP/BIOS 工具我们就可以建立或者修改一个配置文件,通过这个配置文件能够设定系统的存储器配置和初始化参数;定义或者编辑各种 DSP/BIOS 提供的模块对象如中断函数,周期函数,输出函数等;通过优先级设置实现任务间的调度管理;还可以实现任务间的同步及实时数据的输入/输出。

在 CCS 中选择 File→New→DSP/BIOSConfiguration,从出现的对话框中选择配置模板文件 dsk2812.cdb,然后单击 OK。打开新建的配置文件后,首先进行保存,并为其输入一个文件名,例如 volume.cdb,然后就可以根据需要对其配置进行修改并保存。保存时 DSP/BIOS 会根据其存储器设置自动生成一个 volume cfg.cmd 文件以及相关的底层汇编代码文件 volumecfg.s28 和片级支持库 CSL 的初始化代码 volumecfg.s28_c.c(后两个文件会随.cdb 文件自动添加到工程中)。

下面将利用 DSP/BIOS 工具对前面介绍的 volume1 工程进行修改,使其实现如下功能:

利用 DSP/BIOS 提供的 LOG 模块替代标准 C 中的 puts()函数输出信息;定时每隔 1 ms 调用一次 dataIO()函数,并在 dataIO()函数被调用 5 次后启动(调用)处理函数 processing()一次。

具体配置过程如下:

(1) 在 volume.cdb 实时分析工具(Instrumentation)下的 LOG 模块中,右击菜单中的 Insert LOG 命令插入新的 LOG 对象,并改名为 PutString。右击打开 PutString 对象的属性,将 buflen 改为 256。**注意**:不要修改已经存在的 LOG 对象 LOG_system。

(2) 在 volume.cdb 实时调度程序(Scheduling)下的 CLK 模块(这个模块中的对象来控制定时器中断发生时的函数调用。**注意**:其中的 PRD_clock 是系统用来给 PRD 模块中各对象提供时基的,不能随意修改)中,右击菜单中的 Insert CLK 命令插入新的定时器对象,并将其重命名为 dataIO_CLK。

用右击打开 dataIO_CLK 的属性对话框,在 function 栏中填入_dataIO,最后右击打开 CLK 模块的属性,修改 Microseconds/Int 项的值,以确定每隔多少微秒产生一次定时器中断。这里我们将其设为 1000(定时时间是 1 ms)。

(3) 在实时调度程序下的 SWI 模块(软件中断模块)中插入新的对象,重命名为 porcessing_SWI,表示用户自己定义了一个软件中断。用右击打开 porcessing_SWI 的属性对话框,输入该软件中断所调用函数的函数名_processing 以及其调用参数:mailbox(邮箱,实时操作系统中各任务间用来传递参数的一种机制)为 5;调用 processing()函数时的输入参数为_inp_buffer 和_out_buffer,如图 5-3-2 所示。

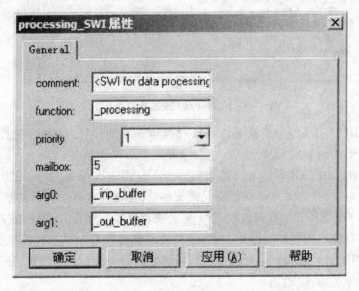

图 5-3-2 软件中断的属性窗口

(4) 接下来,在 CCS 中打开原来的工程文件,将 C 运行时间库 rts2800m_ml.lib 去掉,因为使用 DSP/BIOS 时不需要该库文件的支持。同时将原有的 volume.cmd 从工程中删除。

将前面配置好的 volume.cdb 文件添加到工程中。**注意**:保存 DSP/BIOS 配置时自动的产生链接器命令文件 volumecfg.cmd 必须也要手动添加到工程中,而前面提及的 volumecfg.s28 和 volumecfg.s28_c.c 则会随 volume.cdb 自动加到工程的 Generated File 文件夹下面。

对原来源程序代码的修改:在文件开始处添加文件包含语句:"#include "volumecfg.

h";",删除 dataIO()和 processing()定义和声明前的 static 关键字;删除主程序中的 while 循环及其中的所有语句;在 dataIO()中,增加如下的函数调用 SWI_dec(&processing_SWI);将主函数中的 puts("volume example started\n")换成 LOG_printf(&PutString,"volume example started\n")。

使用 DSP/BIOS 工具开发程序时,用户应用程序的运行必须建立在 DSP/BIOS 实时操作系统内核之上,因此用户的应用程序应该尽快将 CPU 的控制权交回操作系统,所以此处也应该尽早从 main()函数返回。如果由于用户的某个应用程序或者某个函数中存在死循环而使其无法返回,将导致整个操作系统的瘫痪,所以必须要删除 main()函数中的 while 循环,并使其尽快返回,而 dataIO()和 processing()的调用将交由操作系统来统一管理和控制。

选择 DSP/BIOS→RTA Control Panel 命令,在打开的的窗口中确认 SWI、CLK 和 Global host 等选项都被使能,接下来我们就能在下面介绍的 DSP/BIOS 分析工具中以图形的方式显示它们的状态。

选择 DSP/BIOS→Message Log 命令,打开 Message Log 窗口,在 Log Name 下拉列表中选择 PutString;再选择 DSP/BIOS→Execution Graph 命令,打开 DSP/BIOS 提供的执行状态图显示(Execution Graph)窗口。运行程序,Message Log 窗口中就可以显示原来由 puts 函数输出的内容,如图 5-3-3 所示;而 Execution Graph 窗口中则能观察到如图 5-3-4 所示的图形,通过它就能确定是否每隔 5 次定时器中断执行一次 processing_SWI 软件中断;另外还可以通过 DSP/BIOS 菜单下的 CPU Load Graph 命令,打开 CPU 负荷状态图,观察 CPU 的负荷情况,如图 5-3-4 所示。

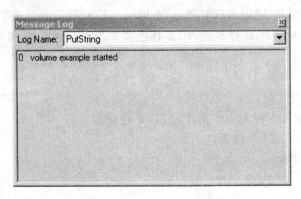

图 5-3-3 信息显示窗口中的内容

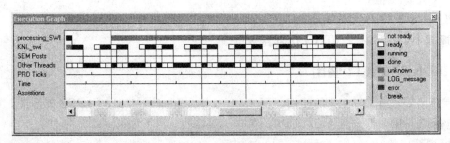

图 5-3-4 执行状态图窗口中的内容

第 6 章
实验系统及实验例程

6.1 实验系统硬件介绍

本章简要介绍 TMS320F2812 eZdsp™ 数字信号处理器实验板。

6.1.1 eZdsp™ F2812 简介

eZdsp™ F2812 是一块独立的评估板,用于检验 TMS320F2812 数字信号处理器(DSP)是否满足用户的需要。同时,该评估板也是一个优秀的开发和运行 TMS320F2812 处理器软件的平台。eZdsp™ F2812 上自带一块 TMS320F2812 DSP。eZdsp™ F2812 允许全速运行验证 F2812 的代码。两个扩展接口提供给板上未带有而需要扩展的评估电路所使用。

为了简化代码的开发,缩短调试时间,随板提供了 C2000 代码开发驱动。同时,板上还带有一个 JTAG 接口提供与仿真器连接,用于其他调试工具进行汇编和 C 语言的调试。eZdsp™ F2812 有以下特点:
- 板载 TMS320F2812 DSP;
- 150 MIPS 执行速度;
- 18 K 字片内 RAM 和 128 K 字片内 Flash 存储器;
- 64 K 字片外 SRAM 存储器;
- 30 MHz 外部时钟;
- 2 个扩展连接(模拟输入、I/O);
- 板载 IEEE 1149.1 JTAG 控制器;
- 5 V 电源供应;
- TI F28xx CCS 工具驱动;
- 板载 IEEE 1149.1 JTAG 仿真器接口。

6.1.2 eZdsp™ F2812 使用

本节介绍 eZdsp™ F2812 的使用。图 6-1-1 为 eZdsp™ F2812 的 PCB 外形图。eZdsp™ F2812 包括以下几个部分:
- 模拟输入接口;
- I/O 接口;

- JTAG 接口；
- 并口 JTAG 控制器接口。

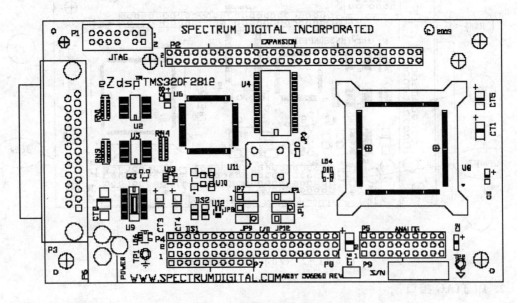

图 6-1-1　eZdsp™ F2812 PCB 外形

1. 电源接口

eZdsp™ F2812 电源为 5 V 单一电源，电流需求约 500 mA。电源接口为 P6。如果需要连接扩展板到 eZdsp，需要使用一个更大的电源供应。

（1）eZdsp™ F2812 存储器

eZdsp 板上额外提供了 64K×16 位的 SRAM。eZdsp 板上的处理器可以配置为 bootloader 模式或者 non-boot-loader 模式。eZdsp 可以从 RAM 引导进行调试或者从 Flash ROM 引导而运行。对于软件项目建议使用 eZdsp F2812 板上的 RAM 环境进行初级调试。需要注意的是，应用程序中软件对 I/O 存储器映射引脚的配置。

表 6-1-1 所列为板上所使用的片外选通信号。

（2）eZdsp™ F2812 接口

eZdsp™ F2812 有 5 个接口。每一个接口的 1 号引脚使用一个方形焊盘来指示。每个接口的功能如表 6-1-2 所列，具体位置分布如图 6-1-2 所示。

表 6-1-1　片外选通信号的使用

片选信号	使用
XZCS0AND1n	扩展口
XZCS2n	扩展口
XZCS6AND7n	外部 SRAM

表 6-1-2　eZdsp™ F2812 连接

接口	功能
P1	JTAG 接口
P2	扩展口
P3	并口 JTAG 控制器接口
P4/P8/P7	I/O 接口
P5/P9	模拟输入口
P6	电源供应接口

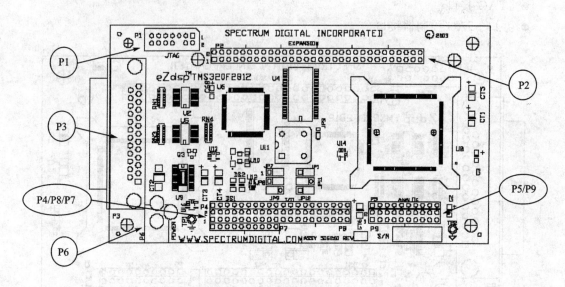

图 6-1-2　eZdsp™ F2812 接口分布

2. P1 JTAG 接口

eZdsp™ F2812 有一个 14 引脚排针接口 P1。该标准 JTAG 仿真器接口用于 TI DSP。从板正面看，P1 的 14 引脚位置如图 6-1-3 所示。P1 的引脚的 JTAG 信号定义如表 6-1-3 所列。

3. P2 扩展接口

P2 连接器 60 针引脚的位置的顶视图如图 6-1-4 所示。

13	11	9	7	5	3	1
14	12	10	8	6	4	2

图 6-1-3　P1 引脚位置

表 6-1-3　P1 JTAG 接口连接器

引脚	信号	引脚	信号
1	TMS	2	TRST−
3	TDI	4	GND
5	PD(+5 V)	6	空
7	TDO	8	GND
9	TCK-RET	10	GND
11	TCK	12	GND
13	EMU0	14	EMU1

2	4	…	56	58	60
1	3	…	55	57	59

图 6-1-4　P2 连接器引脚分布

P2 连接器引脚信号的定义如表 6-1-4 所列。

4. JTAG 接口

eZdsp™ F2812 备有一个并口 JTAG 仿真设备。该设备集成了一个标准的并口接口，支持 ECP、EPP 和 SPP8。该设备可以直接访问集成的 JTAG 接口。开发系统提供了可用于 C2000 Code Composer 开发工具的驱动程序。

表 6-1-4 P2 扩展接口连接器

引脚	信号	引脚	信号	引脚	信号
1	+3.3 V/+5 V/NC*	21	XA2	41	XRnW
2	+3.3 V/+5 V/NC*	22	XA3	42	10 kΩ 上拉
3	XD0	23	XA4	43	XWE
4	XD1	24	XA5	44	XRDn
5	XD2	25	XA6	45	+3.3 V
6	XD3	26	XA7	46	XNMI/INT13
7	XD4	27	XA8	47	XRSn/RSn
8	XD5	28	XA9	48	空
9	XD6	29	XA10	49	GND
10	XD7	30	XA11	50	GND
11	XD8	31	XA12	51	GND
12	XD9	32	XA13	52	GND
13	XD10	33	XA14	53	XA16
14	XD11	34	XA15	54	XA17
15	XD12	35	GND	55	XA18
16	XD13	36	GND	56	XHOLDn
17	XD14	37	XZCS0AND1n	57	XHOLDAn
18	XD15	38	XZCS2n	58	空
19	XA0	39	XREADY	59	空
20	XA1	40	10 kΩ 上拉	60	空

* 缺省值为空脚(NC)。用户可以在使用跳线 JP5 连接至+3.3 V 或者+5 V。

5. P4/P8/P7 I/O 接口

P4、P8 和 P7 引出了 DSP 的 I/O 信号。连接器的布局如图 6-1-5 所示。

1	3	5	7	9	11	13	15	17	19		
1	3	5	7	9	11	13	15	17	19		P4
2	4	6	8	10	12	14	16	18	20		
2	4	6	8	10	12	14	16	18	20		
22	24	26	28	30	32	34	36	38	40		
1	3	5	7	9	11	13	15	17	19		
21	23	25	27	29	31	33	35	37	39		P8
1	2	3	4	5	6	7	8	9	10		P7

图 6-1-5 P4/P8/P7 连接器

P4/P8 连接器的引脚定义如表 6-1-5 所列。
连接器 P7 的引脚定义如表 6-1-6 所列。

6. P5/P9 模拟接口

P5/P9 连接器的 30 个引脚的顶视图位置如图 6-1-6 所示。

表 6-1-5 P4/P8 I/O 连接器

P4 引脚	P4 信号	P8 引脚	P8 信号	P8 引脚	P8 信号
1	+3.3 V/+5 V/NC*	1	+3.3 V/+5 V/NC*	21	空
2	XINT2/ADCSOC	2	+5 V	22	XINT1N/XBIOn
3	MCLKXA	3	SCITXDA	23	SPISIMOA
4	MCLKRA	4	SCIRXDA	24	SPISOMIA
5	MFSXA	5	XINT1n/XBIOn	25	SPICLKA
6	MFSRA	6	CAP1/QEP1	26	SPISTEA
7	MDXA	7	CAP2/QEP2	27	CANTXA
8	MDRA	8	CAP3/QEPI1	28	CANRXA
9	空	9	PWM1	29	XCLKOUT
10	GND	10	PWM2	30	PWM7
11	CAP5/QEP4	11	PWM3	31	PWM8
12	CAP6/QEPI2	12	PWM4	32	PWM9
13	T3PWM/T3CMP	13	PWM5	33	PWM10
14	T4PWM/T4CMP	14	PWM6	34	PWM11
15	TDIRB	15	T1PWM/T1CMP	35	PWM12
16	TCLKINB	16	T2PWM/T2CMP	36	CAP4/QEP3
17	XF/XPLLDISn	17	TDIRA	37	T1CTRIP/PDPINTAn
18	SCITXDB	18	TCLKINA	38	T3CTRIP/PDPINTBn
19	SCIRXDB	19	GND	39	GND
20	GND	20	GND	40	GND

* 默认值为无连接(NC)。用户可以使用跳线在 eZdsp 板的背面的 JP4 来连接+3.3 V 或者+5 V。

表 6-1-6 P7 I/O 连接器

P7 引脚	P7 信号
1	C1TRIPn
2	C2TRIPn
3	C3TRIPn
4	T2CTRIPn/EVASOCn
5	C4TRIPn
6	C5TRIPn
7	C6TRIPn
8	T4CTRIPn/EVBSOCn
9	空
10	GND

P5	模拟信号						
1	2	3	4	5	6	7	8	9	10
2	4	6	8	10	12	14	16	18	20
1	3	5	7	9	11	13	15	17	19
P9							

图 6-1-6 P5/P9 连接器引脚分布

P5/P9 信号定义如表 6-1-7 所列。

第6章 实验系统及实验例程

表6-1-7 P5/P9模拟接口连接器

P5引脚	信号	P9引脚	信号	P9引脚	信号
1	ADCINB0	1	GND	11	GND
2	ADCINB1	2	ADCINA0	12	ADCINA5
3	ADCINB2	3	GND	13	GND
4	ADCINB3	4	ADCINA1	14	ADCINA6
5	ADCINB4	5	GND	15	GND
6	ADCINB5	6	ADCINA2	16	ADCINA7
7	ADCINB6	7	GND	17	GND
8	ADCINB7	8	ADCINA3	18	VREFLO*
9	ADCREFM	9	GND	19	GND
10	ADCREFP	10	ADCINA4	20	空

* 为了得到合适的ADC操作需要将VREFLO连接到AGND或者目标系统板的VREFLO。

7. P6电源接口

电源(5 V)通过P6接口送到eZdsp™ F2812板上。使用外径5.5 mm,内径2 mm的连接器。

8. 跳线块

eZdsp™ F2812有6个跳线块,用于决定如何使用eZdsp™ F2812上的功能。表6-1-8列出了跳线块和其对应的功能。后面将叙述每一个跳线块的使用。

(1) JP1:XMP/MCn选择

JP1跳线用于XMP/MCn引脚选项,如表6-1-9所列。1-2选择DSP操作于微控制器模式。2-3选择DSP操作于微处理器模式。

表6-1-8 eZdsp™ F2812跳线块

Jumper #	Size	功能	出厂设置的位置
JP1	1×3	XMP/MCn	2-3
JP7	1×2	Boot模式3	2-3
JP8	1×3	Boot模式2	2-3
JP9	1×3	PLL禁用	1-2
JP11	1×3	Boot模式1	1-2
JP12	1×3	Boot模式0	2-3

表6-1-9 JP1 XMP/MCn选择

位置	功能
1-2	微处理器模式
2-3*	微控制器模式

* 出厂设置。

(2) JP7、JP8、JP11、JP12:Boot模式选择

跳线块JP7、JP8,JP11,JP12用来决定DSP上电时bootloading的模式,如表6-1-10所列。将跳线块放置在1-2位置将设置一个高电平信号,放在2-3位置设置一个低电平。

表 6-1-10　JP7、JP8、JP11、JP12:Boot 模式选择

BOOT3 SCITXDA	BOOT2 MDXA	BOOT1 SPISTEA	BOOT0 SPICLKA	模式
1	X	X	X	FLASH
0	1	X	X	SPI
0	0	1	1	SCI
0	0	1	0	H0*
0	0	0	1	OTP
0	0	0	0	PARALLEL

* 出厂设定。

(3) JP9:PLL 禁用

跳线块 JP9 用来使能或者禁用 DSP 中的锁相环(PLL)逻辑,如表 6-1-11 所列。短路 1-2 位置使能 PLL,如果 2-3 位置将禁用 PLL。复位后该信号被锁存,在复位后作为 XF 信号使用。

9. 发光二极管

eZdsp™ F2812 有两个发光二极管。DS1 指示了板所需 5 V 电源,在板加电时该指示灯亮。DS2 连接到 XF 引脚信号的缓冲输出,由软件控制。这些信号如表 6-1-12 所列。

表 6-1-11　JP9,PLL 禁用

位置	功能
1-2*	PLL 使能
2-3	PLL 禁用

* 出厂设定。

表 6-1-12　LED 指示灯

LED 编号	颜色	控制信号
DS1	绿色	+5 V
DS2	绿色	XF 位(XF high = on)

注意:

- TMS320F2812 X1/CLKIN 引脚是+1.8 V 输入。时钟输入引脚使用了一个 1.8 V 电源供电的 SN74LVC1G14 作为时钟缓冲。这提供了+1.8 V～+3.3 V 时钟的转换。
- TMS320F2812 支持+3.3 V 输入/输出电平,不能承受+5 V 输入。将 TMS320F2812 连接至一个+5 V 输入/输出电平的系统将损坏芯片。当系统连接至另一个系统时,DSP 所在的系统必须首先上电,最后断电,以防止栓锁(lactchup)情况发生。

6.1.3　TMS320F2812 重要电气参数

1. 绝对极限参数

除非另外说明,绝对极限参数列表中的规定是指整个操作温度范围。超过绝对极限参数的要求值将会地址芯片永久损坏。在这些绝对极限参数下工作部分时间可能会影响芯片的可靠性。所有电压以 V_{ss} 为参考点。

表 6-1-13 为芯片绝对极限参数。

第6章 实验系统及实验例程

表 6-1-13 芯片绝对极限参数

供电电压范围（VDDIO、VDDA1、VDDA2、VDDAIO 和 AVDDREFBG）	$-0.3 \sim 4.6$ V
供电电压范围（VDD、VDD1）	$-0.5 \sim 2.5$ V
VDD3VFL 电压范围	$-0.3 \sim 4.6$ V
输入电压范围 VIN	$-0.3 \sim 4.6$ V
输出电压范围 VO	$0.3 \sim 4.6$ V
输入嵌位电流 IIK（VIN<0 或 VIN>VDDIO）	± 20 mA
输出嵌位电流 IOK（VO<0 或 VO>VDDIO）	± 20 mA
操作温度范围 TA　A 版（GHH, PGF, PBK）‡	$-40 \sim 85$ ℃
S 版（GHH, PGF, PBK）‡§	$-40 \sim 125$ ℃
Q 版（GHH, PGF, PBK）‡	$40 \sim 125$ ℃
储存温度 Tstg†	$65 \sim 150$ ℃

† 每个引脚的连续嵌位电流是 ± 2 mA。
‡ 长时间的高温存储或者超过最大温度条件下的工作将导致芯片整体寿命的减少。
§ 从芯片 E 版本后由 Q 温度等级替代。

2. 推荐工作条件

TMS320F2812 推荐工作条件如表 6-1-14 所列。

表 6-1-14 芯片推荐工作条件

参数	描述	备注	取值		
			最小	典型	最大
V_{DDIO}/V	芯片 I/O 供电电压		3.14	3.3	3.47
$V_{DD}, V_{DD1}/V$	芯片 CPU 供电电压	1.8 V (135 MHz)	1.71	1.8	1.89
		1.9 V (150 MHz)	1.81	1.9	2
V_{SS}/V	电源地			0	
$AV_{DDREFBG}, V_{DDA1}$, $V_{DDAIO}, V_{DDA2}/V$	ADC 供电电压		3.14	3.3	3.47
V_{DD3VFL}/V	Flash 编程供电电压		3.14	3.3	3.47
$f_{SYSCLKOUT}/MHz$	芯片时钟频率（系统时钟）	$V_{DD}=1.9(1\pm5\%)$ V	2		150
		$V_{DD}=1.8(1\pm5\%)$ V	2		135
V_{IH}/V	高电平输入电压	除 XCLKIN 外所有输入引脚	2		V_{DDIO}
		XCLKIN（@50 μA max）	$0.7V_{DD}$		V_{DD}
V_{IL}/V	低电平输入电压	除 XCLKIN 外所有输入引脚			0.8
		XCLKIN（@ 50 μA max）			$0.3V_{DD}$
I_{OH}/mA	高电平输出源电流，$V_{OH}=2.4$ V	除 Group 2 外所有 I/O			-4
		Group 2‡			-8
I_{OL}/mA	低电平输出灌电流，$V_{OL}=V_{OL}$MAX	除 Group 2 外所有 I/O			4
		Group 2‡			8

续表 6-1-14

参数	描述		备注		取值		
					最小	典型	最大
T_A/℃	环境温度	A 版本			−40		85
		S 版本			−40		125
		Q 版本			−40		125
V_{OH}/V	高电平输出电压		$I_{OH}=I_{OHMAX}$		2.4		
			$I_{OH}=50~\mu A$		$V_{DDIO}-0.2$		
V_{OL}/V	低电平输出电压		$I_{OL}=I_{OLMAX}$		0.4		
$I_{IL}/\mu A$	输入电流（低电平）	有上拉	$V_{DDIO}=3.3~V$, $V_{IN}=0~V$	除 EVB 外所有 I/O§（包括 XRS）	−80	−140	−190
				GPIOB/EVB	−13	−25	−35
		有下拉	$V_{DDIO}=3.3~V$, $V_{IN}=0~V$				±2
$I_{IH}/\mu A$	输入电流（高电平）	有上拉	$V_{DDIO}=3.3~V$, $V_{IN}=0~V$		28	50	80
		有下拉*	$V_{DDIO}=3.3~V$, $V_{IN}=0~V$				±2
$I_{OZ}/\mu A$	高阻状态时输出电流（关闭状态）		$V_O=V_{DDIO}$ 或 0 V				±2
C_i/pF	输入电容					2	
C_o/pF	输出电容					3	

‡ Group 2 引脚包括：XINTF、PDPINTA、TDO、XCLKOUT、XF、EMU0 和 EMU1。在 C 版本芯片中，EVA（GPIOA0～GPIOA15）和 GPIOD0 是 4 mA 的驱动能力。

§ 下列引脚没有内部的上拉和下拉：GPIOE0、GPIOE1、GPIOF0、GPIOF1、GPIOF2、GPIOF3、GPIOF12、GPIOG4 和 GPIOG5。

* 下列引脚具有内部下拉：XMP/MC、TESTSEL 和 TRST。

3. TMS320F2182 片内 ADC 在整个推荐工作条件内的电气特性

（1）直流特性

ADC 直流特性如表 6-1-15 所列。

表 6-1-15 ADC 直流特性①

参数	备注	取值		
		最小	典型	最大
分辨率/位		12		
ADC 时钟②/MHz		0.001		25
准确度				
INL（积分非线性）③/LSB	1～18.75 MHz ADC 时钟			±1.5
DNL（差分非线性）④/LSB	1～18.75 MHz ADC 时钟			±1
偏移误差④/LSB		−80		80
使用内部参考源时总体增益误差⑤/LSB		−200		200

续表 6-1-15

参　数	备　注	取　值		
		最小	典型	最大
使用外部参考源时总体增益误差⑥/LSB	如果 ADCREFP－ADCREFM＝1(1±0.1%) V	－50		50
通道－通道间偏移变化/LSB			±8	
通道－通道间增益变化/LSB			±8	
模拟输入				
模拟输入电压(ADCINx 对 ADCLO)⑦/V		0		3
ADCLO/mV		－5	0	5
输入电容/pF			10	
输入漏电流/mA			3	±5
内部参考电压⑤				
准确 ADCVREFP/V		1.9	2	2.1
准确 ADCVREFM/V		0.95	1	1.05
电压差(ADCREFP－ADCREFM)/V		1		
温度系数/(PPM・℃$^{-1}$)			50	
参考源噪声/μA			100	
外部电压参考⑥				
准确 ADCVREFP/V		1.9	2	2.1
准确 ADCVREFM/V		0.95	1	1.05
输入电压差(ADCREFP－ADCREFM)/V		0.99	1	1.01

注：① 在 12.5 MHz ADCCLK 下测试。
② 如果 SYSCLKOUT≤25 MHz,ADC clock≤SYSCLKOUT/2。
③ 在频率范围超过(18.75～25) MHz 时 INL 性能将下降。在应用这些采样速率时需要在 ADCRESEXT 引脚上使用一个 20 kΩ 的电阻作为配置以提高全局线性,同时 ADC 典型电流消耗将比使用 24.9 kΩ 电阻时多出几毫安的电流 。
④ 1 LSB＝3.0 V/4096 ＝ 0.732 mV。
⑤ 内部一个带隙参考源(±5% 准确度)为 ADCREFP 和 ADCREFM 通过信号,因此这些电压是相联系的。ADC 转换器使用两个中的一个作为参考源,因此整体的增益误差将是这里所给出的增益误差的和以及参考源的准确度(ADCREFP －ADCREFM)。
⑥ 在此模式下,外部参考源的准确度对于增益误差十分关键。电压差(ADCREFP－ADCREFM)将决定所有的准确度。
⑦ 加载到模拟输入引脚上超过(V_{DDA}＋0.3) V 或者低于(V_{SS}－0.3) V 的电压可能会暂时影响到另一个引脚的转换。为了防止该情况发生,模拟输入必须保持在这些限制值内。

(2) 交流特性

TMS320F2812 交流特性如表 6-1-16 所列。

表 6-1-16 ADC 交流特性

参数	描述	取值		
		最小	典型	最大
SINAD/dB	信噪比+失真		62	
SNR/dB	信噪比		62	
THD (100 kHz)/dB	总体谐波失真		−68	
ENOB (SNR)/dB	有效位数		10.1	
SFDR/dB	伪空闲动态范围		69	

6.2 应用实验例程

本节将以 TMS320F2812 片内外设的应用为主,介绍一部分以 F2812 eZdsp^{TM} 最小系统为基础的实验例程(部分实验需要进行硬件扩展)。这些例程源代码的主要部分均采用 C 语言编写。如果读者需要使用汇编或者 C++语言来开发 F2812 的软件程序,请参考相关的应用手册。

6.2.1 实验例程中的文件

CCS 安装完成后,在使用实验例程前,必须先安装 sprc097.zip(可从 TI 网站上提供免费下载)压缩包中的 DSP28.exe 程序,这个软件程序会把包含 C281x 寄存器声明和定义的C/C++头文件、源文件以及一些外设例程安装到硬盘上。这些头文件(主要是片内各外设寄存器对应的结构体及共用体类型的声明)、DSP281x_GlobalVariableDefs.c(寄存器变量的定义)和 DSP281x_Headers_nonBIOS.cmd(连接器命令文件)都是下面例程不可缺少的部分(它们位于…\tidcs\c28\dsp281x\v100\DSP281x_headers\目录下,主要用于片内系统及外设寄存器变量的声明、定义和定位),同时一些通用的系统或者外设初始化源代码文件(比如 DSP281x_DefaultIsr.c、DSP281x_PieCtrl.c、DSP281x_PieVect.c 等)也将在一些例程中用到。

一般来说,下面例程的工程中除了主程序源文件外,还包括如下文件:

- 前面提到的用于声明寄存器变量结构的头文件(每部分外设或者系统功能寄存器组都对应一个头文件),使用时只要在程序中包含 DSP281x_Device.h 就能包含其他所有的系统及外设寄存器头文件。注意:所有的头文件都不是手工添加的工程中的,只要在源代码文件中加入头文件包含命令,编译连接时会自动添加这些头文件到工程中。
- DSP281x_Headers_nonBIOS.cmd:由于同一片内外设模块中的寄存器地址基本上都是连续的,这样这些寄存器变量就能以外设模块为单位配置到一系列输出段,该文件的作用就是根据各寄存器的实际地址将这些段映射到实际的存储器空间中。
- DSP281x_GlobalVariableDefs.c:将所有存储器映射的系统及外设寄存器定义成全局变量(这些变量的数据结构已经在对应的系统及外设头文件中声明过),并将这些变量分配到.cmd 文件中对应的输出段中。
- F2812_EzDSP_RAM_lnk.cmd:针对在 RAM 中运行的程序而编写的链接器命令文

件,在 DSP28.exe 的安装目录下可以找到,也可以自己重新编写一个。
- rts2800_ml.lib:C 语言实时运行库文件。

1. CMD 文件简介

下面以 F2812_EzDSP_RAM_lnk.cmd 为例,简单介绍一下 CMD 文件的组成、基本伪指令的含义和用法:

CMD 文件的内容主要分为以下两部分:

(1) MEMORY

以伪指令 MEMORY 开始的部分是用来定义目标板上存储器资源的分布,即有哪些存储器可以用,该文件中的这部分内容如下所示:

```
MEMORY
{
PAGE 0 :
    /* 此处,片内的 H0 被分成了 PAGE 0 和 PAGE 1 两部分 */
    /* BEGIN 区域在"从 H0 引导"模式下使用 */
    /* 只有在从 XINTF 区域 7 中开始引导时,才将复位向量加载到 RESET 区域中*/
    /* 否则,复位向量会从 Boot ROM 中取得 */

    RAMM0       : origin = 0x000000, length = 0x000400
    BEGIN       : origin = 0x3F8000, length = 0x000002
    PRAMH0      : origin = 0x3F8002, length = 0x000FFE
    RESET       : origin = 0x3FFFC0, length = 0x000002

PAGE 1 :

    RAMM1       : origin = 0x000400, length = 0x000400
    DRAMH0      : origin = 0x3f9000, length = 0x001000
}
```

其中,PAGE0 代表的是程序存储区,PAGE1 指数据存储区,RAMM0 和 BEGIN 等都是程序存储器中各个自定义子区域的名称,数据存储区同理。每个子区域内的空间是连续的,后面的参数分别指示其起始地址和长度。区域间可以是离散或者连续(有时为了编程思路的清晰化,对实现不同功能的连续存储区域分别独立取名)。如果某一段物理存储器没有在 MEMORY 伪指令后进行配置,则链接器不会将任何程序或者变量定位到那里。

(2) SECTIONS

而以伪指令 SECTIONS 开始的部分则用来控制程序文件中代码和数据输出段在存储器区域(必须是在 MEMORY 部分定义好的子区域)中的定位,该部分内容如下:

```
SECTIONS
{
  /* 以下是用于"从 H0 引导"模式的设置: */
  /* 将 codestart (DSP28_CodeStartBranch.asm 代码的输出段)定位到 H0 的起始处 */
```

```
    codestart          :> BEGIN,      PAGE = 0
    ramfuncs           :> PRAMH0      PAGE = 0
    .text              :> PRAMH0,     PAGE = 0
    .cinit             :> PRAMH0,     PAGE = 0
    .pinit             :> PRAMH0,     PAGE = 0
    .switch            :> RAMM0,      PAGE = 0
    .reset             :> RESET,      PAGE = 0, TYPE = DSECT /* 没有使用 */

    .stack             :> RAMM1,      PAGE = 1
    .ebss              :> DRAMH0,     PAGE = 1
    .econst            :> DRAMH0,     PAGE = 1
    .esysmem           :> DRAMH0,     PAGE = 1
}
```

这里.text 代表程序中的可执行代码段,后面的指令参数表示此段代码程序将被装载到程序存储器的 PRAMH0 区域中,而.cinit 段的存储器区域定位将紧接着.text 段后面。同理,以.stack 和.ebss 为首的指令参数表示的是堆栈和未初始化变量在数据存储器 DRAMH0 区域中的定位。

MEMORY 部分描述的是用户如何给目标存储器进行分类、分区,其描述和定义的对象必须是实际存在的物理存储器;而 SECTIONS 部分就是规定目标程序代码、变量将被装载或是定位到存储器的哪个区域,其控制的对象是源代码程序的各个输出段,其定位的范围只能是MEMORY 部分中定义好的存储器区域。

注意: 从 CCS 2.20 开始才允许向一个工程里添加多个 CMD 文件。

这里仅仅给出了一个 CMD 文件最简单的应用,并介绍了其中最基本和最常用伪指令的用法,如果读者需要进一步了解 CMD 文件中的其他伪指令及应用,请参考 28x 的汇编语言工具使用手册中有关链接器的章节。

2. 寄存器变量的声明和定义文件

下面以通用 I/O 口数据寄存器变量为例,通过其寄存器变量的声明(.h)和定义文件(.c)简单介绍一下寄存器变量型数据结构的声明、寄存器变量对象的定义、输出段的映射以及寄存器变量成员的访问方法。在 DSP281x_Gpio.h 中有如下声明:

```
struct GPADAT_BITS    {
   Uint16 GPIOA0:1;          //第 0 位 GPIOA0
   Uint16 GPIOA1:1;          //第 1 位 GPIOA1
   Uint16 GPIOA2:1;          //第 2 位 GPIOA2
   Uint16 GPIOA3:1;          //第 3 位 GPIOA3
   …//类似地,下面还有 12 个数据位成员,此处省略,详细请见源程序
};
```

上面的代码声明了一个叫 GPADAT_BITS 的结构体,这个 16 位结构体中包含 16 个二进制位成员,这些成员的名称从低到高各位分别对应 GPIOA0~GPIOA15。

```
union GPADAT_REG {
   Uint16              all;
```

```
    struct GPADAT_BITS bit;
};
```

上面的代码声明了一个叫 GPADAT_REG 的共用体,这个共用体既可以当成一个 16 位无符号整型数据来用,也可以当成 GPADAT_BITS 结构体形式的数据。如果需要当成前者来引用,就要使用 all 这个成员名,如果是后者,则要用成员名 bit。

```
struct GPIO_DATA_REGS {
    union   GPADAT_REG      GPADAT;
    union   GPASET_REG      GPASET;
    union   GPACLEAR_REG    GPACLEAR;
    union   GPATOGGLE_REG   GPATOGGLE;
    union   GPBDAT_REG      GPBDAT;
    union   GPBSET_REG      GPBSET;
    union   GPBCLEAR_REG    GPBCLEAR;
    union   GPBTOGGLE_REG   GPBTOGGLE;
    Uint16                  rsvd1[4];           //保留区域
    ……//下面还有一些寄存器共用体成员的声明,此处省略,详细请参考源程序。
};
```

上面的代码声明了一个叫 GPIO_DATA_REGS 的结构体,它是根据通用 I/O 口各数据寄存器的地址分布(总体上讲,他们在存储器空间中是连续分布的),为这整块存储区域声明一个结构体。在这块存储区域中,如果遇到保留区域,就根据其大小将这片保留区域声明成 16 位无符号整型数组,如上面 GPIO_DATA_REGS 结构体中的 rsvd1 数组成员就表示 GPBTOGGLE 寄存器后面 4 个字大小的存储区域是被保留的区域。

```
在 DSP281x_GlobalVariableDefs.c 中有如下定义:
#ifdef __cplusplus
#pragma DATA_SECTION("GpioDataRegsFile")              //针对 C++ 编译器
#else
#pragma DATA_SECTION(GpioDataRegs,"GpioDataRegsFile");  //针对 C 编译器
#endif
volatile struct GPIO_DATA_REGS GpioDataRegs;
```

编译指示符 DATA_SECTION 的作用是通知编译器将某变量分配到指定的输出段里,上面这段代码的功能就是定义 GPIO_DATA_REGS 结构体型的变量 GpioDataRegs(寄存器组变量),并将 GpioDataRegs 变量定位到 GpioDataRegsFile 输出数据段中。

注意:此处变量定义时使用的 volatile 关键词非常重要,它能够告诉编译器此变量的内容可能会被硬件修改,因此,编译器就不会对其进行优化。如果不使用这个关键词,那么编译器有可能将这个变量优化到 CPU 寄存器中,从而导致不可预见的错误。

在 DSP281x_Headers_nonBIOS.cmd 中有如下伪指令代码:

```
MEMORY
{
    PAGE 0:       /*程序存储空间*/
```

```
        PAGE 1:     /* 数据存储空间 */
                GPIODAT    : origin = 0x0070E0, length = 0x000020  /* GPIO 数据寄存器组 */
            …//省略
    }
    SECTIONS
    {
        … //省略
        GpioDataRegsFile  : > GPIODAT      PAGE = 1
        … //省略
    }
```

通过上面 cmd 文件中的伪指令，能将数据输出段 GpioDataRegsFile 指定到实际的数据存储器区域 GPIODAT 里(该区域起始地址为 0x0070E0,长度是 0x000020)。这样,当在主程序中需要访问 GPADAT 寄存器时,就能通过下面的形式直接实现：

```
GpioDataRegs.GPADAT.bit.GPOIA4 = ....
GpioDataRegs.GPADAT.all = ....
```

前者表示的是单独访问 GPADAT 寄存器的第 4 位 GPOIB4,同理也可以单独访问 16 位数据中的任何一位；后者表示将 GPADAT 整体当成一个 16 位无符号整型数据来访问。

一般来说,在声明寄存器变量结构时,都会根据功能将各个位域描述成整体的结构成员(一些寄存器中可能需要几个位组合起来使用,如果是这样就将这几个位作为一个局部整体声明成寄存器的一个成员),因此就能以结构体成员的形式来访问寄存器的某一位或者某几位：**寄存器组.寄存器.bit.功能位**。其中寄存器组是外设寄存器组结构体类型(包含多个寄存器,可能还有保留区域)的变量名,寄存器是寄存器组数据结构声明中的成员名(结构体),bit 是寄存器以位域结构体形式进行访问时使用的成员名(共用体),功能位是该位域结构体中的具体成员名(结构体);同理用寄存器组.寄存器.all 就能以 16 位无符号数整体的形式访问寄存器,这里的 all 是寄存器以 16 位无符号数整体形式被引用时所使用的成员名(共用体)。

相比以前使用的宏定义方式,这种方式通过结构体、共用体以及全局变量实现了对寄存器位域的独立访问,为寄存器提供了更加灵活和高效的访问手段,也大大提高了代码的可读性、可靠性和可维护性。

6.2.2 实验程序的主要代码

1. 实验一 数字 I/O

此实验工程的主要功能是通过通用 I/O 口的输入输出功能来控制 LED 灯的显示,通过此例程可以更加深入地理解通用 I/O 口的配置和使用。具体的实现过程参见程序中的注释。

如前所述,工程中需要包含以下几个基本文件：DSP281x_Headers_nonBIOS.cmd、DSP281x_GlobalVariableDefs.c、F2812_EzDSP_RAM_lnk.cmd 和 rts2800_ml.lib(头文件会根据源程序中的文件包含命令自动添加到工程中。但是,如果头文件不在当前目录下,则必须在 Build Options 里 Compiler 属性页 Preprocessor 项中的 Include Search Path 框中设置好文件目录,如…\tidcs\c28\dsp281x\v100\DSP281x_headers\include)等。其主程序源代码文件的内容如下：

```c
#include "DSP281x_Device.h"//包含所有外设寄存器变量结构声明的头文件

// 本文件中用到的函数原型声明
void Delay (long);
void ConfigureGpio(void);
void InitSystem(void);

void main(void)
{
    unsigned int i;
    unsigned int LED[8] = {0x0001,0x0002,0x0004,0x0008,
                           0x0010,0x0020,0x0040,0x0080};//LED 的显示表


    InitSystem();          // 初始化 DSP 内核寄存器

    ConfigureGpio ();      // 对 GPIO 口进行配置

    while(1)
    {
//根据拨码开关的状态(通用 I/O 口 B 高八位的输入电平)决定 8 个 LED(通//用 I/O 口 B 低八位的输出
//电平)轮流点亮的频率
        for(i = 0;i<14;i + +)
{
            if(i<7)    GpioDataRegs.GPBDAT.all = LED[i];//查表、并显示 LED
            else      GpioDataRegs.GPBDAT.all = LED[14 - i];
            Delay ((long)50000 * (long)(GpioDataRegs.GPBDAT.all >>8) + 1000);
        }

//将拨码开关的当前状态用 8 个 LED 显示出来,并保持一定时间
        GpioDataRegs.GPBDAT.all = GpioDataRegs.GPBDAT.all >>8;
        Delay ((long)2000000);

        //利用位域访问方式,控制其中一个 LED 灯的闪烁
        for(i = 0;i<6;i + +)
{
            GpioDataRegs.GPBDAT.bit.GPIOB2      =
~GpioDataRegs.GPBDAT.bit.GPIOB2;//采用位域方式访问寄存器位
            Delay ((long)500000);
        }
    }
}

//延时函数
void Delay (long end)
{
```

```c
    long i;
    for(i = 0; i < end; i++);
}

//GPIO 配置初始化函数
void ConfigureGpio(void)
{
    EALLOW;
    GpioMuxRegs.GPAMUX.all = 0x0;      //将所有 GPIO 口的引脚配置成通用 I/O 口
    GpioMuxRegs.GPBMUX.all = 0x0;
    GpioMuxRegs.GPDMUX.all = 0x0;
    GpioMuxRegs.GPFMUX.all = 0x0;
    GpioMuxRegs.GPEMUX.all = 0x0;
    GpioMuxRegs.GPGMUX.all = 0x0;

    GpioMuxRegs.GPADIR.all = 0x0;      // 将所有 GPIO 口 A 配置成输入功能
    GpioMuxRegs.GPBDIR.all = 0x00FF;   // 将 GPIO 口 B15 - B8 配置成输入功能，
// B7 - B0 配置成输出功能
    GpioMuxRegs.GPDDIR.all = 0x0;      //将 GPIO 口 D 全部配置成输入功能
    GpioMuxRegs.GPEDIR.all = 0x0;      //将 GPIO 口 E 全部配置成输入功能
    GpioMuxRegs.GPFDIR.all = 0x0;      //将 GPIO 口 F 全部配置成输入功能
    GpioMuxRegs.GPGDIR.all = 0x0;      //将 GPIO 口 G 全部配置成输入功能

    GpioMuxRegs.GPAQUAL.all = 0x0;     //将所有 GPIO 口的输入限制值设成 0
    GpioMuxRegs.GPBQUAL.all = 0x0;
    GpioMuxRegs.GPDQUAL.all = 0x0;
    GpioMuxRegs.GPEQUAL.all = 0x0;
    EDIS;
}


//系统初始化函数
void InitSystem(void)
{
        EALLOW; //在向 EALLOW 保护型寄存器中写数前,需要执行该指令来解除保护
        SysCtrlRegs.WDCR = 0x00E8;          // 设置看门狗模块
            // 如果赋以 0x00E8,则禁止看门狗模块,时钟预定标系数 = 1
            // 如果赋以 0x00AF,则不会禁止看门狗模块,同时其时钟预定标系数 = 64
        SysCtrlRegs.PLLCR.bit.DIV = 10;     // 将 CPU 的 PLL 倍频系数设为 5

        SysCtrlRegs.HISPCP.all = 0x1;//将高速时钟的预定标器设置成除以 2 模式
        SysCtrlRegs.LOSPCP.all = 0x2;//将低速时钟的预定标器设置成除以 4 模式

        // 根据需要使能各外设模块的时钟输入
        SysCtrlRegs.PCLKCR.bit.EVAENCLK = 0;
        SysCtrlRegs.PCLKCR.bit.EVBENCLK = 0;
```

```
    SysCtrlRegs.PCLKCR.bit.SCIAENCLK = 0;
    SysCtrlRegs.PCLKCR.bit.SCIBENCLK = 0;
    SysCtrlRegs.PCLKCR.bit.MCBSPENCLK = 0;
    SysCtrlRegs.PCLKCR.bit.SPIENCLK = 0;
    SysCtrlRegs.PCLKCR.bit.ECANENCLK = 0;
    SysCtrlRegs.PCLKCR.bit.ADCENCLK = 0;
    EDIS; // 执行该指令后,任何对 EALLOW 保护型寄存器的写操作都将被禁止
}
```

在这里须特别指出的是：DSP 一旦上电，默认情况下看门狗就会马上开始工作，如果不能在一定的时间间隔里对其计数器进行复位，那它就会触发芯片的复位。在软件开发的前期阶段，对看门狗最常见的处理方法是将其禁止掉。**注意**：见下面程序，只有在系统控制和状态寄存器（SCSR）的看门狗忽略位（WD OVERRIDE）等于 1 的前提下，将看门狗控制寄存器（WD-CR）的看门狗禁止位（WDDIS）置 1，才能禁止看门狗模块。

到了软件开发的末期，软件结构相对固定的情况下才使能该模块，并在合适的地方加入喂狗程序，以提高系统的抗干扰性。下面的代码用于看门狗定时器的复位。

```
    EALLOW;
    SysCtrlRegs.WDKEY = 0x55;
    SysCtrlRegs.WDKEY = 0xAA;
    EDIS;
```

另外，在编译前还要注意设置系统及外设寄存器头文件所在的路径，选择 Project→Build Options，在编译器标签下的 Category 框中选择 Preprocessor，在 Include Search Path 框中添加 281x 头文件所在目录的路径。

2. 实验二　F2812 的中断系统

此实验的主要目的是利用定时器中断代替软件延时程序控制 LED 灯的显示频率。通过 CPU 定时器能实现的最简单任务是产生一个周期性中断请求，通过其中断服务程序，就能完成各种周期性的任务，并可以改变全局变量的值。如果在中断服务程序中对某个全局计数器变量进行递增操作，那么在不溢出的前提下，这个变量就能用来表示程序自初始化完成后所经历的定时周期数（执行时间）。通过此例程可以进一步掌握 CPU 定时器的使用及中断系统的配置操作。具体实现过程如下。

在上一个实验工程所包含文件的基础上，加入以下文件：DSP281x_CpuTimers.c、DSP281x_DefaultIsr.c、DSP281x_PieCtrl.c 和 DSP281x_PieVect.c（上述文件都在 sprc097.zip 压缩包中的 DSP28.exe 安装好后的 …\tidcs\c28\dsp281x\v100\DSP281x_common\source 目录下），同时还须重新编写或者修改主程序源文件。下面先介绍这些新加文件的内容和作用。

因为程序中包含的 DSP281x_Examples.h 并不在当前目录或者设置好的头文件目录下，所以还要在 Build Options 里 Compiler 属性页 Preprocessor 项中的 Include Search Path 框中为其设置目录，该文件位于 …\tidcs\c28\dsp281x\v100\DSP281x_common\include。设置时多个路径间要用分号隔开。DSP281x_CpuTimers.c 中包含如下源代码：

```c
#include "DSP281x_Device.h"      //包含所有外设寄存器变量结构声明的头文件
#include "DSP281x_Examples.h"    //此头文件中又包含了全局函数的函数原型声明头文件、中断优先级
//的软件定义头文件和默认中断服务函数的函数原型声明头文件等

struct CPUTIMER_VARS CpuTimer0;  //定义用于定时器操作的结构体变量对象

// 注意：Cpu定时器1和Cpu定时器2被保留，专门供DSP/BIOS中的RTOS使用
//下面的函数用来初始化CPU定时器0
void InitCpuTimers(void)
{
    // 将CpuTimer0变量中的指针成员指向CPU定时器0的寄存器，
    CpuTimer0.RegsAddr = &CpuTimer0Regs;
    // 将其周期值初始化为最大
    CpuTimer0Regs.PRD.all = 0xFFFFFFFF;
    //初始化预定标计数器
    CpuTimer0Regs.TPR.all = 0;
    CpuTimer0Regs.TPRH.all = 0;
    //强制使定时器处于停止状态
    CpuTimer0Regs.TCR.bit.TSS = 1;
    // 将计数器寄存器中的值重载为周期值
    CpuTimer0Regs.TCR.bit.TRB = 1;
    // 复位中断计数器
    CpuTimer0.InterruptCount = 0;
}

//下面的函数通过CPU定时器结构体变量的地址、Freq(单位：MHz)和Period(单位：uS)三个参数将
//特定定时器的周期值初始化成指定值。同时在配置完成后,使用定时器
//保持在停止状态
void ConfigCpuTimer(struct CPUTIMER_VARS * Timer, float Freq, float Period)
{
    Uint32    temp;

    //初始化定时器的周期值
    Timer->CPUFreqInMHz = Freq;
    Timer->PeriodInUSec = Period;
    temp = (long)(Freq * Period);
    Timer->RegsAddr->PRD.all = temp;

    //设置预定标计数器,使定时器的计时时钟等于SYSCLKOUT除以1
    Timer->RegsAddr->TPR.all = 0;
    Timer->RegsAddr->TPRH.all = 0;

    // 初始化定时器的控制寄存器
    Timer->RegsAddr->TCR.bit.TSS = 1;  //该位=1时停止计时，=0时开始/重新开始定时
```

```
        Timer - >RegsAddr - >TCR.bit.TRB = 1;       // 向该位写 1 能重载定时器的计数器
        Timer - >RegsAddr - >TCR.bit.SOFT = 1;
        Timer - >RegsAddr - >TCR.bit.FREE = 1;      //设置定时器仿真模式(不受断点影响)
        Timer - >RegsAddr - >TCR.bit.TIE = 1;       // 该位 = 0 禁止定时中断, = 1 使能定时中断

        // 复位中断计数器
        Timer - >InterruptCount = 0;
    }
```

DSP281x_DefaultIsr.c 中主要是定义了默认的中断服务函数,从这个文件中我们可以发现所有中断服务函数内都包含一条汇编指令 ESTOP0,它的作用相当于一个软件中断(一般情况下 PIE 被禁止时是不应该触发中断请求的,但是由于干扰等因素可能会发生中断误触发的现象,ESTOP0 这条指令使用户能够捕获这种错误),以及一个空的死循环。用户可以在这里直接替换自定义的中断服务代码,不过不建议使用这种直接替换的方式,因为会破坏这个文件的公用性,建议采用本实验例程所使用的将中断向量直接进行替换的方法(具体见下面主程序文件的源代码内容及其注释)。DSP281x_PieCtrl.c 中包含如下源代码:

```
# include "DSP281x_Device.h"
# include "DSP281x_Examples.h"
    //下面的函数用来初始化 PIE 控制寄存器
void InitPieCtrl(void)
{
    //首先禁止 CPU 级的中断
    DINT;

    // 禁止 PIE 模块
    PieCtrlRegs.PIECRTL.bit.ENPIE = 0;

    // 将所有 PIEIER 寄存器清 0
    PieCtrlRegs.PIEIER1.all = 0;
    PieCtrlRegs.PIEIER2.all = 0;
    PieCtrlRegs.PIEIER3.all = 0;
    ……  //这里省略其他 8 个 PIEIER 的清 0 代码
    PieCtrlRegs.PIEIER12.all = 0;

    //将所有 PIEIFR 寄存器清 0
    PieCtrlRegs.PIEIFR1.all = 0;
    PieCtrlRegs.PIEIFR2.all = 0;
    PieCtrlRegs.PIEIFR3.all = 0;
    ……//这里省略其他 8 个 PIEIFR 的清 0 代码
    PieCtrlRegs.PIEIFR12.all = 0;

}
```

DSP281x_PieVect.c 中除了包含和上述文件相同的两个头文件外,还定义并初始化了一

个 PIE_VECT_TABLE 结构类型的常量：PieVectTableInit。其各成员的值就是各个默认中断服务函数的函数名（函数入口地址）。另外，它还包括下面这个函数的定义代码。

```c
//下面的函数用于使能 PIE 模块和 CPU 中断
void EnableInterrupts()
{

    // 使能 PIE 模块
    PieCtrlRegs.PIECRTL.bit.ENPIE = 1;

    //使能 PIE 模块到 CPU 的中断请求(清除所有 PIE 分组的中断响应位)
    PieCtrlRegs.PIEACK.all = 0xFFFF;

    // 最后,使能 CPU 级的中断
    EINT;


}

//下面的函数初始化 PIE 向量表
void InitPieVectTable(void)
{
    int16      i;
    Uint32  * Source = (void * ) &PieVectTableInit;
    Uint32  * Dest = (void * ) &PieVectTable;

    EALLOW;
    //将 PieVectTableInit 常量中的成员数据写入实际的向量表空间中
    for(i = 0; i < 128; i++)
        * Dest++ = * Source++;
    EDIS;

    // 最后使能 PIE 向量表
    PieCtrlRegs.PIECRTL.bit.ENPIE = 1;
}
```

最后重新编写主程序源文件或者将其修改如下：

```c
#include "DSP281x_Device.h"

void ConfigureGpio (void);
void InitSystem(void);
interrupt void cpu_timer0_isr(void); // 定时器 0 中断服务函数的原形声明

void main(void)
```

```c
{
    unsigned int i;
    unsigned int LED[8] = {0x0001,0x0002,0x0004,0x0008,
                           0x0010,0x0020,0x0040,0x0080};

    InitSystem();           // 初始化 DSP 内核寄存器
    ConfigureGpio();        // 配置 GPIO 口

    InitPieCtrl();          // 调用 PIE 控制单元初始化函数
    //( 源代码位于 DSP281x_PieCtrl.c)

    InitPieVectTable();     //调用 PIE 向量表初始化函数( 源代码位于 DSP281x_PieVect.c)

    // 对 PIE 向量表中 CPU 定时器 0 的中断入口向量进行重新映射(赋值)
    EALLOW;
        PieVectTable.TINT0 = &cpu_timer0_isr;
        EDIS;

    InitCpuTimers();

    // 将 CPU 定时器 0 配置成每隔 50ms 中断一次
    // CPU 主频为 150MHz,定时器的周期为 50000 us
    ConfigCpuTimer(&CpuTimer0, 150, 50000);

    // 使能 PIE 中的 TINT0 中断
        PieCtrlRegs.PIEIER1.bit.INTx7 = 1;

    // 使能和定时器 0 中断相连的 CPU INT1 中断
    IER = 1;

    // 使能全局中断和更高优先级别的实时调试事件
        EINT;   // 使能全局中断位 INTM
        ERTM;   // 使能全局实时调试中断 DBGM

        CpuTimer0Regs.TCR.bit.TSS = 0;  //启动 CPU 定时器 0

    while(1)
    {
        for(i = 0;i<14;i + +)
        {
            if(i<7)     GpioDataRegs.GPBDAT.all = LED[i];
                else    GpioDataRegs.GPBDAT.all = LED[14 - i];

            // 等待,一直到定时器 0 的中断服务函数被调用了三次以上,
            // 定时时间为 50ms,因此可以实现约为 150ms 的延时
```

```
            while(CpuTimer0.InterruptCount < 3);
                CpuTimer0.InterruptCount = 0;      //将中断计数器清 0
        }
    }
}

void ConfigureGpio (void);
{
        ……//和实验一中该函数的代码完全相同,故此处省略
}

void InitSystem(void)
{
        ……//和实验一中该函数的代码完全相同,故此处省略
}

interrupt void cpu_timer0_isr(void)
{
     CpuTimer0.InterruptCount + +;

    //对该中断作出应答,从而能够响应分组 1 中的其他中断
    PieCtrlRegs.PIEACK.all = PIEACK_GROUP1;  // 清除 PIE 分组 1 的中断响应位
}
```

3. 实验三 事件管理器

此工程的主要功能是利用 F2812 的事件管理器模块来产生一定频率的 PWM 信号,通过此例程可以初步了解事件管理器模块的配置和应用流程。下面通过程序介绍其具体实现过程。

在实验二工程所含文件的基础上,只需要重新编写主程序源文件或者将其内容修改如下:

```
# include "DSP281x_Device.h"

void ConfigureGpio (void);
void InitSystem(void);
interrupt void cpu_timer0_isr(void);

void main(void)
{
    unsigned int i;
    unsigned long time_stamp;
    int frequency[8] = {2219,1973,1776,1665,1480,1332,1184,1110};

    InitSystem();
    ConfigureGpio ();
    InitPieCtrl();
```

```
    InitPieVectTable();

    EALLOW;
       PieVectTable.TINT0 = &cpu_timer0_isr;
       EDIS;

    InitCpuTimers();

    ConfigCpuTimer(&CpuTimer0, 150, 50000);

       PieCtrlRegs.PIEIER1.bit.INTx7 = 1;

    IER = 1;

       EINT;
       ERTM;

// 配置事件管理器 A
// 前提:在 InitSysCtrl()函数中已经使能了管理器 A 的时钟
// 由定时器 1/定时器 2 的逻辑来驱动 T1PWM / T2PWM 上的输出
EvaRegs.GPTCONA.bit.TCMPOE = 1;
//将通用定时器 1 的比较输出设置成低电平有效
EvaRegs.GPTCONA.bit.T1PIN = 1;

EvaRegs.T1CON.all = 0x1702;      // 将定时器 1 设置成连续增计数模式
    CpuTimer0Regs.TCR.bit.TSS = 0;

    i = 0;
time_stamp = 0;

while(1)
{
    if ((CpuTimer0.InterruptCount - time_stamp)>10)
    {
        time_stamp = CpuTimer0.InterruptCount;
        if(i<7) EvaRegs.T1PR = frequency[i++];
            else    EvaRegs.T1PR = frequency[14-(i++)];
        EvaRegs.T1CMPR = EvaRegs.T1PR/2;
        EvaRegs.T1CON.bit.TENABLE = 1;
        if (i>=14) i=0;
    }
}
}

void ConfigureGpio (void)
```

```
{
    EALLOW;
    GpioMuxRegs.GPAMUX.all = 0x0;//先将 GPIO 口 A 的全部引脚配置成通用 I/O

    //再将 GPIO 口中的 A6 脚配置成外设功能,也就是使该引脚的 T1PWM 输出功能有效
    GpioMuxRegs.GPAMUX.bit.T1PWM_GPIOA6 = 1;
    GpioMuxRegs.GPBMUX.all = 0x0;
    GpioMuxRegs.GPDMUX.all = 0x0;
    GpioMuxRegs.GPFMUX.all = 0x0;
    GpioMuxRegs.GPEMUX.all = 0x0;
    GpioMuxRegs.GPGMUX.all = 0x0;

    ……//此处之后的代码与前两实验例程完全相同
    EDIS;
}

void InitSystem(void)
{
    EALLOW;

    ……//这之前的代码与前两实验例程相同
    // 使能事件管理器 A 的时钟输入,禁止其他外设的时钟输入
    SysCtrlRegs.PCLKCR.bit.EVAENCLK = 1;
    SysCtrlRegs.PCLKCR.bit.EVBENCLK = 0;
    SysCtrlRegs.PCLKCR.bit.SCIAENCLK = 0;
    SysCtrlRegs.PCLKCR.bit.SCIBENCLK = 0;
    SysCtrlRegs.PCLKCR.bit.MCBSPENCLK = 0;
    SysCtrlRegs.PCLKCR.bit.SPIENCLK = 0;
    SysCtrlRegs.PCLKCR.bit.ECANENCLK = 0;
    SysCtrlRegs.PCLKCR.bit.ADCENCLK = 0;
    EDIS;
}

interrupt void cpu_timer0_isr(void)
{
    CpuTimer0.InterruptCount + +;
    PieCtrlRegs.PIEACK.all = PIEACK_GROUP1;//清除 PIE 分组 1 的中断响应位
}
```

运行此程序后,通过示波器观察 T1PWM 引脚的输出波形,会发现其输出矩形波的频率(周期)是按一定时间间隔循环变化的。如果将 T1PWM 经过运放芯片连接到一个小型扬声器,还能依次听到 8 个不同音调的声音。

定时器的比较输出仅仅是事件管理器模块中一个非常简单的应用,在实际应用中,事件管理器往往是 F2812 最常用的也是功能最强大的片内外设。其功能丰富的子模块可以用来实现各种复杂的控制任务,尤其适用于电机的数字控制。读者在具体应用时,要仔细阅读本书有

关章节内容,同时还可以参考 TI 提供的技术应用文档。

4. 实验四 ADC

此工程的主要目的是利用 F2812 的 ADC 模块来定时采集两路输入电压信号,信号源采用标准信号发生器(**注意**:信号幅值不能超过 3.0 V),采集完成后就可以通过 CCS 提供的图形工具来显示采集到的信号波形。

一般 ADC 的输入电压值 V_{in}(模拟量)和采样值 D(数字量)的关系如下:

$$V_{in} = \frac{D \times (V_{REF+} - V_{REF-})}{2^n - 1} + V_{REF-}$$

在 eZdsp2812 实验系统中,ADC 的 V_{REF-} 端被接到 0 V,V_{REF+} 被接到 3.0 V,同时这个内部 ADC 的分辨率是 12 位的($n=12$),所以上述关系就变成了:

$$V_{in} = \frac{D \times 3.0 \text{ V}}{4095}$$

在实验二工程所含文件的基础上,去掉 DSP281x_CpuTimers.c 文件,加入以下文件:DSP281x_Adc.c、DSP281x_usDelay.asm 和(上述文件仍然在 sprc097.zip 中 DSP28.exe 的安装目录...\tidcs\c28\dsp281x\v100\DSP281x_common\下),同时还需要重新编写主程序源文件或者修改其内容。下面先介绍这些新加文件的内容和作用。

DSP281x_Adc.c 文件中主要包含初始化 ADC 模块的代码,要实现对 ADC 模块的正确上电,先应该通过 ADCENCLK 位使能时钟信号,接着对带隙参考源电路上电。延迟一定时间(这里取 8ms)后对 ADC 模块的其余部分上电。ADC 完成上电后,还要等待 20 μs,才能进行第一次模数转换。**注意**:必须确保 DSP281x_Examples.h 头文件中定义的 CPU_RATE(以 ns 位单位)和当前 CPU 时钟的实际周期一致。具体内容如下:

```
#include "DSP281x_Device.h"          // DSP281x Headerfile Include File
#include "DSP281x_Examples.h"        // DSP281x Examples Include File

#define ADC_usDELAY   8000L          //定义延迟时间1:8000 us
#define ADC_usDELAY2  20L            //定义延迟时间2:20 us

// ADC 模块的通用初始化函数
void InitAdc(void)
{
    extern void DSP28x_usDelay(Uint32 Count);  //在 DSP281x_usDelay.asm 定义的函数

    AdcRegs.ADCTRL3.bit.ADCBGRFDN = 0x3;   //对带隙参考源电路进行上电
    DELAY_US(ADC_usDELAY);                  //对 ADC 模块其余部分上电前的延时
    AdcRegs.ADCTRL3.bit.ADCPWDN = 1;       //对 ADC 模块的其余部分进行上电
    DELAY_US(ADC_usDELAY2);                 // ADC 上电完成后的延时
}
```

在实验中编者发现,如果使用上面这个 TI 提供的 AD 初始化函数,有可能导致 AD 中断不能稳定触发。如果遇到这种情况,可以在这个函数中,带隙参考源电路进行上电前,先对整个模块复一下位,即在延时函数的声明后,加入如下指令语句:

```
        AdcRegs.ADCTRL1.bit.RESET = 1;      //复位 ADC 模块
        asm(" RPT #10 || NOP");             //必须等待约 12 个时钟周期,使 ADC 复位生效
```

DSP281x_usDelay.asm 文件主要包含上面 InitAdc(void)函数中调用的 DSP28x_usDelay 延时函数的汇编代码,此处不详细介绍其具体实现。

最后,重新编写主程序源文件或者修改其内容如下:

```c
#include "DSP281x_Device.h"

void ConfigureGpio(void);
void InitSystem(void);
interrupt void adc_isr(void);       // ADC 中断服务程序的函数原型

// 全局变量的定义及初始化
int adcInput0[1024];
int adcInput1[1024];
unsigned int adcCount = 0;

void main(void)
{
    unsigned int LED[8] = {0x0001,0x0002,0x0004,0x0008,
                           0x0010,0x0020,0x0040,0x0080};

    InitSystem();              // 初始化 DSP 内核寄存器
    ConfigureGpio();           // 配置 GPIO 口
    InitPieCtrl();             //调用 PIE 控制单元初始化函数
    //(源代码位于 DSP281x_PieCtrl.c)
    InitPieVectTable();        // 调用 PIE 向量表初始化函数(源代码位于 DSP281x_PieVect.c)
    InitAdc();                 // 调用 ADC 模块的基本初始化函数

    //重新设置 PIE 向量表中 ADC 的中断入口向量
    EALLOW;
    PieVectTable.ADCINT = &adc_isr;
    EDIS;

    // 使能 PIE 中断分组 1 中的 ADC 中断
    PieCtrlRegs.PIEIER1.bit.INTx6 = 1;

    //使能和 ADC 中断相连的 CPU INT1 中断
    IER = 1;

    //使能全局中断以及实时调试中断
    EINT;    //使能全局中断位 INTM
    ERTM;    //使能全局实时调试中断 DBGM

    //以下代码用来配置 ADC 模块,假设在 InitSystem()函数中已经使能了 ADC 的时钟
```

```
AdcRegs.ADCTRL1.bit.SEQ_CASC = 0;        // 双序列发生器模式
AdcRegs.ADCTRL1.bit.CONT_RUN = 0;        // 启动—停止转换方式
AdcRegs.ADCTRL1.bit.CPS = 0;             //预定标器的分频系数为1
AdcRegs.ADCMAXCONV.all = 0x0001;         // SEQ1(序列发生器1)中有两个转换

//将 ADCINA0 设置为 SEQ1 的第一个转换通道
AdcRegs.ADCCHSELSEQ1.bit.CONV00 = 0x0;

//将 ADCINB0 设置为 SEQ1 的第二个转换通道
AdcRegs.ADCCHSELSEQ1.bit.CONV01 = 0x8;
AdcRegs.ADCTRL2.bit.EVA_SOC_SEQ1 = 1;    //允许通过 EVA 来启动 SEQ1
AdcRegs.ADCTRL2.bit.INT_ENA_SEQ1 = 1;    //使能 SEQ1 中断
AdcRegs.ADCTRL3.bit.ADCCLKPS = 2;        //因为 AdcRegs.ADCTRL1.bit.CPS 默认为1,
                                         //所以 ADC 模块的核心时钟频率 = HSPCLK/4

// 以下代码用来配置 EVA,假设在 InitSystem()函数中已经使能了 EVA 的时钟
// 禁止定时器的比较输出
EvaRegs.GPTCONA.bit.TCMPOE = 0;

//将通用定时器1的比较输出极性设置为强制低
EvaRegs.GPTCONA.bit.T1PIN = 0;
EvaRegs.GPTCONA.bit.T1TOADC = 2; //利用定时器1的周期中断来启动 ADC

// 仿真挂起时,定时器立即停止工作
EvaRegs.T1CON.bit.FREE = 0;
EvaRegs.T1CON.bit.SOFT = 0;
EvaRegs.T1CON.bit.TMODE = 2;             //配置成连续增计数模式
EvaRegs.T1CON.bit.TPS = 7;               //定时器1的输入时钟预定标系数为128
EvaRegs.T1CON.bit.TENABLE = 1;           //使能通用定时器1的操作
EvaRegs.T1CON.bit.TCLKS10 = 0;           //定时器1使用内部时钟源
EvaRegs.T1CON.bit.TCLD10 = 0;            //当计数器为0时,重载定时器的比较寄存器
EvaRegs.T1CON.bit.TECMPR = 0;            //禁止定时器的比较操作

EvaRegs.T1PR = 5860; //假设采样周期10ms,即 $f_{PWM}$ = 100,根据公式
// $f_{PWM}$ = $f_{CPU}$/(T1PR × $TPS_{T1}$ × HISPCP),其中 $f_{CPU}$ = 150 MHz,HISPCP = 2,$TPS_{T1}$ = 128,
//得到定时器的周期值约为5 860

while(1)
{
    //通过 LED 显示当前循环采样指针在采样数组中的大概位置
    //此处也可以直接采用一个空循环
    GpioDataRegs.GPBDAT.all = LED[adcCount>>7];
}
}
```

```c
void ConfigureGpio(void)
{
    ……//此函数中的代码完全和实验一相同
}


void InitSystem(void)
{
    EALLOW;
    SysCtrlRegs.WDCR = 0x00E8;              //禁止看门狗模块
    SysCtrlRegs.PLLCR.bit.DIV = 10;         //将 CPU 的 PLL 倍频系数设为 5

    SysCtrlRegs.HISPCP.all = 0x1;           //高速时钟的预定标器设置成除以 2
    SysCtrlRegs.LOSPCP.all = 0x2;           //低速时钟的预定标器设置成除以 4

    //根据需要使能各外设模块的时钟
    SysCtrlRegs.PCLKCR.bit.EVAENCLK = 1;
    SysCtrlRegs.PCLKCR.bit.EVBENCLK = 0;
    SysCtrlRegs.PCLKCR.bit.SCIAENCLK = 0;
    SysCtrlRegs.PCLKCR.bit.SCIBENCLK = 0;
    SysCtrlRegs.PCLKCR.bit.MCBSPENCLK = 0;
    SysCtrlRegs.PCLKCR.bit.SPIENCLK = 0;
    SysCtrlRegs.PCLKCR.bit.ECANENCLK = 0;
    SysCtrlRegs.PCLKCR.bit.ADCENCLK = 1;
    EDIS;
}


interrupt void adc_isr(void)
{
    //将采样值送入循环采样数组中
    adcInput0[adcCount] = AdcRegs.ADCRESULT0>>4;
    adcInput1[adcCount] = AdcRegs.ADCRESULT1>>4;
    adcInput1[adcCount] -= 2047;            //转化为 12 位有符号数

    //实现数组的循环访问
    adcCount++;
    if(adcCount>1023)   adcCount = 0;

    //重新初始化 ADC 采样序列
    AdcRegs.ADCTRL2.bit.RST_SEQ1 = 1;       // 复位 SEQ1
    AdcRegs.ADCST.bit.INT_SEQ1_CLR = 1;     // 清除中断位 INT SEQ1
    PieCtrlRegs.PIEACK.all = PIEACK_GROUP1; // 清除 PIE 分组 1 的中断响应位
}
```

运行下载程序后,过一段时间后停止,就可以通过 CCS 提供的图形工具来观察采集到的信号波形。但是,由于程序停止时,采样数组下标计数器 adcCount 可以是 0～1023 中的任何值,因此,看到的波形很可能是不连续的(存在跳变),因为在 adcCount 前的数据是最新的采样值,其后是最早的采样值。为了能观察到连续的采样波形,可以利用条件断点功能,使程序运行到 adcCount=1023 或者 0 时自动停止。

5. 实验五 SPI

本实验例程的目的是实现 F2812 和串行 DAC(TLV5617)之间的 SPI 通信,利用 DAC 输出两路锯齿波信号。

TLV5617 是具有两个输出通道,10 位分辨率的串行 DAC 芯片,它与 F2812 的接口关系如图 6-2-1 所示,其中 DAC 的片选信号($\overline{CS}$)与 GPIO 的 D0 引脚相连。TLV5617 是一个"只监听"的 SPI 设备,因此它不会发数据给 DSP,其 REF 引脚上的电压决定了其输出电压的满量程值。**注意**:虽然它是具有 10 位分辨率的 DAC,但是它通过内部乘法器实现乘 2 操作,因此其输入的数字量应该处于 0～511。在 TLV5617 片选信号有效的情况下,才开始有效帧数据的传输,传输过程中,最高位先传,数据位的有效信号应该超前 SCLK 信号半个时钟周期。

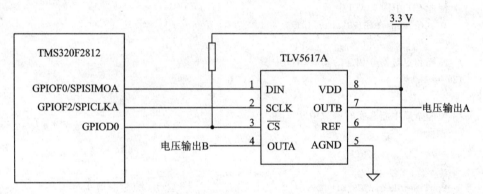

图 6-2-1 TLV5617 和 F2812 的硬件连接

在实验二工程所包含文件的基础上,重新编写主程序源文件或者修改其内容如下:

```
#include "DSP281x_Device.h"

//在本文件将用到的函数原型
void ConfigureGpio(void);
void InitSystem(void);
void InitSPI(void);
void DAC_Update(char channel,int value);
interrupt void cpu_timer0_isr(void);

void main(void)
{
    int Voltage_A = 0;
    int Voltage_B = 511;
```

```c
    InitSystem();                    //初始化 DSP 内核寄存器
    ConfigureGpio();                 //配置 GPIO 口
    InitPieCtrl();                   //调用 PIE 控制单元初始化函数
    InitPieVectTable();              //调用 PIE 向量表初始化函数

// 对 PIE 向量表中 CPU 定时器 0 的中断入口向量进行重新映射
EALLOW;
    PieVectTable.TINT0 = &cpu_timer0_isr;
    EDIS;


InitCpuTimers();//调用 CPU 定时器的初始化函数

// 将 CPU 定时器 0 配置成每隔 50ms 中断一次
// 配置 CPU 定时器 0:CPU 主频为 150MHz,定时器的周期为 50000 us
ConfigCpuTimer(&CpuTimer0, 150, 50000);

// 使能 PIE 中的 TINT0 中断
    PieCtrlRegs.PIEIER1.bit.INTx7 = 1;

// 使能和定时器 0 相连的 CPU INT1 中断
IER = 1;

// 使能全局中断和实时调试中断
    EINT;
    ERTM;

    CpuTimer0Regs.TCR.bit.TSS = 0;                  //启动 CPU 定时器 0

    InitSPI();//调用 SPI 的用户初始化函数

while(1)
{
    while(CpuTimer0.InterruptCount < 3);         // 等待定时中断函数
    CpuTimer0.InterruptCount = 0;
    GpioDataRegs.GPBTOGGLE.bit.GPIOB0 = 1;        // 点亮 LED B0
    DAC_Update(B, Voltage_B);
    DAC_Update(A, Voltage_A);
    if (Voltage_A++ > 511) Voltage_A = 0;
    if (Voltage_B-- < 0) Voltage_B = 511;
}
}


void ConfigureGpio(void)
{
```

```
    EALLOW;
    GpioMuxRegs.GPAMUX.all = 0x0;           //将 GPIO 口的引脚配置成通用 I/O 口
    GpioMuxRegs.GPBMUX.all = 0x0;
    GpioMuxRegs.GPDMUX.all = 0x0;

    GpioMuxRegs.GPFMUX.all = 0xF;           //将 GPIO 口的引脚配置成外设功能
    GpioMuxRegs.GPEMUX.all = 0x0;
    GpioMuxRegs.GPGMUX.all = 0x0;

    GpioMuxRegs.GPADIR.all = 0x0;           //将所有 GPIO 口配置成数字量输入功能
    GpioMuxRegs.GPBDIR.all = 0x00FF;        // 将 GPIO 口 B15 - B8 配置成输入功能,
                                            // B7 - B0 配置成输出功能
    GpioMuxRegs.GPDDIR.all = 0x0;
    GpioMuxRegs.GPDDIR.bit.GPIOD0 = 1;      // DAC 的片选信号
    GpioMuxRegs.GPEDIR.all = 0x0;
    GpioMuxRegs.GPFDIR.all = 0x0;
    GpioMuxRegs.GPGDIR.all = 0x0;

    GpioDataRegs.GPBDAT.all = 0x0000;       // 熄灭所有 LED 灯(B7...B0)
    GpioDataRegs.GPDDAT.bit.GPIOD0 = 1;     // 使 DAC 的片选信号无效

    GpioMuxRegs.GPAQUAL.all = 0x0;          //将所有 GPIO 口的输入限制值设成 0
    GpioMuxRegs.GPBQUAL.all = 0x0;
    GpioMuxRegs.GPDQUAL.all = 0x0;
    GpioMuxRegs.GPEQUAL.all = 0x0;
    EDIS;
}

void InitSystem(void)
{
        EALLOW;
        SysCtrlRegs.WDCR = 0x00E8;          // 禁止看门狗模块
        SysCtrlRegs.PLLCR.bit.DIV = 10;     // 将 CPU 的 PLL 倍频系数设为 5

        SysCtrlRegs.HISPCP.all = 0x1;       // 高速时钟的预定标器设置成除以 2
        SysCtrlRegs.LOSPCP.all = 0x2;       // 低速时钟的预定标器设置成除以 4

        // 根据需要使能各外设模块的时钟输入
        SysCtrlRegs.PCLKCR.bit.EVAENCLK = 0;
        SysCtrlRegs.PCLKCR.bit.EVBENCLK = 0;
        SysCtrlRegs.PCLKCR.bit.SCIAENCLK = 0;
        SysCtrlRegs.PCLKCR.bit.SCIBENCLK = 0;
        SysCtrlRegs.PCLKCR.bit.MCBSPENCLK = 0;
        SysCtrlRegs.PCLKCR.bit.SPIENCLK = 1;
        SysCtrlRegs.PCLKCR.bit.ECANENCLK = 0;
```

```c
        SysCtrlRegs.PCLKCR.bit.ADCENCLK = 0;
        EDIS;
}

interrupt void cpu_timer0_isr(void)
{
    CpuTimer0.InterruptCount + + ;

    //对该中断作出应答,从而能够响应分组 1 中的其他中断
    PieCtrlRegs.PIEACK.all = PIEACK_GROUP1;        // 清除 PIE 分组 1 的中断响应位
}

//用户自定义的 SPI 初始化函数
void InitSPI(void)
{
    //SpiaRegs.SPICCR.all = 0x004F;              //寄存器整体赋值,和下面的位域访问形式等价
    SpiaRegs.SPICCR.bit.SPISWRESET = 0;          //复位 SPI 的操作标志位
    SpiaRegs.SPICCR.bit.CLKPOLARITY = 1;         //时钟极性 = 1:数据在 CLK 的下降沿输
//  出,若配合 SPICTL 时钟相位位 = 1,数据将在 SPICLK 信号下降沿前的半个周期输出
    SpiaRegs.SPICCR.bit.SPILBK     = 0;          //无回送模式
    SpiaRegs.SPICCR.bit.SPICHAR    = 0xF;        //CHAR 位域 = 1111 表示 16 位数据传输

    //SpiaRegs.SPICTL.all = 0x000E;              //寄存器整体赋值,和下面的位域访问形式等价
    SpiaRegs.SPICTL.bit.OVERRUNINTENA = 0;       //禁止接收器溢出中断
    SpiaRegs.SPICTL.bit.CLK_PHASE = 1;           //SPICLK 时钟信号引入半个周期的延时
    SpiaRegs.SPICTL.bit.MASTER_SLAVE = 1;        //主模式(可以接收或者发送数据)
    SpiaRegs.SPICTL.bit.TALK = 1;                //使能数据传输
    SpiaRegs.SPICTL.bit.SPIINTENA = 0;           //禁止 SPI 中断

    SpiaRegs.SPIBRR = 124;
    // SPI 波特率     =   LSPCLK / ( SPIBRR + 1 )
    //                =   37.5 MHz / ( 124 + 1 )
    //                =   300 kHz

    //将 SPI 从复位状态释放(进入正常操作模式)
    SpiaRegs.SPICCR.bit.SPISWRESET = 1;
}


void DAC_Update(char channel, int value)
{
    int i;
    GpioDataRegs.GPDDAT.bit.GPIOD0 = 0;          // 使 DAC 的片选信号有效
    if (channel = = 'B')
        SpiaRegs.SPITXBUF =   0x1000 + (value<<2);  //发送数据到 DAC 缓冲
```

```
    if (channel = = ´A´)
        SpiaRegs.SPITXBUF =   0x8000 + (value<<2);    //发送数据到 DAC - A
                                                       //并更新 DAC - B 的缓冲
    while (SpiaRegs.SPISTS.bit.INT_FLAG = = 0);        //等待直到完成 SPI 数据传输
    for (i = 0;i<100;i + +);                           //等待一段时间,使 DAC 完成转换工作
    GpioDataRegs.GPDDAT.bit.GPIOD0 = 1;                //重新撤销 DAC 的片选信号
    i = SpiaRegs.SPIRXBUF;                             //通过空读 RXBUF 寄存器实现对 SPI
的复位
}
```

6. 实验六 SCI

本实验例程的主要目的是应用 F2812 的 SCI 模块,实现 DSP 与 PC 机的数据通信。具体接口电路如图 6-2-2 所示,PC 机和 DSP 系统通过标准的 DB9 接口相连。

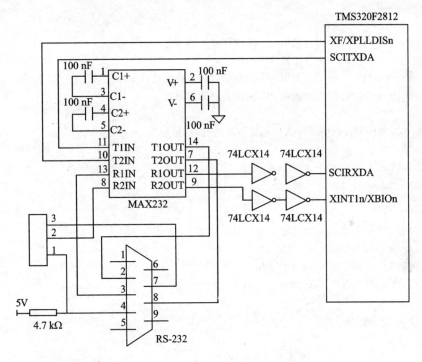

图 6-2-2 F2812 的 RS-232 硬件接口

在 PC 机中,利用 Windows 操作系统自带的串口通讯程序－超级终端,在 Windows XP 中该程序可以通过如下方式找到:选择开始→所有程序→附件→通讯→超级终端,打开后创建一个新的连接,并为其取名为"SCI-COM",接着在"连接时使用"列表框中选择 COM1,最后在 COM1 属性对话框中设置如下:

- 每秒位数:9600
- 数据位:8
- 奇偶校验:无
- 停止位:1
- 数据流控制:无

程序方面,在实验二工程所含文件的基础上,去掉 DSP281x_CpuTimers.c 文件,然后重新编写主程序源文件或者将其内容修改如下。

```c
#include "DSP281x_Device.h"

void ConfigureGpio(void);
void InitSystem(void);
void SCI_Init(void);
interrupt void SCI_TX_isr(void);
interrupt void SCI_RX_isr(void);

// 全局变量的定义
char message[] = {"This is 2812.\n\r"};

void main(void)
{
    InitSystem();            //初始化 DSP 内核寄存器
    ConfigureGpio();         //配置 GPIO 口
    InitPieCtrl();           //调用 PIE 控制单元初始化函数
    InitPieVectTable();      //调用 PIE 向量表初始化函数

    //对 SCI 发送和接收中断的入口地址重新进行映射
    EALLOW;
    PieVectTable.TXAINT = &SCI_TX_isr;
    PieVectTable.RXAINT = &SCI_RX_isr;
    EDIS;

    // 使能 PIE 中的 SCI_A_TX_INT 中断
    PieCtrlRegs.PIEIER9.bit.INTx2 = 1;
    // 使能 PIE 中的 SCI_A_RX_INT 中断
    PieCtrlRegs.PIEIER9.bit.INTx1 = 1;

    // 使能 CPU 级中断 INT 9
    IER |= 0x100;

    // 使能全局中断和实时调试中断
    EINT;
    ERTM;

    SCI_Init();//调用用户定义的 SCI 初始化函数
    while(1)
    {

    }
}

void ConfigureGpio(void)
```

```c
{
    EALLOW;
    GpioMuxRegs.GPAMUX.all = 0x0;                    //将所有 GPIO 口的引脚配置成通用 I/O 口
    GpioMuxRegs.GPBMUX.all = 0x0;
    GpioMuxRegs.GPDMUX.all = 0x0;
    GpioMuxRegs.GPFMUX.all = 0x0;
    GpioMuxRegs.GPFMUX.bit.SCIRXDA_GPIOF5 = 1;       //外设功能 SCI - RX 引脚
    GpioMuxRegs.GPFMUX.bit.SCITXDA_GPIOF4 = 1;       //外设功能 SCI - TX 引脚
    GpioMuxRegs.GPEMUX.all = 0x0;
    GpioMuxRegs.GPGMUX.all = 0x0;

    GpioMuxRegs.GPADIR.all = 0x0;                    // 将 GPIO 口配置成输入功能
    GpioMuxRegs.GPBDIR.all = 0x00FF;                 // 将 GPIO 口 B15 - B8 配置成输入功能,
                                                     // B7 - B0 配置成输出功能
    GpioMuxRegs.GPDDIR.all = 0x0;
    GpioMuxRegs.GPEDIR.all = 0x0;
    GpioMuxRegs.GPFDIR.all = 0x0;
    GpioMuxRegs.GPGDIR.all = 0x0;

    GpioMuxRegs.GPAQUAL.all = 0x0;                   //将所有 GPIO 口的输入限制值设成 0
    GpioMuxRegs.GPBQUAL.all = 0x0;
    GpioMuxRegs.GPDQUAL.all = 0x0;
    GpioMuxRegs.GPEQUAL.all = 0x0;
    EDIS;
}


void InitSystem(void)
{
    EALLOW;
    SysCtrlRegs.WDCR = 0x00E8;                       // 禁止看门狗模块
    SysCtrlRegs.PLLCR.bit.DIV = 10;                  //将 CPU 的 PLL 倍频系数设为 5

    SysCtrlRegs.HISPCP.all = 0x1;                    //高速时钟的预定标器设置成除以 2
    SysCtrlRegs.LOSPCP.all = 0x2;                    //低速时钟的预定标器设置成除以 4

    // 根据需要使能各外设模块的时钟输入
    SysCtrlRegs.PCLKCR.bit.EVAENCLK = 0;
    SysCtrlRegs.PCLKCR.bit.EVBENCLK = 0;
    SysCtrlRegs.PCLKCR.bit.SCIAENCLK = 1;
    SysCtrlRegs.PCLKCR.bit.SCIBENCLK = 0;
    SysCtrlRegs.PCLKCR.bit.MCBSPENCLK = 0;
    SysCtrlRegs.PCLKCR.bit.SPIENCLK = 0;
    SysCtrlRegs.PCLKCR.bit.ECANENCLK = 0;
    SysCtrlRegs.PCLKCR.bit.ADCENCLK = 0;
```

```c
        EDIS;
}

void SCI_Init(void)
{
    SciaRegs.SCICCR.all = 0x0007;              // 1个停止位,无回送模式,
                                               // 禁止奇偶校验,8位字符长度,
                                               // 使用空闲线模式协议(idle-line protocol)
    SciaRegs.SCICTL1.all = 0x0003;             // 使能 TX 和 X 操作
                                               // 禁止接收错误中断和休眠模式
    SciaRegs.SCIHBAUD = 487 >> 8;              // 波特率为9600; LSPCLK = 37.5MHz
    SciaRegs.SCILBAUD = 487 & 0x00FF;
    SciaRegs.SCICTL2.bit.TXINTENA = 1;         //使能 SCI-A 用于数据发送的中断
    SciaRegs.SCICTL2.bit.RXBKINTENA = 1;       //使能 SCI-A 用于数据接收的中断
    SciaRegs.SCIFFTX.all = 0xC060;             //位 15 = 1:将发送 FIFO 从复位状态释放
                                               //位 14 = 1:使能 FIFO 增强功能
                                               //位 6 = 1: 清除 TXFFINT 标志位
                                               //位 5 = 1: 使能基于 TX FIFO 匹配的中断
                                               //位 4-0:TX FIFO 中断级别为 0(决定匹配条件)

    SciaRegs.SCIFFRX.all = 0xE065;             // 接收 FIFO 的中断级别为 5
    SciaRegs.SCICTL1.bit.SWRESET = 1;          // 将 SCI 模块从复位状态释放
}

// SCI-A 数据发送中断服务函数
interrupt void SCI_TX_isr(void)
{
    int i;
    for(i = 0;i<16;i++)SciaRegs.SCITXBUF = message[i];    //发送数据

    // 重新初始化 PIE 模块,为下一次 SCI-A 中断作准备
    PieCtrlRegs.PIEACK.all = 0x0100;           // 清除对应 PIE 分组的中断响应位
}


// SCI-A 数据接收中断服务函数
interrupt void SCI_RX_isr(void)
{
    int i;
    char buffer[16];
    for (i = 0;i<16;i++) buffer[i] = SciaRegs.SCIRXBUF.all;

    if (strncmp(buffer, " Who is there?", 13) == 0)
    {
        SciaRegs.SCIFFTX.bit.TXFIFOXRESET = 1;
```

```
                SciaRegs.SCIFFTX.bit.TXINTCLR = 1;
        }

        SciaRegs.SCIFFRX.bit.RXFIFORESET = 0;        // 复位接收 FIFO 的指针
        SciaRegs.SCIFFRX.bit.RXFIFORESET = 1;        // 使能接收 FIFO 操作
        SciaRegs.SCIFFRX.bit.RXFFINTCLR = 1;         // 清除 RXFIFINT 中断标志位
        PieCtrlRegs.PIEACK.all = 0x0100;             // 清除对应 PIE 分组的中断响应位
}
```

最后在 DSP 系统中运行该程序后,在 Windows 超级终端中输入"Who is there?"后,DSP 能够返回"This is 2812"。

7. 实验七 FIR

TI 提供的 C28x 滤波器库包含以下部分:
- 用于计算加窗 FIR 和 IIR 滤波器系数的 MATLAB 脚本。
- 3 个滤波器模块:FIR16、IIR5BIQ16 和 IIR5BIQ32。
- 可在 C 语言源程序中调用的汇编函数,它们具有如下特点:
  - 与 C28x DSP 内部的硬件特点相适应;
  - 使用高效的双乘加指令;
  - 具有 ANSI-C 标准的函数调用接口。

C28x 滤波器库的安装程序是 sprc082.zip(TI 网站提供下载)压缩文件内的 filter.exe 程序。

设计数字滤波器时,非常重要的一个步骤是确定滤波器参数,其中会涉及很多相关的背景知识,尤其是数字信号处理方面的课程。在本实验中,将通过库函数安装包中提供的 matlab 脚本程序来生成包含滤波器系数的.dat 文件。在该.dat 文件中通过宏定义命令"#define FIR16_COEFF{…}"来使其他 C 源程序能够方便地使用这些滤波器系数。

为了在 C 编程环境中更方便地使用这些库,所有相关的库函数(指针)及变量会被包含到一个接口数据结构中,实际应用时所有的初始化以及运算都是通过这个数据结构的对象来实现。

```
typedef struct {
    long * coeff_ptr;              // 指向滤波系数的指针
    long * dbuffer_ptr;            // 延迟缓冲器的指针
    int cbindex;                   //圆形缓冲器的索引值,
                                   //初始化函数会根据滤波器的阶数计算该值
    int order;                     // 滤波器阶数,范围 1~255
    int input;                     //最新输入的采样值
    int output;                    //滤波器的输出
    void (* init)(void *);         //指向初始化函数的指针
    void (* calc)(void *);         //指向主计算函数的指针
}FIR 16;
```

这个滤波器数据结构模块利用 C 语言中的结构体将各种变量及函数指针集成到一个独立的数据结构中,从而大大提高了程序的重用性和可维护性,TI 提供的其他应用库也都采用基于这种包含相关变量和函数指针的结构体,例如,信号发生库、FFT 库、数据记录库等。使用这些库开发软件程序时,一般都要先初始化这个结构体(包括赋变量初值和调用初始化函数等),然后才能使用这个结构体来完成相应的工作(包括改变相关变量的值和调用计算函数等)。

本实验通过 ADC 模块来采样信号发生器输出的方波信号,并对该采样值进行 FIR 滤波,最后通过 CCS 提供的波形显示工具观察滤波后的波形。在 ADC 实验工程的基础上,建立一个包含如下内容的 CMD 文件,并将其添加到工程中。

```
SECTIONS
{
    firldb    align(0x100)> DRAMH0 PAGE = 1    //将延迟缓冲器数组定位到片内的 H0 中
    firfilt   :> DRAMH0 PAGE = 1               //将 FIR16 结构的对象定位片内的 H0 中
}
```

在 Build Options 中的 Compiler 属性页下,Preprocessor 项中的 Include Search Path 框中加入头文件 fir.h 所在的目录(也就是 sprc082.zip 的安装目录)。在 Build Options 中的 Linker 属性页下,Basic 类别里的 Library Search Path 框中设置好库文件所在的目录,同时在 Include Librarys 中填入 filter.lib。(或者直接通过 Project -> Add File to Project 直接添加库文件)。

最后,源文件中声明部分和主程序修改如下:

```
# include "DSP281x_Device.h"
# include <fir.h>                              //包含 FIR 滤波库的头文件
# include "LPF1.dat"                           //包含由 matlab 脚本程序产生的 FIR 滤波系数文件

# define FIR_ORDER 50                          //定义滤波器阶数
# pragma DATA_SECTION(lpf, "firfilt");
FIR16 lpf = FIR16_DEFAULTS;                    //定义 FIR16 结构的滤波器对象,并赋以默认的初值
# pragma DATA_SECTION(dbuffer,"firldb");
long dbuffer[(FIR_ORDER + 2)/2];               //定义延迟缓冲器数组

const long coeff[(FIR_ORDER + 2)/2] = FIR16_COEFF;//定义滤波系数数组(常数)

void ConfigureGpio(void);
void InitSystem(void);
interrupt void adc_isr(void);                  // ADC 中断服务程序的函数原型

// 全局变量的定义及初始化
int adcInput0[1024];
int adcInput1[1024];
int firOutput[1024];
unsigned int adcCount = 0;

main()
{
```

```c
//...
    //以上系统及外设初始化代码同 ADC 实验主程序源程序 while 循环前的代码,
//接下来添加如下滤波器对象初始化代码
lpf.dbuffer_ptr = dbuffer;          //关联滤波器对象和延迟缓冲器数组
lpf.coeff_ptr = (long *)coeff;      //关联滤波器对象和滤波系数数组
lpf.order = FIR_ORDER;              //修改滤波器阶数
lpf.init(&lpf);                     //调用滤波器初始化函数
while(1)
{
    //通过 LED 显示当前循环采样指针在采样数组中的大概位置
    //此处也可以直接采用一个空循环
    GpioDataRegs.GPBDAT.all = LED[adcCount>>7];
}
}


//同时 ADC 中断函数的内容修改如下:
void interrupt adc_isr ()
{
    //将采样值送入存放采样值的循环数组中
    adcInput0[adcCount] = AdcRegs.ADCRESULT0>>4;
    adcInput1[adcCount] = AdcRegs.ADCRESULT1>>4;
    adcInput1[adcCount] - = 2047;               //转化为 12 位有符号数
    lpf.input = adcInput1[adcCount];            //向滤波器对象输入数据
    lpf.calc(&lpf);                             //调用滤波器的计算函数
    firOutput[adcCount] = lpf.output;           //从滤波器对象输出结果

    //实现数组的循环访问
    adcCount ++ ;
    if(adcCount>1023)   adcCount = 0;

    //重新初始化 ADC 采样序列
    AdcRegs.ADCTRL2.bit.RST_SEQ1 = 1;           // 复位 SEQ1
    AdcRegs.ADCST.bit.INT_SEQ1_CLR = 1;         // 清除中断位 INT SEQ1
    PieCtrlRegs.PIEACK.all = PIEACK_GROUP1;     // 清除 PIE 分组 1 的中断响应位

}
```

源程序的其他部分完全和 ADC 实验一样。

程序运行后,也和 ADC 实验一样,观察到的波形很可能是不连续的。可以利用条件断点功能,在 adcCount=1023 或者 0 时停止程序的运行,观察经过 FIR 滤波后的波形。

在本节最后,给出 TI 提供的 C291xC/C++头文件和外设例程(通过 sprc097.zip 中的 DSP28.exe 程序能够将这些程序文件安装到硬盘中)推荐软件流程图,如图 6-2-3 所示。该程序中所有的外设例程均参照与之类似的流程来设置以应用于 DSP 开发。另外,表 6-2-1 包含了该程序中所有的例程名称及其描述,这样程序员在开发自己的 2812 应用程序时,就可以根据需要参考 C291xC/C++头文件和外设例程中提供的源程序,同时它对于学习 2812 软件编程的人来说更是一项非常有用的资源,希望读者能够充分利用。

表 6-2-1 sprc097.zip 所包含的例程及其描述

工程所在目录的名称	描述
adc_seqmode_test	ADC 排序模式测试例程,采集 A0 通道的数据并存入缓存中
adc_seq_ovd_tests	ADC 测试例程,使用了排序器忽略功能
adc_soc	双通道的 ADC 测试例程:ADCINA3 和 ADCINA2。EVA 用来产生周期性的 ADC SOC 信号,来启动 SEQ1 的转换
cpu_timer	CPU 定时器 0 的测试例程:在其中断服务程序中递增计数器变量
ecan_back2back	eCAN 自测试模式例程:高速不间断发送 eCAN 数据
ev_pwm	事件管理器 PWM 例程:利用事件管理器的定时器来产生 PWM 波形。用户可以通过示波器来观察其波形
ev_timer_period	事件管理器定时器例程:利用事件管理器的定时器来产生周期定时中断,在其中断服务程序中递增计数器变量
flash	该例程将演示如何把在 SARAM 中运行的事件管理器定时器工程转换成在 Flash 中运行的工程,但是部分中断服务程序会从 Flash 拷贝到 SARAM 中,使其能够执行得更快
gpio_loopback	通用 I/O 口的回送测试例程:8 位 GPIO 口被配置成输出,另外 8 位 GPIO 口被配置成输入。被配置成输出的引脚从外部将数据连回到被配置成输入的引脚,使输出的数据能够被输入引脚回读
gpio_toggle	用不同的方法切换 I/O 引脚的状态例程:DATA,SET/CLEAR 和 TOGGLE 寄存器。引脚的状态同样可以通过示波器观察
mcbsp_loopback	McBSP 被配置成回送模式的测试例程:用查询来代替中断
mcbsp_loopback_interrupts	McBSP 被配置成回送模式的测试例程:使用中断和 FIFO 来实现
run_from_xintf	该例程演示了如何从 XINTF 区域 7 中引导程序,以及如何在 F2812 eZdsp 上配置 XINTF 存储器接口
sci_autobaud	SCI 例程:将 SCI-A 和 SCI-B 连到一起,在它们之间传送数据,使用 SCI 的自动波特率模式,该例程可用于测试不同的波特率
sci_loopback	SCI 例程:使用回送模式发送字符,该例程使用位查询来实现数据传输,没有采用中断
sci_loopback_interrupts	SCI 例程:使用回送模式通过 SCI-A 发送数据,该例程中同时使用了中断和 FIFO
spi_loopback	SPI 例程:使用回送模式发送数据
spi_loopback_interrupts	SPI 例程:使用回送模式发送数据,该例程中同时使用了中断和 FIFO
sw_prioritized_interrupts	多数应用场合可以用标准的硬件中断优先级别。该例程演示了如何通过软件来重新设置中断的优先级别
watchdog	看门狗例程:该例程演示了如何喂狗,及看门狗中断在程序的使用

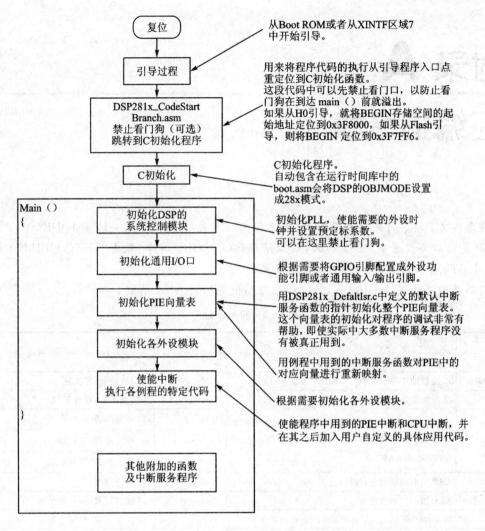

图 6-2-3 例程的通用软件流程

附录 A

汇编指令集

注意：以下指令的介绍都是基于 C28x 的工作方式（OBJMODE=1,AMODE=0）。如果在 DSP 复位后要设置成 C28x 模式，则必须通过"C28OBJ"指令（或者"SETC OBJMODE"指令）先将 ST1 寄存器中的 OBJMODE 位设置为 1。

符号及说明如表 A-1 所列，各操作指令助记等如表 A-2 所列。

表 A-1 符号及说明

符 号	说 明	符 号	说 明
XARn	32 位辅助寄存器 XAR0~XAR7	8bit	8 立即数
ARn,ARm	32 位辅助寄存器 XAR0~XAR7 的低 16 位	0:8bit	8 位立即数，零扩展
ARnH	32 位辅助寄存器 XAR0~XAR7 的高 16 位	S:8bit	8 位立即数，符号扩展
ARPn	3 位辅助寄存器指针,ARP0~ARP7。其中 ARP0 指向 XAR0,ARP1 指向 XAR1,以此类推一直到 ARP7 指向 XAR7	10bit	10 位立即数
		0:10bit	10 位立即数，零扩展
		S:10bit	10 位立即数，符号扩展
AR(ARP)	ARP 指向的辅助寄存器的低 16 位	16bit	16 位立即数
XAR(ARP)	ARP 指向的辅助寄存器	0:16bit	16 位立即数，零扩展
AX	累加器的高 16 位（AH）和低 16 位（AL）寄存器	S:16bit	16 位立即数，符号扩展
#	立即数	22bit	22 位立即数
PM	乘积移位方式（+4,1,0,-1,-2,-3,-4,-5,-6）	0:22bit	22 位立即数，零扩展
PC	程序指针	LSb	最低有效位
~	逐位求反	LSB	最低有效字节
[loc16]	16 位存储器单元的内容	LSW	最低有效字
0:[loc16]	16 位存储器单元的内容，零扩展	MSb	最高有效位
S:[loc16]	16 位存储器单元的内容，符号扩展	MSB	最高有效字节
[loc32]	32 位存储器单元的内容	MSW	最高有效字
0:[loc32]	32 位存储器单元的内容，零扩展	OBJ	某条指令有效时，位 OBJMODE 的状态
S:[loc32]	32 位存储器单元的内容，符号扩展	N	重复次数（N=0,1,2,3,4,5,6,7…）
7bit	7 位立即数	{ }	可选字段
0:7bit	7 位立即数，零扩展	=	赋值
S:7bit	7 位立即数，符号扩展	==	等于

表 A-2 指令及功能说明

指令助记符		功能说明
寄存器 XARn(AR0~AR7)的操作		
ADDB	XARn,#7位常数	把7位常数加到辅助寄存器 XARn
ADRK	#8位常数	把8位常数加到当前辅助寄存器
CMPR	0/1/2/3	比较辅助寄存器
MOV	AR6/7, loc16	加载辅助寄存器
MOV	loc16, ARn	存储16位辅助寄存器
MOV	XARn, PC	保存当前程序指针
MOVB	XARn,#8位常数	把8位参数加载到辅助寄存器 XARn
MOVB	AR6/7,#8位常数	把8位参数加载到辅助寄存器 AR6/7
MOVL	XARn, loc32	加载32位辅助寄存器
MOVL	loc32, XARn	存储32位辅助寄存器的内容
MOVL	XARn,#22位常数	将22位常数加载到32位辅助寄存器 XARn
MOVZ	ARn, loc16	加载32位辅助寄存器 XARn 的低半部分,清除高半部分
SBRK	#8位常数	从当前辅助寄存器中减去8位常数
SUBB	XARn,#7位常数	从辅助寄存器 XARn 中减去7位常数
DP 寄存器操作		
MOV	DP,#10位常数	加载数据页指针
MOVW	DP,#16位常数	加载整个数据页
MOVZ	DP,#10位常数	加载数据页并清除高位
SP 寄存器操作		
ADDB	SP,#7位常数	将7位常数加到堆栈指针寄存器里
POP	ACC	堆栈内容弹出到寄存器 ACC
POP	AR1:AR0	堆栈内容弹出到寄存器 AR1 和 AR0
POP	AR1H:AR0H	堆栈内容弹出到寄存器 AR1H 和 AR0H
POP	AR3:AR2	堆栈内容弹出到寄存器 AR3 和 AR2
POP	AR5:AR4	堆栈内容弹出到寄存器 AR5 和 AR4
POP	DBGIER	堆栈内容弹出到寄存器 DBGIER
POP	DP:ST1	堆栈内容弹出到寄存器 DP 和 ST1
POP	DP	堆栈内容弹出到寄存器 DP
POP	IFR	堆栈内容弹出到寄存器 IFR
POP	loc16	堆栈内容弹出到"loc16"字段
POP	P	堆栈内容弹出到寄存器 P
POP	RPC	堆栈内容弹出到寄存器 RPC
POP	ST0	堆栈内容弹出到寄存器 ST0
POP	ST1	堆栈内容弹出到寄存器 ST1

续表 A-2

指令助记符		功能说明
POP	T:ST0	堆栈内容弹出到寄存器 T 和 ST0
POP	XT	堆栈内容弹出到寄存器 XT
POP	XARn	堆栈内容弹出到辅助寄存器 XARn
PUSH	ACC	把寄存器 ACC 的内容压入堆栈
PUSH	ARn:ARn	把寄存器 ARn 和 ARn 的内容压入堆栈
PUSH	AR1H:AR0H	把寄存器 AR1H 和 AR0H 的内容压入堆栈
PUSH	DBGIER	把寄存器 DBGIER 的内容压入堆栈
PUSH	DP:ST1	把寄存器 DP 和 ST1 的内容压入堆栈
PUSH	DP	把寄存器 DP 的内容压入堆栈
PUSH	IFR	把寄存器 IFR 的内容压入堆栈
PUSH	loc16	把"loc16"字段的数据压入堆栈
PUSH	P	把寄存器 P 的内容压入堆栈
PUSH	RPC	把寄存器 RPC 的内容压入堆栈
PUSH	ST0	把寄存器 ST0 的内容压入堆栈
PUSH	ST1	把寄存器 ST1 的内容压入堆栈
PUSH	T:ST0	把寄存器 T 和 ST0 的内容压入堆栈
PUSH	XT	把寄存器 XT 的内容压入堆栈
PUSH	XARn	把辅助寄存器 XARn 的内容压入堆栈
SUBB	SP,♯7 位常数	从堆栈指针寄存器中减去 7 位常数
AX 寄存器操作(AH,AL)		
ADD	AX,loc16	将"loc16"指定的数据加到寄存器 AX
ADD	loc16,AX	将寄存器 AX 的内容加到"loc16"指定的单元
ADDB	AX,♯8 位常数	将 8 位常数加到寄存器 AX
AND	AX,loc16,♯16 位常数	逐位进行"与"操作,结果保存在寄存器 AX 中
AND	AX,loc16	逐位进行"与"操作,结果保存在寄存器 AX 中
AND	loc16,AX	逐位进行"与"操作,结果保存在"loc16"指定的单元
ANDB	AX,♯8 位常数	寄存器 AX 与 8 位常数(0 扩展后)逐位进行"与"操作
ASR	AX,1~16	算术右移
ASR	AX,T	算术右移,移位次数由 T(3:0)=0~15 规定
CMP	AX,loc16	把寄存器 AX 的内容与"loc16"指定的数据进行比较
CMPB	AX,♯8 位常数	把寄存器 AX 的内容与 8 位常数进行比较
FLIP	AX	将寄存器 AX 中的内容按位翻转
LSL	AX,1~16	逻辑左移
LSL	AX,T	逻辑左移,移位次数由 T(3:0)=0~15 规定
LSR	AX,1~16	逻辑右移
LSR	AX,T	逻辑右移,移位次数由 T(3:0)=0~15 规定

续表 A-2

指令助记符		功能说明
MAX	AX, loc16	求寄存器 AX 的内容与"loc16"指定数据的最大值
MIN	AX, loc16	求寄存器 AX 的内容与"loc16"指定数据的最小值
MOV	AX, loc16	将"loc16"指定的数据加载到寄存器 AX
MOV	loc16, AX	将寄存器 AX 的内容存储到"loc16"指定的单元
MOV	loc16, AX, COND	在一定的条件下将寄存器 AX 的内容存储到"loc16"指定的单元
MOVB	AX, #8 位常数	将 8 位常数加载到寄存器 AX
MOVB	AX.LSB, loc16	将"loc16"指定的数据加载到寄存器 AX 的最低有效字节,最高有效字节为 0
MOVB	AX.MSB, loc16	将"loc16"指定的数据加载到寄存器 AX 的最高有效字节,最低有效字节里的数据不变
MOVB	loc16, AX.LSB	将寄存器 AX 最低有效字节的内容存储到"loc16"指定的单元
MOVB	loc16, AX.MSB	将寄存器 AX 最高有效字节的内容存储到"loc16"指定的单元
NEG	AX	求寄存器 AX 中数据的相反数
NOT	AX	求寄存器 AX 中数据的"非"
OR	AX, loc16	将寄存器 AX 中的数据与"loc16"指定的数据逐位相"或",结果保存在寄存器 AX 中
OR	loc16, AX	将寄存器 AX 中的数据与"loc16"指定的数据逐位相"或",结果保存在"loc16"指定的单元中
ORB	AX, #8 位常数	将寄存器 AX 中的数据与 8 位常数逐位进行"或"操作
SUB	AX, loc16	从寄存器 AX 减去"loc16"指定单元的数据
SUB	loc16, AX	从"loc16"指定的单元中减去数据寄存器 AX 的内容
SUBR	loc16, AX	使用反向减法从寄存器 AX 减去"loc16"指定单元的数据
SXTB	AX	将 AX 的最低有效字节符号扩展到最高有效字节
XOR	AX, loc16	将寄存器 AX 中的数据与"loc16"指定的数据逐位相"异或",结果保存在寄存器 AX 中
XOR	loc16, AX	将寄存器 AX 中的数据与"loc16"指定的数据相"异或",结果保存在"loc16"指定的单元中
XORB	loc16, #8 位常数	把寄存器 AX 的内容与 8 位常数进行逐位"异或"
16 位 ACC 寄存器操作		
ADD	ACC, loc16{<<0~16}	把"loc16"指定单元的数据移位后加到累加器 ACC
ADD	ACC, #16 位常数{<<0~15}	把 16 位常数移位后加到累加器 ACC
ADD	ACC, loc16<<T	把"loc16"指定单元的数据移位后加到累加器 ACC,移位次数由 T(3:0)=0~15 决定
ADDB	ACC, #8 位常数	把 8 位常数加到累加器 ACC
ADDCU	ACC, loc16	使用带进位位的加法把由"loc16"指定单元的无符号数加到累加器 ACC
ADDU	ACC, loc16	把"loc16"指定单元的无符号数加到累加器 ACC

续表 A-2

指令助记符		功能说明
AND	ACC, loc16	把"loc16"指定单元的数据和 ACC 的内容逐位进行"与"操作,结果保存在 ACC 中
AND	ACC,#16位常数{<<0~16}	把 16 位常数移位后和 ACC 的内容逐位进行"与"操作,结果保存在 ACC 中
MOV	ACC, loc16{<<0~16}	把"loc16"指定单元的数据移位后加载到累加器 ACC
MOV	ACC,#16位常数{<<0~15}	把 16 位常数移位后加载到累加器 ACC
MOV	loc16, ACC<<1~8	把累加器 ACC 移位后加载到"loc16"指定的单元
MOV	ACC, loc16<<T	把"loc16"指定单元的数据移位后加载到累加器 ACC,移位次数由 T(3:0)=0~15 决定
MOVB	ACC,#8位常数	把 8 位常数加载到累加器 ACC
MOVH	loc16, ACC<<1~8	把累加器 ACC 移位后的高位字数据加载到"loc16"指定的单元
MOVU	ACC, loc16	把"loc16"指定单元的无符号数加载到累加器 ACC
SUB	ACC, loc16<<T	从累加器 ACC 中减去"loc16"指定单元移位后的数据,移位次数由 T(3:0)=0~15 决定
SUB	ACC, loc16{<<0~16}	从累加器 ACC 中减去"loc16"指定单元里移位后的数据
SUB	ACC,#16位常数{<<0~15}	从累加器 ACC 中减去移位后的 16 位常数
SUBB	ACC,#8位常数	从累加器 ACC 中减去 8 位常数
SBBU	ACC, loc16	用带反向借位位的减法从累加器 ACC 中减去"loc16"指定单元里的无符号数
SUBU	ACC, loc16	从累加器 ACC 中减去"loc16"指定单元里的无符号数
OR	ACC, loc16	把"loc16"指定单元的数据和 ACC 的内容逐位进行"或"操作,结果保存在 ACC 中
OR	ACC,#16位常数{<<0~16}	把 16 位常数移位后和 ACC 的内容逐位进行"或"操作,结果保存在 ACC 中
XOR	ACC, loc16	把"loc16"指定单元的数据和 ACC 的内容逐位进行"异或"操作,结果保存在 ACC 中
XOR	ACC,#16位常数{<<0~16}	把 16 位常数移位后和 ACC 的内容逐位进行"异或"操作,结果保存在 ACC 中
ZALR	ACC, loc16	AL 加载 0x8000,AH 加载"loc16"指定单元里的 16 位数据
32 位 ACC 寄存器操作		
ABS	ACC	累加器 ACC 的内容取绝对值
ABSTC	ACC	累加器 ACC 的内容取绝对值并加载测试控制位 TC
ADDL	ACC, loc32	把"loc32"指定单元的 32 位数加到累加器 ACC
ADDL	loc32, ACC	把累加器 ACC 的内容加到"loc32"指定的 32 位单元
ADDCL	ACC, loc32	用带进位位加法把"loc32"指定单元的 32 位数加到累加器 ACC
ADDUL	ACC, loc32	把"loc32"指定单元的 32 位无符号数加到累加器 ACC

续表 A-2

指令助记符		功能说明
ADDL	ACC, P<<PM	寄存器 P 的内容移位后加到累加器 ACC
ASRL	ACC, T	按 T(4:0) 位的规定对累加器 ACC 进行算术右移
CMPL	ACC, loc32	累加器 ACC 的内容与"loc32"指定单元的 32 位数进行比较
CMPL	ACC, P<<PM	寄存器 P 的内容移位后与累加器 ACC 的内容进行比较
CSB	ACC	对 ACC 中的符号位进行计数
LSL	ACC, 1~16	把累加器 ACC 的内容逻辑左移 1~16 位
LSL	ACC, T	按 T(3:0) 位的规定对累加器 ACC 进行逻辑左移
LSRL	ACC, T	按 T(4:0) 位的规定对累加器 ACC 进行逻辑右移
LSLL	ACC, T	按 T(4:0) 位的规定对累加器 ACC 进行逻辑左移
MAXL	ACC, loc32	求累加器 ACC 中的数据与"loc32"指定单元的 32 位数据两者的最大值，结果保存到 ACC 中
MINL	ACC, loc32	求累加器 ACC 中的数据与"loc32"指定单元的 32 位数据两者的最小值，结果保存到 ACC 中
MOVL	ACC, loc32	把"loc32"指定单元的 32 位数加载到累加器 ACC
MOVL	loc32, ACC	把累加器 ACC 的内容存储到"loc32"指定的单元
MOVL	P, ACC	把累加器 ACC 的内容加载到寄存器 P
MOVL	ACC, P<<PM	把寄存器 P 的内容移位后加载到累加器 ACC,移位次数由乘积移位模式位 PM 决定
MOVL	loc32, ACC, COND	在一定的条件下把累加器 ACC 的内容存储到"loc32"指定的单元
NORM	ACC, XARn++/--	规范化 ACC 中的带符号数,并修改选定的辅助寄存器
NORM	ACC, *IND	用 C2xLP 兼容的方式来规范化累加器操作
NEG	ACC	对累加器内容求"反"
NEGTC	ACC	如果测试控制位 TC=1 则对累加器内容求"反"
NOT	ACC	对累加器内容取"非"
ROL	ACC	循环左移一位(包含进位位)
ROR	ACC	循环右移一位(包含进位位)
SAT	ACC	根据 6 位溢出计数器 OVC 的内容,对 ACC 填充不同的饱和值
SFR	ACC, 1~16	把 ACC 的内容右移 1~16 位,移位的类型(算术还是逻辑)由符号扩展位 SXM 位的状态决定
SFR	ACC, T	把 ACC 的内容进行右移,移位的次数由 T(3:0) 决定,移位的类型(算术还是逻辑)由符号扩展位 SXM 位的状态决定
SUBBL	ACC, loc32	用带反向借位位的减法从累加器 ACC 中减去"loc32"指定单元里的数据
SUBCU	ACC, loc16	16 位条件减法,可以用来实现无符号整数除法
SUBCUL	ACC, loc32	32 位条件减法,可以用来实现无符号整数除法
SUBL	ACC, loc32	从累加器 ACC 中减去"loc32"指定单元里的数据
SUBL	loc32, ACC,	从"loc32"指定单元里减去累加器 ACC 中的数据

续表 A-2

指令助记符		功能说明
SUBL	ACC, P<<PM	从累加器 ACC 中减去寄存器 P 里移位后的数据,移位次数由乘积移位模式位 PM 决定
SUBRL	loc32, ACC	用反向减法从累加器 ACC 中减去"loc32"指定单元里的数据,结果保存在"loc32"指定的单元
SUBUL	ACC, loc32	从累加器 ACC 中减去"loc32"指定单元里的无符号数,结果保存 ACC
TEST	ACC	测试累加器 ACC 是否等于 0,并设置相应的状态标志位
64 位 ACC:P 寄存器操作		
ASR64	ACC:P, #1~16	累加器 ACC 和乘积寄存器 P 里 64 位数据的算术右移 1~16 位
ASR64	ACC:P, T	累加器 ACC 和乘积寄存器 P 里 64 位数据的算术右移,移位次数由 T(5:0) 决定
CMP64	ACC:P	累加器 ACC 和乘积寄存器 P 里 64 位联合数据和 0 比较,并设置相应的标志位
LSL64	ACC:P, #1~16	累加器 ACC 和乘积寄存器 P 里 64 位数据的逻辑左移 1~16 位
LSL64	ACC:P, T	对累加器 ACC 和乘积寄存器 P 里 64 位数据的逻辑左移,移位次数由 T(5:0) 决定
LSR64	ACC:P, #1~16	累加器 ACC 和乘积寄存器 P 里 64 位数据的逻辑右移 1~16 位
LSR64	ACC:P, T	累加器 ACC 和乘积寄存器 P 里 64 位数据的逻辑右移,移位次数由 T(5:0) 决定
NEG64	ACC:P	对累加器 ACC 和乘积寄存器 P 里的 64 位数据求反
SAT64	ACC:P	根据溢出计数器 OVC 的内容,往累加器 ACC 和乘积寄存器 P 里填充不同的饱和值
P 或者 XT 寄存器的操作(P,PH,PL,XT,T,TL)		
ADDUL	P, loc32	把"loc32"指定单元的无符号数加到寄存器 P
MAXCUL	P, loc32	在一定的条件下,求"loc32"指定单元里的无符号数和寄存器 P 中无符号数的最大值
MINCUL	P, loc32	在一定的条件下,求"loc32"指定单元里的无符号数和寄存器 P 中无符号数的最小值
MOV	PH, loc16	把"loc16"指定单元的数据加载到寄存器 P 高 16 位
MOV	PL, loc16	把"loc16"指定单元的数据加载到寄存器 P 低 16 位
MOV	loc16, P	先根据 PM 对寄存器 P 中的数据进行移位,然后把寄存器 P 的低 16 位数保存到由"loc16"指定的 16 位单元
MOV	T, loc16	把"loc16"指定单元的数据加载到寄存器 XT 的高 16 位(寄存器 T)
MOV	loc16, T	把寄存器 XT 的高 16 位里的数据保存到"loc16"指定的数据单元
MOV	TL, #0	寄存器 XT 的低位字(TL)清 0,高位字(T)保持不变
MOVA	T, loc16	把"loc16"指定单元的数据加载到寄存器 T 中,同时根据 PM 将寄存器 P 中的内容移位后加到累加器 ACC 中

续表 A-2

指令助记符	功能说明
MOVAD　T，loc16	把"loc16"指定单元的数据加载到寄存器 T，然后寄存器 T 的内容保存到"loc16"指定的下一个 16 位单元中，同时根据 PM 将寄存器 P 中的内容移位后加到累加器 ACC 中
MOVDL　XT，loc32	把"loc32"指定单元的数据加载到寄存器 XT，然后把寄存器 XT 的内容保存到"loc32"指定的下一个 32 位单元中
MOVH　loc16，P	先根据 PM 对寄存器 P 中的数据进行移位，然后把寄存器 P 的高 16 位数保存到由"loc16"指定的 16 位单元，此操作不改变寄存器 P 的值
MOVL　P，loc32	把"loc32"指定单元的数据加载到寄存器 P
MOVL　loc32，P	把寄存器 P 中的数据保存到"loc32"指定的单元
MOVL　XT，loc32	把"loc32"指定单元的数据加载到寄存器 XT
MOVL　loc32，XT	把寄存器 XT 中的数据保存到"loc32"指定的单元
MOVP　T，loc16	把"loc16"指定单元的数据加载到寄存器 T，同时将根据 PM 移位后的 P 寄存器的内容加载到累加器 ACC
MOVS　T，loc16	把"loc16"指定单元的数据加载到寄存器 T，同时从累加器 ACC 中减去移位后(根据 PM)的 P 寄存器的内容
MOVX　TL，loc16	把"loc16"指定单元的数据加载到寄存器 TL(TX 的低 16 位)，同时对寄存器 T(TX 的高 16 位)进行符号扩展
SUBUL　P，loc32	从寄存器 P 中减去"loc32"指定单元的数据，此操作针对无符号数
16×16 乘法操作	
DMAC　ACC:P，loc32，*XAR7/++	双 16×16 乘法："loc32"指定单元的高 16 位和辅助寄存器 XAR7 的高 16 位乘积保存在累加器 ACC，它们的低 16 位乘积保存在寄存器 P
MAC　P，loc16，0:pma	第一步把寄存器 P 中先前的乘积结果移位后累加到 ACC，第二步把"loc16"指定单元的数据加载到寄存器 T，第三步把 T 里的有符号数和通过立即程序存储器寻址得到的有符号数相乘，结果保存在寄存器 P。此指令下，程序存储器地址的高 6 位被强行置成 0x00
MAC　P，loc16，*XAR7/++	第一步把寄存器 P 中先前的乘积结果移位后累加到 ACC，第二步把"loc16"指定单元的数据加载到寄存器 T，第三步把 T 里的有符号数和 XAR7 寻址单元里的有符号数相乘，结果保存在寄存器 P。同时根据指令中的相应规定决定是否要在该操作后将 XAR7 增 1
MPY　P，T，loc16	把寄存器 T 里的有符号数和"loc16"指定单元里的有符号数相乘，32 位乘积结果保存在寄存器 P
MPY　P，loc16，#16 位常数	把"loc16"指定单元里的有符号数和 16 位有符号常数相乘，32 位乘积结果保存在寄存器 P
MPY　ACC，T，loc16	把寄存器 T 里的有符号数和"loc16"指定单元里的有符号数相乘，32 位乘积结果保存在累加器 ACC

续表 A-2

指令助记符		功能说明
MPY	ACC, loc16, #16位常数	先把"loc16"指定单元里的数据加载到寄存器 T 里,再把寄存器 T 里的有符号数和指令中给出的 16 位有符号常数相乘,32 位乘积结果保存在累加器 ACC
MPYA	P, loc16, 16位常数	第一步把寄存器 P 中先前的乘积结果移位后累加到 ACC,第二步把"loc16"指定单元里的数据加载到寄存器 T 里,最后把寄存器 T 里的有符号数和指令中给出的 16 位有符号常数相乘,32 位乘积结果保存在寄存器 P
MPYA	P, T, loc16	把寄存器 P 中先前的乘积结果移位后累加到 ACC,然后再把寄存器 T 里的有符号数和"loc16"指定单元里的有符号数相乘,32 位乘积结果保存在寄存器 P
MPYB	P, T, #8位常数	将寄存器 T 里的有符号数乘以 8 位无符号常数(经过 0 扩展),32 位乘积结果保存在寄存器 P
MPYS	P, T, loc16	先从累加器 ACC 里减去寄存器 P 移位后的内容,然后把寄存器 T 里的有符号数和 16 位有符号常数相乘,32 位乘积结果保存在寄存器 P
MPYB	ACC, T, #8位常数	将寄存器 T 里的有符号数乘以 8 位无符号常数(经过 0 扩展),乘积结果保存在累加器 ACC
MPYU	ACC, T, loc16	把寄存器 T 里的无符号数和"loc16"指定单元里的无符号数相乘,32 位乘积结果保存在累加器 ACC
MPYU	P, T, loc16	把寄存器 T 里的无符号数和"loc16"指定单元里的无符号数相乘,32 位乘积结果保存在寄存器 P
MPYXU	P, T, loc16	把寄存器 T 里的有符号数和"loc16"指定单元里的无符号数相乘,32 位乘积结果保存在寄存器 P
MPYXU	ACC, T, loc16	把寄存器 T 里的有符号数和"loc16"指定单元里的无符号数相乘,32 位乘积结果保存在累加器 ACC
SQRA	loc16	把寄存器 P 中先前的乘积结果移位后累加到 ACC,然后再把"loc16"指定单元里的数据加载到寄存器 T 里,平方后把结果保存在寄存器 P
SQRS	loc16	先从累加器 ACC 里减去寄存器 P 移位后的内容,然后把"loc16"指定单元里的数据加载到寄存器 T 里,平方后把结果保存在寄存器 P
XMAC	P, loc16, *(pma)	C2xLP 源代码兼容的乘累加指令,第一步把寄存器 P 中先前的乘积结果移位后累加到 ACC,第二步把"loc16"指定单元的数据加载到寄存器 T,最后把 T 里的有符号数和通过立即程序存储器寻址得到的有符号数相乘,结果保存在寄存器 P。此指令下,程序存储器地址的高 6 位被强行置成 0x3F
XMACD	P, loc16, *(pma)	在上述 XMAC 指令功能的基础上,最后还要把寄存器 T 的内容保存到"loc16"指定的下一个单元里

附录 A　汇编指令集

续表 A-2

指令助记符	功能说明
32×32 乘法操作	
IMACL　P, loc32, *XAR7/++	32×32 有符号数相乘并累加操作,首先把寄存器 P 中先前的无符号乘积(不根据 PM 移位)累加到 ACC,然后把"loc32"指定单元的 32 位有符号数和程序存储器单元(通过 XAR7 寻址得到)里的 32 位有符号数相乘,最后由乘积移位模式 PM 的值决定 64 位结果中低 38 位数据的哪一部分被保存到寄存器 P 里。同时根据指令中的相应规定决定是否要在该操作后将 XAR7 增 1
IMPYAL　P, XT, loc32	首先把寄存器 P 中先前的无符号乘积(不移位)累加到 ACC,然后把寄存器 XT 中的 32 位有符号数和"loc32"指定单元的 32 位有符号数相乘,最后由乘积移位模式 PM 的值决定 64 位结果中低 38 位数据的哪一部分将被保存到寄存器 P 里
IMPYL　P, XT, loc32	把寄存器 XT 中的 32 位有符号数和"loc32"指定单元的 32 位有符号数相乘,由乘积移位模式 PM 的值决定 64 位结果中低 38 位数据的哪一部分将被保存到寄存器 P 里
IMPYL　ACC, XT, loc32	把寄存器 XT 中的 32 位有符号数和"loc32"指定单元的 32 位有符号数相乘,把 64 位结果中的低 38 位数据保存到累加器 ACC 里
IMPYSL　P, XT, loc32	先从累加器 ACC 里减去寄存器 P 中的无符号数(不移位),然后把寄存器 XT 中的 32 位有符号数和"loc32"指定单元的 32 位有符号数相乘,最后由乘积移位模式 PM 的值决定 64 位结果中低 38 位数据的哪一部分将被保存到寄存器 P 里
IMPYXUL　P, XT, loc32	把寄存器 XT 中的 32 位有符号数和"loc32"指定单元的 32 位无符号数相乘,然后由乘积移位模式 PM 的值决定 64 位结果中低 38 位数据的哪一部分将被保存到寄存器 P 里
QMACL　P, loc32, *XAR7/++	32×32 有符号数相乘并累加操作,首先把寄存器 P 中先前的乘积根据 PM 移位后累加到 ACC,然后把"loc32"指定单元的 32 位有符号数和程序存储器单元(通过 XAR7 寻址得到)里的 32 位有符号数相乘,最后把 64 位结果中的高 32 位数据保存到寄存器 P 里。同时根据指令中的相应规定决定是否要在该操作后将 XAR7 增 1
QMPYAL　P, XT, loc32	首先把寄存器 P 中先前的乘积根据 PM 移位后累加到 ACC,然后把寄存器 XT 中的 32 位有符号数和"loc32"指定单元的 32 位有符号数相乘,最后把 64 位结果中的高 32 位数据保存到寄存器 P 里
QMPYL　ACC, XT, loc32	先把寄存器 XT 中的 32 位有符号数和"loc32"指定单元的 32 位有符号数相乘,然后把 64 位结果中的高 32 位数据保存到累加器 ACC 里
QMPYL　P, XT, loc32	先把寄存器 XT 中的 32 位有符号数和"loc32"指定单元的 32 位有符号数相乘,然后把 64 位结果中的高 32 位数据保存到寄存器 P 里
QMPYSL　P, XT, loc32	先从累加器 ACC 里减去寄存器 P 中根据 PM 移位后的无符号数,然后把寄存器 XT 中的 32 位有符号数和"loc32"指定单元的 32 位有符号数相乘,最后把 64 位结果中的高 32 位数据保存到寄存器 P 里
QMPYUL　P, XT, loc32	先把寄存器 XT 中的 32 位无符号数和"loc32"指定单元的 32 位无符号数相乘,然后把 64 位结果中的高 32 位数据保存到寄存器 P 里
QMPYXUL　P, XT, loc32	先把寄存器 XT 中的 32 位有符号数和"loc32"指定单元的 32 位无符号数相乘,然后把 64 位结果中的高 32 位数据保存到寄存器 P 里

续表 A-2

指令助记符		功能说明
直接存储器操作		
ADD	loc16，♯16位有符号常数	把16位有符号常数加到"loc16"指定的单元中
AND	loc16，♯16位常数	把16位立即数与"loc16"指定单元里的数据相"与"，结果保存在"loc16"指定的单元里
CMP	loc16，♯16位有符号常数	比较"loc16"指定单元里的数据与16位有符号常数（相减），并设置相应的状态标志位，但不影响"loc16"指定单元里的数据
DEC	loc16	把"loc16"指定单元里的有符号数减1
DMOV	loc16	把"loc16"指定单元里的数据复制到它的下一个地址单元
INC	loc16	把"loc16"指定单元里的有符号数加1
MOV	*(0:16位常数)，loc16	把"loc16"指定单元里的数据复制到由地址常数(0:16位常数)指定的存储单元里
MOV	loc16，*(0:16位常数)	把地址常数(0:16位常数)指定存储单元里的数据复制到"loc16"指定的单元里
MOV	loc16，♯16位常数	把16位立即数保存到"loc16"指定的单元里
MOV	loc16，♯0	把"loc16"指定的单元清0
MOVB	loc16，♯8位常数，COND	在规定的条件下，8位常数（经过0扩展）被保存到"loc16"指定的单元里
OR	loc16，♯16位常数	把16位立即数与"loc16"指定单元里的数据相"或"，结果保存在"loc16"指定的单元里
TBIT	loc16，♯x位	测试"loc16"指定单元里的第x位数据
TBIT	loc16，T	对"loc16"指定单元中由T(3:0) = 0~15指定的数据位进行测试
TCLR	loc16，♯x位	测试"loc16"指定单元里的第x位数据，然后将其清0
TSET	loc16，♯x位	测试"loc16"指定单元里的第x位数据，然后将其置1
XOR	loc16，♯16位常数	把16位立即数与"loc16"指定单元里的数据相"异或"，结果保存在"loc16"指定的单元里
I/O空间操作		
IN	loc16，*(PA)	把*(PA)指定的I/O端口内容输入到"loc16"指定的单元里
OUT	*(PA)，loc16	把"loc16"指定单元里的数据输出到*(PA)指定的I/O端口
UOUT	*(PA)，loc16	把"loc16"指定单元里的数据输出到由*(PA)指定的I/O端口（非流水线保护的指令）
程序空间操作		
PREAD	loc16，*XAR7	把程序存储器单元（由XAR7指定）里的16位数据加载到"loc16"指定的数据存储器单元里
PWRITE	*XAR7，loc16	把"loc16"指定的单元的数据加载到程序存储器单元（由XAR7指定）里
XPREAD	loc16，*AL	与C2xLP兼容的指令：把程序存储器单元（由寄存器AL指定）里的16位数据加载到由"loc16"指定的数据存储器单元里
XPREAD	loc16，*(pma)	与C2xLP兼容的指令：把程序存储器单元（由pma指定）里的16位数据加载到由"loc16"指定的数据存储器单元里，C28x强制规定程序存储器地址的高6位为0x3F

续表 A-2

指令助记符		功能说明
XPWRITE	*AL, loc16	与 C2xLP 兼容的指令：把"loc16"指定单元里的数据加载到 16 位程序存储器单元（由寄存器 AL 指定）里
转移/调用/返回操作		
B	16 位偏移，COND	如果规定的条件满足，则将当前程序计数器 PC 的值加上 16 位有符号常数（偏移量）从而实现转移
BANZ	16 位偏移，ARn	如果指定的辅助寄存器不等于 0，则将当前程序计数器 PC 的值加上 16 位有符号常数（偏移量）从而实现转移
BAR	16 位偏移，ARn，ARm，EQ/NEQ	比较两个辅助寄存器的值，根据比较的结果和指令中规定的条件（EQ/NEQ）进行转移
BF	16 位偏移，COND	如果规定的条件满足，则将当前程序计数器 PC 的值加上 16 位有符号常数（偏移量）从而实现转移，BF 是一条快速转移指令，其执行周期相对 B 指令要少
FFC	XAR7，22 位地址常数	快速函数调用指令。返回的 PC 值被保存在 XAR7 寄存器，同时把 22 位地址常数加载到 PC 里
IRET		中断返回指令。该指令将恢复中断时被自动保存的程序计数器 PC 的值
LB	22 位地址常数	长转移指令。把 22 位地址常数加载到程序计数器 PC 中来实现转移
LB	*XAR7	间接长转移，把辅助寄存器 XAR7 的低 22 位数据加载到程序计数器 PC 中来实现转移
LC	22 位地址常数	函数长调用指令。返回 PC 值通过两次 16 位数据操作被压入软件堆栈中，然后 22 位地址常数加载到程序计数器 PC 中
LC	*XAR7	函数间接长调用指令。返回 PC 值通过两次 16 位数据操作被压入软件堆栈中，然后辅助寄存器 XAR7 的低 22 位数据被加载到程序计数器 PC 中
LCR	22 位地址常数	通过返回 PC 指针（RPC）实现函数长调用。当前 RPC 的值经过两次 16 位操作被压入软件堆栈，然后将返回地址加载到 RPC 中，最后才将 22 位地址常数加载到程序计数器 PC 中
LCR	*XARn	通过返回 PC 指针（RPC）实现函数间接长调用。当前 RPC 的值经过两次 16 位操作被压入软件堆栈，然后将返回地址加载到 RPC 中，最后将辅助寄存器 XARn 中的目的地址加载到程序计数器 PC 中
LOOPZ	loc16，#16 位常数	如果"loc16"指定的单元里的数据和 16 位常数相"与"后等于 0，则循环
LOOPNZ	loc16，#16 位常数	如果"loc16"指定的单元里的数据和 16 位常数相"与"后不等于 0，则循环
LRET		长返回指令。通过两次 16 位数据操作从软件堆栈中弹出返回地址到程序计数器 PC
LRETE		长返回指令。通过两次 16 位数据操作从软件堆栈中弹出返回地址到程序计数器 PC，然后清除全局中断标志位，从而使能所有可屏蔽中断
LRETR		通过返回 PC 指针（RPC）实现长返回。保存在 RPC 中的返回地址被加载到 PC 里，然后通过两次 16 位数据操作从软件堆栈中弹出数据到 RPC 寄存器

续表 A-2

指令助记符		功能说明
RPT	#8位常数/loc16	重复执行下一条指令,执行的次数由指令中的8位常数或者"loc16"指定单元里的数据决定
SB	8位常数偏移,COND	条件短转移。当规定的条件为真时,把8位有符号偏移量加到当前的PC中,从而实现转移
SBF	8位常数偏移,EQ/ NEQ/ TC/ NTC	快速条件短转移。当规定的条件为真时,把8位有符号偏移量加到当前的PC中,实现转移,该指令相比SB指令,其执行时需要的时钟周期数要少
XB	pma	C2xLP源代码兼容的转移指令。通过加载16位立即数pma到PC寄存器的低16位(强制使PC的高6位为0x3F)来实现程序执行的转移
XB	pma,COND	C2xLP源代码兼容的条件转移指令。当规定的条件为真时,通过加载16位立即数pma到PC寄存器的低16位(强制使PC的高6位为0x3F)来实现程序执行的转移,同时设置ARP的值
XB	pma,*,ARPn	C2xLP源代码兼容指令。通过加载16位立即数pma到PC寄存器(强制使PC的高6位为0x3F)来实现程序执行的转移,同时设置ARP的新值
XB	*AL	C2xLP源代码兼容的指令。通过加载寄存器AL的内容到PC寄存器的低16位(强制使PC的高6位为0x3F)来实现程序执行的转移
XBANZ	pma,*ind{,ARPn}	C2xLP源代码兼容的转移指令。如果ARP指向的辅助寄存器的低16位为0,那么就通过把16位立即数pma加载到PC寄存器(强制使PC的高6位为0x3F)来实现程序执行的转移,然后修改当前辅助寄存器的值,最后根据需要修改ARP的值
XCALL	pma	C2xLP源代码兼容的指令。先把返回地址的低16位压入堆栈,然后把16位立即数pma加载到PC寄存器(强制使PC的高6位为0x3F)
XCALL	pma,COND	C2xLP源代码兼容的指令。当规定的条件为真时,先把返回地址的低16位压入堆栈,然后把16位立即数pma加载到PC寄存器(强制使PC的高6位为0x3F),否则继续执行XCALL操作后的指令
XCALL	pma,*,ARPn	C2xLP源代码兼容的指令。先把返回地址的低16位压入堆栈,然后把16位立即数pma加载到PC寄存器(强制使PC的高6位为0x3F),最后根据需要修改ARP的值
XCALL	*AL	C2xLP源代码兼容的指令。先把返回地址的低16位压入堆栈,然后把寄存器AL的内容加载到PC寄存器的低16位(强制使PC的高6位为0x3F),从而实现程序的转移
XRET		XRETC的别名,具体功能见XRETC
XRETC	COND	条件返回指令。如果规定的条件为真,则从堆栈里弹出16位数,并加载到PC的低16位(强制使PC的高6位为0x3F),否则就继续执行XRETC后面的指令
中断寄存器操作		
AND	IER,#16位常数	通过把寄存器IER的内容和16位常数逐位相"与"来禁止特定的中断
AND	IFR,#16位常数	通过把寄存器IER的内容和16位常数逐位相"与"来清除挂起的中断

续表 A-2

指令助记符		功能说明
IACK	#16 位常数	通过输出 16 位常数到 16 位数据总线上来实现对中断请求的应答
INTR	INT1/.../INT14 NMI EMUINT DLOGINT RTOSINT	仿真硬件中断。该指令将把程序控制权传递给中断服务程序,该中断服务程序对应指令中规定的中断向量。该指令不受 INTM 位、寄存器 IER 或者寄存器 DBGIER 的影响
MOV	IER, loc16	把"loc16"指定单元的数据加载到寄存器 IER
MOV	loc16, IER	把寄存器 IER 的内容保存到"loc16"指定的单元里
OR	IER, #16 位常数	通过把寄存器 IER 的内容和 16 位常数逐位相"或"来使能特定的中断
OR	IFR, #16 位常数	把寄存器 IFR 的内容和 16 位常数逐位相"或",结果保存在 IFR 中
TRAP		软件中断指令。该指令把程序控制权传给中断服务程序,该中断服务程序对应指令中规定的中断向量。无论对应哪个中断向量,该指令都不影响寄存器 IFR、IER,同时也不受 INTM 位、寄存器 IER 或者 DBGIER 的影响
状态寄存器操作		
CLRC	mode	清除指定的状态位,"mode"是各状态位的表征码
CLRC	XF	清除状态位 XF,同时拉低对应的输出信号
CLRC	AMODE	清除状态寄存器 ST1 的状态位 AMODE,使能 C27x/C28x 寻址模式
C28ADDR		CLRC AMODE 的别名
CLRC	OBJMODE	清除状态位 OBJMODE,使器件可以执行 C27x 目标代码
C27OBJ		CLRC OBJMODE 的别名
CLRC	M0M1MAP	清除状态寄存器 ST1 的状态位 M0M1MAP,把 M0 和 M1 存储器块的映射配置成 C27x 目标模式
C27MAP		CLRC M0M1MAP 的别名
ZAP	OVC	清除状态寄存器 ST0 的溢出计数器位 OVC
CLRC	OVC	ZAP OVC 的别名
DINT		通过把状态位 INTM 置 1 来禁止所有可屏蔽的 CPU 中断
EINT		通过把状态位 INTM 清 0 来使能所有可屏蔽的 CPU 中断
MOV	PM, AX	把寄存器 AX 的最低 3 位数据加载到乘积移位模式位 PM 中
MOV	OVC, loc16	把"loc16"指定单元的高 6 位数据加载到溢出计数器 OVC 中
MOVU	OVC, loc16	把"loc16"指定单元的低 6 位数据加载到溢出计数器 OVC 中,同时将该单元的高 10 位清 0
MOV	loc16, OVC	把溢出计数器 OVC 中的数据保存到"loc16"指定单元的高 6 位中,同时将该单元的低 10 位清 0
MOVU	loc16, OVC	把溢出计数器 OVC 中的数据保存到"loc16"指定单元的低 6 位中,同时将该单元的高 10 位清 0
SETC	mode	设置指定的状态位,"mode"是各状态位的表征码
SETC	XF	设置状态位 XF,同时拉高对应的输出信号

续表 A-2

指令助记符	功能说明
SETC　　M0M1MAP	设置状态寄存器 ST1 的状态位 M0M1MAP，把 M0 和 M1 存储器块的映射配置成 C28x 目标模式
C28MAP	SETC　　M0M1MAP 的别名
SETC　　OBJMODE	设置状态位 OBJMODE，使器件处于 C28x 目标代码模式（支持 C2xLP 源代码）
C28OBJ	SETC　　OBJMODE 的别名
SETC　　AMODE	设置状态寄存器 ST1 的状态位 AMODE，使器件处于兼容 C2xLP 寻址模式的状态
LPADDR	SETC　　AMODE 的别名
SPM　　PM	规定乘积移位模式。负值代表算术右移，正值表示逻辑左移
其他操作	
ABORTI	中止中断指令。该指令一般仅用于仿真目的
ASP	确保堆栈指针(SP)定位到偶数地址。如果 SP 的最低位是 1(指向奇数地址)，该指令将使 SP 指针增 1，同时 SPA 位被置 1。反之，若 SP 的最低位是 0，则仅仅把 SPA 位清 0
EALLOW	使能对仿真空间和其他受保护寄存器的访问。该指令把状态寄存器 ST1 中的 EALLOW 位置 1
IDLE	把处理器置于 idle 模式，等待被使能的可屏蔽中断或者不可屏蔽中断请求的到来
NASP	如果 SPA 位是 1，该指令将使 SP 指针减 1，同时 SPA 位被清 0（即撤销先前 ASP 指令的定位操作）；若 SPA 位为 0，该指令不产生任何操作
NOP　　{*ind}{,ARPn}	空操作指令，同时根据指令中的规定修改间接地址操作数和辅助寄存器指针 ARP 的值
ZAPA	把累加器 ACC，寄存器 P 和溢出计数器 OVC 都清 0
EDIS	禁止对仿真空间和其他受保护寄存器的访问。该指令把状态寄存器 ST1 中的 EALLOW 位清 0，它与 EALLOW 指令相对应
ESTOP0	仿真停止 0。该指令仅用于仿真目的，用来产生软件断点
ESTOP1	仿真停止 1。该指令仅用于仿真目的，用来产生内嵌的软件断点

附录 B
eZdsp™ F2812 原理图*

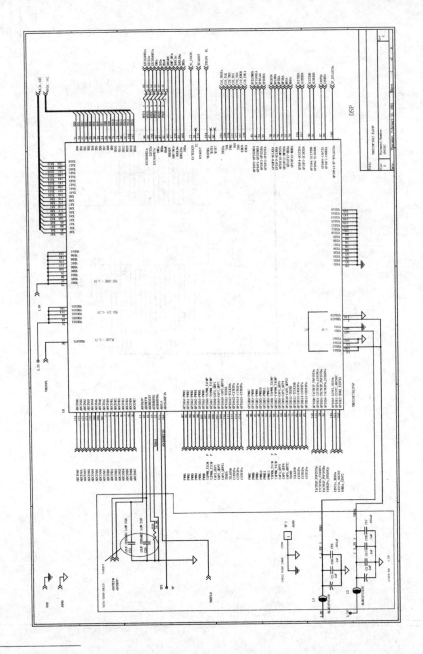

---

* 为使本书内容更好地贴近原版资料，附录 B 中涉及的 4 张电路图一律按原有英文资料给出，未按国标作标准化处理。

——编者注

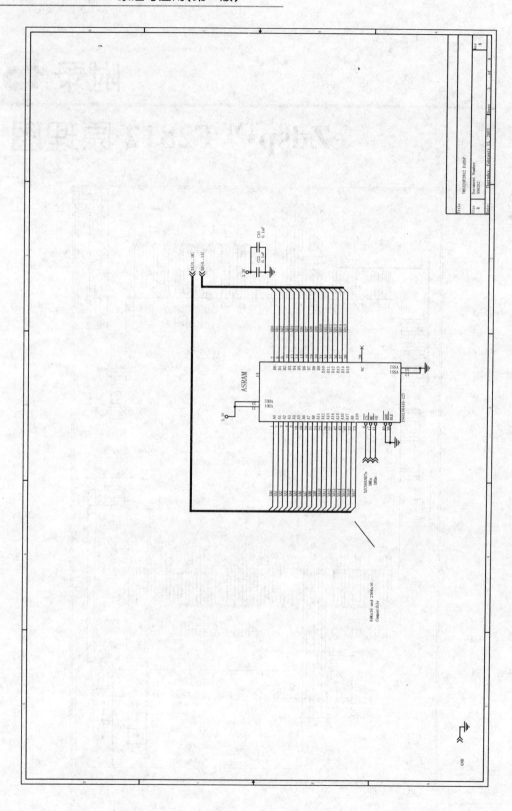

附录 B eZdsp™ F2812 原理图

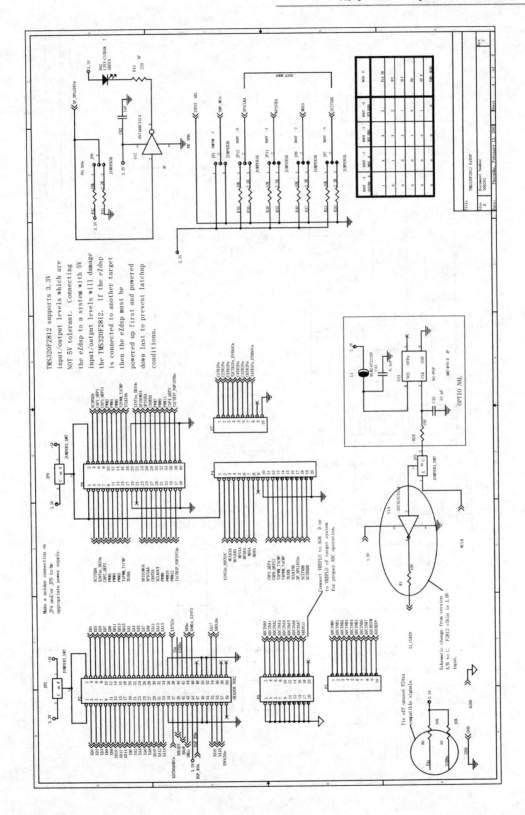

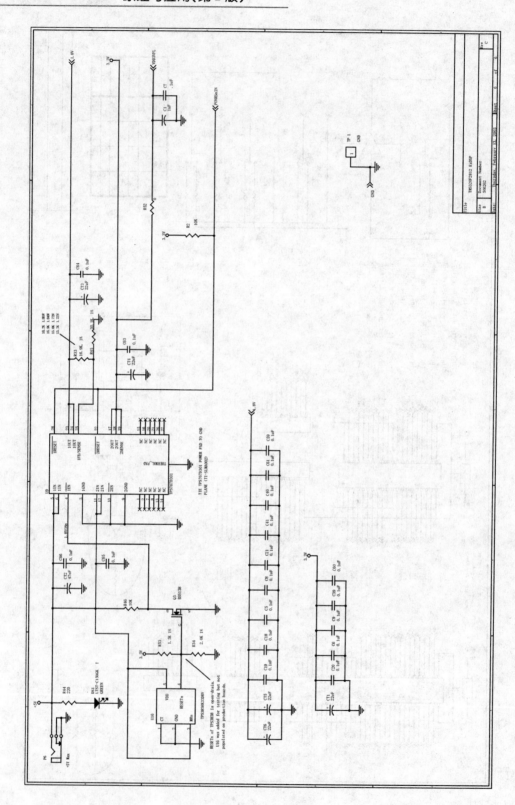

参考文献

[1] Texas Instruments Incoporated. TMS320F2810, TMS320F2811, TMS320F2812, TMS320C2810, TMS320C2811, TMS320C2812 Digital Signal Processors Data Manual [R]. 2004,6.

[2] Texas Instruments Incoporated. TMS320x281x to TMS320x280x Migration Overview [R]. 2005,2.

[3] Texas Instruments Incoporated. TMS320C28x DSP CPU and Instruction Set Reference Guide (Rev. D)[R]. 2004,3.

[4] Texas Instruments Incoporated. TMS320x281x System Control and Interupts Reference Guide (Rev. C)[R]. 2005,3.

[5] Texas Instruments Incoporated. TMS320x281x External Interface (XINTF) Reference Guide (Rev. C)[R]. 2004,11.

[6] Texas Instruments Incoporated. TMS320x281x Analog-to-Digital Converter (ADC) Reference Guide (Rev. D)[R]. 2005,7.

[7] Texas Instruments Incoporated. TMS320F2810, TMS320F2811, TMS320F2812 ADC Calibration[R]. 2004,4.

[8] Texas Instruments Incoporated. TMS320x281x Event Manager (EV) Reference Guide (Rev. C)[R]. 2004,11.

[9] Texas Instruments Incoporated. TMS320x281x, 280x Serial Peripheral Interface (SPI) Reference Guide (Rev. B)[R]. 2004,11.

[10] Texas Instruments Incoporated. TMS320x281x, 280x Serial Communications Interface (SCI) Reference Guide (Rev. B)[R]. 2004,11.

[11] Texas Instruments Incoporated. TMS320x281x, 280x Enhanced Controller Area Network (eCAN) Reference Guide (Rev. D)[R]. 2005,8.

[12] Texas Instruments Incoporated. TMS320x281x Multichannel Buffered Serial Port (McBSP) Reference Guide (Rev. B)[R]. 2004,11.

[13] Texas Instruments Incoporated. TMS320x281x Boot ROM Reference Guide (Rev. B) [R]. 2004,11.

[14] Texas Instruments Incoporated. TMS320C28x Assembly Language Tools User's Guide[R]. 2001,8.

[15] Texas Instruments Incoporated. TMS320C28x DSP CPU and Instruction Set Reference Guide (Rev. D)[R]. 2004,4.

[16] Texas Instruments Incoporated. TMS320C28x Optimizing C/C++ Compiler User's Guide (Rev. B)[R]. 2005,10.

[17] Texas Instruments Incoporated. Code Composer Studio Development Tools v3.1 Getting Started Guide (Rev. F)[R]. 2005,5.

[18] Texas Instruments Incoporated. Programming Examples for the TMS320F281x eCAN

[R]. 2003,4.
[19] Texas Instruments Incoporated. TMS320C28x DSP/BIOS 5.20 Application Programming Interface (API) Reference Guide (Rev. E)[R]. 2005,7.
[20] Texas Instruments Incoporated. TMS320C28x DSP/BIOS 4.90 Application Programming Interface (API) Reference Guide (Rev. C)[R]. 2004,4.
[21] SPECTRUM DIGITAL INC. eZdsp™ F2812 Technical Reference[R]. 2003,2.
[22] SPECTRUM DIGITAL INC. TMS320F2812 EzDSP Scheme Rev. C[R]2003,2.
[23] TMS320C2000 Teaching ROM, Frank Bormann, University of Zwichkau, Texas Instruments, 2005.

北京航空航天大学出版社

● 博客藏经阁丛书

圈圈教你玩USB
刘荣 39.00元 2009.01

匠人手记：一个单片机
工作者的实践与思考
张俊 39.00元 2008.04

C语言深度解剖——解开程
序员面试笔试的秘密
陈正冲 29.00元 2010.07

感悟设计：电子设计的
经验与哲理
王珉 32.00元 2009.05

深入浅出嵌入式底层软件开发
杨铧 79.00元 2011.06

深入浅出玩转FPGA
吴厚航 39.00元 2010.05

Windows CE大排档
莫雨 49.00元 2011.04

创意电子设计与制作
刘宁 49.00元 2010.06

● 嵌入式系统译丛

嵌入式软件概论
沈建华 译 42.00元 2007.10

嵌入式Internet TCP/IP基础、
实现及应用（含光盘）
潘琢金 译 75.00元 2008.10

嵌入式实时系统的DSP
软件开发技术
郑红 译 69.00元 2011.01

ARM Cortex-M3权威指南
宋岩 译 49.00元 2009.04

链接器和加载器
李勇 译 32.00元 2009.09

● 全国大学生电子设计竞赛"十二五"规划教材

全国大学生电子设计竞赛
ARM嵌入式系统应用设计与实践
黄智伟 39.00元 2011.01

全国大学生电子设计竞赛
常用电路模块制作
黄智伟 42.00元 2011.01

全国大学生电子设计竞赛
电路设计（第2版）
黄智伟 49.50元 2011.01

全国大学生电子设计竞赛
技能训练（第2版）
黄智伟 48.00元 2011.01

全国大学生电子设计竞赛
系统设计（第2版）
黄智伟 49.00元 2011.01

全国大学生电子设计竞赛
制作实训（第2版）
黄智伟 49.00元 2011.01

以上图书可在各地书店选购，或直接向北航出版社书店邮购（另加3元挂号费）
地　　址：北京市海淀区学院路37号北航出版社书店5分箱邮购部收（邮编：100191）
邮购电话：010-82316936　　邮购Email：bhcbssd@126.com
投稿电话：010-82317035　　传　真：010-82317922　　投稿Email：emsbook@gmail.com

北京航空航天大学出版社

● 嵌入式系统综合类

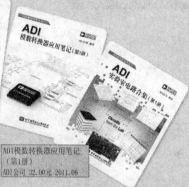

爱上FPGA开发——特权和你一起学NIOS II
吴厚航 45.00元 2011.09

ADI放大器应用笔记（第1册）
ADI公司 39.00元 2011.06

嵌入式系统设计实战——基于飞思卡尔S12X微控制器
王宜怀 49.00元 2011.05

ADI模数转换器应用笔记（第1册）
ADI公司 32.00元 2011.06

例说STM32
刘军 45.00元 2011.04

ADI实验室电路合集（第1册）
ADI公司 49.00元 2011.01

● DSP类

DSP及其电气与自动化工程应用
徐科军 49.00元 2010.09

TMS320X281xDSP原理及C程序开发（第2版）（含光盘）
苏奎峰 59.00元 2011.09

电动机的DSP控制——TI公司DSP应用（第2版）
王晓明 49.00元 2009.08

手把手教你学DSP——基于TMS320C55x（含光盘）
陈泰红 46.00元 2011.08

手把手教你学DSP——基于TMS320X281x
顾卫钢 49.00元 2011.04

电动机的ADSP控制——ADI公司ADSP应用（含光盘）
王晓明 49.00元 2010.11

● 单片机应用类

轻松玩转51单片机（含光盘）
刘建清 59.00元 2011.03

轻松玩转51单片机C语言（含光盘）
刘建清 45.00元 2011.03

轻松玩转AVR单片机C语言（含光盘）
刘建清 39.00元 2011.03

轻松玩转PIC单片机C语言（含光盘）
刘建清 39.00元 2011.08

51单片机C语言应用开发三位一体实战精讲（含光盘）
刘波文 49.00元 2011.06

电动机的单片机控制（第2版）
王晓明 35.00元 2011.03

以上图书可在各地书店选购，或直接向北航出版社书店邮购（另加3元挂号费）
地　址：北京市海淀区学院路37号北航出版社书店5分箱邮购部收（邮编：100191）
邮购电话：010-82316936　　邮购Email：bhcbssd@126.com
投稿电话：010-82317035　　传真：010-82317022　　投稿Email：emsbook@gmail.com